살인 미생물과의 전쟁

살인 미생물과의 전쟁

OUR WAR AGAINST KILLER GERMS

DEADLIEST ENEMY

40년 경력
역학 조사관이 밝힌
바이러스 대유행의
모든 것

마이클 오스터홈
MICHAEL T. OSTERHOLM

마크 올셰이커
MARK OLSHAKER

김정아 옮김

글항아리

내가 살아오는 동안 믿음과 사랑으로 특별한 영향을 준 세 사람에게 이 책을 바친다. 어린 내게 인생의 지도를 알려준 러번 키텔 힐, 과학과 정책의 교차점을 북극성 삼아 45년 넘게 내게 꿈을 불어넣어준 데이비드 로슬리엔, 오늘날 내가 이 자리에 있기까지 전문가다운 지지와 조언을 아끼지 않은 크리스틴 무어. 이들 덕분에 나는 어제와 오늘에서 배우는 법을, 더 나은 내일을 꿈꾸는 법을 깨우쳤다.

_마이클 오스터홈

오늘날 우리가 맞서 싸우는 모든 것의 최전선에서 헌신하는 내 동생 조너선 S. 올세이커 박사에게 사랑과 존경을 담아 이 책을 바친다.

_마크 올세이커

차례

인류를 위협하는 무시무시한 적은 세 가지뿐이다. 열병, 기근, 전쟁.
이 가운데 가장 무시무시하고 끔찍한 위협은 열병이다.
_의학박사 윌리엄 오슬러 경

뛰어난 하키 선수는 퍽을 따라 움직인다.
하지만 위대한 하키 선수는 퍽이 갈 곳을 내다보고 움직인다.
_하키 선수 웨인 그레츠키

이 책을 기획해서 제안할 무렵 서아프리카에서 에볼라 바이러스가 집단 발병했다. 그리고 책을 마무리 지을 무렵에는 지카 바이러스가 태평양 제도에서 시작해 남아메리카와 북아메리카로 번졌다. 책을 쓸 때 우리가 염두에 둔 것은 2002년 중국 광둥성에서 시작해 캐나다까지 번진 사스 SARS(중증 급성 호흡기 증후군) 코로나바이러스, 2009년에 멕시코에서 시작해 세계 곳곳을 강타한 조류 독감, 2012년에 아라비아반도를 휩쓴 또 다른 코로나바이러스 메르스MERS(중동 호흡기 증후군)였다. 그리고 다시 2020년 개정판에 새로 서문을 쓰는 지금, 세계는 2019년 말 중국에서 그야말로 난데없이 나타나 세계 곳곳으로 번지는 코비드-19COVID-19 즉 코로나바이러스 감염증-19를 겪고 있다. 19장에서 자세히 설명하는 독감 대유행의 전개 상황과 마찬가지로, 현재 대유행하는 코로나바이러스도 감염자의 비말과 에어로졸 입자가 호흡기를 통해 사람 대 사람으로 전염한다. 그렇다면 이 모든 감염병의 공통점은 무엇일까?

이 감염병들은 놀랄 일이 아니었어야 했는데도 우리가 깜짝 놀랐다.

다음 감염병이 발생할 때는 우리가 놀라지 않아야 한다. 그렇다. 장담 하건대, 다음 감염병이 발생할 것이다. 그 뒤에도, 그 뒤에도 감염병은 계 속 이어질 것이다. 이 책에서 간략히 설명했듯이 그중 하나는 훨씬 더 강력해 코비드-19보다 규모가 한 단계 더 클 것이다. 책에 썼듯이 그 런 재앙을 일으킬 확률이 가장 높은 병원체는 신종 독감 바이러스로, 1918~1919년에 세계를 휩쓸어 5000만~1억 명의 목숨을 앗아간 독감 바이러스만큼 지독한 충격을 안길 것이다. 오늘날과 같이 인구가 세 배 로 늘고, 비행기로 세계 곳곳을 여행하고, 제삼 세계에서 감염병의 화약 고 같은 대도시가 늘어나고, 인간이 동물 병원소의 자연 서식지를 잠식 한 탓에 수많은 인간과 숙주 동물이 그야말로 살을 맞대고 살아가고, 전 자 기기와 자동차 부품은 물론이거니와, 없으면 최첨단의 병원마저 기능 을 멈추게 할 필수 의약품까지 모든 물자가 세계 곳곳에서 적기 공급 사 슬에 따라 전달되는 세상에서는 그런 신종 독감 바이러스가 반드시 생 겨날 것이다.

그렇다면 우리는 지난 100년의 과학 발전을 통해 그런 대재앙에 대처 할 준비를 했을까? 19장에서 다루는 대로, 안타깝게도 전혀 그렇지 않 다. 간단히 말해, 2017년의 1판에서 언급했던 모든 분석, 실천해야 할 우 선 사항과 사전 대책들이 지금 상황에서도 여전히 유효하다. 주장이 맞 았다고 해서 만족스러울 리는 없다. 하지만 우리가 언급한 경고가 실제 로 적절했다.

현실을 보라.

코비드-19처럼 독감과 비슷한 전염병을 멈추려 애쓰는 것은 바람을 멈추려 애쓰는 것과 같다. 중국 정부가 거의 우격다짐으로 도시를 봉쇄 해 수억 명의 발을 묶고, 대한민국과 싱가포르 같은 다른 나라들이 감염 자와 접촉자를 모두 확인하려 애썼어도(미국은 이런 노력이 몹시 부족하다)

기껏해야 코비드-19의 확산 속도를 늦췄을 뿐이다. 확산을 확연히 줄일 유일한 길은 효과 좋은 백신이었지만, 그런 백신은 존재하지 않았다. 밑바닥에서부터 백신 개발에 나서면 완성까지 몇 달에서 몇 년이 걸린다.

어떤 세계적 유행병에서든 사람들을 하나로 묶는 지도력은 필수불가결하다. 어느 나라의 수장이든 가장 먼저 할 일은 의제 선점에 치우친 정치 공작 전문가가 아니라 공중보건 전문가가 내놓는 정확한 최신 정보를 국민에게 제공하는 것이다. 머잖아 사실과 어긋날 장밋빛 전망을 이야기하기보다, 모르는 것이 있지만 알아내려 노력하고 있다고 말하는 쪽이 훨씬 더 낫다. 대통령의 말이 신뢰성을 잃으면 대중은 어디에 귀기울여야 할지 갈피를 잡지 못한다. 하지만 정직하고 솔직하게 정보를 제공하면, 여러 연구가 거듭 보여주듯 대중은 웬만해서는 공황에 빠지지 않고 함께 힘을 모으는 법을 배운다.

2020년 1월 20일, 미네소타대 감염병 연구·정책센터CIDRAP는 코비드-19의 명확한 전염 특성을 근거로 이 바이러스가 세계적 유행병을 일으킬 것이라고 언급했다. 그렇다면 세계보건기구WHO는 왜 3월 11일에야 세계적 유행병 발생을 선언했을까? 발표가 늦어지는 바람에, 많은 국가와 지도자들이 자만심에 빠져 스스로의 바이러스 억제력을 실제보다 높여 생각하는 결과를 초래했다. 그로 인해 안타깝게도 많은 국가가 코비드-19를 완화하고 함께 살아갈 방법을 궁리하는 필수적인 과정에 집중하지 않았다. 이런 혼란과 논쟁 속에서는 새로 나타난 치명적인 적이 어떤 경우에 세상을 위협하는지를 더 효과적으로 평가할 방법이 필요하다는 것을 절실히 깨달아야 한다.

우리가 직면해야 할 중요한 첫 질문이 있다. 우리는 어쩌다 이 위기에 이르렀는가? 대부분의 재앙이 그렇듯, 코비드-19도 여러 요인이 한데 모인 결과다. 사스가 발생한 뒤 지금껏 거의 20년 동안 세계가 제조 물자를 중국에 의지하는 비율이 위태로울 만큼 높아졌다.

오늘날 우리는 마감 기한에 따라 꼭 짜인 제조, 납품, 공급의 사슬 속에서 살아가고 있다. 중국 후베이성이나 광둥성의 어느 공장이 집단 발병으로 문을 닫았다고 가정해보자. 그로 인해 최신 텔레비전이나 휴대전화를 손에 넣지 못한다면 문제가 되기는 할 것이다. 하지만 생명과 직결된 병원의 응급 의약품이나 만성 질환자 수백만 명의 안위를 그날그날 책임지는 필수 약품을 확보하지 못하면, 코비드-19 환자와 직접 접촉하는 의료 종사자들의 필수 보호 장구를 확보하지 못하면, 이것은 차원이 다른 문제를 일으킨다.

정신이 번쩍 들게 하는 통계가 있다. 18장에서 자세히 다루겠지만, 미네소타대 감염병 연구·정책센터는 2009년 H1N1 독감이 세계적으로 유행하기 직전에 전국 병원의 약사, 집중 치료실과 응급실 의사를 대상으로 설문을 실시했다. 만약에 없을 경우 환자가 몇 시간 만에 목숨을 잃게 되는 필수 약품으로 자주 사용하는 약제가 무엇이냐는 질문이었다. 이 설문조사의 답변과 이번에 최신 정보를 반영해 종합해보면 그런 약제는 150가지가 넘는다. 목록에 오른 약제는 모두 복제약이었고, 많은 경우 중국 아니면 인도에서 제조되고 있었다. 코비드-19 발생 초기에 벌써 63가지 약제가 갑자기 납품되지 않거나 재고가 부족해지는 현상이 발생했다. 이것은 우리가 전염병에 얼마나 취약한지를 보여주는 하나의 사례일 뿐이다. 질병과 봉쇄, 격리 탓에 중국의 공장이 가동을 멈추고 운송 경로가 붕괴되거나 폐쇄된다면, 그래서 구급약품을 구할 수 없다면 서구 주요 도시의 현대식 병원은 무용지물이 될 것이다. 달리 말해, 모든 물건을 중국 등 외부에 의지해 값싸고 효율적으로 제조하려 한다면, 코비드-19의 2차 영향과 앞으로 일어날 세계적 유행병으로 꽤 많은 목숨을 잃을 수 있다.

게다가 현대 의료에 작용하는 경제학 탓에, 대다수 병원이 N95 방역 마스크 등 개인 보호 장구를 매우 적은 수량만 비축하고 있었다. 지금도 이미 큰 의료 기관에 환자들이 밀려들고 있는데, 치료를 도맡는 의료 종사자를 보호하지 못한다면 코비드-19에 어떻게 대응할 수 있을까? 사실 의료 종사자에게 벌어지는 일은 우리가 이 위기에 어떻게 대처했는지, 또 앞으로 펼쳐질 여러 다른 위기에 어떻게 대처할지를 보여줄 역사적 지표가 될 것이다. 제대로 보호받지 못한다면 의료진들은 의료 제공자에서 환자로 빠르게 자리를 바꿔, 가뜩이나 과부하가 걸린 의료 시설에 더 큰 부담으로 작용할 것이다.

세계는 중국이 몇 달 동안 봉쇄되어 긴급 물자를 공급하지 못할 상황에 전혀 대비하지 않았다. 안타깝게도 지금 벌어지는 현실을 보면, 모든 것을 중국의 봉쇄 탓으로 돌려서는 안 된다. 앞으로 이런 위협을 예방하겠다는 의지가 진심이라면, 정부는 필수 의약품, 의료품, 의료 장비의 생산을 여러 지역에 분산하고 다각화하는 데 국제적으로 헌신해야 한다. 우리는 이 일을 보험처럼 생각해야 한다. 보험사는 재앙을 예방하지 않는다. 보험사의 역할은 재앙의 충격을 누그러뜨리는 것이다.

의료 물자 생산을 다각화하면 비용이 더 많이 들까? 물론이다. 하지만 이것이 세계적 감염병 유행이라는 재앙이 덮칠 때 단단하게 대응할 수 있는 유일한 길이다. 폐쇄, 취소, 격리가 일상이 되는 시기에는 약제뿐 아니라 식염수 같은 기초용품, 주삿바늘과 주사기 같은 필수 의료품을 계속 제조하고 유통할 수단이 있어야 한다.

또한 세계 곳곳에서 더 많은 제조 능력과 여유 시설을 발굴해야 하며, 효과적인 경제 모델이 전혀 없는 신약과 새로운 항생제 개발에는 정부가 집중적으로 투자해야 한다. 비상사태에만 쓰이는 약제 개발에 민간 제약사더러 수십억 달러를 투자하라고 요구하는 것은 무리다. 2014~2016년에 에볼라가 서아프리카를 휩쓴 뒤, 정부의 재촉에 따라 백신을 생산하려는 다급한 움직임이 있었다. 전염병대비혁신연합CEPI은 새롭게 출현할 감염병에 맞설 백신 개발을 촉진하고 병이 발생하면 적기에 사람들이 이용할 수 있게 하려는 국제적 방침에 따라 결성되었다.

서로 다른 수많은 노력에 따라 에볼라 백신에는 확실히 진전이 있었지만, 다른 백신에서는 진전이 거의 없었다. 게다가 상업 시판이 가능해졌을 때는 감염원이 이미 심하게 번져 백신을 쓰기에는 너무 늦은 뒤였다. 설상가상으로 이런 질병 대다수는 백신이나 다른 약제를 살 구매력이 가장 떨어지는 지역에서 출현한다. 그러므로 특정 약제에서는 기존과는 다른 연구·개발·유통 모델이 필요하다. 이를 해결할 유일한 방법은 정부 보조금과 구매 보장이다. 이런 약제는 값이 싸지 않겠지만, 길게 볼 때 생명을 구하고 전염 확대를 막음으로써 생기는 이익이 비용을 크게 넘어설 것이다.

문제는 우리가 웬만해서는 공중보건을 장기적 관점에서 생각하지 않는다는 것이다. 이제는 관행을 바꿔야 한다. 그러기 위해서는 과감한 국제 공조가 필요하며 그런 공조가 감염병이 세계를 덮칠 때 유일한 희망이 될 것이다. 국제사회가 아무리 서로 다를지라도, 이 문제에서는 모두 한배를 탔다는 지정학적 현실을 인식해야 한다.

그러므로 집단 발병에 대처하는 모든 결정은 증거를 근거로 삼아야 한다. 코비드-19가 전 세계를 휩쓸자 미국은 유럽에서 들어오는 항공편을 금지시켰다. 그런데 그 뒤로 신규 환자 발생이 늘어났는가 아니면 줄어들었는가? 즉 입국 금지가 코비드-19의 확산 속도를 누그러뜨렸는가? 예컨대 에볼라나 사스는 증상이 시작된 지 며칠 지나서야 바이러스가 전염된다. 하지만 독감과 코비드-19는 증상이 발현하기도 전에, 심지어 보균자가 아프기도 전에 전염될 수 있다. 코비드-19의 특성으로 보건대,

일본 요코하마항에서 유람선 다이아몬드 프린세스호의 승객과 승무원을 선상 격리한 조치는 인간을 대상으로 한 잔인한 실험이었다. 격리된 동안, 선내를 순환하는 공기가 건강한 사람들과 코비드-19에 감염된 사람들 사이를 오갔다. 이 조치의 효과는 밀폐된 공기 순환이 코비드-19가 퍼지는 데 매우 효과적이라는 것을 증명하는 데 그쳤다.

특정 질환의 특성과 표적 집단은 공적 의사결정에서 분명 중요한 역할을 한다. 알다시피 독감 모델에서는 발생 초기에 학교를 닫는 것이 확산을 저지하는 효과가 있다. 그래서 코비드-19 대유행 초기에 학교가 지역 사회의 코비드-19 확산을 부채질한다는 이론을 뒷받침할 데이터가 없는데도, 많은 나라가 휴교에 들어갔다. 증거를 따라야 하지만 때로는 선제적 조치가 확산을 막기도 한다. 코비드-19 발생 초기에 선진 도시국가 두 곳이 최대한 빠르고 효율적으로 대응에 나섰다. 홍콩은 휴교에 들어갔고, 싱가포르는 학교를 열었다. 곧 싱가포르는 감염이 확산되었고, 4월 8일 원격 수업으로 전환했다.

또 어떤 공공정책을 결정할 때는 2차 영향까지 고려해야 한다. 아이들이 학교가 아닌 집에 머물러야 할 때 아이를 돌봐야 하는 사람은 대개 할아버지와 할머니다. 그런데 코비드-19는 나이 든 사람일수록 심각한 증상을 일으키므로, 노인층일수록 잠재적 보균자로부터 떨어뜨려놓아야 한다.

또 다른 사례를 들자면 대개 간호사는 학부모일 경우가 많으며 나라에 따라 최대 35퍼센트가 그렇다. 휴교령이 내리면 간호사 중 최대 20퍼센트가 아이를 돌볼 사람이 없어 아이와 함께 집에 머물러야 한다. 따라서 휴교 조치로 인해 의료 위기 상황에 필요한 간호 인력에 영향이 미치지 않도록 조치를 강구해줘야 한다. 이런 모든 사안을 빠짐없이 종합해 신중하고 완벽하게 검토해야 하는 이런 일은 만만치 않은 도전이다.

미국은 매년 국가 안보와 방어에 수십억 달러를 쏟아 붓고, 예산 투입도 장기적으로 이뤄진다. 그런데 당국자들은 감염병을 일으키는 치명적인 미생물이 국가 안보를 가장 크게 위협하는 존재라는 점을 알지 못하는 듯하다. 전쟁이 일어난 뒤에야 설계와 건조에 몇 년이 걸리는 항공모함을 만들기 시작하는 일을 상상이나 할 수 있겠는가? 불이 날 가능성이 아무리 낮다 하더라도, 완전한 기능을 갖춘 소방대가 상시 대기하지 않는 상태에서 주요 공항을 운영하는 일을 생각할 수 있는가?

그런데 우리는 치명적인 적과 싸우는 전쟁에서 그런 일을 되풀이하고 있다. 게다가 위협이 가라앉으면 다음 위협이 올 때까지 그런 사실을 까맣게 잊어버린다. 지금껏 정부, 산업계, 언론, 대중은 또 다른 미생물이 등장해 우리를 위협할 가능성을 한 번도 심각하게 받아들이지 않았다. 하나같이 누군가 다른 사람이 문제를 처리하겠거니 하고 말았다. 이렇게 투자, 지도력, 대중의 의지가 모자란 탓에 치명적인 적과 싸울 준비가 너무나 부족해 한숨이 나올 정도다. 세계가 이 경보에 앞으로 주의를 기울일지는 모르겠지만, 이미 엄청나게 값비싼 대가를 치렀다.

이 책의 13장에서 언급한 대로 우리가 만약 사스의 위협을 반면교사로 삼고 앞으로 일어날 위기의 전조로 받아들였다면, 지금 어떤 상황을 맞이했을까? 연구진들은 특정 코로나바이러스에 맞설 백신을 개발하고자 진지한 노력을 기울였을 것이다. 그 백신이 코비드-19에 효과가 있을진 모르지만, 설사 효과가 없더라도 기초 연구에서 큰 진전을 보여 백신의 작동 과정에 대한 이해의 폭은 훨씬 넓어졌을 것이며 코로나바이러스 백신의 '플랫폼'을 개발했을지도 모른다.

물론 질병이 발생할 때마다 백신이 준비되어 있을 수는 없다. 하지만 세계적 독감 유행은 다르다. 그것은 예측할 수 있는 위협이자 미리 대비해야 하는 위협이다. 20장에서도 다루고 있듯, 우리는 범용 백신이라 부르는 판도를 바꿀 수 있는 독감 백신이 필요하다. 이것이 있으면 더 이상 독감 철마다 어림짐작에 의지해 약을 제조함으로써 효능이 오락가락하는 일이 발생하지 않을 것이고, 거의 모든 변종 독감 바이러스에 효과를 발휘할 것이다. 이런 백신 연구에는 맨해튼 계획과 같은 대규모의 활동과 비용이 필요하다. 하지만 회복하는 데 수십 년이 걸릴지도 모르는 의료 재앙과 경제 재앙에서 인류를 구하고 많은 목숨을 살릴 수 있는 방법은 이것뿐이다.

서아프리카를 덮친 에볼라 사태 이후 국제연합, 세계보건기구, 미 국립의학아카데미, 하버드대 국제보건연구원과 런던 위생·열대 의학대학원 공동연구단 등이 깊이 있는 분석 보고서를 여러 편 발표했다. 보고서들은 공통적으로 문제와 그 범위를 초기에 인지하고 조율하지 못한 점을 꼼꼼히 지적했고, 다가올 또다른 전염병 위기에 대응하기 위한 전략과 단계별 대처 방안을 엇비슷하게 제시했다. 하지만 그런 권고 조치 가운데 실현된 것은 거의 없으며 보고서들도 대부분 지금까지 서랍 속에서 먼지만 뒤집어쓰고 있다. 그 결과 우리는 에볼라 집단 발병이 시작된 뒤로 거의 제자리걸음만 하고 있다.

앞으로 어떤 감염병이 팬데믹으로 번지든, 거기에 대처하기 위해선 어떤 일이 일어나고 있고 어떤 준비가 필요한지를 구체적으로 상상해봐야 한다. 특히 의료체계, 정부, 기업체가 계속 작동할 수 있는 계획을 세워야 한다. 생명과 직결된 환자용 필수 의약품과 인공호흡기, 의료 종사자용 개인 보호 장구 등을 국제사회가 전략 물자로 비축해야 한다. 지금처럼 대유행과 싸우기에는 끔찍하게 모자란 양이 아니라 공급에 차질을 빚지 않을 만큼의 충분한 양을 비축해야 한다. 또 주차장에 텐트를 세워 신종 감염병 의심 환자를 따로 머물게 하거나 필요하다면 일반 환자와 격리하는 것처럼, 병원과 진료소에 몰려들 환자에 즉각적으로 대응할 수 있는 확실한 계획을 세워야 한다.

코비드-19 대유행은 이미 엄청난 인명 피해와 경제적 손실을 일으켰지만, 가장 큰 비극은 이 위기를 '헛되이' 흘려보내 교훈을 얻지도, 미래에 대비하지도 못하게 되는 일이다. 오늘 어딘가에 존재하는 위험한 미생물이 내일은 세계 곳곳에 존재할 수 있다는 것을 잊지 말아야 한다.

그것이 이 책의 핵심이다.

들어가며

미네소타주 보건부에서 역학자로 일할 때, 언론에서는 나를 "나쁜 소식의 전령Bad News Mike"*이라고 부르기 시작했다. 내가 정부 관계자나 기업 경영진에게 전화를 걸었다 하면, 그들이 듣고 싶지 않은 말을 전하기 때문이다. 언론인 커밋 패티슨은 『미니애폴리스 세인트폴』에 기고한 글에서 나를 이렇게 묘사했다. "고집불통에다 거침없이 할 말을 다 하는 미네소타 보건부의 이 역학자는 자신이 병원균과 싸우는 최전선의 소식을 전달할 뿐이라고 주장한다. 그의 말이 무엇이든 그것은 좋은 소식은 아니다."

왜 내가 "고집불통"인지는 잘 모르겠다. 하지만 "거침없이 할 말을 다 하는" 사람이라는 것은 깨끗이 인정해야겠다. 왜냐면 윌리엄 페이기가 말한 결과 역학consequential epidemiology을 믿기 때문이다. 아무 조치를 취하지 않을 때 생겨날 문제는 한발 앞서 대처함으로써 바람직한 방향으

* 저자의 성 약칭 마이크Mike와 마이크Mic의 발음이 같은 것을 활용한 작명

로 바꿀 수 있다. 역사의 흐름을 그저 회고해 기록하고 설명하는 데 그치지 않는 것이다. 예컨대 공중보건 분야의 윌리엄 페이기 박사와 도널드 A. 헨더슨 박사가 1960년대와 1970년대에 말 그대로 수천 명의 도움을 받아 천연두를 뿌리 뽑은 덕분에, 이제는 수많은 인류가 무시무시한 이 전염병을 겪지 않아도 된다.

이 책은 내가 우리 시대에 공중보건에서 벌어진 굵직굵직한 문제의 최전선에 뛰어들어 관찰하고, 관심을 기울이고, 역학 조사에 나서고, 연구하고, 계획을 세우고, 정책을 개발한 경험에서 나온 결과물이다. 그 과정에서 나는 독성 쇼크 증후군, 에이즈AIDS(후천성 면역 결핍 증후군), 사스SARS(중증 급성 호흡기 증후군), 항생제 내성, 식품 매개 질병, 백신으로 예방할 수 있는 질병, 생물 무기 테러, 인수 공통 감염병(에볼라처럼 동물에서 사람으로 또는 사람에게서 동물로 전염되는 병), 매개체 감염병(뎅기 바이러스와 지카 바이러스처럼 모기, 진드기, 파리를 매개로 해서 전염되는 병)과 마주해 씨름했다. 때로는 국지적 영역에서, 때로는 지역사회, 국가, 세계 수준에서 발생한 이 모든 문제를 하나하나 겪고 맞서는 동안, 나는 공중보건을 바라보는 견해를 가다듬었고, 가장 치명적인 적에 어떻게 대처해야 하는가 하는 중요한 교훈을 얻었다. 한마디로 공중보건에 접근할 때는 어디에 초점을 맞춰야 하는가에 대해 배웠다.

사실 감염병은 인류라면 누구나 직면하는 가장 치명적인 적이다. 개개인에게 영향을 미치는 정도를 훌쩍 뛰어넘어 집단에 한꺼번에 영향을 미치는 유일한 질병이며, 규모가 엄청나게 클 때도 있다. 물론 심장병, 암, 알츠하이머병도 개인의 삶을 파괴하니, 이런 질병의 치료제를 개발하기 위한 연구에도 마땅히 박수를 보내야 한다. 하지만 이런 질병은 감염병처럼 사회의 일상 기능을 무력화하거나, 여행·무역·산업을 멈춰 세우거나, 정치적 불안을 부추기지는 않는다.

내 경력을 관통하는 특별한 주제가 있다면, 그것은 점점이 흩어진 전혀 다른 여러 정보를 연결해 앞으로 일어날 일을 가늠할 논리 정연한 선을 그리는 것이다. 이를테면 나는 지난 2014년 글과 강연을 통해 미국에 지카 바이러스가 출현하는 것은 시간문제라는 점을 강변했다. 2015년에 미 국립의학아카데미에서 강연할 때는 미심쩍어하는 전문가 집단 앞에서 머잖아 메르스MERS(중동 호흡기 증후군)*가 중동 이외의 대도시에서 나타날 것이라고 예측했다.(실제로 겨우 몇 달 뒤 대한민국 서울에서 메르스가 발생했다.) 그렇다고 내게 어떤 독특한 기술이 있는 것은 아니다. 공중보건에서는 문제가 될 만한 사안과 잠재적 위협을 미리 내다보는 것이 일상이어야 한다는 뜻이다.

현재 센터장을 맡은 미네소타대 감염병 연구·정책센터를 설립할 때도 나는 정책이 뒷받침되지 않으면 연구가 아무런 성과를 내지 못한다는 사실을 염두에 두었다. 달리 말해 위기에 대비하지 않으면, 마지막 매듭을 짓지 않으면 속절없이 잇달아 위기에 봉착하기 쉽다.

과학 연구가 효과를 내려면 반드시 정책과 맞물려야 한다. 그러므로 책에서 질병 예방 연구와 관련해 이미 실현되었거나 필요한 진전을 이야기할 때마다, 그런 진전을 이용해 무엇을 행동에 옮겨야 할지도 똑같은 비중으로 다루려 한다.

이 책은 21세기에 발생한 감염병의 위협을 살펴볼 새로운 패러다임을 제시한다. 지구촌 전체에서 사회, 정치, 경제, 정서, 존재의 안녕을 무너뜨릴 위험이 있는 질병들을 자세히 살펴보는 데 초점을 맞추려 한다. 이때 이환율罹患率**과 사망률도 분명 중요하겠지만, 이 밖에도 고려해야 할 사항이 있다. 아프리카에서 해마다 말라리아로 수십만 명이 목숨을 잃는

---

* 사스와 메르스 모두 코로나바이러스가 일으키는 질환이다.
** 일정 기간 안에 전체 집단에서 발생한 환자의 수

다는 소식보다 세계 어딘가에서 천연두가 몇 사례 확진되었다는 소식이 더 날 선 공포를 일으키는 것이 현실이기 때문이다.

종종 우리는 목숨을 위협하는 질병, 통증을 일으키는 질병, 두려움에 떨게 하는 질병, 그저 불편한 질병을 합리적으로 구별하지 못한다. 그 결과, 자원을 어디에 투입해야 할지, 어느 쪽을 겨냥해 정책을 세워야 할지, 무엇을 두려워해야 할지 합리적으로 판단하지 못할 때가 있다. 이 책을 쓰는 지금, 서구권에 사는 많은 이는 지카 바이러스가 퍼지지 않을까, 또 지카 바이러스가 태아에게서 소두증이나 여러 선천적 장애, 길랭·바레 증후군을 일으키지 않을까 걱정하고 있다. 그런데 지카 바이러스를 퍼트리는 바로 그 모기가 지난 몇 년 동안 같은 지역에서 뎅기 바이러스를 퍼트림으로써 훨씬 많은 사람이 죽었을 때는 사람들은 거의 경각심을 느끼지 못했다. 왜일까? 비정상적으로 작은 머리로 태어난 갓난아이가 장애라는 불확실한 삶과 맞닥뜨리는 것만큼 심리적으로 무서운 상황은 드물기 때문일 것이다. 부모에게는 악몽도 이런 악몽이 따로 없다.

이 책에서는 질병을 두 가지 은유에 빗대려 한다. 하나는 범죄이고, 다른 하나는 전쟁이다. 참 적절하게도 무시무시한 범죄나 전쟁에 맞선 싸움은 감염병에 맞선 싸움과 여러모로 닮았다. 질병 발생을 조사하고 진단할 때 우리 역학자는 수사관이나 마찬가지다. 또 대응에 나설 때는 군사 전략가가 되어야 한다. 범죄도 전쟁도 결코 완벽하게 뿌리 뽑을 수 없듯이, 질병도 완벽하게 뿌리 뽑지 못한다. 또 끝없이 범죄와 전쟁을 벌이듯 질병과도 끊임없이 싸워야 한다.

이 책의 1장부터 6장에서는 책의 후반부를 이해하기 위한 이야기와 사례, 배경을 설명하고자 한다. 그리고 7장부터는 가장 시급한 위협과 난관, 거기에 맞설 유용한 수단을 다룰 것이다.

나는 지난 2005년 『포린 어페어스』에 '다가올 세계적 유행병에 대비하기'라는 제목의 글을 발표하면서 마지막에 이렇게 적었다.

지금 우리는 역사의 중대한 갈림길에 서 있다. 다가올 세계적 유행병에 대비할 시간이 갈수록 줄어들고 있다. 이제는 단호하고 결단력 있게 행동에 나서야 한다. 언젠가 세계적 유행병이 지나간 뒤 9·11 위원회와 매우 흡사한 위원회가 반드시 구성될 것이다. 이들은 분명한 경고가 여러 차례 있었던 재앙에 대비하기 위해 정부, 기업, 공중보건 분야의 지도자들이 얼마나 노력했는지 밝히려고 할 것이다.

그리고 시간이 흘러 책을 쓰는 지금도 상황은 그다지 바뀌지 않았다.

책과 영화에서는 전염병에 걸린 사람들이 눈에서 피가 나고 내부 장기가 흐물흐물해지는 장면이 자주 묘사된다. 이런 공포스러운 사진과 영상은 대부분 사실과 관련 없는 허구에 불과하다. 하지만 감염병의 진실과 실상은 그 자체만으로도 충분히 당신을 겁먹게 할 것이며 정신을 바짝 차리게 해줄 것이다.

나는 가장 치명적인 적과 마주해야 하는 난관 앞에서 긍정하지도 비관하지도 않으려 한다. 우리 주변에 항상 존재하는 감염병이라는 위협에 맞서 대처할 유일한 길은 그런 난관을 이해하는 것이며, 그럼으로써 도저히 일어날 것 같지 않았던 일이 끝내 피할 수 없는 일이 되지 않도록 막는 것이다.

1장

—

흑고니와 비상사태

이곳에서 무슨 일이 벌어지고 있다.

어떤 일인지는 확실치 않지만.

_록밴드 버펄로 스프링필드

누가, 언제, 어디서, 무엇을, 어떻게, 왜?

기자나 형사처럼 질병 수사관이라 불리는 역학자들도 언제나 이 질문의
답을 알고 싶어한다. '이 병이 어떻게 발생했을까?'라는 수수께끼를 풀
조각을, 전체 이야기를 파악하는 데 도움이 될 요소를 되도록 많이 얻고
싶어한다. 이것이 바로 역학(사실은 모든 진단검사의학)이 하는 일이다. 점
을 연결하고 모든 단서를 조합해 논리 정연한 이야기를 완성하는 것. 그
래야만, 이야기를 충분히 파악하고 이해해야만, 문제나 난관에 맞설 수
있기 때문이다. 물론 의료 수사관인 우리가 복잡한 수수께끼 조각을 모
두 완벽하게 파악하지 못하더라도 더러는 질병 발생을 멈춰 세울 수 있
을 때가 있다. 이를테면 어느 식품이 어떻게 오염되었는지 모르더라도 그
먹거리 때문에 사람들이 아프다는 사실은 찾아낼 수 있다. 하지만 더 많
은 조각을 알아낼수록 수수께끼를 풀 도구가 많아지고 또 앞으로 비슷
한 질병이 다시 문제를 일으키지 않도록 확실히 막을 수 있다.

평생 잊지 못할 그날, 조지아주 애틀랜타에 있는 질병통제센터Center for Disease Control의 센터장 회의실에 나를 포함해 약 열 명이 둘러앉았다.(이 기관은 나중에 질병통제예방센터Centers for Disease Control and Prevention로 이름을 바꾼다.) 건네받은 사례들을 보며 머릿속으로 육하원칙을 확인하면서도, 우리 가운데 누구 하나 그 사례들의 의미를 이해하지 못했다.

무엇: 한 감염 집단에서 폐포자충 폐렴이 발병했다. 이 질환은 목숨을 위협할 만큼 심각한 폐렴을 일으키는 보기 드문 기생충 감염병으로, 대개는 면역 체계가 손상된 사람에게서만 나타난다. 다른 감염 집단에서는 카포지 육종이 발병했다. 제8형 인체 헤르페스바이러스HHV-8가 일으키는 것으로 밝혀진 이 질환은 보기 흉한 악성 종양으로, 이것 또한 면역 체계에 문제가 있는 사람들에게서 자주 나타난다. 처음에는 살갗이나 입, 코, 목 안쪽의 점막에 붉거나 검푸른 작은 병소가 나타난다. 이 병소가 부풀어 올라 통증이 몹시 심한 종양이 되고, 때로 폐, 소화관, 림프샘으로도 퍼진다.

언제: 우리가 회의실에 앉아 있던 바로 그 시기, 1981년 6월.

어디서: 폐포자충 폐렴은 주로 로스앤젤레스에서, 카포지 육종은 뉴욕시에서 나타났다.

누가: 미국 서쪽 끝과 동쪽 끝의 두 집단 모두, 젊거나 건강한 게이 남성들이었다.

어떻게, 왜: 우리가 풀어야 할 수수께끼였다. 왜냐면 우리가 알기로는, 보기 드물고 잘 알려지지 않은 두 질환 모두 젊거나 건강한 사람한테서는 발병하지 않아야 했기 때문이다.

짙은 색 판재로 벽면을 장식한 길고 좁은 회의실 상석에 제임스 W. 커런 박사가 앉아 있었다. 당시 성 접촉성 질병을 다루는 성병부STD* Division에 소속돼 있던 그는 팀원들을 이끌고 애리조나주 피닉스의 바이러스 간염 분과Viral Hepatitis Branch와 협업 중이었다. 때마침 B형 간염에 관심 있던 나도 미네소타주 미니애폴리스의 병원 한 곳에서 의료진이 B형 간염 바이러스에 감염된 경로를 연구하고 있었다. 그 병원에서는 열네 달 동안 무려 여든 명 넘는 사람이 B형 간염에 걸렸고, 그 와중에 젊은 내과의 한 명이 근무 중 감염된 간염 탓에 목숨을 잃었다.

제임스는 우리 분야에서 누구나 알아주게 똑똑하고 자기 생각을 거침없이 이야기하는 사람이다. 한때 나는 질병통제센터에 들어가 그가 이끄는 부서에서 일해볼까도 생각했었다. 회의가 열릴 무렵 제임스는 아직 승인되지 않은 B형 간염 신형 백신을 몇몇 도시의 게이 남성들을 대상으로 연구해보려던 참이었다. 게이 남성들은 항문 성교로 바이러스가 전염될 확률이 높아 B형 간염에 걸릴 위험이 컸다. 한술 더 떠 성교 상대가 여럿인 사람은 위험도가 더 올라갔다.

회의에는 성병부에서 감염병 관련 행동 연구 전문가로 일하던 윌리엄 대로 박사와 저명한 바이러스 전문가로 역시 성병부에서 일하던 메리 가이넌 박사도 참석했다.

기생충병부Division of Parasitic Disease 소속으로 이 사례들의 초기 정보 수집에 깊숙이 관여했던 데니스 주래넥 박사도 그곳에 있었다. 미국에서는 폐포자충 폐렴이 워낙 드물었으므로, 전 세계에서 주요 치료제로 쓴 펜타미딘의 제약사가 굳이 시간과 돈을 들여 미국 식품의약청FDA의 전체 승인 절차를 밟으려 하지 않았다. 그러므로 질병통제센터는 미국에서 펜타미딘을 조사 단계의 미승인 약물로 비축할 수 있는 유일한 곳이었다. 스피커폰에는 로스앤젤레스에서 발생한 질병을 역학조사훈련소 Epidemic Intelligence Service 활동의 하나로 추적 관찰한 웨인 샨데라 박사

---

* sexually transmitted diseases(성병)의 약자

가 연결되어 있었다. 역학조사훈련소는 질병통제센터가 신규 역학 조사관 및 다른 공중보건 전문가를 훈련시키는 프로그램으로, 이곳에서 훈련받은 인력은 국내외로 파견되어 발생 원인이 불분명하고 위협이 될 만한 질병을 조사한다.

나는 그때 중서부 출신의 28세의 역학자였다. 그런 내가 그곳 질병통제센터에서 그렇게 쟁쟁하고 헌신적인 인물들과 함께 회의한다니, 마치 모선으로 전송된 우주인이 된 기분이었다. 비록 작은 역할이지만, 제임스가 그 회의에 초대해준 것이 고마울 따름이었다. 미네소타주 보건부의 급성질환 역학과Acute Disease Epidemiology Section 과장이던 나는 사실 다른 볼일로 질병통제센터에 들렀었다. 1년 가까이 활발하게 조사했던 독성 쇼크 증후군과 관련한 회의가 있었다. 이렇게 내가 원인 모를 발병과 관련한 역학 조사 경험이 있는 데다 때마침 그 건물에 있었기 때문에, 제임스가 현장 관점에서 의견을 달라고 나를 초대했다. 더구나 나도 내 부서원들과 함께 얼마 전 게이 남성들 사이에 몇 차례 대규모로 발생한 또 다른 바이러스 간염을 조사했던 참이었다. 나중에 보니 A형 간염이었다.

내가 질병통제센터 회의실에서 다른 사람들과 함께 직면한 수수께끼는 당시 공중보건의 상황이나 조사 경험과 어긋났다.

회의를 열기 전인 1981년 6월 5일, 질병통제센터는 주목해야 할 질병을 국민에게 알리는 「이환율 및 사망률 주간 보고서Morbidity and Mortality Weekly Report」에서 건조한 과학 용어로 현황을 자세히 공개했다.

1980년 10월부터 1981년 5월 사이, 캘리포니아주 로스앤젤레스의 병원 세 곳에서 모두 왕성한 동성애자인 젊은 남성 다섯 명이 생체 검사로 폐포자충 폐렴을 확진 받아 치료받았다. 이 가운데 두 명은 사망했다. 진단 결과, 다섯 명 모두 과거나 현재에 거대세포 바이러스에 감염되었고 점막 칸디다증을 앓은 것으로 확인되었다. 이 환자들의 사례 보고는 아래와 같다.

보고서는 29세에서 36세 사이인 다섯 남성의 상태를 자세히 설명했다. 네 명은 이전까지 건강했고, 한 명은 3년 전 호지킨 림프종을 무사히 치료했다. 거대세포 바이러스는 흔한 바이러스로, 대개 아무런 증상도 일으키지 않아 보균자 대다수가 자각하지 못하고 주로 침, 혈액, 오줌, 정액 같은 체액을 통해 사람에게서 사람으로 퍼진다. 여러 사람과 성교할수록 체액을 더 많이 주고받고 항문 성교가 질 성교에 견줘 자잘한 찰과상과 그에 따른 출혈을 일으킬 확률이 훨씬 높으므로, 이 바이러스는 성 활동이 왕성한 게이 남성에게서 자주 나타났다. 당시 학계에서는 이들을 MSM(Men who have Sex with Men) 즉 남성과 성교하는 남성이라 불렀다. 그런데 알려진 바에 따르면 면역 체계가 손상된 사람의 경우 거대세포 바이러스가 다양한 건강 문제를 일으켰다. 이 남성들이 앓은 칸디다증이 면역력 저하를 뜻했을 수 있다. 두 명의 사망자 중 감염 집단에서 가장 어렸던 환자 4번은 호지킨 림프종을 앓았을 때 방사선 치료를 받았었다. 혹시 방사선이 환자의 면역 체계를 억제했을까? 아니면 암자체가 어떤 영향을 미쳤을까? 다른 네 명은 왜 면역 체계에 문제가 생겼을까?

특히 당혹스러웠던 점은 당시 어떤 의료 수사관도 두 질환 즉 로스앤젤레스에서 발생한 폐포자충 폐렴과 뉴욕에서 발생한 카포지 육종이 '범죄 현장'에 '가해자'로 등장하리라고는 예상치 못했다는 것이다. 폐포자충 폐렴을 일으키는 기생충은 대개 인간의 면역 체계에 쉽게 무릎을 꿇는다. 카포지 육종은 주로 나이 든 남성이나, 허약하고 병치레가 잦은 남성에게서 나타난다.

「이환율 및 사망률 주간 보고서」는 냉철하게 이렇게 평가했다.

미국에서 폐포자충 폐렴은 면역 반응이 극도로 억제된 환자 말고는 거의 나타나지 않는다. 따라서 임상적으로 명백하게 면역결핍과 관련된 기저 질환이 없이 건강했던 이 다섯 명에게서 폐포자충 폐렴이 발생한 것은 흔치 않은 일이다.

그렇다면 왜 미국 서쪽 끝과 동쪽 끝에 사는 건강한 젊은 남성 집단에서 이런 의학적 예외가 나타났을까? 면역 억제를 일으킨다고 알려진 원인이 무엇이었더라?

우리는 의사들이 감별 진단이라 부르는 과정을 거쳤다. 즉 흔히 떠오르는 용의자와 뜻밖의 용의자를 적은 목록을 살펴보며 가해자를 추적했다.

엡스타인바 바이러스Epstein-Barr virus와 관련될지도 모른다는 추정이 나왔다. 이 바이러스는 주로 구강 분비물, 생식기 분비물, 체액으로 전염된다. 아무런 증상도 일으키지 않으면서 감염 단핵구증을 일으키는 주요 원인으로, 내가 학생이었을 때는 키스로 병이 옮는다고 생각해 '키스병'이라고도 불렸다. 엡스타인바 바이러스는 호지킨 림프종, 버킷림프종 및 다양한 자가 면역 질환 같은 더 심각한 질병과도 관련이 있다. 이 바이러스가 만성 피로 증후군을 유발한다고 추정하는 과학자도 더러 있지만, 관련성은 한 번도 증명되지 않았다.

회의장에 모인 사람들이 너도나도 가설을 제시했다. 피를 매개로 전파되는 미생물 중에 이런 질환을 촉진하는 것이 없을까? 어쩌면 이 남성들이 일부러 또는 무심코 어떤 화학 물질을 섭취하지는 않았을까? 하지만 이 사례들이 감염력이 매우 높은 새로운 질병의 출현과 관련 있다는 생각에서 나온 가설은 하나도 없었다.

제임스 커런은 "우리 대다수가 성 접촉으로 전염되는 감염원을 생각했지만, 그것이 무엇인지는 몰랐다"고 회상했다. 우리는 이 질환이 감염병인 것 같다고 생각했다. 하지만 확신하지는 못했다.

뉴욕, 로스앤젤레스를 포함한 여러 대도시에 눈여겨볼 만한 게이 집단이 있었다. 이들은 심지어 같은 날에도 상대를 바꿔 가며 왕성하게 성관계를 맺기 일쑤였다. 따라서 발기를 일으켜 유지하고 성적 쾌감을 높이고자 아질산아밀이 주성분인 흥분제를 자주 코로 들이마시곤 했다. 그렇다면 이 화학 물질이 면역 체계에 남아 무시무시한 영향을 미쳤을까? 그럴 것 같지는 않았지만, 우리는 어떠한 가능성도 배제하지 않았다.

여기에서 깊이 고민할 물음이 있었다. 두 감염 집단 사이에 관련성이 있을까, 아니면 성생활이 왕성한 게이 남성이라는 공통점이 그저 우연일 뿐일까? 진단과 관련해 흔히 언급되는 오래된 격언이 있다. 흔한 일은 흔히 일어난다. 흔치 않은 일은 흔치 않게 일어난다. 그러니 발굽 소리가 들릴 때는 얼룩말이 아니라 말을 떠올려라. 그렇다면 두 집단을 흔치 않은 얼룩말 한 마리로 봐야 할까, 아니면 서로 상관없는 흔한 말 두 마리로 봐야 할까?

이때 대단히 중요한 첫 단계는 '사례 조사'일 것이다. 사례 조사는 형사가 용의자를 감시하는 것만큼이나 중요하다. 당시 내가 독성 쇼크 증후군을 조사한 지 얼마 지나지 않은 때라 회의실에 모인 사람들이 내게 의견을 물었다. 뉴욕과 로스앤젤레스에서 조사를 강화하고, 다른 지역에서 비슷한 사례를 찾아보면 어떨까? 성병을 많이 다루는 진료소를 집중적으로 조사하는 것이 합리적이지 않을까? 폐포자충 폐렴 사례는 호흡기내과를, 카포지 육종 사례는 피부과를 조사하면 어떨까?

일리가 있는 아이디어들이었지만, 나는 게이 인구가 많은 로스앤젤레스와 뉴욕시의 현지 의사들에게 설문조사를 돌려 혹시라도 이런 사례를 본 적이 있는지 파악한다면 빠른 기간 안에 최대한 많은 정보를 얻을 수 있다고 생각했다. 설사 이 사례들이 면역 체계를 무너뜨리는 미생물에게 감염되었거나 어떤 화학 물질을 들이마신 탓에 나타났을지라도, 또 설사 다른 도시에서는 이성애자 사이에 나타났을지라도, 더 많은 사례를 찾아낼 '다발 지역'은 로스앤젤레스와 뉴욕시일 것 같았다.

회의실에서 나올 때 나는 고개를 갸웃거렸다. 정말로 걱정해야 할 어떤 일이 일어난 것일까, 아니면 이 사례들이 공중보건 분야에 우연히 겹쳐 일어난 사건들일 뿐일까? 두 감염 집단 중 적어도 하나는 의학적 예외로 드러나 빠르게 시야에서 사라질까? 그래서 깔끔하게 설명할 수 있는 수수께끼가 될까? 제임스는 분명 그렇게 되기를, 그의 말대로 "원인을 밝히고, 치료하고, 극복하기를" 바랐다.

하지만 우리 눈앞에 있는 것이 진짜 흑고니는 아닐까? 적색경보를 울려 모두 힘을 합쳐 힘껏 싸워야 할 일이 아닐까? '흑고니'라는 용어는 작가이자 학자 나심 니컬러스 탈레브가 금융 시장에서 드물게 일어나는 어떤 상황을 설명하고자 처음 사용했다. 그리고 2007년에 펴낸 책『블랙스완Black Swan』에서는 흑고니의 개념을 확장해, 더 큰 세계에서 흔치 않게 일어나 더 크고 심각한 영향을 미치는 예상하기 어려운 사건들을 설명했다.

그날 애틀랜타의 회의실에 모였던 누구도 우리가 역사에 한 획이 그어지는 순간을, 세상이 에이즈의 시대로 들어서는 순간을 목격하고 있다는 것을 알아채지 못했다. 제임스 커런은 질병통제센터에서 계속 에이즈 대책반을 이끌었다. 에이즈는 제임스의 경력도 바꾸었다.

회의 뒤 제임스는 잠정적으로 카포지 육종과 기회감염*으로 분류한 이 신규 질환을 분석할 특별 대책반을 꾸렸다. 질병통제센터가 「이환율

---

* 건강한 사람은 괜찮지만 건강하지 않거나 면역 기능이 떨어진 사람에게서는 병을 일으키는 감염

및 사망률 주간 보고서』에 이 질환의 발생을 알리고 특별 대책반을 꾸릴 무렵, 특히 뉴욕에서 일하는 의사들이 폐포자충 폐렴에 걸린 젊은 남성들을 치료할 용도로 펜타미딘을 유례없이 많이 요청했다. 어떤 감염원이 이 질환을 일으키는지는 아무도 몰랐지만, 제임스와 동료들은 질병통제센터가 이 질환의 사례 정의를 마련해야 할 때라는 것을 알았다.

사례 정의는 어떤 질병을 규명하고 대응 방안을 파악하는 데 무척 중요한 역할을 한다. 사례 정의로 질병을 기술해야만 질병통제센터의 조사관, 주정부와 지방정부의 보건부 관료, 응급실 의료진, 다른 모든 의사와 의료 종사자가 자신이 조사하거나 진찰하는 환자가 이 질환에 해당하는지 아닌지를 분류할 수 있기 때문이다.

제임스는 이 시점을 이렇게 설명했다. "워낙 흔치 않은 사례들이라 정의를 명확하게 내려야 했다. 그다음에는 매우 구체적이고 적극적으로 조사에 힘썼다. 그리고 마침내 말할 수 있었다. '이 질환이 정말로 날이 갈수록 늘고 있다. 일부에 집중해 발생하고 있지만, 서서히 퍼지고 있다'고."

이상한 신규 질병이 발생했다는 소식이 언론에 실리자마자, 질병통제센터에 비슷한 증상을 호소하는 전화가 빗발쳤다. 1981년 말까지 게이 남성 270명에서 극심한 면역 결핍 사례가 보고되었는데, 이 가운데 무려 212명이 사망했다. 조사를 1년 남짓 진행해보니, 질환자가 대부분 게이 남성과 정맥 주사용 마약 사용자였다.

이듬해에는 감염자 추정치가 자그마치 수만 명에 이르렀다. 제임스가 되돌아보기에 당시 우리가 마주한 문제는 "처음 몇 해 동안 질병통제센터가 한결같이 감염자를 너무 적게 추산했는데도 너무 부풀려 추산한다는 비난을 받았다는 것이다."

그러다 이전 발병자와 다른 특성을 가진 사람들이 증상을 나타내기 시작했다. 조사가 중대한 고비를 넘는 순간이었다. 제임스는 이때를 이렇게 회상했다. "수혈을 받은 사람들이 폐포자충 폐렴 증세를 보이기 시작했다. 아무리 봐도 이들은 게이가 아니었고, 다른 위험 요소도 없었다. 게다가 혈우병을 앓는 아이들에게서도 증상이 나타났다. 그래서 우리는 어떤 사람이 감염되었고 어떤 사람이 감염되지 않았는지를 자신 있게 다른 사람들에게 설명할 수 있었다. 정말로 중요한 발견이었다. 한 주에 혈우병 환자 세 명이 증상을 나타냈을 때, 우리는 혈액 제제에 감염원이 들어 있다는 것을 확신했다. 감염원은 틀림없이 아직 세상에 알려지지 않은 바이러스였다."

1982년 9월, 질병통제센터는 제임스의 지휘 아래 처음으로 '후천성 면역 결핍증acquired immune deficiency syndrome'이라는 용어를 사용했고, "세포 매개 면역에 적잖은 기능 저하를 일으킬 것으로 보이는 질병으로, 이 질병에 저항력이 줄어들 만한 병력이 없는 사람에게서 발생한다"고 규정했다. 제임스는 질병의 머리글자를 따 AIDS(에이즈)라 부르자고 강하게 주장했다. 기억하기 쉽고 세계 어디에서든 공통으로 사용할 이름을 붙이는 것이 중요하다고 생각했기 때문이다.

1982년 10월, 「이환율 및 사망률 주간 보고서」는 에이즈 예방, 환자 치료, 시료 처리와 관련한 첫 지침을 발표했다.

에이즈는 공중보건을 무시무시하게 위협할 모든 요소를 갖춘 질병으로 드러났다. 의료 현장을 위기로 내몰았고, 검사실을 위협했고, 금융·사회·종교·윤리·정치 심지어 군사에까지 영향을 미쳤다.

드디어 1983년, 미국과 프랑스의 과학자들이 레트로바이러스가 에이즈를 일으키는 원인이라는 사실을 알아냈다. 1984년 4월 23일 미 보건복지부 장관 마거릿 헤클러가 기자 회견을 열어, 국립보건원 암연구소의 로버트 갤로 박사와 동료들이 에이즈의 원인균을 찾아냈다고 발표했다. 감염원은 레트로바이러스 HTLV-III이었다.

이어 6월에는 갤로와 파스퇴르연구소의 뤼크 몽타니에가 합동 기자 회견을 열어, 프랑스에서 발견한 림프종 결합 바이러스LAV가 미국의 HTLV-III과 거의 틀림없이 일치하고 에이즈의 원인일 가능성이 크다고 밝혔다. 그리고 마침내 1986년, 국제 바이러스분류위원회ICTV가 인간 면역 결핍 바이러스human immunodeficiency virus 즉 HIV를 에이즈의 원인균으로 공식 분류한다.

HIV는 아프리카 정글에서 원숭이나 침팬지 같은 영장류를 감염시키는 바이러스로 시작했을 가능성이 크다. 그리고 사람에게로 건너오기 전까지 수십 년 동안 영장류의 몸속에 머물렀다. 그런데 아프리카 정글에 사람이 늘어나면서, 영장류를 사냥하던 관습이 더 흔해졌고 자주 영양원으로 섭취했다. 그러므로 사람들이 HIV에 감염된 영장류를 죽이고 토막 내는 과정에서 영장류의 피를 광범위하게 접촉했을 때 HIV가 사람에게 건너뛰었을 것이다. 그다음부터는 주로 성 접촉을 통해 사람에게서 사람으로 전염되다가, 마침내 외딴 정글의 소집단을 벗어나 밖으로 퍼졌을 것이다.

이 확산 모형은 이른바 문명의 진보와 인구 증가로 도로가 개선되고 사람들이 더 많이 이동하는 만큼 정글과 삼림이 줄어들 때 여러 감염병이 어떻게 확산하는지를 유용하게 알려준다. 그 결과, 수백 년 어쩌면 수천 년 동안 제 나름의 적소에 머물렀을 미생물들이 이제 훨씬 큰 문제로 떠오르고 있다.

그런데 1984년 4월 23일 기자 회견으로 돌아가면, 이날 마거릿 헤클러 장관은 진단용 혈액 검사를 개발했다는 발표와 더불어, 2년 안에 에이즈 백신이 마련되리라는 희망도 드러냈다. 에이즈 백신이 그렇게 빨리 마련되리라고 생각하다니, 내게는 말도 안 되게 터무니없는 소리로 들렸다. 헤클러 장관이 도대체 어디에서 그런 추정치를 얻었는지 가늠조차

되지 않았다. 어떤 백신이라도 개발 기간 2년은 몹시 짧은 시간이다. 게다가 에이즈를 일으키는 레트로바이러스의 백신을 겨우 2년 만에 개발하겠다는 목표는 사실상 불가능에 가까웠다.

한 번 세포에 침투한 레트로바이러스는 그곳에서 한없이 기다리며 기회를 엿본다. 그렇게 감염된 사람의 체액에 머물던 HIV가 이를테면 성관계 때 감염된 '면역 세포' 형태로 다른 사람의 몸에 침입한다면, 정상적면역 반응이나 백신으로 생성된 항체가 있더라도 초기 전투에서 침입자인 HIV를 물리칠 방법이 없다고 봐야 한다. 다른 바이러스의 경우 백신이 면역 체계를 자극해 침입자를 식별한 뒤 죽이도록 유도한다. 하지만 HIV는 인체의 수비병을 피해 숨어드는 방법을 알고 있었다. 이 사실은 백신의 작용 방식과 관련한 모든 개념에 큰 숙제를 남겼다.

제임스는 이렇게 지적했다. "사람들이 백신을 언급할 때, 거기에는 분명 섣부른 낙관이 어느 정도 섞여 있었다. 하지만 솔직히 말해 쟁점은 언제 백신이 나오느냐가 아니라, 과연 백신이 나올 것이냐다."

그렇다고 이 말이 HIV가 몸에 들어왔을 때 HIV를 끈질기게 괴롭힐 치료법을 개발하지 못한다는 뜻은 아니었다. 사실 오늘날 HIV를 억제하는 데 쓰는 칵테일 요법, 그러니까 여러 약제를 섞어 쓰는 치료법은 정말로 희망을 불러일으킬 만큼 놀랍도록 진전했다. 하지만 여기에서 중요한 단어는 억제다. 당뇨병이나 다른 만성 질환에서 그렇듯, 우리는 HIV를 예방하지도 치료하지도 못한다.

1980년대 중반 무렵 일부 공중보건 전문가들은 오로지 백신 연구에만 몰두했다. 하지만 나는 어떤 토론에 나가서든, 백신이 전염을 막을 때까지 기다릴 시간이 없다고 줄기차게 주장했다. 반드시 예방 수단이 있어야 했다.

여기에는 내 개인사도 얽혀 있었다. 내가 사랑해 마지않았던 로마나 마리 라이언 이모는 샌프란시스코에서 수녀이자 교사로 일했다. 이모의 교구 사제였던 토머스 F. 리건 신부는 이모가 어린아이를 가르치는 데 "마법 같은 재능을 타고났다"고 칭찬하곤 했다. 그런데 이모가 예순여섯 살이던 1983년 어느 날, 유치원 아이들을 데리고 현장 학습을 나갔다가 넘어져 엉덩이뼈가 부서졌다. 이때는 미국이 HIV에 감염된 혈액을 공급 체계에서 걸러내기 전이었다.

1984년 8월, 로마나 이모가 아이오와 고향집을 찾았다. 어느 일요일 오후, 우리는 더뷰크에 있는 수녀원에서 조촐하게 가족 모임을 열었다. 반가운 얼굴을 볼 마음에 들떠 미니애폴리스에서 더뷰크까지 차를 몰았던 기억이 어제처럼 생생하다.

미시시피 강가의 절벽에서 강이 시원하게 내려다보이는 화창한 날이었다. 늘 그렇듯 그날도 이모는 기쁨과 유쾌함과 사랑이 넘쳐 보였다. 내게 로마나 이모는 함께한 시간을 소중히 간직하고 싶게 만드는 사람이었다. 그런데 이모가 얼마 전부터 몸이 아팠지만, 주치의가 정확한 원인을 알아내지 못했다고 했다. 그날 수녀복은 입지 않은 지 오래인 이모가 긴 연두색 치마를 입었던 모습이 떠오른다. 이모가 야외 의자에 앉아 있는데, 그 순간 다리 아래쪽에 불그죽죽 몹시 흉해 보이는 병변이 있는 게 눈에 들어왔다.

카포지 육종에 익숙했는데도, 나는 그때 이모가 에이즈에 걸렸으리라고는 생각도 하지 못했다. 게이 남성도 아닌 데다, 이모가 1983년에 엉덩이뼈를 수술할 때 수혈을 받았는지도 몰랐기 때문이다. 의료진은 이모가 골절로 상당한 출혈을 일으켰으리라 짐작하고서, 수술 초반에 수혈을 시작했다고 한다. 그런데 이모가 수혈받은 혈액이 하필 HIV에 오염된 것이었다. 게다가 알고 보니, 출혈이 심각하지 않아 수혈할 필요도 없었다.

샌프란시스코로 돌아간 지 얼마 지나지 않아, 로마나 이모는 에이즈에 걸렸다는 진단을 받았다. 그리고 마지막 몇 달 동안 끔찍한 통증에 시달리다, 1985년 2월 폐포자충 폐렴으로 돌아가셨다. 하지만 불평은커녕 자신이 수혈받은 피를 헌혈한 HIV 감염자, 자신과 같은 질환을 겪는 모든 사람을 위해 하루도 빠짐없이 기도했다. 리건 신부에 따르면 이모는 마지막까지도 남을 도우려 했다. "그 사람들이 얼마나 고통스러울지 알아요. 그래서 의사들이 이 병의 치료법을 찾아낼 수 있도록 내게 일어나는 증상을 설명하고 있어요."

HIV가 이모의 몸은 집어삼켰을지언정 독실하고 다정한 영혼은 건드리지 못했다. 그때까지만 해도 내가 에이즈로 잃은 가까운 사람은 로마나 이모뿐이었다. 하지만 그 뒤로 30년 동안 이 괴물 같은 미생물은 내가 아끼던 여러 친구와 동료의 목숨을 앗아갔다.

1984년 헤클러 장관이 형편없는 기자 회견을 연 며칠 뒤, 나는 미니애폴리스와 세인트폴을 기반으로 삼는 어느 게이 경영자 단체에서 강연했다. 청중이 200명 넘게 모였는데, 많은 참석자가 나를 에이즈와 관련한 문제라면 죄다 부풀려 발언하는 인물이라고 생각한 탓에 실상을 받아들이려 하지 않았다.

나를 소개하는 동안, 사회자가 흥분과 안도가 배어나는 목소리로 헤클러 장관이 머잖아 백신이 나올 것이라고 발표했으니 동성애자 남성의 건강을 위협하는 새로운 위기가 곧 지나갈 것이라고 말했다. 마치 내가 거기 있을 이유가 하나도 없다는 소리로 들렸다.

나는 간단한 경고로 말문을 열었다. "나는 헤클러 장관의 언급을 조금도 신뢰하지 않을뿐더러, 내가 현직에서 물러날 때까지 효과적인 에이즈 백신이 나오리라고 생각하지도 않습니다. 「스타트렉」에 나오는 순간이동기계 같은 기술이 발견된다면 모를까요." 청중으로부터 야유와 고함이 터져 나왔다. 몇몇은 아예 벌떡 일어나 자리를 박차고 나가버렸다. 내가 한 말은 모두 레트로바이러스 연구와 역학에 근거한 것이었다. 하지만 이 단체 앞에 서니, 그런 사실이 전혀 위안이 되지 않았다. 만약 이들이 안전한 섹스와 개인 예방 활동이라는 메시지에 귀 기울이지 않는다면 앞으로 몇 달에서 몇 년 사이에 많은 사람이 고통스러운 죽음을 맞을 것을 알았기 때문이다. '나쁜 소식의 전령'이라는 내 이미지가 고스란히 드러나는 순간이었지만, 증거가 가리키는 결론은 오로지 하나였다.

1985년, 미네소타주는 정부기관 중 세계 최초로 HIV 감염을 신고 의무가 있는 공중보건 질환으로 지정했다. 한 해 전인 1984년에는 우리 미네소타 주정부와 다른 몇몇 주정부 및 지방정부가 에이즈를 신고 의무가 있는 질병으로 지정했다. 이 활동은 내가 HIV 감염에 대처하는 포괄적 공중보건 프로그램의 하나로 진행한 것이었다. 어떤 감염병이라도 심각한 위협이 될 때는 앞으로도 그런 조처를 내려야 하고 또 그렇게 할 것이다. HIV 감염자에게는 그들의 건강 상태를 비밀에 부치고, 의무 보고한 내용을 고용주에게 알리지도 대중에게 공개하지도 않겠다고 보장했다. 그래도 게이 사회 대부분은 이 정책에 질색했다.

2006년 들어 질병통제센터는 내가 1980년대 중반부터 공개적으로 주장했던 보편적 HIV 검사를 권고했다. 이 조치도 인기가 없기는 마찬가지였다. 그리고 2015년이 되어서야, 내가 사는 미네소타주를 포함해 미국 전역의 주요 의료 관계자들이 18~64세 국민의 보편적 HIV 검사를 지지했다.

「이환율 및 사망률 주간 보고서」에서 처음으로 HIV를 언급한 지 20년이 지난 2001년, 질병통제센터는 지난 20년 동안 미국에서 에이즈로 무려 50만 명 가까이 사망했다고 발표했다. 그런데도 질병통제센터 관료들은 "세계적 전염을 억제하려면 HIV 백신 개발이 중요하다"고 적었다. 공중보건 관계자와 연구자들이 거듭 희망을 드러내고 약속했지만,

이 글을 쓰는 지금도 여전히 백신은 존재하지 않는다. 노력이 모자란 탓이 아니다. HIV는 그만큼 만만치 않은 바이러스다.

2014년 세계보건기구는 전 세계에서 3690만 명이 HIV에 감염된 채 산다고 추산했다. 대다수는 사하라이남 아프리카 사람들이다. 그해에 HIV 신규 감염자는 200만 명, 에이즈 사망자는 77만 명으로 추산했다. 사하라이남 아프리카에서는 한 주마다 평균 약 3만 명이 새로 HIV에 감염되고, 2만 명이 에이즈로 죽었다. 이렇게 사망자보다 신규 감염자가 많은 한, HIV에 감염된 채 살아가는 사람은 계속 늘어날 뿐이다.*

다행히도 감염자 약 1500만 명이 항레트로바이러스제 치료를 받았다. 하지만 뒤집어 말하면, 안타깝게도 나머지 2200만 명이 치료를 받지 않거나 못하고 있다는 뜻이다. 이는 전체 감염 인구 중 거의 60퍼센트를 차지한다. 한 해에 새로 감염된 숫자가 200만 명이니, 더는 '에이즈의 급속한 확산'이 나타나지 않는다고 말해야 타당할 것이다. 물론 HIV 감염이 여전히 공중보건을 위협하고, 특히 사하라이남 아프리카에는 큰 위협이지만, 이제 HIV는 '고빈도 풍토병hyperendemic'이 되었다. 달리 말해, 없어지지 않은 채 공중보건을 괴롭히는 심각한 골칫거리다.

에이즈는 앞으로 일어날지 모를 일을 알리는 섬뜩한 경고일 수 있다. 우리가 방심하면, 감염병이라는 흑고니가 난데없이 나타나 상상도 하지 못할 고통을 퍼트릴 수 있다고 알리는 전조일지도 모른다. 그러므로 에이즈는 끊임없이 팽팽하게 맞서는 말과 얼룩말의 줄다리기를 전형적으로 보여주는 예다. 이런 팽팽한 줄다리기야말로 지금껏 내가 역학자로서 걸어온 길을 설명한다. 그리고 내가 질병에 접근하는 방식에 한없이 큰 영

---

* 2018년 기준 HIV 감염자는 3790만 명으로 추산된다. 그해 신규 감염자는 170만 명, 에이즈 사망자는 7만 명으로 추산된다. 사하라이남 아프리카의 신규 감염자는 주당 평균 2만 명, 사망자는 9000명 정도다. 항레트로바이러스제 치료를 받는 인구는 감염자의 약 62퍼센트인 2330만 명으로, 상황이 상당히 개선되었다.

향을 미쳤다.

에이즈는 공중보건 종사자가 모두 두려움에 떠는 공포다. 에이즈가 어떤 질병인지, 어떻게 전염되는지 이해하고 끊임없이 경고했는데도 우리는 에이즈가 퍼지도록 한 여러 습관과 행태를 멈춰 세우지 못했다. 증거와 지식과 논리만으로는 사람들을 설득하지 못할 때가 있다.

2장

—

공중보건의 역사

윤리가 진화하는 첫걸음은 다른 인간과 연대할 줄 아는 의식이다.

– 알베르트 슈바이처

내가 자란 곳은 아이오와주 워콘이다. 아이오와주 서북쪽 귀퉁이에 있는 이 작은 농촌 지역은 유서 깊은 앨러매키 카운티 축제가 열리는 곳이자, 동쪽으로 25킬로미터쯤 가면 굽이치는 미시시피강이 나오는 곳이다. 나는 3남 3녀 6남매의 맏이였다. 아버지는 사진기자였고, 또 폭행을 일삼는 술주정뱅이기도 했다. 고등학교 동창회가 열린 날 밤늦게 집에 갔더니, 아버지가 어머니를 두드려 패다 못해 맥주병으로 머리를 내리친 상태였다. 하루가 멀다고 어머니나 동생들 또 나를 때리기는 했지만, 그때처럼 심한 폭력은 처음이었다. 그때 내 평생 처음이자 마지막으로 몸싸움을 벌였다. 이 일을 그다지 자랑스럽게 여기지는 않지만, 사실 하마터면 아버지를 죽일 뻔했다.

　나는 윈스턴 처칠 경의 격언을 자주 인용한다. "모든 것을 내걸고 뛰어들 때야, 승부를 겨루는 법을 배울 수 있다." 그날 밤 나는 모든 것을 내걸었다. 그래야만 아버지가 다시는 집에 발을 들이지 않을 것을 알았기 때문이다. 물론 우리 가족은 아슬아슬했던 그 일을 쉬쉬했다. 그래도 어쨌든 아버지는 그 뒤로 한 번도 집에 돌아오지 않았다.

다른 것은 몰라도, 그 사건으로 나는 평생의 교훈 즉 절대 물러서지 말아야 할 때와 물러설 때를 구분하는 법을 배웠다.

친구 몇몇은 내가 이런 배경 때문에 주변 모든 사람을 보호하려 한다고 본다. 정말로 그런지는 잘 모르겠다. 다만 확실히 아는 것은 내가 인생의 경로를 중학교 시절에 정했다는 것이다.

어릴 적 나는 늘 과학에 흥미를 느꼈다. 하지만 수수께끼 같은 이야기에도 껌뻑 죽었고, 셜록 홈스는 책이 닳도록 읽었다. 아버지가 사진기자로 일했던 지방 신문사 『워콘 데머크랫』과 『워콘 리퍼블리컨-스탠더드』는 형제가 공동 사주였는데, 사주 한 명의 부인인 러번 키텔 헐이 잡지 『뉴요커』를 다 읽은 다음 내게 주곤 했다.(장담컨대 아이오와 서북부까지는 아니라도 워콘에서 『뉴요커』를 구독하는 사람은 그분뿐이었다.) 내 마음을 사로잡은 기사는 멋진 재능을 타고난 의료 전문 작가 버턴 루셰*가 싣는 연재물 '의료 연대기The Annals of Medicine'였다. 루셰가 쓴 글을 읽을 때마다 나는 그가 묘사한 의료계의 수수께끼에 푹 빠졌다. 그리고 상상했다. 수수께끼를 푸는 과학 수사단에 나도 함께 참여하는 모습을. 그 시절 나는 역학자라는 용어가 있는 줄도 몰랐다. 하지만 내가 그런 사람이 되고 싶어한다는 것은 알았다.

1988년, 활동이 막바지에 이른 루셰가 '의료 연대기'에 실은 한 꼭지는 내게 특히 뿌듯한 경험이었다. 그 글은 미네소타 서남부와 사우스다코타에서 발생한 갑상샘 항진증을 다뤘는데, 내가 조사를 이끈 사례였기 때문이다. 루셰의 글을 보며 역학자를 꿈꿨던 내가 루셰의 글에 실린 사례를 이끈 역학자가 되다니, 내 경력에서 손에 꼽게 멋진 선물이었다.

---

* 버턴 루셰Berton Roueché(1910~1994)는 미국의 유명한 의학 전문 작가다.

그렇다면 역학자들은 무슨 일을 할까? 또 왜 그 일을 할까?

역학은 인간과 동물의 질병을 예방할 목적으로, 개체군에서 발생한 질병을 연구하는 학문이다. 공중보건에도 비슷한 의미가 있다. 미네소타의 작은 고장에서든 아프리카 대륙에서든 지구 전체에서든, 공중보건은 해당 지역의 보건 상황을 개선하려는 행동들을 가리킨다.

빌이라는 애칭으로 불리는, 내 영웅이자 친구 윌리엄 페이기는 질병통제센터 센터장과 카터센터 상임이사를 지냈고, 지금은 빌 멀린다 게이츠 재단에서 선임연구원 겸 자문위원으로 일한다. 그는 공중보건의 목적이 "사회 정의를 향상"하는 것이라고 본다. 그래서 "공중보건은 사회 정의를 철학적 토대로, 역학을 과학적 토대로 삼는다"고 주장한다.

자신의 주장을 더 쉽게 설명하고자, 윌리엄은 존경받는 화학자이자 철학자인 작가 프리모 레비를 언급했다. 유대계 이탈리아인인 레비가 쓴 『이것이 인간인가Se Questo è un Uomo』는 중요한 홀로코스트 체험담으로, 아우슈비츠에서 겪은 혹독한 삶을 서술한다. 레비는 "괴로움을 줄이는 법을 알면서도 그렇게 하지 않을 때, 우리는 남을 괴롭히는 사람이 된다"고 적었다. 나는 우리 역학자들의 임무를 이보다 더 절묘하게 표현한 말을 들어본 적이 없다.

윌리엄은 공중보건계의 거인이다. 키가 무려 2미터이니 어쨌든 이래저래 거인이다. 그의 가장 큰 업적은 1970년대 후반에 천연두를 뿌리 뽑으려는 국제 활동에 참여해, 공식적으로는 '감시와 봉쇄surveillance and containment'로 알려진 포위 접종ring vaccination 전략을 현장에서 고안하고 실행한 것이다. 그러므로 마이크로소프트 창업자 빌 게이츠와 그의 아내 멀린다가 수십억 달러를 내놓아 전 세계의 보건 향상에 헌신할 재단을 세우기로 했을 때, 윌리엄 페이기를 수석 고문 중 한 명으로 고른 것은 당연한 일이다. 재단을 설립할 때 게이츠 부부는 어떤 아이든 건강한 삶을 누릴 권리가 있고, 그런 삶을 다른 사람들이 제공할 수 있다는 믿음을 추구했다. 부부는 "전 세계 사람들의 건강을 되도록 비슷한 수준으로 끌어올리는 것이 우리가 해야 할 일이다"라고 언급했다.

대학에서 공중보건을 가르치는 나는 학생들에게 자주 이런 질문을 받는다. 지역적 발병이든 세계적 발병이든, 유행병이 몰고 올 어마어마한 난관에 맞서려면 어떻게 준비해야 하는가? 나는 윌리엄 페이기의 전술을 따르라고 답한다.

윌리엄은 자신의 철학을 공중보건에 적용할 때 우리가 따르면 좋을 원칙 세 가지를 제시한다.

첫째, 상황이 아무리 종잡을 수 없이 혼란스러워 보일지라도, 우리는 원인이 있는 곳에 결과가 나타나는 세상에 산다. 따라서 저기 어딘가에 답이 있다.

둘째, 진실을 알아내라. 진실을 알아내는 첫걸음은 자신의 세계관에 더 맞거나 가까워 보이는 답을 찾기보다 '진실을 알고 싶어하는' 것이다.

셋째, 우리 누구도 혼자서는 가치 있는 일을 하지 못한다.

나는 여기에 하나를 더 보태려 한다. '좋든 싫든, 이 문제에서 우리는 모두 한배를 탄 처지다.' 앞을 내다볼 줄 알았던 위대한 미생물학자이자 노벨상 수상자 조슈아 레더버그 박사는 "어제 저 멀리 떨어진 대륙에서 한 아이를 쓰러뜨린 미생물이 오늘 당신의 아이를 덮치고 내일은 세계적 유행병이 될 수 있다"고 경고했다. 2008년에 세상을 떠나기 전까지, 조슈아는 내게 큰 영향을 미쳤다. 멘토로서 그는 내게 점 하나의 중요성을 알려주었다. 멀리 떨어진 어떤 사람, 박테리아, 바이러스, 기생충, 장소, 시기 등은 말 그대로 점 하나지만, 우연에서든 고의에서든 여러 점이 모이면 선을 이룬다는 가르침을 주었다. 공중보건에서 우리가 하는 일이 바로 점들이 선이 되기 전에 알아채, 선이 그어지지 않도록 우리가 해야 하는 모든 노력을 다하는 것이다.

윌리엄 페이기가 평생 꿈꾼 것 중 하나가 미국 역사가 윌 듀랜트와 아리엘 듀랜트 부부의 모든 작품, 그중에서도 특히 열한 권짜리 『문명 이야기The Story of Civilization』를 읽는 것이었다. 애틀랜타 에머리대 롤린스 공중보건대학원에서 윌리엄은 우리에게 1941년 12월 7일 일본이 진주만을 공격한 뒤 하룻밤 사이에 미국 전역과 많은 나라가 얼마나 하나로 똘똘 뭉쳤는지를 들려줬다. 윌리엄은 그 뒤로 그처럼 올바르고 헌신적인 단결을 촉발한 일이 있었던가, 라고 물음을 던졌다. 이 대목에서 2001년 9월 11일에 일어난 테러가 초기에 그런 역할을 했다고 주장할 사람이 많을 것이다. 하지만 그때는 열띤 반응이 오래지 않아 시들어 사라졌다. 공격이나 위협과는 거의 상관없다고 봐야 할 군사 행동에서 촉발된 반응이었기 때문이다.

듀랜트 부부는 만약 외계인이 침공해 지구 전체를 위협한다면 그때야 인류가 어쩔 수 없이 저마다 차이를 내려놓고 똘똘 뭉치리라고 믿었다. 그런데 윌리엄은 "내가 보기에 감염병이 외계인 침공을 대신한다"고 주장했다. "냉전이 한창인데도 천연두를 뿌리 뽑을 수 있었던 까닭이 바로 이것이다. 양쪽 진영 모두 천연두 박멸이 중요하다는 것을 알았다."

외계인 침공이라는 비유에서 한 발 더 나가본다면, 외계인이 사실은 이미 지구에 착륙했다는 것부터 사람들에게 설득해야 한다. 기후변화를 보라. 과학적 근거가 무척 탄탄한데도, 아직 많은 사람이 기후변화를 믿지 않으려 한다. 감염병에서도 같은 현상이 나타난다. 따라서 우리가 할 일은 세계적 유행병과 지역적 유행병이 발생할 위험이 실재할뿐더러 앞으로 더 커진다고 세계의 지도자, 기업 경영진, 자선 단체, 언론인들을 설득하는 것이다. 이런 위험이 우리 눈앞에서 터질 때까지 팔짱 끼고 지켜만 보는 것은 전략이 아니다.

그렇다면 지금 공중보건이 다뤄야 할 현안은 무엇일까?

분명 죽음을 막는 것은 아니다. 지금 당장은 그 문제를 제외하자. 죽음은 예나 지금이나 막을 수 있는 문제가 아니다. 전체 출생률 대비 사망률은 지금껏 늘 한결같이 100퍼센트였고, 알다시피 앞으로도 언제나 그럴 것이다. 달리 말해, 한 사람이 태어난다는 것은 곧 그 사람이 언젠가는 죽는다는 뜻이다. 그러니 이른바 주요 사망 원인을 예방하는 것조차도 우리가 다뤄야 할 사안은 아니다. 설사 주요 사망 원인을 막을 수 있더라도 여전히 10대 사망 원인이 존재할 테고, 장담컨대 안타깝기가 현재 주요 사망 원인과 다를 바 없는 사유도 있을 것이다. 공중보건 영역에서 우리가 언제나 노력하는 것은 안타까운 죽음을 천수를 누리는 죽음으로 바꿔놓는 것이다. 즉 질병을 예방하여 때 이른 죽음과 불필요한 죽음을 막는 것이다. 의학과 공중보건의 역량이 진보하는 데 발맞춰 받아들일 수 없는 질병과 죽음을 꾸준히 다시 정의해야 한다.

죽음이란 거의 모두 슬프기 마련이다. 게다가 비극일 때가 많다. 하지만 공중보건 관점에서 보면 죽음마다 뜻깊은 중요한 차이가 있다. 몸과 마음이 무너진 아흔 살 노인이 잠을 자다 숨을 거둔다면 천수를 누린 죽음이다. 다사다난한 오랜 삶 끝에 맞은 평화로운 마지막이다. 하지만 미국에서든 아프리카나 아시아 어느 나라에서든 여섯 살배기 어린아이가 설사병으로 죽는다면 안타까운 죽음이다. 그것은 앞으로 수십 년 동안 꽃피웠을 잠재력과 삶을, 미래 세대를 잃었다는 뜻이다.

역학자들은 두 가지 목표를 추구한다. 첫째는 예방이다. 둘째는 예방이 어려울 때 질병과 장애를 최소로 줄이는 것이다. 그리고 두 목표를 이루고자 의료 대책이라는 무기를 적절하게 활용한다.

예방 목적으로 쓰는 주요 무기를 꼽자면 먼저 안전한 물과 먹거리, 인간 배설물과 동물 배설물의 안전한 제거를 모두 아우르는 공중위생이 있다. 예방접종도 큰 역할을 하고, 항감염제는 질병과 장애, 더 나아가 감염을 최소화할 수 있다. 질병 매개체 제어는 질병을 퍼뜨리는 모기, 진드기, 파리를 줄이는 데 무척 중요하다. 그다음으로는 병원, 요양원, 유아원의 감염 제어, 소독제 같은 보조 수단이 있다. 의료 이외의 조치로는 사람들의 특정 행동을 바꾸려는 교육, 홍보 활동, 격리 등이 있다. 이를테면 성생활과 관련한 안내, 여러 사람과의 성행위 대처 방안이 그런 조치들이다. 또 2014년에 서아프리카에서 발생한 에볼라 바이러스에서 봤듯이, 감염 사망자의 장례 방식을 바꾸는 것도 한 예다.

하지만 역학의 기본 도구는 관찰이다. 미생물을 확인할 과학적 수단과 질병이 세균에서 유래한다는 세균론germ theory of disease이 나오기 훨씬 전부터도 늘 그랬고, 또 앞으로도 늘 우리 역학자의 기본 도구는 관찰일 것이다.

18세기 영국 시골에서는 소젖을 짜는 여성들이 천연두라는 재앙을 대부분 비켜가더라는 말이 돌았다. 당시 천연두는 사망률이 아무리 못해도 30퍼센트에 이르렀고, 훨씬 높을 때가 많았다. 의사 에드워드 제너는 이 여성들이 천연두와 비슷하지만 훨씬 가벼운 우두에 노출된 덕분에 천연두를 앓지 않는다고 추측했다. 1796년 5월, 이제는 전설이 된 실험에서 제너는 소젖을 짜는 세라 넬름스라는 여성의 손에 생긴 우두 종기에서 고름을 짜낸 뒤, 자기 정원사의 여덟 살배기 아들인 제임스 핍스의 팔에 상처를 내 주입했다. 제임스는 며칠 열이 오르고 아팠지만, 머잖아 건강을 되찾았다. 그리고 두 달 뒤인 7월, 제너는 실제 천연두 종기에서 짜낸 고름을 제임스에게 주사했다. 제임스는 천연두를 앓지 않았다.

제너는 우두 접종을 주제로 논문 세 편을 발표했고, 공중보건의 군사력에서 기본 무기인 예방접종의 아버지가 되었다. 그리고 예방접종은 꼼꼼한 관찰에서 비롯됐다.

1813년에 태어난 영국 의사 존 스노는 역학과 공중보건의 수호성인으로 추앙받는 인물이다. 영국 왕립외과의사협회 회원이던 스노는 안전한 마취 시술을 개척해, 빅토리아 여왕이 1853년과 1857년에 넷째 아들과 다섯째 딸을 낳을 때 클로로포름으로 여왕을 마취했다.

그 시절 런던은 몇 년마다 한 번씩 발생하는 콜레라에 시달렸다. 대도시 런던 전역에서 시민들이 콜레라로 아프고, 죽고, 공포에 떨었다. 당시 의료계는 미아스마miasma라는 더러운 공기가 전염병을 퍼뜨린다고들 믿었다. 스노는 이 통념을 미심쩍게 여겼고, 1849년에 자신의 의심을 담아 「콜레라의 전염 방식에 관하여」라는 논문을 발표했다. 그 무렵은 미생물학이 갓 태어난 시기였고, 콜레라를 일으키는 세균을 아직 발견하기 전이었다. 마침내 1854년 이탈리아 의사 필리포 파치니가 콜레라균을 발견하고, 1865년까지 잇달아 여러 연구 결과를 발표했다.

그러던 1854년 8월, 런던에서 최악의 콜레라가 발생한다. 일부 지역에서 사망률이 10퍼센트를 넘어섰고, 특히 옥스퍼드가와 리젠트가에 접해 있는 웨스트엔드의 소호 지역은 몹시 심각한 타격을 입었다. 당시 소호는 이민자와 빈민층이 많이 몰려들었던 곳으로, 공중위생 시설이 충분하지 않았고 하수구는 거의 없다시피 했다.

스노는 가장 큰 감염 집단이 소호 한가운데를 지나는 두 블록 길이의 주요 도로인 브로드가(지금의 브로드윅가)를 따라 서북쪽 리젠트 서커스(지금의 옥스퍼드 서커스) 가까운 곳에서 몰려 나타난다는 사실을 알아냈다. 그는 콜레라에 걸린 사람들이 사는 건물을 런던 지도에 검게 칠해 콜레라 발생 지역을 표시했다. 그리고 그때까지만 해도 미아스마 이론을 믿었던 세인트루크 교회의 부목사 헨리 화이트헤드의 도움으로 콜레라 환자들의 집에 찾아가, 개인 습관이 어떠한지, 아프기 전에 갔던 곳은 어디인지를 물었다.

이런 현장 역학 조사 방식에 힘입어, 스노는 놀랍기 그지없는 관찰 결과를 내놓았다. 거의 모든 환자가 브로드가에 있는 공중 펌프에서 물을 길어 먹었다. 게다가 다른 펌프와 더 가까운 곳에 살던 사망자 열 명 가운데 다섯 명도 브로드가의 펌프가 더 좋다는 이유로 그쪽 물을 마셨다. 세 명은 브로드가의 펌프에서 가까운 학교에 다니던 아이들이었다.

스노는 펌프 물의 표본을 채취해 현미경으로 살펴보고 화학 분석을 실행했다. 안타깝게도 명확한 증거는 찾지 못했다. 하지만 이 무렵 그는 펌프와 콜레라 발생의 관련성을 굳게 확신했다. 9월 7일 밤, 스노는 세인트제임스 교구의 빈민구제위원회에 나가 통계자료를 상세히 제시한 뒤, 주민들이 펌프를 이용하지 못하도록 브로드가의 펌프 손잡이를 제거하라고 요청했다.

실제로 빈민구제위원회는 이튿날 펌프 손잡이를 제거했다. 많은 런던 시민이 겁에 질린 나머지 도시를 떠난지라 콜레라가 이미 수그러들고 있었지만, 콜레라 발생을 사실상 끝낸 것은 브로드가의 펌프를 폐쇄한 결정이었다.

그런데 콜레라 위기가 지나간 뒤 지역민들이 공중 펌프를 되돌려달라고 요청했는데 안타깝게도 이에 굴복한 관료들이 펌프 손잡이를 다시 설치했다. 얼마 지나지 않은 1866년, 사람들이 펌프로 오염된 물을 마신 탓에 콜레라가 다시 발생했다. 이 때문에 브로드가의 펌프는 영원히 폐쇄되었다.

오늘날 소호의 브로드웍가와 렉싱턴가가 교차하는 모퉁이에 있는 존 스노 펍은 런던을 찾는 모든 역학자와 공중보건 관계자가 성지를 순례하듯 들르는 곳이다. 나도 여러 번 그곳을 찾아 맥주를 한두 잔 기울였다. 그리고 그 역사적 장소를 찾을 때마다, 비록 당시 진행한 과학 연구가 콜레라의 원인은 밝히지 못했지만 스노가 적용한 기본 조사 방식이 오늘날까지 역학 조사의 밑바탕을 이룬다는 사실을 떠올린다.

누가 뭐래도 스노의 연구는 역학과 공중보건 실무에 중요한 이정표가 되었다. 하지만 내가 보기에 현대 공중보건의 아버지로 부를 만한 사람은 따로 있다. 바로 니콜라 테슬라다.

세르비아계 오스트리아인으로 태어난 테슬라는 교류 유도 전동기를 발명해 전기의 사용 영역을 폭넓게 확장했다고 인정받는 인물이다. 이 전기의 출현에 힘입어 공중보건과 감염병 억제가 눈부시게 발전했다. 전기와 양수기 덕분에 세계 곳곳에서 안전한 물을 공급받을 수 있었다. 또 수돗물 덕분에 하수도를 효과적으로 설치할 수 있었다. 냉장고, 우유 저온 살균 기술, 백신 제조, 가정과 직장에서 모기를 쫓아낼 에어컨도 전기 덕분에 생겨났다. X선을 포함한 영상 검사, 진단 장비, 인공호흡기 같은 여러 발명 덕분에 의술이 혁신되었다.

1900년 미국인의 평균 기대 수명은 48세였다. 하지만 겨우 100년이 흐른 2000년에는 무려 77세로 늘었다. 지난 20세기 동안 거의 사흘마다 하루씩 기대 수명이 늘어난 셈이다. 240만 년 전 호모하빌리스라는 초기 인류로 등장한 우리 인간이 1900년까지 성취한 기대 수명이 48세였다는 사실을 떠올려보라. 달리 말해 채 20년을 살지 못하던 호모하빌리스가 1900년에 48년을 사는 인류로 진화하기까지 무려 8만 세대가 넘게 걸렸는데, 그 뒤로 77년을 사는 인류가 되기까지는 겨우 3세대가 조금 더 걸렸을 뿐이다. 깨끗한 물, 하수도, 안전한 먹거리, 살균된 우유, 백신 덕분에 우리는 열악한 환경 조건에 특히 취약한 아이들의 목숨을 앗아가곤 했던 질병들을 뿌리 뽑는 역사적 진전을 이뤘다.

하지만 큰 진전을 이뤘다는 뿌듯함에 너무 흠뻑 취해서는 안 된다. 앞으로 보듯이, 우리가 마주할 난관은 모두 하나같이 지난날 겪었던 것보다 훨씬 힘겨울 것이기 때문이다.

3장

—

흰 가운과
구멍 난 신발

무릇 의사는 병든 장기보다, 심지어 환자보다 더 큰 그림을 봐야 한다.
의사는 환자를 둘러싼 세상까지 봐야 한다.

_신경외과의 하비 쿠싱

흰 가운이 임상의학과 실험실 의학의 상징이라면, 밑창이 닳아 구멍 난 신발은 현장 역학자의 상징이다. 사실 밑창이 나간 신발은 역학조사훈련소의 상징이다. 그곳의 좌우명이 '구두창 역학Shoe Leather Epidemiology' 즉 현장 역학이기 때문이다. 범죄 수사에서와 마찬가지로, 효과적인 보건에서도 실험실 인력과 현장 수사관이 모두 필요하다.

1981년에 질병통제센터에 들렀던 이유인 독성 쇼크 증후군 조사에서, 나는 전통적인 의료 수사관의 역할을 수행했다. 조사 결과는 놀라웠다. 그리고 결코 잊지 못할 실제 사례도 여럿 보았다.

'독성 쇼크 증후군'이라는 용어는 콜로라도주 덴버에서 아동병원 소아 감염과 과장으로 일하던 제임스 K. 토드가 1978년에 만든 것이다. 그때까지 3년 동안, 토드는 여덟 살에서 열일곱 살에 이르는 청소년들이 이따금 고열, 저혈압, 발진, 피로, 착란 증상을 보이는 사례를 경험했다. 첫 사례는 열다섯 살인 사내아이로, 처음에는 성홍열로 진단했으나 성홍열에서 흔히 예상하는 것보다 훨씬 더 심각한 증상이 나타났다. 그 뒤로

2년 동안 환자 여섯 명을 꼼꼼히 검사해보니, 환자의 목과 입 같은 점막 안쪽에서 황색 포도상구균이 검출되었는데 이상하게도 혈액, 뇌척수액, 오줌에서는 하나도 검출되지 않았다. 하지만 제임스와 동료 의료진은 신체 곳곳에 미치는 심각한 영향으로 볼 때 틀림없이 독소나 세균성 독과 관련되어 있다고 의심했다. 환자 중 한 명은 목숨을 잃었다. 혈액 표본을 실험실에서 분석해보니 B형 창자 독소가 확인되었다. 이 독소는 황색 포도상구균이 생성하는 것이다.

토드와 동료들은 독성 쇼크 증후군을 다룬 첫 논문을 영국 의학 학술지 『랜싯Lancet』에 발표했지만, 의료계에서 그다지 지지를 받지 못했다. 하지만 한발 앞선 이 연구는 질병의 원인균과 인간 사이에 명백하게 새로 나타난 충돌을 이해하는 데 중요한 첫 실마리와 길잡이 구실을 한다.

1980년 봄, 독성 쇼크 증후군처럼 보이는 사례가 아무런 낌새도 없이 불쑥 나타나기 시작했다. 주요 발생지는 미네소타주, 위스콘신주, 유타주였다. 나중에 보니 주별 환자 발생 수는 초기에 경보가 울렸을 때 어떤 주의 보건부가 독성 쇼크 증후군 사례를 적극적으로 찾아냈느냐에 크게 좌우되었다. 아무튼, 주요 발생지 세 곳 모두 발병자들이 거의 십대 소녀이거나 이십대 초반의 여성이었다. 이 무렵 나는 가까운 동료이자 친구로 미네소타 바로 옆 위스콘신주 공중보건과에서 역학자로 일하던 제프리 데이비스 박사와 두 주의 사례를 꾸준하게 주고받고 있었다. 두 주에서 발생한 사례 12건이 모두 젊은 여성에게서 발생했고, 그 가운데 열한 명은 증상이 나타난 시점에 생리 중이었다. 많은 환자가 길면 몇 주 동안 생사를 오갈 만큼 아팠다. 다행히 이 시기에는 아무도 목숨을 잃지 않았다. 초기에 우리가 알아낸 결과는 독성 쇼크 증후군이 주로 생리 중인 젊은 여성에게서 발생한다는 사실을 뒷받침했다. 하지만 우리는 이 증상이 얼마나 위험한지, 왜 일어났는지, 새로운 발병을 막으려면 어떻게 해야 하는지를 설명하지 못했다. 그래서 질병통제센터에 연락했고, 질병통제센터는 다른 주들에 사례를 찾아보도록 요청했다.

1980년 5월 23일, 질병통제센터는 「이환율 및 사망률 주간 보고서」에 실은 한 꼭지에서 위스콘신주와 유타주에서 발생한 독성 쇼크 증후군 환자 55명에 대해 설명했다. 40명의 생리 이력을 확인했고, 이 가운데 95퍼센트인 38명은 생리를 시작한 지 닷새 안에 증상이 나타났다. 그제야 언론이 관심을 보이기 시작했다.

6월 27일, 「이환율 및 사망률 주간 보고서」가 다시 한 번 독성 쇼크 증후군을 다뤘다. 독성 쇼크 증후군 환자 52명(대부분 5월 23일 보고서에 포함된 환자들이었다)의 나이와 성별에 대응하는 대조군 52명을 연구한 결과였다. 이때 쓴 역학 조사 방법은 발병 환자 인터뷰로(환자가 심하게 아프거나 사망했을 때는 환자의 가족을 인터뷰한다), 이 방식에서는 환자의 생활에서 질환을 일으켰을 만한 모든 관련 요인을 광범위한 질문지를 이용해 체계적으로 파악한다. 그다음에는 똑같은 질문지를 이용해 '대조군'을 인터뷰한다. 이들은 환자 개개인과 나이, 성별, 거주지가 일치하지만 아프지는 않은 실험 참여자다. 그리고 환자들과 대조군에서 나타난 요인의 빈도를 비교 분석하여, 환자들이 아픈 원인을 설명하는 데 도움이 될 차이점이 있는지 확인한다.

분석 결과, 탐폰 사용과 독성 쇼크 증후군 사이에 통계적으로 의미 있는 관련성이 나타났다. 달리 말해, 대조군보다 환자들 중 탐폰 사용자가 훨씬 많았으므로, 환자들과 대조군의 탐폰 사용률 차이가 그저 우연히 나타났다고 보기가 무척 어려웠다.

언론계와 몇몇 공중보건 관계자가 짐작하기에는 프록터앤드갬블Procter&Gamble이 당시 큰 관심을 끌며 미국 전역에 출시한 릴라이Rely 탐폰의 판매와 독성 쇼크 증후군 사례의 증가가 일치했지만, 이 결과를 증명할 연구는 없었다. 그런데도 이 언론 보도는 그 뒤로 몇 달 동안 이어진 역학 연구 결과에 꽤 큰 영향을 미쳤다.

6월에 「이환율 및 사망률 주간 보고서」가 발표된 지 얼마 지나지 않아, 제프리와 나는 왜 생리와 관련한 독성 쇼크 증후군 사례가 급속히 증가했는지, 공중보건에 새로 등장한 이 걱정거리에서 탐폰과 다른 감염원이 정확히 어떤 역할을 하는지 알아보고자 함께 대조군 연구를 진행하기로 했다. 우리는 사례를 더 빨리 규명하고자, 미네소타 및 위스콘신과 경계선을 맞댄 아이오와주 보건부에도 연구에 참여해달라고 요청했다. 공중보건계에서 규정하는 집단 발병outbreak이란 어떤 질병 사례가 한정된 시기에 주로 특정 지역에서 눈에 띄게 증가하는 현상이다. 원인이 무엇이든, 우리는 독성 쇼크 증후군 집단 발병의 한복판에 있었다.

이 노력은 '3개 주 독성 쇼크 증후군 합동 연구'로 알려져 있다. 연구를 원활히 진행하고자 고도로 숙련된 여성 조사관들이 은밀하게 인터뷰를 진행하도록 했다. 어린 소녀나 젊은 여성에게 매우 사적이고 아마도 당혹스러울 내용을 물어야 했기 때문이다. 질문은 이를테면 성생활, 생리 중 탐폰 사용이나 생리대 사용과 관련한 자세한 정보를 요구했다. 질문이 이렇게 민감했는데도, 연락한 대조군 후보자들이 하나같이 실험에 참여할 것에 동의했다. 우리를 도와 많은 목숨을 살린 이들이야말로 이 연구의 진정한 주역이다.

우리가 연구한 사례는 대부분 연구 시작 여섯 달 전부터 일어났지만, 독성 쇼크 증후군으로 인정되지 않았을 뿐이었다. 심지어 몇 년 전에 발생했던 사례도 더러 있었다. 우리는 여성 환자의 독성 쇼크 증후군으로 볼 만한 사례를 빠짐없이 찾아내 연구에 포함하고자, 세 주의 모든 병원에서 생리나 탐폰 사용과 관련한 보고가 없는 환자까지 샅샅이 뒤졌다.

9월 초, 나는 역학 조사관으로서 몹시 힘겹고 견디기 어려운 순간을 경험했다. 조사 대상은 독성 쇼크 증후군으로 병원 침대에 누워 죽음을 앞둔 열여섯 살 여자아이였다. 아이는 가족에 둘러싸여 최신 의술의 도움을 받았다. 하지만 어떤 치료도 효과가 없었다. 아프기 전에 어떤 모습이었을지도 알 수 없을 정도였다. 얼굴과 손발에 독성 쇼크 증후군의 전형적인 증상인 발진이 광범위하게 나타났기 때문이다. 내가 조사했을 무렵에는 얼굴과 팔다리가 몹시 심하게 부어올라 지인들도 거의 몰라볼 지경이었다. 그런 부종은 동맥과 정맥을 흐르는 혈관 내 체액이 3차 체액공간third space 이를테면 물렁 조직으로 상당량 새어 나갈 때 발생한다. 동맥과 정맥을 순환하는 혈액이 충분하지 않을 때 일어나는 이런 쇼크는 회복하기가 몹시 어렵다. 그러므로 이 어린 여자아이의 신체가 혈압을 유지하고자 헛된 몸부림을 치는 사이, 여러 장기가 제 기능을 잃었다. 완전히 속수무책으로 아이에게 아무런 도움도 되지 못했던 그때의 기분은 지금도 말로 표현할 길이 없다.

가슴이 찢어지는 슬픔에 빠진 아이 부모에게 내가 건넬 수 있었던 말이라고는 깊은 애도, 그리고 이런 일이 일어난 근본 원인을 반드시 밝히겠다는 다짐뿐이었다. 그들에게 일어난 비극을 되새겨 다른 아이들과 젊은 여성에게 같은 비극이 일어나지 않도록 막겠다는 약속뿐이었다. 현재 신생아학을 전공하는 내 딸 에린이 당시 두 살이었다. 에린이 자라날 모습을 떠올리자, 아버지라면 누구나 느낄 보호 본능이 치솟아 나도 모르게 불끈 주먹을 움켜쥐었다.

9월 19일 금요일, 질병통제센터는 「이환율 및 사망률 주간 보고서」에서 2차 사례 대조군 연구의 결과를 발표했다. 이 연구는 여성 독성 쇼크 증후군 환자 50명과 여성 대조군 150명을 대상으로 했다. 모두 7월과 8월에 발병한 환자로, 여러 주에서 질병통제센터에 보고한 환자들이었다. 미네소타주와 위스콘신주의 환자들은 포함되지 않았다. 연구는 탐폰 사용이 독성 쇼크 증후군을 일으키는 중요한 위험 요소라는 것을 다시 한 번 밝혔고, 다른 탐폰에 견줘 릴라이 탐폰 사용자가 독성 쇼크 증후군을 일으킬 위험이 무려 7.7배나 높다는 것도 처음으로 알아냈다. 독성 쇼크 증후군 전체 환자 중에서는 릴라이 탐폰 사용자가 71퍼센트를 차지했지만, 대조군에서는 29퍼센트뿐이었다.

릴라이는 소비자의 요구에 발 빠르게 대응해 개발된 상품이었다. 여성들은 생리혈을 더 많이 흡수하고 피가 새어 당황스럽게 되지 않는 탐폰을 오랫동안 요구했었다. 1970년대 초반, 제지 산업은 자체 무게보다 스무 배나 많은 액체를 빨아들이는 흡수력이 뛰어난 고분자 화합물, 폴리머를 개발했다. 분명한 응용 대상은 일회용 기저귀였다. 프록터앤드갬블은 자사의 일회용 기저귀 기술을 활용해 흡수 용량을 5~10배 늘린 탐폰을 개발했다. 경쟁사들이 자사의 고용량 탐폰을 대항마로 내밀었지만, 프록터앤드갬블은 기발한 마케팅 능력을 활용해 고흡수성 탐폰 시장을 70퍼센트 넘게 장악했다.

「이환율 및 사망률 주간 보고서」가 발표되기 전날 오후, 식품의약청의 부국장 한 명이 이튿날 질병통제센터가 공개할 내용과 관련해 내게 전화를 했다. 그는 당시 식품의약청 청장 제리 고이언 박사와 직원들이 방금 질병통제센터의 연구 결과 및 릴라이 탐폰의 관련성을 보고받았다고 전했다. 고이언은 우리가 미네소타와 위스콘신에서 계속 역학 연구를 진행했고, 연방정부의 공중보건 관계자와 진행한 전화 회의에서 질병통제센터의 연구 결과에 우려를 표시했다는 것을 알고 있었다. 그래서 제프리 데이비스와 내게 워싱턴으로 날아와, 진행 중인 사례 대조군 연구를 보고해달라고 요청했다. 우리가 조사한 환자들은 릴라이 탐폰 사용자가 절반뿐이었으므로, 릴라이 말고도 문제가 되는 제품이 있다고 암시했다. 식품의약청은 탐폰을 포함한 의료 기기의 안전과 효과를 규제하므로, 이 문제는 그들의 최대 관심사였다. 나는 이튿날 오후 회의에 맞춰 아침 일찍 워싱턴행 비행기를 타겠다고 약속했다. 몇 시간 전에야 연락을 받고 어딘가로 날아간 것은 이때가 처음이었다. 하지만 그 뒤로 몇 년 동안, 나는 그런 일을 수도 없이 겪는다.

식품의약청 회의에서 우리는 질병통제센터의 연구 결과가 뜻하는 바를 두고 서로 의견이 엇갈렸다. 그날 밤 미니애폴리스로 돌아오니, 프록터앤드갬블의 탐폰 사업 담당 경영진이 다급하게 내 전화를 기다린다는 소식이 와 있었다. 프록터앤드갬블 임원들은 그 주 초반에 질병통제센터에서 연구 결과를 보고받았었다. 그래서 질병통제센터에 갖가지 질문을 던졌지만, 답을 거의 얻지 못했다. 릴라이를 미국 전역에 출시한 뒤로 한 해 동안 커다란 성공을 거둔 그들은 이제 자사 제품이 젊은 여성들을 죽일 말한 위험한 물건인지에 대한 고민에 빠져 있었다.

그들은 내게 프록터앤드갬블이 토요일 오후부터 일요일 오전까지 시카고 오헤어 공항 힐튼 호텔에서 주최하는 과학 자문단 회의에 참석해주지 않겠느냐고 요청했다. 과학 자문단 회의는 재계에서 흔한 행사지만, 그렇게 긴급한 이유로 열리는 일은 무척 드물다. 과학 자문단 위원 대다수는 중요한 주제와 관련된 최신 과학 연구에 객관적 평가를 제공할 수 있는 사외 과학자다. 질병통제센터 사람은 한 명도 초대하지 않았지만, 참석자들은 독성 쇼크 증후군과 관련한 과학계의 두뇌 집단을 대표했다. 원래는 토요일 밤에 오래전에 잡아놓은 가족 행사가 있었지만, 나는 시카고에 가야 한다는 것을 알았다. 과학 자문단 위원 누구도 여행 경비 말고는 아무런 대가도 받지 않았다.

과학 자문단 단장은 가장 먼저 독성 쇼크 증후군을 조사했던 제임스 토드가 맡았다. 첫 모임에서부터 토드의 성숙한 슬기와 지혜, 숙련된 기술이 돋보였다. 토드는 그 뒤로 우리가 수수께끼를 풀고자 애썼던 여러 달 동안 다른 토론회에서도 이와 같은 통솔력을 발휘했다.

토요일 밤늦게 만난 우리는 당시 독성 쇼크 증후군과 관련한 역학 연구와 미생물 연구에서 얻은 모든 정보, 데이터, 증거, 조금이라도 답을 얻을 만한 다른 정보를 하나하나 검토했다. 일요일 아침에는 여섯 시간 넘게 꼼꼼히 검토한 내용을 요약했다. 안타깝게도 답보다는 앞으로 파악해야 할 질문이 더 많았다. 아침 느지막이, 프록터앤드갬블의 최고경영자 에드 하니스를 포함한 고위 경영진 여럿이 신시내티에서 전용기를 타고 오헤어 공항에 도착했다. 그들은 우리가 있던 회의실에 들어와 커다란 탁자 한쪽에 자리를 잡고 앉았다. 토드가 간단한 소개를 마친 뒤, 우리가 발견한 내용을 요약해 발표했다. 독성 쇼크 증후군 사례에 릴라이가 어떤 식으로든 연관되어 있는가? 답은 명확하고도 강력하게 '그렇다'였다. 하지만 왜, 어떻게 관련되었는지는 파악되지 않았다. 나는 관련 제품이 릴라이에 그치지 않으므로 이 문제를 이미 끝난 일로 치부해서는 안 된다고 줄기차게 주장했다.

그때 하니스가 과학 자문단 위원들을 바라보며 했던 말은 평생 잊지 못할 것이다. "내일 내가 프록터앤드갬블의 여성 직원들에게 릴라이 탐폰을 사용해도 안전하다거나, 남성 직원들에게 아내나 딸이 릴라이 탐폰을 사용하게 해도 안전하다고 말해도 괜찮겠소?"

나는 하니스 씨를 쳐다보고 한 마디로 답했다. "아니요."

그날 오후 미니애폴리스로 돌아가는 비행기 안에서 릴라이가 내일 틀림없이 시장에서 철수하리라는 생각이 들었다. 그 회의에서 나는 또 다른 교훈을 얻었다. 대다수 회사는 사회 구성원으로서 책임을 다하는 선량한 기업 시민이므로, 자사 제품이 문제를 일으킨 원인이라는 증거가 있다면 문제를 해결하고자 온 힘을 다할 것이라는 교훈이었다. 프록터앤드갬블이 릴라이를 시장에 내놓았을 때는 그 제품이 누군가를 위험에 빠뜨린다고 생각할 이유가 전혀 없었다. 나는 에드 하니스가 어떤 금전적 계산이 아니라 자신과 가까운 여성들이 안전하게 릴라이를 사용할 수 있느냐를 근거로 그런 결정을 내렸다고 확신한다.

주말을 앞둔 9월 19일, 독성 쇼크 증후군에 릴라이 탐폰이 관련 있다는 기사가 터졌고, 몇 달 동안 헤드라인을 장식했다. 미국 언론은 젊은 여성이라면 누구나 자신의 안전이 위협받는다고 느꼈을 법한 두려움을 악용했다. 1980년이 끝날 무렵, 언론 보도를 추적하는 회사 렉시스넥시스LexisNexis사가 파악해보니, 대통령 선거와 주 이란 미 대사관 인질 사건에 이어 독성 쇼크 증후군과 릴라이 탐폰의 관련성이 그해 세 번째로 큰 기삿거리였다. 이즈음 질병통제센터가 조사한 사례 보고가 거의 900건에 이르렀으므로, 독성 쇼크 증후군이 전국적 유행 단계에 들어섰다고 할 만했다. 사례의 91퍼센트가 생리와 관련됐고, 눈에 띄게 많은 환자가 릴라이 탐폰을 사용했다. 프록터앤드갬블은 과학 자문단 회의 다음 날 바로 릴라이를 시장에서 철수시켰다. 전국적인 제품 출시를 어마어마하게 광고한 지 딱 1년이 지난 뒤였다.

질병통제센터가 대중에게 보낸 메시지는 독성 쇼크 증후군이 집단 발병한 원인은 릴라이 탐폰이고, 이제 이 제품이 시장에서 철수되었으므로 위협이 제거되었다는 것이었다.

릴라이의 구성물은 압축 폴리에스테르, 카르복시메틸셀룰로오스, 코팅제 역할을 한 계면 활성제였다. 계면 활성제는 두 액체 사이 또는 액체와 고체 사이의 표면 장력을 줄이는 화합물로, 두 물질이 서로 쉽게 섞이게 하는 구실을 한다.

3개 주의 독성 쇼크 증후군 합동 연구단도 릴라이에 문제가 있다는 것을 분명하게 알았다. 하지만 우리가 중서부의 초기 발병 사례들을 주로 조사했으므로, 독성 쇼크 증후군이 특정 상표의 탐폰과만 관련된것이라는 설명은 충분하지 않았다. 더 완벽한 답에 가까이 가려면 후속 연구를 진행해야 했다. 이 대목에서 합동 연구단이 대단히 중요한 역할을 한다. 우리는 1979년 10월 1일부터 1980년 9월 19일까지 거의 1년 동안 3개 주에서 발생한 사례를 하나도 빠짐없이 조사했다. 대상 환자는 모두 80명이었고, 대조군은 나이와 성별이 일치하는 160명이었다. 1980년 9월 19일 이후 신규 사례를 포함하지 않은 까닭은 그 뒤로 나올 질병통제센터의 연구 보고서가 릴라이 탐폰을 사용한 환자를 선별 진단해 보고하는 쪽으로 기울 것이 거의 확실했기 때문이다.

연구를 한참 진행했을 무렵, 나는 처음에 탐폰을 파악하는 데 필요하다고 생각했던 것보다 훨씬 더 많은 내용을 파악했다. 미국에서 팔리는 21개 상표의 탐폰을 사용 전후 모양까지 모두 구별할 수 있었으니, 적어도 남자 중에서 나보다 탐폰을 잘 아는 사람은 0.001퍼센트도 안 될 것이다. 역학 조사는 무엇을 마주할지 결코 알 수 없는 세계이니, 여기에 뛰어들 때는 과학적 객관성을 어느 정도 길러야 한다. 탐폰을 파악하는 과정에서, 나는 이 유행병이 미국 곳곳에서 수백만 명에 이르는 여성과 그들의 가족에게 미치는 영향을 계속 떠올렸다. 이렇게 급증하는 질환과 죽음에 하필 '믿고 기대다'라는 뜻인 릴라이 제품이 얽혀 있다니, 잔인한 역설이었다.

연구 결과는 예상을 벗어나지 않았다. 『감염병 학회지Journal of Infectious Diseases』 1982년 4월호에 발표한 논문의 개요에 쓴 대로, "다중 로지스틱 회귀 분석에 따르면, 독성 쇼크 증후군의 위험은 어떤 상표의 탐폰을 사용하느냐보다 탐폰의 용량 즉 흡수력과 더 밀접하게 관련되어 있다."

상표와 상관없이 흡수력이 가장 낮은 탐폰을 사용한 사람들은 독성 쇼크 증후군을 일으킬 위험이 탐폰을 한 번도 사용한 적이 없는 사람에 견줘 약 3.5배 늘어났다. 그런데 어떤 상표든 흡수력이 가장 높은 탐폰을 사용한 사람에게서는 위험이 10.4배나 늘었다. 그래도 릴라이 사용자는 다른 제품 사용자에 비해 발병 위험이 여전히 2.9배 높았다. 릴라이 탐폰에 발병 위험을 높이는 무언가 특별한 요소가 있다는 증거가 있었지만, 어쨌든 독성 쇼크 증후군의 진짜 요인은 사용자가 선택한 탐폰의 용량이었다. 그리고 이런 연구 결과는 릴라이가 시장에서 철수된 뒤 여러 달 동안 미네소타, 위스콘신, 아이오와에서 어떤 환자가 발생할지를 거의 정확하게 예견했다.

독성 쇼크 증후군을 일으키는 젊은 여성 환자 수는 그다지 줄지 않았다. 그러기는커녕 사실은 살짝 늘기까지 했다. 이번에는 릴라이 대신 주로 탐팩스 슈퍼 플러스나 다른 몇몇 고흡수성 탐폰을 사용한 여성들이 독성 쇼크 증후군을 일으켰다.

아무도 진짜 위험 요인을 경고하지 않았으니, 당연하게도 젊은 여성들은 고흡수성 탐폰을 계속 사용했다. 프록터앤드갬블이 릴라이 탐폰을 시장에서 철수시키기로 한 결정의 가장 큰 수혜자는 탐팩스였다. 엉겁결에 탐팩스가 고흡수성 탐폰 시장의 70퍼센트를 차지했다. 그러므로 독성 쇼크 증후군 사례를 적극적으로 찾아내려 한 주들에서는 릴라이만 문제가 아니라는 사실이 아주 분명해졌다. 어떤 상표든 고흡수성 탐폰 사용으로 범위를 넓혀야 했다.

질병통제센터가 독성 쇼크 증후군을 일으키는 원인이 릴라이라는 언론 보도에 휘둘린 나머지, 이전 연구에서 릴라이에 치우친 선별 사례 보고를 근거로 데이터를 완전히 잘못 해석했다는 뜻이다. 그러던 중 드디어 우리가 독성 쇼크 증후군과 탐폰 용량의 상관관계에서 핵심 인자를 밝혀냈다. 원인은 고흡수성 탐폰을 사용할 때 늘어나는 질 속 산소 방출과 황색 포도상구균의 존재 여부였다. 탐폰이 고흡수성 재료로 생리혈을 흡수하는 동안 섬유층에 있던 산소를 질로 내뿜었다. 따라서 흡수성이 높을수록 더 많은 산소를 내뿜었다.

독성 쇼크 증후군 사례의 증가는 독성 쇼크 증후군을 일으키는 독소를 많이 생산하는 새로운 황색 포도상구균 변종의 등장과 우연하게도 일치했다. 하지만 더 중요한 인자는 고흡수성 탐폰의 재료가 혐기 환경 즉 산소가 없는 질 속에 엄청난 산소를 내뿜는다는 것이었다. 황색 포도상구균은 호기성이므로, 산소가 없으면 독성 쇼크 증후군을 일으키는 독소를 생성하지 못한다. 하지만 산소가 매우 많아지면 황색 포도상구균이 눈에 보이지 않는 독소 생산 공장으로 탈바꿈한다. 이렇게 생산된 독소는 질 점막, 그러니까 질 벽을 감싸는 막으로 흡수되어 곧장 혈류로 들어간다.

당시 미네소타대에 있던(지금은 아이오와대로 옮겼다) 미생물학자 패트릭 슐리버트 박사는 국제적으로 인정받는 포도상구균 독소 및 연쇄상구균 독소 전문가로 다른 두 연구진과 함께 그 뒤 몇 년 동안 후속 연구를 진행했다. 연구 결과, 릴라이 탐폰 표면에 사용된 플루로닉 L92Pluronic L92라는 계면 활성제가 독소 생성을 늘리는 데 한몫했다. 이와 달리 다른 회사가 사용한 계면 활성제는 그런 악영향을 미치지 않았다. 이제 3개 주 합동 연구단의 사례 대조군 연구 결과가 완벽하게 설명되었다.

그런데 9월 19일에 질병통제센터가 사례 대조군 연구 결과를 발표한 지 얼마 지나지 않아, 얄궂게도 미국 산부인과학회가 추측만으로 공개 성명을 밝혔다. 독성 쇼크 증후군은 개인위생과 관련한 문제이니, 생리 중인 여성은 탐폰을 더 자주 교체하라는 권고였다.

완전히 그릇된 조언이었다. 고흡수성 탐폰을 더 자주 갈라고 조언하는 바람에, 산부인과학회는 여성들이 독성 쇼크 증후군에 걸릴 위험을 낮추기는커녕 더 높이고 말았다. 고흡수성 탐폰을 더 자주 쓰면 질에 더 많은 산소를 내뿜는 셈이니 말이다. 내가 독성 쇼크 증후군을 조사한 경험에서 얻은 또 다른 교훈은 자신이 모르는 내용에는 입을 다물거나, 적어도 모른다고 말하라는 것이다. 물론 여성들이 탐폰 사용과 관련한 믿을 만하고 시기적절한 조언을 전문가들이 내놓기를 바라기는 했다. 또 그런 조언이 필요했다. 그러니 미국 산부인과학회가 성명을 발표해야겠다고 느낀 것은 당연한 일이다. 하지만 그때 그들이 확보한 유일한 실제 정보는 탐폰을 절대 사용하지 말아야 한다는 입장을 뒷받침했다.

1981년, 명성 높은 미 국립과학아카데미 의학연구소NASIM(현재는 미 국립의학아카데미로 바뀌었다)가 저마다 결과가 다른 여러 독성 쇼크 증후군 연구와 미네소타 같은 주에서 계속 진행 중인 조사의 결과를 자세히 살펴보고자, 저명인사로 구성된 위원회를 구성했다. 의학연구소의 최종 보고서는 우리 3개 주 합동 연구단이 진행한 연구와 질병 조사가 "최적 표준"이라는 것을 확실하게 입증했다. 하지만 정말 중요한 것은, 그 뒤로 몇 달 동안 모든 탐폰 제조사가 3개 주 합동 연구단의 연구 결과를 받아들여 고흡수성 탐폰의 용량을 크게 줄였고, 그에 따라 독성 쇼크 증후군 사례가 놀랍도록 많이 줄어들었다는 사실이다.

독성 쇼크 증후군 조사는 내가 역학 조사 및 분석의 더 넓은 세상으로 발돋움하는 도약대였고, 데이터를 잘못 해석해 그릇된 과학적 결론에 이르기가 얼마나 쉬운지, 여러 관점을 받아들이는 것이 얼마나 중요한지를 깨달은 기회였다. 또 틀린 답에 이르지 않으려면 반드시 정확한 물음을 던져야 한다는 교훈도 얻었다.

확신하건대, 이 경우에서는 질병통제센터가 그릇된 결론을 내렸고, 그 바람에 여성들이 고흡수성 탐폰을 계속 사용해 더 많은 여성이 중태에 빠지고 심지어 죽기까지 했다. 오늘날까지도 나는 질병통제센터가 제조사들이 탐폰 용량을 줄이기까지 몇 년을 흘려보내지 않고 처음부터 3개

주 합동 연구단의 연구 결과를 받아들여 널리 알렸다면 독성 쇼크와 관련한 죽음을 많이 막을 수 있지 않았을까라는 생각을 지우지 못한다.

하지만 모든 집단 발병이 공동체에 큰 영향을 미치거나 공중보건에 중요한 교훈을 안기는 치명적 결과를 낳지는 않는다.

1984년 7월 10일 이른 오후, 미네소타주 브레이너드 의료원 내과의인 론 소런슨 박사에게서 전화가 걸려왔다. 소런슨은 그해 3월부터 브레이너드 의료원에서 수그러들지 않는 만성 설사에 시달리는 환자가 적어도 30명은 발생했다고 알렸다. 그 가운데 회복한 사람은 아무도 없었다. 환자 중 여덟 명을 메이오클리닉, 미네소타대학병원, 미니애폴리스 재향군인병원으로 보내 추가 검사를 받게 했지만, 하나도 원인을 밝히지 못했다.

미니애폴리스 북쪽으로 두 시간 동안 차를 달리면 나오는 브레이너드는 아름다운 호수 지방으로, 속이 훤히 들여다보이는 맑은 호수 수백 개중 한 곳에서 신나는 여름을 보내기에 좋은 곳이다. 하지만 지금까지도 브레이너드를 생각할 때마다 내 머릿속에는 두 가지 이미지가 겹쳐 떠오른다. 호수 그리고 설사. 둘 다 깊은 의미가 있다.

당시 어떤 의사나 임상 검사 책임자도 미네소타주 보건부에 이 사례들을 보고할 생각을 하지 못했다. 어떤 질병에 대해 보고해야 할지 아무도 몰랐기 때문이다. 게다가 우리 주에서 손꼽히는 의료 시설로 보내진 환자 여덟 명이 과민성 대장 증후군, 비특이 결장염, 원인이 불분명한 만성 설사처럼 저마다 두루뭉술하면서도 다른 진단을 받은 탓에 일이 더 꼬였다. 이 가운데 두 명은 같은 전문 의료진에게 겨우 두 달 간격으로 진찰받았는데도, 같은 증상으로 서로 다른 진단을 받았다. 의료진은 두 환자가 모두 브레이너드에서 왔고, 둘 다 거의 같은 시기에 갑자기 아프기 시작했다는 연관성을 알아채지 못했다.

설사는 누구나 입에 올리기를 꺼려하는 이야깃거리다. 몸에 이가 생긴 것만큼이나 당혹스러운 일이기 때문이다. 그래서 브레이너드 지역 사람들은 자신의 주변에서 이 질환이 늘어나는지 몰랐다. 게다가 브레이너드 의료원 의료진 36명이 1만4000명에 이르는 주민을 책임졌으므로, 7월 초에야 무언가 흔치 않은 일이 벌어지고 있다는 것을 알아챘다.

나는 역학자이므로, 지역에 흔치 않아 보이는 질환을 비슷하게 앓는 감염 집단이 있다는 연락을 받으면 호기심이 일어난다. 소런슨이 처음 전화했을 때 나는 분명히 알았다. 브레이너드 같은 크기의 고장에서 다섯 달 동안 30명 넘는 환자가 전에 없이 심각한 만성 설사를 일으킬 확률은, 게다가 환자가 모두 한 의료원에서 발생할 확률은 복권에 당첨되는 것만큼이나 낮다.

나와 통화하는 동안 소런슨은 환자 한 명의 증상을 자세히 설명했다. 여기서는 그 환자를 존이라고 부르겠다. 일흔일곱 살 남성인 존은 건강했는데, 어느 날 갑자기 묽은 설사를 쏟기 시작했다. 다른 증상은 거의 없었다. 메스꺼움, 구토, 경련, 열은 나타나지 않았다. 그 뒤로 한 달 동안 하루에도 열 번에서 스무 번씩 물똥을 싸는 바람에 9킬로그램이 빠졌다. 대변을 수도 없이 채취해 검사했으나 감염성 설사의 대표 원인균에 음성 반응을 보였다. 이 남성은 위에서 언급한 환자 여덟 명 중 한 명으로 병원에 입원했다. 유일하게 주목할 만한 것은 대장 내시경 검사 결과, 결장(잘록창자)에서 발견된 염증이었다. 그래서 원인이 불분명한 비특이 결장염으로 진단받았다. 의료진이 몇 가지 항생제를 써서 치료했지만, 증상은 나아지지 않았다.

늘 화장실을 끼고 살아야 했으므로, 존은 사회생활과 일상 활동에 큰 어려움을 겪었다. 그 뒤로도 횟수가 조금 줄었을 뿐, 설사는 이듬해까지 계속 존을 괴롭혔다. 그런데 존이 가만히 생각해보니, 자신이 화장실을 계속 들락거리면서도 음식을 더 많이 먹고 있었다. 그 결과, 빠졌던 살이 어느 정도 돌아왔다. 다시 해가 바뀌자 설사 횟수가 갈수록 줄어들었다. 그리고 첫 증상이 나타난 지 550일 만에 대변의 양과 횟수가 정상으로 돌아왔다.

론과 통화한 지 몇 분 지나지 않아, 나는 미네소타주 보건부의 노인성 감염병 역학 조사 및 검사팀을 불러 모았다. 그리고 그날 밤 조사단을 이끌고 브레이너드로 떠났다.

나는 이 집단 발병의 원인이 감염병을 일으키는 균이라고 강하게 의심했다. 많은 사람한테서 갑자기 질환이 발생했기 때문이다. 그래서 질병통제센터 식품 매개 질병부의 동료들에게 연락해 그때까지 파악한 정보를 공유하고 검사를 지원해달라고 요청했다. 이에 따라 질병통제센터 인력 두 명이 우리 조사에 합류했다.

당시 질병통제센터 역학조사훈련소 소장으로 새로 부임해 집단 발병의 역학 조사 방법을 배우고 있던 사람이 이튿날 애틀랜타에서 비행기로 날아오기로 했다. 역학 업무에서 내 영혼의 단짝이 될 크리스틴 무어 박사였다. 이 조사 동안 크리스틴은 값진 통솔력을 발휘했다. 그리고 역학조사훈련소 소장 임기를 마친 뒤에 미네소타주 보건부의 질병 예방·통제부 책임자로 자리를 옮겼다. 그때부터 지금껏 크리스틴과 나는 서로 도움을 주고받는 단짝을 이뤘다. 내가 제자들에게 자주 이야기하듯이, 역학은 단체 경기다. 크리스틴이라는 동료가 없었다면 나는 지금껏 내가 한 일의 절반밖에 해내지 못했을 것이다.

크리스틴은 그때를 이렇게 회상했다. "가장 큰 사안은 병원체를 찾아내는 것과 사람들이 어떻게 그 병원체에 노출되었는지를 알아내는 것이었다. 그다음은 발병 집단의 크기가 어느 정도인지, 지역민이 얼마나 많이 감염되었는지였다."

그날 밤 브레이너드에 도착했을 때 가장 먼저 해야 했던 일은 지난 여섯 달 동안 브레이너드 의료원에서 진찰한 설사 환자의 기록을 꼼꼼하게 살펴보는 것이었다. 설사 증상이 정말로 집단 발병을 뜻한다면, 이 사례들이 언제 나타나기 시작했는지를 정확히 짚어야 했기 때문이다. 또 광범위한 정밀 검사를 받은 환자들의 임상 정보를 활용해 사례 정의에 들어갔다.

우리는 원인을 알 수 없는 설사를 4주 이상 지속하는 사람으로 사례를 정의했다. 이 정의는 그 뒤로 여러 주에 걸쳐 발병 사례와 집단 발병을 더 폭넓게 파악하는 동안 사례를 빠짐없이 찾아낼 만큼 민감하면서도 다른 원인 때문에 발생한 설사 질환을 모두 배제할 만큼 구체적인 정의로 남았다. 질환이 감염 때문에 일어나는지 화학 물질 때문에 일어나는지 밝히지 못했으므로, 우리는 임상 소견을 종합해 집단 발병과 관련한 사례를 규정하고, 이를 크론병이나 결장암처럼 원인이 알려진 사례와 구분해야 했다.

사례 정의를 바탕으로, 소런슨이 전화로 설명했던 30명 넘는 환자를 서둘러 검토했다. 그리고 1984년 4~6월에 처음 발병했고 우리의 사례 정의에 일치하는 23명을 먼저 추려냈다. 또 성별과 나이가 환자와 같으면서도 이 기간에 설사 증상을 보이지 않은 46명을 대조군으로 정했다. 따라서 조사 대상은 모두 69명이었다. 우리는 해당 기간에 어떤 사람의 생활에서 일어나리라고 상상할 만한 일을 있는 대로 모조리 캐물었다. 특히 발병 전 한 달 동안 먹은 음식과 약을 샅샅이 파악했다.

내가 역학 조사에 집중하는 동안, 크리스틴은 임상 조사 및 미생물 조사를 이끌었다. 조사에 들어가자마자 노다지를 발견했다. 처음 조사한 환자 세 명이 브레이너드 시외에 있는 현지 낙농장에서 꾸준하게 생우유를 사 마셨다고 알렸다. 그다음 인터뷰는 인터뷰 대상자에게 생우유를 마신 적이 있느냐고 유도해 편향된 결과를 얻지 않도록 매우 신중하게 수행해야 했다. 그래도 이 실마리 끝에 금광이 있었다.

생우유 섭취가 설사 발병과 중요하게 관련된다는 것이 외면하기 어려울 만큼 뚜렷해졌다. 사례 대조군 연구를 마친 결과, 우리가 고려한 수백 가지 요인 가운데 생우유 섭취가 독보적으로 두드러졌다. 환자들은 대조군에 견줘 현지 낙농장의 생우유를 마신 확률이 무려 28배나 높았다.

1864년 루이 파스퇴르가 끓는점보다 낮은 온도에서 맥주와 와인을 어느 정도 가열하기만 해도 세균을 대부분 죽일 수 있다는 사실을 알아냈다. 이런 저온 살균 과정은 맥주나 와인의 맛과 품질을 해치지 않으면서도 부패하지 않도록 막았다. 오늘날 저온 살균은 식품 산업, 특히 유제품 산업에서 미생물을 억제해 우유의 안전과 보존 기한을 보장하는 방법으로 널리 사용된다.

생우유는 이런 저온 살균 과정을 거치지 않는다. 지금도 생우유가 살균 우유보다 영양분이 더 많아 몸에 좋다고 생각하는 사람이 더러 있다. 하지만 저온 살균이 일상으로 자리 잡기 전에는 많은 사람이, 특히 어린아이들이 생우유 때문에 여러 위험한 질병의 먹잇감이 되었다.

그러므로 왜 브레이너드에서 그런 질환이 발생했는지 답이 나왔다. 하지만 우리가 아직 알지 못하는 내용이 많았다. 무엇이 이런 질환을 일으켰을까? 이것은 감염병일까? 그렇다면 소가 감염되었을까? 생우유를 마시지 않은 사람이 환자에게 감염될 수도 있을까? 증상을 줄이거나 더 나아가 치료할 수 있는 치료법이 있을까? 이 상황은 그저 빙산의 일각일 뿐일까?

역학 조사의 1순위가 무엇인가? 발병을 멈추게 하는 것이다. 미생물 때문이든 화학 물질 때문이든 집단 발병의 출처가 현지 낙농장의 생우유라는 사실을 확인한 뒤 우리가 처음 취한 조처는 그 농장이 더는 우유를 팔지 않도록 막는 것이었다. 농장주는 자신이 생산한 우유가 설사병을 일으켰다는 것을 보여주는 광범위한 증거를 빠르게 이해했다. 그래서 생우유를 다른 업자에게는 팔지 않고 오로지 저온 살균 처리하는 공장에만 팔겠다고 약속했다. 집단 발병을 일으킨 특정 원인은 아직 찾아내지 못했지만, 우리는 관찰과 역학 조사 덕분에 '펌프 손잡이'를 없앨 수 있었다. 생우유 판매가 멈추자 환자 발생도 멈췄다.

마침내 그 낙농장의 생우유를 마신 사람 가운데 만성 설사병을 앓는 환자 122명을 확인했다. 첫 환자는 1983년 12월에 발병했고, 마지막 환자는 1984년 7월에 발병했다. 미네소타주 보건부와 질병통제센터가 동원할 수 있는 모든 검사 자원을 이 집단 발병을 분석하는 데 함께 투입했지만, 환자에게서든 낙농장의 소떼에게서든 감염을 일으켰을 만한 바이러스, 세균, 기생충, 화학 물질을 하나도 밝혀내지 못했다. 신선한 검사 시료가 없어서가 아니었다.

미네소타주 보건부의 동료들, 질병통제센터, 브레이너드 의료원의 의료진과 많은 토론을 거친 끝에, 우리는 이 질병에 이름을 붙이기로 했다. 병명은 '브레이너드 설사Brainerd diarrhea'로 정했다. 당시에는 라임(코네티컷주)병, 노워크(오하이오주)병처럼 병명에 지역 이름을 붙이는 것이 관행이었다. 브레이너드 설사는 의학 문헌에서 이 질환의 공식 명칭으로 인정받는다.

크리스틴은 그 활동을 이렇게 평가한다. "최신 검사 방법 거의 대부분을 이용해 정말로 광범위하고 정교한 조사를 실행했는데도 병원체를 끝내 찾아내지 못했죠. 하지만 어쨌든 그 질환을 세상에 알렸어요."

설사와 관련해 이전에 보고된 적이 없는 집단 발병이나 단일 사례들을 밝히려고 갖은 애를 쓴 끝에, 우리는 미네소타주(1978~1979, 1984), 오리건주(1980), 위스콘신주(1981~1983), 아이다호주(1982), 매사추세츠주

(1984), 사우스캐롤라이나주(1984)에서 생우유를 마신 사람들 사이에 비슷한 임상 질환이 발생했다는 사실을 알아냈다. 게다가 브레이너드에서 집단 발병이 일어난 뒤로도 적어도 열 차례 집단 발병이 있었고, 이 가운데 일리노이주와 텍사스주는 규모가 컸다. 발병 원인은 생우유나 오염된 물로 확인되었다.

나는 브레이너드 설사가 감염원 때문에 일어난 것이며, 언젠가는 그 감염원의 정체가 밝혀지리라고 굳게 믿는다.

HIV/에이즈, 독성 쇼크 증후군, 브레이너드 설사에서 봤듯이, 인생에서 벌어지는 일 가운데 역학자의 눈에 금기이거나 무의미한 것은 거의 없다. 역학자에게는 가장 은밀하고 사적인 개인 생활부터 가장 공적이고 광범위한 영향을 미치는 지정학적 충돌까지 모든 것이 조사 대상이다.

내가 브레이너드 설사를 조사하며 얻은 교훈은 모든 답을 다 알지 못하더라도 중요한 답을 알아낼 수 있다는 것이다. 존 스노가 그랬듯, 비록 감염병을 샅샅이 알지는 못할지라도 감염병의 발병과 영향을 멈추거나 억제할 수 있다. 모든 답을 다 알지 못하므로 이런 조치도 저런 조치도 못 한다는 소리를 가끔 듣는다. 말도 안 되는 소리다. 우리는 아는 지식과 자원으로 무장한 채 싸움에 뛰어들어 기초 관찰부터 시작할 각오를 해야 한다. 우리는 그럴 수 있다!

2015~2016년에 아메리카 대륙에서 지카 바이러스가 집단 발병하던 초기에, 집단 발병을 실제로 조사해본 적도 없는 과학자와 언론인들이 지카 바이러스가 소두증과 길랭·바레 증후군을 일으킨다는 증거가 없고, 그러므로 공중보건계가 내놓은 권고안은 모두 결정적 증거에 근거하지 않은 것이라고 거리낌 없이 주장했다. 그런 주장을 들을 때마다 좌절하지 않을 수 없었다. 나는 경험을 바탕으로 풍부하고 결정적인 증거를 검토했다. 게다가 조금이라도 대응을 지체한다면 변명할 여지가 없는 무

책임한 짓이 될 상황이었다.

정치권과 언론은 나나 동료들이 "조사 과정에서 대책을 만든다"고 숱하게 비난한다. 백번 맞는 말이다. 발생 원인이나 범위를 알지 못하는 심각한 집단 발병을 정신없이 추적할 때, 우리는 조사 과정에서 대책을 만든다. 집단 발병한 심각한 감염병의 조사를 이끄는 공중보건 관료로 산다는 것은 추가 환자, 더 나아가 추가 사망을 막을 대책을 서둘러 결정해야 한다는 뜻이다. 난관은 틀리지 않은 대책을 내놓아야 한다는 것이다. 틀린 대책을 내놓았다가는 신뢰가 영원히 흔들릴 터이기 때문이다.

윌리엄 페이기의 말마따나 우리는 "충분하지 않은 정보를 바탕으로 적절한 결정을 내려야 한다." 그것이 바로 역학 조사의 본질이다. 중요한 것은 사람들이 이런 상황을 이해하는 것이다. 유능하고 헌신적인 사람들이 그런 일을 맡고 있다는 사실을, 그리고 자기네가 무엇을 알고 무엇을 모르는지, '펌프 손잡이를 없애고자' 무슨 일을 하는지를 정확히 이야기한다는 사실을 사람들이 이해하는 것이다.

4장

—

위협 매트릭스

위협 매트릭스란 우리가 무엇을 걱정해야 하는지 보여주는 도표다. 역학에는 이런 위협 매트릭스를 구성하는 몇 가지 방법이 있다.

한 매트릭스는 세로축에서 위험의 충격을 평가하고 가로축에서 새로 출현할 위험을 찾아낸다. 따라서 엄청난 충격을 미칠 위험이 있지만 발생할 것 같지 않은 병원체는 저위험을 뜻하는 3사분면 즉 왼쪽 아래 사분면을 차지하고, 엄청난 충격을 미칠 수 있을뿐더러 발생 확률까지 높은 병원체는 1사분면 즉 오른쪽 위 사분면을 차지한다.

내가 중요하게 생각하는 또 다른 매트릭스는 가로축에서 발병 사태의 잠재적 심각성을 평가하고 세로축에서 대비 정도를 평가한다. 이 위협 매트릭스를 이용하면 어떤 위험이 닥치든 우리가 거기에 대처할 능력이 있는지를 확인할 수 있다. 듣기에는 간단한 것 같아도, 여기에는 수많은 변수가 작용한다.

공중보건학은 통계와 확률을 근거로 삼는다. 하지만 우리 인간이라는 종족은 그런 통계와 확률 같은 이성에 따라 사고하지 않는다. 만약 그랬다면 지금껏 복권을 산 사람이 단 한 명도 없었을 것이다. 우리는 오히려 감정에 따라 사고한다. 특히 질병과 죽음 같은 문제에서는 더 그렇다. 그러므로 개인이 생각하는 위협 매트릭스는 우리가 방금 다뤘던 것처럼 정성 평가와 정량 평가에 근거한 매트릭스가 아닐 것이다.

예컨대 누구나 머릿속으로는 사고 발생률로 볼 때 비행기가 자동차보다 훨씬 더 안전하다는 것을 잘 안다. 그런데 비행기를 타기 두려워하는 사람마저도 교통사고가 날 위험은 1초도 생각하지 않고 날마다 자동차에 잘만 올라탄다. 마찬가지로 미국에서 해마다 무려 4만 명이 넘는 사람이 고속도로에서 목숨을 잃는 것은 그러려니 보아 넘기면서도, 이를테면 2007년에 내가 일하는 미니애폴리스 사무실에서 멀지 않은 미시시피강 I-35W 다리가 무너져 13명이 목숨을 잃었을 때는 모두 경악하고 분노했다. 우리가 다리 사고나 터널 사고를 개인 위협 매트릭스에 반영하지 않았기 때문이다.

민간인이 3000명 가까이 목숨을 잃은 9·11 테러의 영향으로, 미국은 수조 달러를 들여 테러 위협에 맞서는 과제에 착수했다. 그 결과, 정부 조직을 크게 재정비했고, 우리가 살아가고, 여행하고, 자신을 지키고, 다른 나라의 갈등에 개입하고, 일상을 꾸리는 방식이 엄청나게 바뀌었다. 틀림없이 이런 노력 덕분에, 그냥 뒀다면 테러를 일으켰을지도 모를 사람들의 기를 꺾고 테러 사건을 막았을 것이다. 두말할 것도 없이 공포라는 요인은 단순 사망자 수를 압도한다. 하지만 우리가 다른 위협에 맞서 내놓는 대응에 견줘 볼 때 이런 대응이 균형 잡힌 것이라고 주장하기는 어렵다.

그러므로 우리는 감염병의 위험을 있는 그대로 이성적으로 평가해야 한다.

빌 게이츠는 2015년 테드 강연에서 감염병의 위험을 강력하게 주장했다. "앞으로 수십 년 안에 어떤 것이 사람을 1000만 명 넘게 죽인다면, 그것은 전쟁이 아니라 감염성이 매우 큰 바이러스일 것입니다. 미사일이 아니라 미생물일 것입니다. 물론 이런 결과는 지금껏 막대한 노력과 돈을 들여 핵 억지력을 높인 덕분이기도 합니다. 하지만 유행병을 막을 체계를 구축하는 데 실제로 거의 투자를 하지 않았기 때문이기도 합니다. 지금 우리는 다음 유행병에 맞설 준비가 되어 있지 않습니다."

삶의 여느 영역이나 그렇듯, 공중보건에서도 모든 것에 두루두루 대비한 계획을 세울 수는 없다. 재난 관리와 사업 연속성 계획*에서 그런 사례를 찾아볼 수 있다. 9·11 공격 뒤 뉴욕시의 여러 대기업이 이런 참사가 다시 일어날 상황에 대비해 자체 전력을 보유하기로 했다. 그래서 공습이 일어나더라도 안전하게 방어될 건물 지하에 비상 발전기를 설치했다. 하지만 2012년 10월에 발생한 허리케인 샌디 같은 사태에는 전혀 대책을 세우지 않았다. 알다시피 샌디 때문에 맨해튼 남부와 뉴욕시의 일부 지하철까지 물에 잠겼었다.

하지만 우리는 사회적 재난에 두루두루 대비하는 계획을 세울 수 있다. 이를테면 전력 차단, 공공 서비스 중단, 의료품이 없는 상태에서 일어나는 의료 응급 상황, 도움을 받기 전까지 스스로 생존해야 하는 비상 상황에 대비한 대책 말이다. 드와이트 D. 아이젠하워 대통령의 말이 맞다. "전투를 준비할 때마다 깨닫는 것이 있다. 계획이란 것은 언제나 무용지물이다. 하지만 계획을 세우는 과정은 반드시 거쳐야 한다."

나와 함께 이 책을 쓰는 마크 올세이커가 1990년대에 허리케인, 토네이도, 계절풍 같은 심각한 기상 상황을 다룬 아이맥스 영화의 각본을 쓰고자 조사에 나선 적이 있다. 제작자이자 감독인 그레그 맥길리브레이와

---

* 재난 발생 시 손실을 줄이고 사업을 유지하고자 세우는 대응 계획

함께 플로리다주 마이애미에 있는 국립 허리케인센터를 방문해 유명한 밥 시츠 소장을 만났을 때, 마크는 시츠에게 그런 자리에 있는 기상학자가 가장 몸서리치는 악몽이 무엇이냐고 물었다. 시츠는 답했다. "생각할 것도 없습니다. 가장 강력한 5등급 허리케인이 곧장 뉴올리언스를 휩쓰는 거요."

2005년 8월 29일, 허리케인 카트리나가 루이지애나주 뉴올리언스를 덮쳤다. 육지에 다다를 무렵 카트리나는 3등급으로 위력이 줄어들었다. 그런데도 루이지애나주에서만 1577명의 목숨을 앗아갔고, 수천 명을 보금자리에서 내쫓았고, 한 도시를 완전히 파괴했다. 카트리나는 결국 미국 역사에서 가장 큰 피해를 남긴 자연재해가 되었다.

과학계와 비상사태 관리 분야에서는 시츠의 경고가 상식이었지만, 그런 재난에 충분히 대비한 사람은 한 명도 없었다. 사전 예방 조처를 할 기회를 그저 한 번 놓쳤을 뿐이라고 봐야 할까? 21세기에 공중보건계가 감염병에 대비할 때 내내 겪은 일이 바로 이것이다. 우리는 한 번이 아니라 거듭 기회를 놓쳤다.

지구 전체에 악영향을 미칠 힘이 있는 사건은 네 가지뿐이다. 전면 핵전쟁, 소행성 충돌, 지구 기후변화, 감염병.

핵전쟁은 굳이 말하지 않아도 알 것이다. 우리가 할 수 있는 일이라고는 세계의 지도자들이 그런 대참사를 피할 만큼 이성적이고 현명하기를 바라는 것뿐이다. 다행이게도, 혹시 테러리스트들이 어쩌다 핵폭탄을 하나 손에 넣더라도 핵전쟁을 일으킬 능력은 아직 없다.

소행성 충돌은 일어날 가능성이 매우 희박하다. 게다가 이 위험에서는 우리가 할 수 있는 일이 없다.

이미 너무 많은 온실가스를 내뿜은 탓에, 기후변화는 빼도 박도 못할 사실이 되었다. 그나마 현재 수준을 유지하더라도, 기후변화는 앞으로 전 세계에 수십 년 넘게 펼쳐질 위기를 몰고 올 것이다. 하지만 그사이 우리가 해안 침수, 너무 늘거나 줄어든 강우량으로 나타날 영향, 온도 변화가 동식물 개체군에 미칠 영향에 대처할 계획을 세울 수는 있을 것이다.

내가 보기에 이 네 가지 사건 중 이번 세기에 전 세계를 동시에 느닷없이 위기로 몰아넣을 가능성이 무척 큰 것은 팬데믹pandemic 즉 세계적 유행병이다. HIV/에이즈에서 봤듯이 새로운 감염원이 불쑥 나타날 수도 있지만, 세계적 유행병에서 우리가 다 함께 크게 걱정할 대상은 독감 대유행이다.

허리케인 샌디나 카트리나, 1989년에 캘리포니아를 덮친 로마 프리에타 지진, 토네이도 같은 여러 자연재해는 어마어마한 파괴를 일으키지만 빨리 물러간다. 따라서 바로 복구에 들어갈 수 있다. 하지만 세계적 유행병은 세계 곳곳으로 퍼져 오랫동안 이어진다. 딱 한 곳만 덮치는 재해가 아니므로, 도움의 손길을 내밀 지역이 남아나질 않는다. 많은 지역을 한꺼번에 휩쓸기 때문에 영향을 받는 모든 지역이 긴급 지원을 받아야 한다. 갈수록 영향력이 눈덩이처럼 커져, 처음에는 개인에게 타격을 주지만, 다음에는 행정부, 그다음에는 경영계, 그다음에는 국내외 상거래에까지 피해를 준다. 세계적 유행병은 발생하는 순간 곧장 엄청난 손실을 입힐뿐더러 충격도 오래간다.

모든 사람이 세계적 유행병에 휘말리면, 미리 충분한 계획을 세워놓지 않는 한 누구도 다른 곳에 식품, 의약품, 필수품이나 원조를 보낼 여력이 남지 않는다. 순진하게도, 유행병에 대처할 필수품 이를테면 의료품, 약제, 백신, N95 방역 마스크를 인터넷에서 클릭만 하면 살 수 있다고 믿는 사람들이 있다. 말도 안 되는 생각이다.

오늘날 우리는 적시 공급 경제 속에서 산다. 달리 말해, 비상용으로 비축하는 물자를 빼면 창고에 재고를 거의 쌓아두지 않는 세상에서 산다. 중요하기 그지없는 필수품을 제조하는 데 필요한 부품이나 구성품 조차도 보관하거나 비축하지 않는다. 유행병이 눈덩이처럼 불어나 온 세계를 덮쳐, 이를테면 아시아의 어느 도시에 사는 노동자를 쓰러뜨렸다고 생각해보라. 게다가 빠르게 번지는 유행병에 대응하는 데 필요한 제품과 물자를 그 도시 말고는 생산하는 곳이 없다면? 그때는 그런 필수 물품을 손에 넣을 길이 없을 것이다. 아무리 돈이 많아도 있지도 않은 물건을 살 수는 없는 법이다. 그러므로 몇 년 전 세계적 유행병에 대응할 기금을 전 세계에 지원할 목적으로 신설된 세계은행 유행병 긴급자금지원제도PEFF가 실제로는 국제적 비상사태에 효과를 발휘하지 못할 것이다.

중대한 유행병이 세계를 덮친다면, 어디에 사는 사람이든 대다수가 도움을 받을 길이 없을 것이다. 2014년에 텍사스주 댈러스에서 환자 한 명이 에볼라로 진단받자 댈러스 전역이 충격에 빠졌다. 만약 댈러스와 세계 곳곳의 도시에서 동시에 에볼라 환자 수천 명이 발생했다면 무슨 일이 벌어졌을까?

어쩔 수 없는 자연재해라지만, 유행병은 사실 자연재해보다 전쟁에 훨씬 더 가깝다. 전쟁에서든 유행병에서든, 복구할 기회는 전혀 없이 날마다 엄청난 파괴가 일어난다.

집단 발병이 한 지역을 벗어나지 않더라도 크나큰 타격을 미칠 수 있다. 나는 이런 발병을 '지역에 중대한 영향을 미치는 집단 발병'이라 부른다. 2003년에 발생한 사스 집단 발병이 정확히 그랬다. 발생 지역은 홍콩, 토론토(홍콩을 방문한 여행객이 감염되었다) 같은 몇몇 도시에 한정되었지만, 사망자가 속출했고 해당 지역 사람들이 어마어마한 고통을 겪고 경제도 심각한 타격을 입었다.

2015년 초 워싱턴의 미 국립의학아카데미 학회에서 연설할 때, 나는 사스의 친척이자 마찬가지로 코로나바이러스로 생기는 메르스가 머잖아 아라비아반도를 벗어나 다른 곳에서 심각한 집단 발병을 일으킬 것 같다고 말했다. 물론 어디인지는 예측하지 못했지만, 그런 일이 일어나리라고 확신했다.

아니나 다를까, 몇 주 지나지 않아 환태평양 지역에서 기술력이 뛰어나기로 손꼽는 도시인 대한민국 서울에서 메르스가 발생했다. '슈퍼 전파자' 단 한 사람 때문에 세계에서 내로라하는 선진 병원인 삼성서울병원이 폐쇄되었고 정부가 위기를 맞았다. 그러니 접촉 전염병 환자 단 한 사람이 뉴욕 벨뷰종합병원이나 매사추세츠종합병원, 로스앤젤레스 시더스-사이나이병원, 또는 메이오클리닉을 폐쇄하는 영향을 미칠 수 있다는 뜻이다. 그때 어떤 일이 벌어질지 상상이나 되는가?

중대한 집단 발병은 계속 일어난다. 2014년에는 에볼라, 2015년에는 메르스, 2016년에는 지카와 황열이 있었다. 그때마다 나는 미국 전역은 물론 국외에서까지 설명, 권고, 예측을 얻으려는 언론의 연락을 받는다. 대개는 기꺼이 연락에 응하지만, 그러면서도 눈앞에 있는 상황이나 위기가 무엇이든 지금껏 우리가 사전 예방 조처를 했다면 위험을 미리 막아 피해를 줄였을 텐데도 놓친 기회가 모두 떠올라 기시감을 느낄 때가 숱하다.

치명적인 적에 맞선 싸움은 모두 싸울 가치가 있다. 하지만 어떤 적에는 다른 적들보다 더 빨리 더 힘차게 맞서 싸워야 한다. 이것은 감염병 대 만성질환, 유행병 대 풍토병의 문제가 아니다. 우리가 보유한 자원을 의료와 공중보건에 더 많이 쓰느냐 테러 방지 활동에 더 많이 쓰느냐 문제도 아니다. 감염병에 따른 모든 중증 질환이나 사망은 환자 개인뿐 아니라 환자의 가족과 가까운 친구, 의사, 의료진에게도 위기를 뜻한다. 하지만 어떤 감염병은 지역, 국가, 더 나아가 세계에 위기를 일으켜 사회, 정치, 경제의 안정을 위협한다.

그렇다고 모든 감염병에 하나같이 적극적으로 대처할 수는 없는 노릇이다. 그래서 먼저 대처해야 할 감염병의 우선순위를 제안한다. 이 우선순위는 우리가 총괄해 위기 행동 강령이라 부르는 서로 관련돼 있으면서도 뚜렷이 다른 아홉 가지 노력으로 이어져야 한다.

1순위는 치명적인 세계적 유행병을 일으키는 미생물, 그러니까 공중보건 용어를 쓰자면 세계적 유행병을 일으킬 수 있는 병원체에 정면으로 맞서는 것이다. 이런 병원체야말로 치명적인 적 중에서도 가장 치명적인 적이다. 이 표현에 맞아떨어지는 미생물 위협은 단 두 가지로 보인다. 하나는 독감이다. 독감은 호흡기로 전염되는 감염병으로, 삽시간에 세계곳곳으로 퍼져 치명적인 강타를 날릴 수 있다.

세계적 유행병을 일으킬 만한 다른 병원체는 사실상 날로 숫자가 늘어가는 독성 미생물로, 독감보다 더 은밀히 퍼지지만 세계 곳곳에서 인간과 동물의 건강에 심각한 악영향을 미칠 것이다. 이는 항미생물제 내성으로 생긴 위협이자, 어떤 항생제로도 치료가 안 되는 병원균이 등장하는 '항생제 종말 시대post-antibiotic era'가 바로 코앞에 왔을지 모른다는 신호다. 우리가 다시 증조부모 세대처럼 산다고 생각해보라. 지금은 치료할 수 있다고 여기는 감염병 때문에 목숨을 잃는 것이 다시 흔한 일이 되는 세상을 산다면 어떨 것 같은가?

2순위는 충격이 큰 지역 집단 발병을 막는 것이다. 이를테면 사스와 메르스를 포함한 코로나바이러스, 에볼라, 지카 감염뿐 아니라, 세계 곳곳에서 가난한 사람들에게 계속 지독한 타격을 입히고 국가 경제와 정부의 통치력을 무너뜨리는 여러 모기 매개 질병을 예방해야 한다.

3순위는 일부러 해를 끼칠 목적으로 미생물을 사용하지 못하게 막는 것과, 과학 연구로 전염성을 높이고, 더 심각한 질병과 죽음을 초래하고, 백신으로 예방하거나 항미생물제로 치료하지 못하도록 파괴력을 높인 미생물이 사고로 유출되지 않도록 막는 것이다. 대상은 생물 무기 테러, 민간과 군에서 모두 쓸 수 있는 '이중 활용 우려 연구dual use research of concern', 연구 목적으로 병원체의 능력을 높이는 '기능 획득 우려 연구 gain-of-function research of concern'를 포함한다.

본질적으로 이중 활용 우려 연구는 현재 상황으로 볼 때 의도적 적용이든 우연한 사고든 유익한 목적뿐 아니라 해로운 목적으로도 쓰이리라고 봐야 하는 과학 연구를 가리킨다. 미 국립보건원NIH에 따르면 "미 정부가 이중 활용 우려 연구를 감독하는 목적은 생명과학 연구의 이로움은 유지하면서도, 그런 연구가 제공하는 지식, 정보, 제품, 기술을 악용할 위험을 최소로 줄이는 것이다." 기능 획득 우려 연구는 병원체가 병을 일으키거나, 더 쉽게 전염하거나, 심각한 증상이나 치료하기 어려운 증상을 유발하는 능력을 높이는 과학 연구나 실험을 가리킨다.

4순위는 특히 개발도상국에 줄기차게 큰 타격을 입히는 풍토병을 예방하는 것이다. 말라리아, 결핵, 설사병, 에이즈가 그런 예로, 이런 질병들은 우리가 예방 및 치료에 진전을 이루기는 했지만 서서히 유행병으로 진행하고 있다고 봐야 할 것이다.

책 전체에 걸쳐 이런 감염병들을 정면으로 다루고자 한다. 또 진정으로 걱정해야 할 만한 사항에 초점을 맞추려 한다. 하지만 여기서 내가 강조하고 싶은 한 가지는 이것이 과학만의 문제가 아니라는 것이다.

위기 행동 강령과 관련한 내용은 9장에서부터 역순으로 차근차근 다뤄, 우리 일상을 크게 바꿀 위험이 있는 두 가지, 항미생물제 내성과 세계적 독감 유행으로 마무리하려 한다.

내가 미네소타대에 설립하여 수장을 맡은 감염병 연구·정책센터는 말 그대로 연구뿐 아니라 정책에도 무게를 둔다. 실과 바늘처럼 연구와 정책은 자연스러운 짝꿍이다. 정책을 배제한 채 과학에 접근한다면 아무것도 이루지 못할 것이다. 또 과학으로 탄탄히 뒷받침하지 않은 채 정책을 마련하려 한다면, 귀하디귀한 시간과 돈, 생명을 낭비할 것이다.

5장

—

세균의 발달사

상황이 충분히 나빠지면, 상황을 수정할 어떤 일이 일어난다.

그런 까닭에 나는 진화를 오류 생성 및 오류 수정 과정이라고 말한다.

오류 생성보다 수정에 매우 뛰어나다면, 우리는 성공할 것이다.

_의학박사 조너스 소크

질병 수사관을 범죄 수사관에 빗대는 것은 여러모로 합당하다. 이런 맥락에서 미생물을 사람에 빗대 생각해볼 수 있다.

우리는 끊임없이 타인에 둘러싸여 살아간다. 대개는 날마다 같은 사람과 마주치지만, 또 날마다 다른 사람도 만난다. 대다수는 우리 삶에 어떤 식으로도 영향을 미치지 않는다. 그들은 그저 나와 비슷한 공간이나 가까운 공간에서 살 뿐이다. 하지만 친구, 가족, 아끼는 사람, 동료들은 우리 삶에 긍정적인 영향을 미친다.

그런데 한 번도 만난 적 없는 타인도 일상에 매우 중요한 영향을 미친다. 다만 우리가 그런 측면을 생각하지 않을 뿐이다. 이를테면 100~200킬로미터 떨어진 곳에서 발전소를 돌려 집이나 사무실에 계속 불이 들어오게 하고 식료품점의 냉장고와 냉동고가 돌아가게 하는 사람을 생각해보라. 그 사람에게 마지막으로 고맙다고 생각한 적이 언제인가? 의약품 배달 트럭을 운전해, 우리가 어느 날 간절히 구급약이 필요할 때 약국에서 틀림없이 그 약품을 구할 수 있도록 하는 배달 기사는 또 어떤가? 이들은 우리가 크게 의지하면서도 얼굴을 한 번도 본 적 없는 사람들이다.

이와 달리 몇 안 되지만, 우리에게 뚜렷하게 해로운 영향을 미치는 교활한 사기꾼이나 범죄자도 있다. 최악의 경우 이들이 실제로 우리 삶을 끝장내기도 한다.

미생물도 마찬가지다. 대다수는 우리에게 유익한 영향도 해로운 영향도 미치지 않는다. 더러는 우리 삶을 유지하고 질을 높이는 데 필수인 미생물도 있고, 더러는 몸에 침입해 해를 입히는 미생물도 있다. 인간 세계에서 해를 끼치는 사람을 범죄자라 부르듯, 미생물 세계에서 해를 끼치는 것을 병원체라 부른다.

우리는 아주 최근에야 인간의 몸속에 마이크로바이옴microbiome이라는 미생물 군집이 공존한다는 사실을 알아냈다. 달리 말해 몸 전체에 미생물이 서식한다. 안타깝게도 대개는 미생물과 인간의 관계를 지금도 대체로 순진하게 생각한다. 사무실이나 집의 전화기나 손잡이에서 표본을 채취했더니 세균이 득실대더라는 보도에 대중매체의 유명 인사들이 혐오를 드러내는 것도 이런 생각이 굳어지도록 부추긴다. 이 단순하기 짝이 없는 관점은 안뜰의 잡초를 뽑기 싫은 나머지 유익한 식물은 죽은 식물이라고 결론 내리는 것과 다를 바 없다. 이런 병원체의 잠재력을 이해하려면 지구가 처음 태어났을 때로 거슬러 올라가야 한다.

지구는 약 45억 년 전, 녹아내린 바위로 시작했다. 이어지는 수십억년 중 어느 때에 이르러, 원시 수프라고 부르는 원시 바다에서 단세포 생명체가 나타났다. 이 세포들이 어떻게, 왜 나타났는지는 몇 가지 이론이 있다. 하지만 정말로 어떤 일이 일어났는지는 영원히 알지 못할 듯하다. 1920년대에 소련 생물학자 알렉산드르 오파린과 영국 유전학자 J. B. S. 홀데인이 자외 복사선이 제공한 에너지에 힘입어 메탄, 암모니아, 물이

유기 화합물로 바뀌었다는 가설을 주장했다. 특정 분자가 결합하면 생존에 유리했기 때문이다.

그 뒤 나온 한 가설은 뜨거운 물을 내뿜는 열수구가 화학 에너지를 내보낸 덕분에 단순한 생명체가 탄생했다고 주장한다.

여기에서 눈여겨 볼 것은 30억 년 넘는 세월 동안 미생물이 지구의 유일한 생물 형태였다는 사실이다. 미생물의 진화는 실제로 인간, 동물, 식물이 존재할 수 있는 근거가 되었다. 미생물 덕분에 우리는 숨 쉬는 데 필요한 산소 대기를 얻었다. 식물은 자라는 데 필요한 이산화탄소와 땅속 영양분을 얻을 능력을 얻었다. 알다시피 이런 조건은 생명이 존재할 수 있는 토대다.

진화는 다양성을 촉진하는 원동력이다. 그리고 진화의 기반은 스트레스다. 세균이든, 털투성이 매머드든, 인간이든, 흰긴수염고래든 스트레스에 더 잘 대처하거나 적응하는 생물일수록 생존 확률이 더 높다. 이를테면 지구를 강타하는 커다란 별똥별처럼 즉각 어마어마한 충격을 미치는 스트레스도 있기는 하다. 하지만 대다수 스트레스는 천 년 넘는 시간에 걸쳐 일어난다.

약 30억 년 동안 일어난 모든 진화에는 핵도 없는 단세포 생물인 세균이 있었다. 이런 미생물들이 덧없는 인간의 시간으로는 이해하기 어려운 아주 오랜 기간에 걸쳐 지금껏 지구에 존재한 모든 동식물 형태에 결합해 진화했다.

다양하고 복잡한 생화학을 여기에서 모두 살펴볼 필요는 없다. 기억해야 할 중요한 사실은 미생물이 인간이 출현하기 전부터 존재했고, 우리가 지구를 차지하는 동안 우리와 함께 진화했고, 그리고 우리가 사라진 뒤에도 여기 지구에 존재하리라는 것이다. 우리는 우월 의식에 빠진 나머지, 상황을 통제하는 주체가 주로 인간이라고 생각한다. 하지만 미생물이 생명 활동에 진실로 얼마나 큰 힘을 휘두르는지 이해하려면, 미생물이 인간에게 발맞추는 것이 아니라 인간이 미생물의 진화를 예측하여 대응하고자 애쓴다는 사실을 반드시 기억해야 한다.

우리가 생존하려면 현재 존재하는 미생물 대다수가 필요하다. 하지만 어떤 미생물은 우리를 죽일 수 있다.

내 친구이자 동료인 마틴 블레이저 박사는 뉴욕대 의학대학원에서 인체 마이크로바이옴 프로그램Human Microbiome Program을 이끄는 교수이자 공중보건 분야에서 무척 존경받는 감염병 연구자다. 그는 『인간은 왜 세균과 공존해야 하는가Missing Microbes』에서 이렇게 지적했다. "세균 세포는 자급자족하는 완벽한 존재다. 이들은 숨 쉬고, 움직이고, 먹고, 배설하고, 적에 맞서고, 무엇보다도 번식할 줄 안다." 요컨대 "미생물이 없다면 우리 인간은 먹지도 숨 쉬지도 못한다." 그러므로 필수 세균을 잃으면 건강하게 살지 못한다.

아직은 지구 역사의 맨 끝인 인간의 장에서 우리는 폭발하듯 초고속으로 진화했다. 하지만 인간이 현대 세계에서 확실한 자리를 차지할지라도, 생물량에서는 미생물 군집이 지구의 다른 어떤 요소를 합친 것보다도 많은 양을 차지한다.

미생물은 몸 거의 모든 곳에 산다. 특히 창자에는 몸의 전체 세포를 합친 것보다도 더 많은 미생물이 산다. 그런데도 한 사람의 몸속에 있는 미생물 군집은 무게가 겨우 1.3킬로그램에 그친다. 지구에 존재하는 전체 미생물이 다른 모든 생물 형태보다 많은 생물량을 차지한다지만, 그래도 미생물이 우리의 생존을 좌지우지하는 것은 생각하기 어려운 충격이다.

그러므로 빈대 잡으려다 집까지 홀랑 태우는 잘못을 저지르지 않는 것이 무척 중요하다. 인간과 동물, 식물, 환경이 건강한 상태를 유지하게

끔 돕는 미생물들을 과학적으로 충분히 존중해야 한다. 사실 더 나아가 미생물이 생존하도록 뒷받침하는 연구와 정책 의제를 추진해야 한다. 이런 노력은 기후변화에 맞서고자 울창한 열대 우림을 굳건히 보호하는 것과 다르지 않다.

지금까지 벌어진 상황을 명확하게 정리했으니, 이제는 인간과 동물이 처음에는 불리한 위치에서 시작했다는 사실을 이해해야 한다. 호모사피엔스 종으로서 인간은 평균 25년마다 번식한다. 거칠게 정의하면 이것이 인간의 한 세대다. 이와 달리 미생물은 20분마다 번식할 수 있다. 인간의 기준으로 보면 미생물은 초고속으로 진화한다. 그러므로 전략적으로 우세한 종으로 거듭나는 것은 이 전쟁에서 우리가 쓸 수 있는 방법이 아니다.

설상가상으로, 우리가 병원체와 접촉하기만 해도 병원체와 인간의 역학 관계는 바뀐다. 인간은 열대 우림에 들어가 나무를 베고 작물을 재배하고 야생 동물을 사냥하느라, 그곳 깊숙이 사는 미생물의 서식지를 무모하게 침범한다. 또 많은 사람이 한곳에 모여 산다. 수도 없이 많은 돼지와 식용 조류를 좁은 공간에 가둬 기른다. 항미생물제를 과용하거나 오용한다. 그 과정에서 미생물이 거듭 스트레스에 적응해, 자연에서는 얻지 못하는 진화 기회를 얻는다.

인간도 적응하기는 마찬가지 아니냐고? 물론 인간도 적응은 한다. 하지만 알다시피 인간이 한 세대를 거칠 동안 미생물은 65만7000세대를 거친다. 이 정도면 그랜드캐니언을 수천 년에 걸쳐 똑똑 한 방울씩 떨어지는 물방울이 아니라 하룻밤 사이에 고압 물대포로 만드는 속도다. 1920년대에 유럽은 노동력, 생산성, 사회 발전의 동력이 엄청나게 떨어지는 시련을 겪는다. 1914~1918년에는 제1차 세계대전이, 1918년에는 독감 대유행이 잇달아 유럽을 덮쳐 수많은 사람이 목숨을 잃었기 때문이다. 하지만 우리가 그만큼 많은 미생물을 쓸어 없애더라도, 미생물은 하루도 안 되어 상황을 회복할 수 있다.

지구에 존재하는 미생물 군집에는 여러 계통이 있다. 크기와 복잡성 순서대로 프라이온*, 바이러스, 리케차**, 세균, 곰팡이, 기생충을 포함한다. 앞으로는 심각한 질병이나 죽음을 일으킬 위험이 있을뿐더러 세계의 사회, 경제, 정치 구조를 무너뜨리거나 적어도 주요 기능을 위협할 위험이 있는 미생물에게 초점을 맞추려 한다. 앞으로 보듯이, 이 범주를 지배하는 것은 바이러스다. 바이러스는 사람, 동물, 식물, 심지어 세균 같은 다른 미생물에게까지 엄청난 타격을 입힌다.

엄밀히 말해 바이러스는 살아 있는 생물이 아니다. 그렇다고 무생물도 아니다. 산 것도 죽은 것도 아닌 중간 상태로 숨죽인 채 기다리다가 살아 있는 세포를 습격한 다음 복제 기전을 훔쳐, 숙주 밖으로 내보낼 바이러스 입자 즉 비리온virion을 순식간에 대량으로 복제한다. 대개는 바이러스가 목표로 삼는 숙주가 있다. 달리 말해 특정 바이러스가 사람만 감염시키거나, 특정 동물 종만 감염시킨다. 이를 잘 보여주는 예가 천연두 바이러스다. 천연두 바이러스는 사람만 감염시킬 뿐 동물은 건드리지 않는다. 이와 달리 광견병 바이러스처럼 사람과 동물을 가리지 않고 모두 감염시키는 바이러스도 있다. 숙주의 특정 장기나 기관만 감염시키는 장기 친화성 바이러스도 많다. 이를테면 간염 바이러스는 주로 간에 병을 일으킨다.

다른 미생물이나 고등생물 대다수와 마찬가지로, 바이러스도 염색체를 구성하는 긴 사슬 분자인 DNA나 RNA의 명령에 따라 자신을 복제한다. 숙주의 세포로 들어간 바이러스는 어김없이 자신을 복제한다. 바

---

* 단백질로만 이뤄진 병원체. 광우병, 크로이츠펠트·야코프병 등을 일으킨다.
** 절지동물에 기생하는 미생물 병원체. 티푸스, 쓰쓰가무시병 등을 일으킨다.

로 이 대목에서 바이러스의 유전자 특징이 활동을 시작한다. 바이러스 복제라는 복잡한 세계를 들여다보는 것은 이 책의 범위를 훌쩍 벗어난다. RNA 바이러스의 RNA가 한 가닥인지 두 가닥인지, 양성 극성인지 음성 극성인지, DNA 역전사를 이용하는지는 세계적 유행병이나 심각한 지역적 유행병을 일으킬 우려가 큰 병원체의 목록에 가장 먼저 올려야 할 바이러스를 정할 때 이해해야 할 내용이 아니다.

이때 중요한 것은 감염병 유발 미생물 중 어떤 것이 유전자 암호를 빠르게 변이하거나 바꿔 숙주의 면역 체계, 백신, 치료제를 쉽게 빠져나가는지, 특히 호흡기를 통한 전염력을 높이는지를 공중보건 과학자인 우리가 판단하는 것이다. 독감 바이러스가 지금까지도 세계적 유행병을 일으킬 유력한 후보로 남아 있는 까닭도 쉽게 유전자 변이를 일으키는 탓에 대처하기 어렵기 때문이다.

항원 변화는 때에 따라 미생물의 독성을 높이기도 하고 줄이기도 한다. 앞에서 말했듯이, 다음 세대로 어떤 특성이 전달될지는 유전자의 주사위 놀음에 달렸다.

핏속의 B세포와 T세포 같은 구성 요소는 저마다 외부 침입자 즉 병원체를 찾아낸 다음 다양한 기전을 이용해 침입자를 포위하거나 없앤다. 이 세포들은 한 번 만난 침입자를 일정 기간, 때로는 평생 '기억'한다. 따라서 침입자가 다시 쳐들어오면, 면역 체계가 처음에 이 침입자를 마주했을 때처럼 면역 세포를 늘리지 않고도 병원체에 맞설 준비가 된다. 백신도 이런 개념에서 비롯된다. 즉 '진짜' 바이러스가 공격하기 전에 독성을 줄인 바이러스나 죽은 바이러스에 몸을 노출하면 미리 방어막을 형성할 수 있다.

더러는 불쾌한 미생물 병원체가 그저 방아쇠 구실만 할 뿐, 우리 몸이 우리에게 '총알'을 날리기도 한다. 이런 예로는 면역 체계가 미생물에게 과잉 반응을 일으켜 생기는 사이토카인 폭풍이 있다. 사이토카인은 소분자 단백질로, 감염이 일어났을 때 적절한 백혈구가 재빨리 움직여 침입자를 물리치도록 경보를 울린다. 그런데 사이토카인이 지나치게 오랫동안 면역 세포에 신호를 보내는 사이토카인 폭풍이 일어나면 결국 호흡 곤란과 장기 마비를 일으킨다. 1918년에 독감 바이러스가 퍼졌을 때 그전까지 면역 체계가 튼튼했던 젊은이와 건강한 사람이 그토록 많이 사망한 까닭도 사이토카인 폭풍 때문이라고 본다.

우리는 가장 걱정해야 할 미생물을 분류하는 범주에 미생물의 복제 수단을 요인으로 반영했다. 유전자를 전달하는 과정에서 변이하여 항원 즉 구성 요소를 재빨리 바꾸는 미생물이 호흡기로 전파해 감염자를 더 쉽게 죽이기까지 한다면, 우려 지수가 높게 나올 것이다. 이런 범주의 미생물에게 효과적으로 맞설 백신을 개발하는 것은 덜 치명적인 미생물 감염원에 맞설 백신을 개발하는 것보다 더 힘겨우면서도 더 중요한 도전이다.

이제 전선이 명확해졌다. 이것은 미생물의 단순한 유전자와 재빠른 진화 대 인간의 지능과 창의성, 사회·정치적 의지가 벌이는 전쟁이다. 병원체가 숫자에서도 책략에서도 어마어마하게 앞서므로, 그런 면에서는 병원체를 압도하지 못한다. 따라서 우리가 살 길은 병원체보다 한발 앞설 수 있느냐에 달렸다.

6장

—

신세계의 질서

이제 사람들은 세상에 자신에게 영향을 미치지 못할 만큼 멀리 떨어진 것은 없다는 사실을 이해하기 시작했다. 질병 이야기만이 아니다. 아프리카에서 멋진 시장을 얻으려면 아프리카 사람들을 건강하게 해야 한다는 말이 경제학자들에게서 나오고 있다.

_의학박사 윌리엄 페이기

죽지 않고 살아남는 문제와 넉넉한 먹거리를 구하는 문제에 비하면, 인류 역사 대부분 동안 감염병 발생은 큰 걱정거리가 아니었다. 우리 조상들이 소규모 수렵 채집 집단으로 살았을 때는 심각한 유행병을 일으킬 만큼 사람들이 한 곳에 몰려 살지 않았다. 하지만 약 만 년 전 농경을 시작하면서, 인구 집중이 급속하게 빨라져 마을과 도시가 생겨났다.

농경은 농사일을 돕고 먹거리를 제공할 동물을 가축으로 길렀다는 뜻이기도 하다. 그런 동물에서 많은 감염병이 유래했고, 우리는 이런 질환을 인수 공통 감염병이라 부른다. 인간과 동물의 건강은 이렇게 서로 연결된다. 이 중요한 사실에서, 인간이 질병에 걸리지 않으려면 인간뿐 아니라 동물의 건강까지 이해해야 한다고 강조하는 건강 공동체 활동, 원헬스One Health가 생겨났다.

나는 원헬스가 등장하자마자 지지를 보냈다. 오늘날 감염병의 위협이 늘어난 매우 중요한 원인을 원헬스가 다루기 때문이다.

천연두 바이러스, 소아마비를 일으키는 폴리오바이러스를 포함해 많은 감염병 바이러스가 인간만을 겨냥해 적응했다. 하지만 우두와 원숭이마마처럼 인간뿐 아니라 다른 종까지 감염시키는 변종도 있다. 에볼라 바이러스 중 2013~2015년에 서아프리카에서 유행한 변종인 자이르Zaire 에볼라는 치사율이 33~50퍼센트로 매우 치명적이다. 리처드 프레스턴이 1994년에 펴낸 베스트셀러 『핫존: 에볼라 바이러스 전쟁의 시작』에서 주연을 맡은 변종인 레스턴Reston 에볼라는 영장류에게는 치명적이었지만 사람에게는 거의 영향을 미치지 않았다.

어떤 감염병이든 계속 퍼져 나가려면 어느 정도 규모의 숙주 즉 인간이나 동물 개체군이 있어야 한다. 이를테면 현재 전염성이 높은 감염병 중 하나인 홍역이 계속 퍼지려면 수십만 명이 인접해 살아가는 개체군이 있어야 한다. 그렇지 않으면 홍역은 멸종한다.

어떤 생물 병원체는 적절한 공격 기회를 노리며 잠복한다. 어릴 때 수두를 앓으면 수두를 일으키는 수두 대상포진 바이러스가 그 뒤로 수십 년 동안 몸에 계속 잠복해 남을 수 있다. 그러다 우리가 나이 들어 면역체계가 약해지면, 이 바이러스가 대상포진 바이러스 형태로 깨어나 고통스러운 대상포진을 일으킨다. 탄저병을 일으키는 탄저균은 포자 형태로 거의 무기한 잠복할 수 있다. 그러다가 동물의 호흡기로 들어가거나 음식물로 섭취되거나 아물지 않은 상처에 접촉하면 그때 다시 활동을 시작해 숙주가 모르는 사이에 치명적인 병을 일으킨다.

어떤 병이 동물 숙주에서 인간 숙주로 건너뛴다는 것은 피해자가 될 인간 개체군에게 새로운 위험이 나타났다는 뜻이다. 인간의 면역 체계에는 이 병에 맞선 기억이 전혀 없으므로, 한동안 손상을 겪은 뒤에야 병에서 살아남은 개체군이 면역을 형성한다. 문명이 발달하고 진보할수록, 감염병의 속도와 충격도 커진다. 14세기에 가래톳 흑사병과 폐렴 흑사병을 일으켜 유럽 인구를 4분의 1에서 3분의 1까지 사라지게 한 예르시니아 페스티스*Yersinia pestis*는 겨우 10년 만에 유럽 전역에 퍼졌고 100년이 넘는 시간 동안 사람들의 목숨을 앗아갔다.

그런데 16세기에 신세계에 '정착'한 유럽인들이 자신들이 보유한 병원균에 아무런 면역력이 없는 사람들과 마주친다. 유럽인과 함께 아메리카에 상륙한 천연두 바이러스는 6년 만에 플로리다 원주민 티무쿠아족 절반의 목숨을 앗아갔다. 1519년에 72만2000명이던 티무쿠아족은 1524년에 36만1000명으로 줄었다. 4년 뒤에는 다시 홍역이 유행해 남아 있던 인구 절반을 죽였다. 다른 아메리카 원주민 문명에서도 비슷한 과정이 비슷한 영향을 미쳤다. 스페인 정복자들은 이런 결과를 신이 자신들의 아메리카 정복과 황금을 향한 욕망을 지지한다는 뜻으로 받아들였다.

쾌속 기선이 범선을 대체하고 기차가 마차를 대체하자, 감염병이 퍼지는 속도와 범위도 치솟았다. 20세기 초반에 우리가 놓인 상황이 바로 그런 것이었다.

통계로 볼 때 현대에 들어 최악의 유행병은 1918년에 지구를 휩쓴 이른바 스페인 독감이다. 사실 그 독감은 절대 스페인에서 시작되지 않았다. 제1차 세계대전에서 중립을 지킨 스페인이 언론을 검열하지 않고 있는 그대로 상황을 보도했을 뿐인데, 엉뚱하고 부당하게도 오명을 뒤집어썼다. 그동안 전해지기로는 보수적으로 잡아도 전 세계 사망자가 4000만~5000만 명이라고 봤다. 하지만 최근 분석은 사망자가 이보다 두 배는 많았으리라고 주장한다. 스페인 독감 직전에 일어난 잔인하고 피비린내 나는 제1차 세계대전의 사망자가 2000만 명이 채 안 되었다.

앞으로 다루겠지만, 1918년 독감 바이러스는 여러모로 역사상 어떤 독감 바이러스와도 달랐다. 그렇다면 이런 일이 다시 벌어질 수 있을까? 당연히 그렇다. 사실 목숨을 걸 수 있을 만큼 틀림없다. 하지만 아무리

그래도 지난 100년 동안 의학과 통신 기술이 눈부시게 발전했으니, 우리가 그런 일에 대처할 준비를 더 탄탄히 하지 않았을까?

너무 확신하지 말기를 바란다.

100년 전에 비해 오늘날 우리가 사는 세상은 사뭇 다른 곳이다. 사실 25년 전과 비교해도 사뭇 다른 곳이다. 그리고 그동안 일어난 변화를 인간과 병원체의 전쟁 관점에서 보면, 거의 모든 변화가 병원체에 더 유리하다. 왜 그럴까?

첫째, 공중보건은 원래 협력이 필수다. 여러 공동체와 국가가 반드시 서로 힘을 합쳐야 한다. 국제적인 천연두 퇴치 활동이 효과를 거둔 까닭은 당시 초강대국이던 미국과 소련이 모두 이 활동을 반드시 해야 할 일로 인정했기 때문이다. 한쪽이라도 이 활동을 지지하지 않았다면, 천연두 퇴치는 성공하지 못했을 것이다.

소련이 몰락한 뒤로 세상은 계속 달라졌다. 미국의 비영리기관 평화기금회Fund for Peace가 발표하는 취약 국가 지수Fragile States Index를 보면, 2016년에 발표한 지수가 1975년의 비슷한 연구가 제시한 지수보다 훨씬 높다. 게다가 이제는 공동 목표를 달성하고자 국제사회가 힘을 합치기가 40년 전보다 더 어렵게 되었다. 현재 정부가 간신히 통치하는 시늉만 하는 나라가 무려 40곳이 넘는 실정이다.

이런 상황은 아프리카만의 이야기가 아니다. 현재 아메리카에서도 석유 가격이 하락한 충격으로 베네수엘라와 콜롬비아의 정치와 경제가 벼랑 끝에 몰렸다. 브라질에서는 2016년에 지우마 호세프 대통령이 탄핵된 뒤로 정부가 제 기능을 하지 못했고, 리우데자네이루주는 '공공 재난'을 선포했다. 미국의 자치령인 푸에르토리코는 거의 파산 상태다. 이런 통치력 붕괴는 모두 공중보건에 크나큰 참사를 일으킬 수 있다.

여기에 더해, 국내외에서 일어나는 테러 행위가 공중보건을 끊임없이 위협한다. 공중보건을 미심쩍게 여기는 눈초리도 끈질기다. 파키스탄에서는 소아마비 예방접종 인력이 여러 지역에서 살해되기 일쑤다. 파키스탄의 강경파 이슬람교도들은 예방접종 활동을 신의 뜻에 어긋나는 일이자 몰래 불임을 시도하는 짓으로 간주하고 반대한다.

둘째, 인구가 기하급수로 늘어나면서 인간의 주거지와 동물의 서식지가 갈수록 더 가까워진다. 이미 언급했듯이 인구가 폭발하고 있다. 1900년에 추산한 세계 인구는 16억 명이었지만, 60년 뒤인 1960년에는 30억 명으로 늘었고, 다시 거의 60년이 흐른 오늘날에는 76억 명에 이르렀다. 세계보건기구는 2050년에 세계 인구가 100억 명을 돌파하리라고 예상한다. 그런 인구 증가는 대부분 개발도상국의 대도시에서 일어날 것이다. 이런 곳들은 대개 찰스 디킨스가 소설에서 묘사한 것처럼 깨끗한 물과 제대로 된 하수구 시설이 부족해 주거 환경이 매우 비위생적이다.

오늘날 우리가 세계 곳곳의 동물과 관련해 가장 자주 보고 듣는 우려가 개체 수의 심각한 감소다. 멸종하는 종도 갈수록 늘고 있다. 그런데도 날로 늘어가는 인간의 먹거리를 마련하느라 식품 생산용 동물은 오히려 개체 수가 폭발하고 있다.

이를테면 1960년에 추산한 세계의 닭 개체 수는 30억 마리였다. 오늘날에는 약 200억 마리에 이른다. 게다가 닭은 워낙 빨리 자라, 오늘 당신이 먹는 닭 가슴살은 겨우 35일 전만 해도 달걀이었다. 1년이면 닭은 열한 세대에서 열두 세대를 거친다.

이런 닭 한 마리 한 마리가 새로운 바이러스나 세균이 자랄 수 있는 시험관이다. 그리고 식용 조류 산업의 특성상, 세계 곳곳에서 이런 닭이 인간과 가까이 접촉한다. 양계장에서는 닭과 관리자가 한 공간에서 호흡한다. 돼지도 마찬가지다. 오늘날 해마다 4000만 마리가 넘는 돼지가 생산된다. 그런데 하필 돼지는 불안정하고 쉽게 변이하는 조류 독감 바이러스와 사람 독감 바이러스의 유전자가 섞이기에 더할 나위 없이 좋은 장소다.

앞으로는 상황이 더 나빠질 듯하다. 날로 늘어가는 인간의 먹거리를 마련하고자, 앞으로 20년 동안 닭과 돼지 생산이 적어도 25~30퍼센트는 늘어날 것으로 보인다.

셋째, 국제 무역과 세계 여행에서 나타난 변화로 전 세계가 진정한 경제 공동체가 되었다. 사람, 동물, 상품이 눈이 핑핑 돌아가도록 유례없이 자주, 그리고 빠르게 지구 곳곳으로 이동한다. 20세기까지만 해도 세계 대부분, 특히 개발도상국은 외딴 변방에 지나지 않았다. 국민 대다수가 자신이 태어난 마을에서 10킬로미터 밖으로 나간 적이 없었다. 1850년에 쾌속 범선으로 지구를 한 바퀴 돌려면 거의 1년이 걸렸다. 오늘날에는 비행기로 채 40시간이 걸리지 않는다. 1914년에는 정기 상업 비행선이 처음 등장했다. 미국 플로리다주 탬파만을 가로질러 승객을 태워 나르는 노선이었다. 100년이 더 지난 오늘날에는 2013년 기준으로 날마다 800만 명이 민간 비행기를 이용한다. 연간으로 따지면 거의 31억 명에 이른다.*

누구나 24시간 안에 지구 어디라도 갈 수 있다는 사실은 말할 것도 없이 중요하다. 하지만 그만큼이나 중요한 것이 있다. 빠른 운송 체계 때문에 거의 모든 생산품과 구성품이 국제 공급 사슬과 적기 공급 관행의 영향을 받으므로, 앞으로 발생할 세계적 유행병은 지난날 비슷한 독성의 유행병보다 훨씬 더 큰 충격을 안길 것이다. 하나만 예로 들자면, 미국은 세계에서 가장 우수한 의료 기반을 갖췄지만, 사람 목숨을 살릴 약품은 거의 모두 해외에서 제조된다. 이를테면 우리가 먹는 약을 많이 생

---

* 2018년에는 수치가 훌쩍 늘어 하루 민간 비행기 이용객이 1200만 명, 연간 기준으로 거의 44억 명에 이른다.

산하는 인도 어느 지역에서 심각한 유행병이 발생한다고 생각해보라. 필수 의약품을 확보할 수 없는 탓에 미국 대도시에서는 많은 사람이 죽어나갈 것이다.

2014년 6월 30일을 기준으로 미국을 오간 국제선 탑승객이 1억 8600만 명이었고, 화물 수송량은 954만 톤이었다. 전 세계의 항공 화물량은 1억 5000만 톤이 넘었다. 날마다 대형 화물선 6만 척이 오대양을 가로질러 한 대륙에서 다른 대륙으로 화물 컨테이너를 나르고, 이와 함께 여러 바이러스에 감염된 모기와 오염된 농산물 같은 감염병 매개체가 함께 이동한다.

얄궂게도, 우리가 효율을 높이고 경제를 발전시키고 생활수준을 높이는 방향으로 현대 세계를 구축했기 때문에, 즉 세상을 꽤 성공적으로 지구촌으로 탈바꿈시켰기 때문에, 우리는 이제 지난 1918년보다 감염병에 더 취약해졌다. 그리고 세상이 더 정교하고 복잡하고 기술로 통합된 곳으로 바뀔수록, 한 가지 재앙만으로도 전체 체계가 와르르 무너지는 피해를 보기 쉬워질 것이다.

미생물 전쟁의 넷째 요소는 세계적 기후변화다. 솔직히 말해 기후변화로 어떤 결과가 나타날지 잘 모르겠다. 하지만 보나마나 중대한 영향을 미칠 것이다. 적도 지방에서 해마다 이미 50만~100만 명을 죽이는 말라리아가 적도에서 멀리 떨어진 곳까지 퍼질까? 지카처럼 모기를 매개로 전염되는 열대병은 모두 그럴 가능성이 있다. 온대 지방의 겨울 날씨가 여름철 질병을 일으키는 병원체를 죽이지 못할 만큼 따뜻해지지는 않을까?

말라리아는 공중보건에서 중요한 또 다른 개념도 강조한다. 앞에서 살짝 언급한 유행병과 풍토병의 구별이다. 아프리카의 연간 말라리아 사망자는 50만 명을 넘나들어, 2014년 발생한 에볼라의 사망자 추정치

1만1000명과는 비교가 안 된다. 하지만 말라리아나 결핵 같은 풍토병은 정부를 무너뜨리거나 다른 나라에 공포를 퍼트리지 않는다. 공항을 폐쇄하고 국경선을 봉쇄할 만큼 위협이 되지 않는다.

하지만 갑작스러운 집단 발병은 만성 질환과 다른 반응을 일으킨다. 특히 모기에 물리거나 이미 감염된 사람이 내쉰 공기를 들이마셨을 때 자신도 모르게 전염되는 바이러스로 일어나는 집단 발병은 질병을 이해하고 상황을 통제하려는 몸부림을 일으킬뿐더러 공포를 불러온다. 그러므로 당연하게도 실제 상황보다 훨씬 큰 혼란과 충격을 일으킨다. 9·11 테러 공격이 일어난 다음 달, 미국 의회와 언론계 인사들에게 우편으로 탄저균 가루가 배달되었다. 이때 탄저균에 감염된 사람은 22명에 그쳤지만, 상황을 해결하느라 수십억 달러가 들었고, 국회의사당 건너편의 하트 상원 건물이 여러 달 동안 폐쇄되었고, 그 지역의 우편물 배송이 마비되었다. 탄저균은 에볼라나 천연두와 달리 전염병이 아니라 감염자로부터 탄저병이 옮을 일이 없는데도 말이다.

그러므로 우리는 세계적이든 지역적이든 의학 관점에서는 유행병이 더 심각한 현상일지라도, 치명적인 특정 집단 발병이 단순한 수치를 넘어서는 공포와 혼란을 불러일으킬 수 있다는 것을 이해해야 한다. 우리를 죽이거나 아프게 할 위험이 큰 질병과 우리를 두렵게 하거나 불편하게 하는 질병은 일치하지 않을 가능성이 높다.

세계적 유행병이 발생하면 지역, 국가, 더 나아가 국제사회의 상거래가 멈춰 설 수 있다. 그다음에는 경제가 혼돈에 빠지고, 이에 따라 불안정한 정부에 대한 신뢰가 바닥에 떨어진다. 정부의 권위가 흔들리기 시작하면 세계적 유행병이라는 압력이 국가 파탄으로 이어질 수 있다. 그리고 국가 파탄은 무정부주의와 테러 행위를 낳을 수 있다. 게다가 세계적 유행병이 일어나는 동안에도 다른 풍토병과 비감염 질환이 계속 사람들을 괴롭힌다. 유행병과 풍토병, 감염병과 비감염병이 결합하면, 결국 기존 의료 전달 체계가 큰 부하를 받거나 더 나아가 무너질 수 있다.

2014년에 에볼라가 집단 발병한 서아프리카 국가 세 곳에서는 곡식을 추수하지 못했고, 학교를 닫았고, 국경을 차단했고, 미국 평화봉사단 자원봉사자 340명이 철수했다. 게다가 에볼라 발병 기간에 적절한 치료를 받지 못한 탓에 HIV, 결핵, 말라리아 감염자가 급증해 거의 에볼라 감염자만큼이나 많이 죽었다.

9·11 공격 이후로 우리가 엄청난 돈과 인재를 투입한 바로 그 적이 세계적 유행병으로 생긴 지도력의 공백을 손쉽게 차지할 수 있다. 그러므로 사실 감염병 전쟁이야말로 다른 무엇보다도 국가의 안전이 걸린 일이다.

7장

—

전염 수단:
박쥐, 벌레, 폐, 생식기

번덕스러운 자연은 생명이 지구의 자산을 늘리는 구실을 한다는 것을
알기에 생명이 계속 이어지도록 창조하고 생산하는 데서 기쁨을 얻고,
시간이 생명을 파괴하는 것보다 더 기꺼이 더 빠르게 생명을 창조한다.
그래서 많은 동물이 다른 동물의 먹잇감이 되도록 했다. 하지만 이것만
으로는 성에 차지 않아, 수가 어마어마하게 불어난 동물에, 특히 다른
동물의 먹이가 되지 않아 무척 빠르게 수가 늘어나는 인간에게
걸핏하면 역병을 일으키는 증기와 거듭되는 천재지변을 보낸다.

_레오나르도 다빈치

미생물이 현재 머무는 곳에서 앞으로 이용할 다음 숙주로 이동하려면,
그 숙주에 다다를 방법이 있어야 한다. 이것을 전염 수단이라 부른다. 오
랜 세월 다양한 병원체가 여러 전염 수단을 진화시켰다. 바로 이 전염 수
단이 우리가 어떤 병원체를 얼마나 걱정해야 하느냐를 결정하는 주요 요
인이다.

이 장의 제목에 열거한 박쥐, 벌레, 폐, 음경은 전체 전염 수단을 대표
하고자 적은 것이 아니다. 이 네 범주는 질병 전파와 관련하여 우리가 이
해해야 하는 주요 개념을 나타낸다.

박쥐는 질병을 옮기는 숙주 중 하나다. 숙주란 병원체가 자신을 보존
하는 장소다. 아직 확실히 증명되지는 않았지만, 이를테면 에볼라의 가
까운 친척인 마르부르크 필로바이러스Marburg filovirus가 케냐 엘곤산 국
립공원의 키툼 동굴 같은 곳에 서식하는 큰박쥐과(과일박쥐라고도 부른
다)의 몸속에 사는 것으로 보인다. 마르부르크 바이러스는 과일박쥐의
배설물과 함께 배출되어 이동한다. 여기서 중요하게 언급할 사실이 있다.

꼭 동물이 아니라도 숙주가 될 수 있다. 심지어 살아 있지 않아도 된다. 식물이든, 물이 고인 곳이든 병원체가 다음 전파 대상을 기다리며 번식하고 생존할 수 있는 곳이면 된다. 질병 수사관에게는 해당 병원체의 숙주를 찾아내거나 파악하려는 시도가 엄청난 추리 요소다.

모기는 매개체로 알려진 절지동물이다. 즉 병원체를 보유하다가 다른 숙주에게 옮긴다. 모기는 매개체의 왕이자, 우리에게는 최악의 적이다. 모기 및 다른 곤충이 질병을 퍼뜨리지 않도록 멈추려면, 백신이나 여러 항생제로 질환을 예방하는 것도 중요하지만 매개체 억제가 매우 중요하다. 이 부분은 14장에서 자세히 다루겠다.

1400년대에 여러 달 또는 여러 해가 걸린 항해나 신세계로 가는 뱃길에 모기가 올라탔다면, 모기 매개 병원체에 면역력이 전혀 없는 사람들을 만나 감염시키기도 전에 모기들은 긴 항해를 견디지 못하고 모두 죽었을 것이다. 당시에는 병원체가 인간을 매개체로 썼다. 오늘날 비행기에 쥐가 올라탄다면 승객들이 타기 전에 즉각 처리될 것이다. 하지만 모기는 거의 눈에 띄지 않게 어디든 올라탈 수 있다.

누구에게든 생존에 없어서는 안 될 폐는 가장 무시무시한 전염 방법이다. 누군가가 호흡하며 내쉰 병원체가 공기를 오염시켰을 때는 자칫 숨만 쉬어도 병에 걸릴 수 있기 때문이다. 앞에서 현대에 발생한 가장 치명적인 유행병으로 언급한 1918년 독감은 모든 독감이 그렇듯 공기 매개 전염병이었다. 이른바 호흡기 전파 감염병은 전파 속도가 빠른 감염병이 되기에 안성맞춤이다. 숨 쉬는 숙주만 있으면 전염이 되기 때문이다.

그다음으로는 성을 매개로 전염하는 감염이 있다. 이때는 성행위 상대와 체액을 주고받을 때 병원체가 이동한다. 사람들이 성생활을 이야기하기 꺼리는 데다 정직한 정보와 정확한 통계를 얻기 어려운 탓에, 공중보건 당국에는 성 매개 감염이 예나 지금이나 다루기 까다로운 문제다. 누구나 성행위의 결과로 이 세상에 존재하는 것이 엄연한 사실인데도, 의미 있는 토론을 진행하기에는 성생활이 아직도 엄청난 사회 금기다. 성 매개 감염병을 다루려면 역학자는 사회학의 영역 깊숙한 곳에 발을 들여야 한다. 그러고 나면 사람들의 습관을 바꾸기가 얼마나 어려운지, 여성들이 자신의 성적 운명을 선택할 힘을 인정받지 못하는 사례가 얼마나 많은지를 새삼 깨닫는다.

매독은 트레포네마팔리덤*Treponema pallidum*이라는 균이 일으키는 아주 오랜 재앙으로, 누구도 걸리고 싶지 않은 병이자 누구나 남의 탓으로 돌리고 싶은 병 중 하나다. 1400년대에 프랑스의 침략을 받은 뒤 나폴리 사람들은 매독을 '프랑스병'이라 불렀다. 그런데 프랑스 사람들은 반대로 '나폴리병'이라 불렀다. 러시아 사람들은 '폴란드병'이라 불렀고, 폴란드와 페르시아 사람들은 '터키병'이라 불렀다. 터키 사람들은 '기독교병', 타히티 사람들은 '영국병', 인도 사람들은 '포르투갈병', 일본 사람들은 '중국 마마'라 불렀다. HIV/에이즈가 등장했을 때도 이와 같은 근거 없는 의심이 전 세계에 퍼졌다. 질병통제센터의 제임스 커런이 국제 과학계가 어떤 색채도 드러내지 않고 어느 언어로도 똑같이 부를 이름을 서둘러 도입해야 한다고 그토록 강하게 주장했던 데는 이런 이유도 있었다.

우리 대다수가 1960년대에 일어난 이른바 성 혁명 뒤로 어른이 되었지만, 역사를 볼 때 섹스가 사람을 죽이지 않았던 기간은 얼마 되지 않는다. 1940년대에 널리 이용할 수 있던 설파제와 항생제로 세균성 성병에 맞선 때부터 1980년대에 에이즈가 등장하기 전까지 달랑 40년 남짓이다. 물론 지금 우리에게는 HIV를 일정 수치 아래로 계속 억제하는 칵테일 요법이 있다. 하지만 에이즈는 여전히 세계 곳곳에서, 특히 현대 의약품에 접근하지 못하는 인구가 많은 빈곤국과 개발도상국 대다수에서 사람들을 죽이고 있다. 매독균, 임균을 포함한 다른 성 매개 병원체에 맞설 치료제를 찾아냈다고 그리 우쭐할 일도 아니다. 이 책 뒷부분에서 보겠지만, 항생제가 앞으로도 계속 효과를 발휘하리라고 보기가 몹시 어렵기 때문이다. 이 모든 상황으로 보건대, 우리 공동의 적은 결코 싸움을 포기하지 않는다.

음경으로 전염하는 질병에서 우리가 무시해서는 안 되는 또 다른 측면은 전쟁 무기로 사용되는 강간이다. 제정신인 사람이라면 누구나 성폭행이라는 범죄에 질겁하고, 강간으로 생기는 성병에 몸서리친다. 하지만 역사를 통틀어 강간은 적의 민간인을 두려움에 떨게 해 정복을 돕는 수단으로도 쓰였다. 오늘날에도 아프리카와 중동에서 일어나는 무력 충돌에서 보듯이, 강간이 전략의 수단으로 활용된다. 모든 강간범은 인류 공동의 적에 협력하는 비겁한 구제불능이자, 인간으로서 가장 비난받아 마땅한 죄를 저지른 범죄자다. 강간은 인류를 저버린 범죄다.

어떤 병원체가 우리를 죽일지, 아프게 할지, 그저 불편하게만 할지는 얽히고설킨 여러 요인이 작용해 결정된다. 이때 가장 중요하게 고려해야 할 물음이 하나 있다. 미생물의 전염 방법이 무엇인가? 질병 억제를 목표로 삼는 우리 분야에서는 전염을 미생물이 주위 환경이나 다른 사람, 동물로 퍼지는 기전으로 정의한다. 이런 기전에는 감염된 사람이나 동물과 직접 접촉하는 방식, 다른 사람이나 동물이 막 내쉰 공기, 일부러 공기에 뿌린 미세 분말이나 액체, 가까운 건물의 냉각탑에서 나온 미세 입자를 들이마시는 방식, 음식을 먹거나 물을 마시는 방식, 문손잡이 같은 표면에 몸이 닿는 방식, 모기나 진드기에 물리는 방식, 한 번 사용했거나 오염된 바늘의 피에 닿거나 오염된 피를 수혈받는 방식이 있다.

이 모든 기전이 저마다 특정 질병을 퍼트리는 데 중요한 역할을 하지만, 가장 위험하고 우려되는 범주는 그저 숨을 들이마시는 것만으로도 폐에 미생물이 퍼지는 방식이다. 우리는 이것을 공기 매개 전염이라 부른다. 부동산업에서 "뭐니 뭐니 해도 입지"를 외치듯, 우리 공중보건에서는 "뭐니 뭐니 해도 공기 매개가 최악"이라고 외친다.

바이러스가 공기를 매개로 전염될 가능성은 1991년에 내가 미네소타에서 이끈 홍역 집단 발병 조사에서 뚜렷하게 모습을 드러냈다. 이 집단 발병은 1991년 미니애폴리스-세인트폴 하계 스페셜 올림픽에 홍역에 걸린 열두 살짜리 아르헨티나 육상 선수가 참가하면서 일어났다. 밀폐된 휴버트 H. 험프리 메트로돔에서 열린 개막식에서 이 선수가 선수단 앞쪽에 몇 시간 동안 서 있었는데, 하필 전염성이 매우 강한 감염 초기였다. 그 바람에 이 어린 선수에게 노출된 다른 선수들, 경기 관계자, 보조 인력들이 홍역에 걸렸다. 뒤이어 발생한 홍역 환자 두 명은 미네소타주 주민으로, 서로 만난 적이 없었을뿐더러 개막식 말고는 스페셜 올림픽의 다른 어떤 행사에도 참석하지 않았다. 두 사람 모두 개막식 때 선수단 앞쪽에서 120미터도 더 떨어진 관중석 상단의 같은 구역에 앉았었다. 그런데 개막식 날 밤 경기장의 공기 순환 데이터를 살펴보니 상황이 이해됐다. 그 선수가 경기장에 입장한 위치나 개막식 동안 서 있었던 위치에서 홍역에 걸린 두 관중이 있던 쪽으로 공기가 밀려 올라갔던 것이다.

이런 공기 매개 전염병 가운데 가장 악명 높은 것은 독감이다. 독감은 바이러스의 표면 단백질인 적혈구응집소(HA·헤마글루티닌)와 뉴라민 분해 효소(NA·뉴라미니다아제)의 아형에 따라 분류한다. 하지만 여기에서는 우리 목적에 맞춰 독감 바이러스를 두 가지로 나누겠다. 하나는 계절성 독감 바이러스로, 겨울이면 사람을 무기력하게 하고, 학교와 직장에 못 나가게 하고, 병원을 환자로 채우고, 미국에서만도 해마다 3000명에서 4만9000명의 목숨을 앗아간다. 다른 하나는 유행성 독감 바이러스로, 동물계에서 변이나 유전자 재편성으로 새로운 독감 바이러스가 출현할 때 발생해 사람을 감염시키고 사람에서 사람으로 전염될 수 있다. 대체로 계절성 독감 바이러스는 한 번 유행성 독감을 일으켰던 바이러스의 잔병이다.

세계적으로 유행하는 동안 순식간에 수백만 명을 죽이는 능력은 역사를 통틀어 독감을 감염병의 왕좌에 올려놓았다. 독감에 걸린 사람은 주변 사람들에게 손쉽게 독감 바이러스를 옮긴다. 이를테면 에볼라에 감염된 사람과 달리, 독감 감염자는 독감 증상을 보이기도 전에 다른 사람에게 바이러스를 옮길 수 있다. 독감에 걸리는 데 필요한 것이라고는 그저 감염자가 숨 쉬거나 기침할 때 폐에서 나온 오염된 공기를 들이마시는 것뿐이다. 모두 함께 같은 공기를 들이마시는 곳 이를테면 비행기나 지하철, 쇼핑몰, 운동 경기장에 감염자가 있다고 생각해보라. 그리고 독감 같은 질병이 얼마나 빠르게 지구를 가로질러 퍼질지 고려할 때는 하루에 세계 곳곳으로 이동하는 사람이 얼마나 많은지를 기억하라. 장담하건대, 실제로 전 세계가 독감 대유행에 더 취약할 확률은 안타깝게도 지난 500년을 통틀어 오늘날이 가장 높다.

공기 매개 전염은 미생물을 활용한 테러 공격을 우려하는 큰 이유이기도 하다. 이제 알다시피, 감염성이 높은 탄저균 포자를 농약 살포나 모기 방제용 비행기에서 비교적 준비하기 쉬운 단순한 가루 형태로 날리면 공기 중에서 몇 킬로미터까지 이동할 수 있다. 이런 포자가 서너 알갱이만 우리 호흡기로 들어와도 목숨을 위협하는 반응을 일으킨다.

그다음으로 전염병의 발생에서는 다음 두 가지 경로가 우열을 가리기 어려울 정도로 비슷한 비중을 차지한다. 그중 하나는 에이즈의 직접 접촉 전파다. 섹스로 감염된 에이즈 환자나 적절한 약물 치료를 받지 못한 HIV 감염 산모에게서 태어난 에이즈 환자가 해마다 세계 곳곳에서 늘어나는 한, 직접 접촉 전파는 공중보건이 긴장을 늦추지 않고 지켜봐야 할 중요한 전파 방식이다. 오염된 바늘을 나눠 써 생기는 HIV 전염은 여기에 포함되지 않는다. 이 방식은 엄밀히 말해 간접 전염으로 분류된다. 물론 간접 전염도 HIV의 위험 실태에서 중요한 부분을 차지하지만, 오늘날 HIV에서 가장 위험한 것은 여전히 직접 접촉 전파다. 특히 중앙아프리카에서는 이환율과 사망률 때문에 HIV가 여전히 공중보건의 중심 관리 대상으로 올라와 있다. 하지만 이제 부유한 나라에서는 HIV에 감염이 되어도 그것을 '견딜 만한' 만성 질환으로 만들어주는 약제를 복용할 수 있으므로 HIV를 비상사태나 위기로 인식하지 않는다.

또 다른 경로는 모기, 진드기, 파리 등으로부터 전염되는 매개체 감염병이다. 지금까지 우리는 사람과 동물에게 얼마든지 병을 옮길 수 있는 모기 여러 종을 비행기와 화물선 안에 태워 세계 곳곳으로 이동시켰다. 원래는 동남아시아에만 서식하던 모기라도, 화물선 짐칸에 실린 타이어에 올라타 미국으로 이동하면 새로운 서식지에서 빠르게 번식한다. 인류 역사에서 이전까지는 미생물을 나르는 수많은 모기 종이 현재처럼 남극을 제외한 모든 대륙에 산 적이 없었다. 그 결과, 겨우 지난 15년 사이에 목격한 대로, 뎅기열, 웨스트나일열, 치쿤구니야열, 지카 같은 질병이 지구 곳곳에 심각하게 퍼졌다. 게다가 황열의 재출현과 약제 내성이 강한 말라리아의 등장도 주목해야 한다. 매개체 감염병은 세계적 기후변화와 얽혀 있으므로 우리에게 좋은 징조가 아니다. 더 따뜻한 세상이란 어떤 지역의 전체 강수량이 줄어들 가능성을 뜻한다. 하지만 비가 올 때는 장맛비처럼 들이붓듯 쏟아질 것이다. 이런 기후변화는 질병을 일으키는 모기가 서식 영역을 사람과 더 많이 공유한다는 것을 뜻한다.

마지막 전염 경로는 우리가 '현재 세계 상황'이라 부르는 것이다. 즉 무척 다르면서도 미생물이 우글거리기는 마찬가지인 세 가지 환경 안에서 인자들이 결합한 상황이다. 첫째 환경은 개발도상국의 거대도시에서 폭발하듯 인구가 늘어나고 끔찍한 주거 조건에서 가난한 주민들이 빽빽하게 몰려 사는 것이다. 둘째는 아시아, 남아메리카, 아프리카의 열대 우림에서 사람이 동물과 접촉하는 것이다. 이런 접촉은 위험한 신종 병원체가 인간으로 전염되는 온상이며 실제로 인간 세계에 쏟아지고 있다. 셋째는 세계 전역에 있는 사육 밀도가 높은 축사 시설이다. 이런 환경은 미생물이 이용할 수 있는 시험관이 날마다 수백 개씩 만들어진다는 뜻이다.

오늘날에도 오염된 체액과 직접 접촉하면 퍼지기는 마찬가지인 에볼라 바이러스가 서아프리카 세 나라의 빈민가와 마을을 덮쳐 빠르고 쉽게 이동했을 때, 우리는 왜 놀랐을까? 인간에게 조류 독감이 대유행하리라는 전조인 조류 독감 바이러스가 전 세계에서 폭증하는 식용 조류 생산으로 유례없이 증가하자, 우리는 왜 놀랄까? 지카 바이러스의 매개체인 이집트숲모기가 아메리카에 널리 퍼져 아메리카 곳곳에 지카 바이러스가 빠르게 퍼지자, 우리는 왜 놀랐을까?

여기에서 얻을 교훈이 하나 있다면, 이런 상황을 심각하게 고려해야 한다는 것이다. 우리는 지금껏 그러지 않았다.

8장

—

백신: 우리가 쓸 수 있는
가장 날카로운 무기

국제 보건에 투자하면 엄청난 수익을 올릴 수 있다. 그중에서도 최고
수익률은 백신에서 나온다.

백신은 보건 역사에서 손에 꼽게 성공한 투자이자 비용 효과가
큰 투자다.

_의학박사 세스 버클리

백신이 우리 역사와 삶에 미친 영향은 이루 말로 다할 수 없다

'백신'이라는 용어는 우두에 주목한 에드워드 제너의 업적을 되돌아
보게 한다. 제너는 환자들을 우두에 노출시켜 천연두에 면역되게 했다.
제너는 우두를 라틴어로 *Variolae vaccinae* 즉 소 천연두라 불렀다. 인
류 역사에서 엄청나게 많은 목숨을 앗아간 천연두에 맞서 도입한 이 수
단이 성공을 거두고 널리 퍼지자, 이와 같은 방법을 통틀어 예방접종vac-
cination이라 불렀다.

그런데 우리가 제너를 예방접종의 아버지로 여기는 것은 마땅할지라
도, 예방접종의 기본 개념은 천 년 전으로 거슬러 올라간다고 봐야 한
다. 10세기에 중국 의원들은 살갗을 긁거나 벤 자리에 천연두 고름을 소
량 주입하면 면역을 기를 수 있다는 것을 알아채고서, 인두 접종이라는
시술을 도입했다. 고름을 말려 가루로 만든 다음 코에 불어넣는 방법도
있었다. 이런 시술 덕분에 많은 사람이 천연두를 가볍게 앓고 지나갔지
만, 여기에는 꽤 큰 위험이 따랐다. 때로는 천연두 증상이 목숨을 위협할

만큼 심했을 뿐더러, 긁거나 벤 살갗에 고름을 넣거나 폐로 고름 가루를 들이마실 때 매독균을 포함한 여러 위험한 미생물을 함께 옮길 위험이 있었다. 하지만 제너가 종두법을 개발할 때까지는 최고의 접종 방법이었으므로, 많은 문화에서 이 방법을 선택했다.

제너의 종두법은 모든 상황을 바꿔 우리를 현대 백신의 시대로 안내했다. 종두법의 이로움을 인정한 시기는 나라에 따라 다르다. 어떤 나라에서는 종두법을 쓰는 의사들을 돌팔이 의사나 사기꾼이라 부르며 폭행하기도 했다.

미국 독립전쟁 중이던 1777년, 영국군에 대항해 결성한 대륙 육군을 이끈 조지 워싱턴 대장은 대륙 육군 전원에 천연두 접종을 명령했다. 제너의 종두법이 널리 쓰인 1806년에는 토머스 제퍼슨 대통령이 예방접종을 공개적으로 지지해, "지금껏 나온 어떤 의술도 예방접종만큼 유용한 개선을 이룬 적이 없다"고 분명히 밝혔다. 7년 뒤 제임스 매디슨 대통령 치하에서는 미국 백신청을 설립했다. 매디슨 대통령은 천연두 백신을 우정청이 무료로 운송하라는 명령도 내렸다. 1855년에 루이 파스퇴르가 치사율이 100퍼센트였던 광견병을 예방할 백신을 개발했다고 발표했다. 이제는 제퍼슨의 논평을 부인하기가 어려웠다.

초기 백신과 관련해 무척 눈길을 끄는 사건이 있다. 1905년에 미국 대법원은 제이컵슨 대 매사추세츠주 사건에서 천연두 백신 의무 접종으로 공중보건이 얻는 이로움이 개인의 접종 거부 행위보다 우선한다고 판결했다.

그 무렵부터 과학계에서 감염병 병인론, 항독소, 전염 수단 등을 발견한 덕분에, 위대한 백신 혁신의 시대가 밝았다. 질병통제센터가 미국에서 백신으로 예방할 수 있는 감염병의 연간 이환율 및 사망률을 20세기와 2019년을 기준으로 비교한 표는 흘깃 보기만 해도 놀라운 변화가 눈에 들어온다.

100일 동안 격렬한 기침이 이어진다는 백일해 환자가 20세기 미국에서는 연평균 20만752명이었다. 하지만 2014년에는 3만2971명으로 무려 84퍼센트가 줄었다. 홍역도 20세기에 연평균 환자가 53만217명이었지만 2014년에는 668명으로 자그마치 99퍼센트가 줄었다. 임신한 여성이 감염되면 태아에 엄청난 손상을 입히는 질병인 풍진이 1964년에 미국에서 집단 발병했을 때는 신생아 2100명이 사망했고 2만 명이 평생 이어지는 심각한 장애를 안고 태어났지만 오늘날에는 연평균 10명 미만으로 발생한다. 볼거리는 발병이 99퍼센트 줄었고, 치사율이 극도로 높은 파상풍도 96퍼센트 줄었다. 디프테리아, 소아마비, 천연두는 2014년에 아예 한 건도 발생하지 않았다.

20세기에 들어설 무렵 미국의 유아 사망률(생후 1년 안에 사망하는 유아의 비율)은 20퍼센트였고, 30퍼센트에 이르는 도시도 있었다. 이렇게 운 좋게 살아남은 70~80퍼센트 중 다시 20퍼센트가 채 다섯 살이 되기도 전에 죽었다. 하지만 20세기 후반에는 기본 위생 시설 개선과 예방접종 덕분에 아동 사망이 크게 줄었다.

1900~1904년에는 미국에서 해마다 천연두 환자가 평균 4만8164명 발생하여 1528명이 사망했다. 이런 집단 발병은 1905년 뒤로도 주기적으로 일어나다가 1929년에 그치지만, 산발적 발병은 1949년까지 이어졌다. 천연두 바이러스가 수십 세기 동안 일으킨 사망, 후유증, 고통을 생각할 때 그 뒤로 지금까지 70년 동안 미국에서 천연두 환자가 한 명도 발생하지 않은 것은 그동안 공중보건이 이룬 그야말로 놀랍기 그지없는 성과다.

1954년, 피츠버그대 의과대학의 바이러스 학자였던 조너스 소크가 죽은 바이러스를 이용해 처음으로 소아마비 백신을 개발하여 당시 전 세계 부모들에게 영웅으로 떠올랐다. 그때는 여름철에 아이들이 놀이터, 수영장, 극장처럼 사람이 몰리는 곳, 그래서 소아마비 바이러스가 조용히 도사리는 곳에 갈 때마다 부모들이 걱정을 내려놓지 못했다. 부모의 머릿속에는 줄지어 늘어선 철제 호흡 보조기에 들어가거나, 다리 보조기를 차거나, 휠체어에 앉은 아이들의 모습이 늘 어른거렸다. 그리고 마침내 그런 모습이 현대 세계에서 사라질 희망이 보였다.

1955년 4월 12일 컬럼비아방송사의 생방송 프로그램 「시 잇 나우See It Now」에서 그 시대의 유명한 어록이 탄생한다. 전설이 된 방송 언론인 에드워드 R. 머로가 소크에게 이렇게 물었다. "이 백신의 특허권은 누구에게 있습니까?"

소크는 담담한 표정으로 말한다. "글쎄요. 사람들이겠죠. 특허권은 없어요. 태양에 특허를 낼 수 있나요?" 그리고 낮은 소리로 겸손하게 웃는다.

바로 그 순간, 인간 조너스 소크는 신이 되었다. 아무 욕심 없이, 모든 부모를 공포에서 구했다.

소크의 최대 경쟁자인 신시내티 아동병원 의료센터 앨버트 세이빈 박사가 1959년에 살아 있는 약독화 바이러스(독성을 약화해, 병을 일으키지는 않지만 사람이나 동물 몸속에서 항체 생산을 자극하는 바이러스)를 바탕으로 소아마비 백신을 개발했다. 이런 생백신은 팔에 주사를 놓는 방식이 아니라 각설탕에 섞어 먹을 수 있어 편리했다. 두 백신 모두 인류를 소아마비에서 보호한다는 공동 목표에 매우 효과가 컸다.

특허가 없어 경제성이 있었으므로, 수많은 회사가 소아마비 백신 산업에 뛰어들었다. 백신이 모든 사람의 이익을 위해 존재한다는 제퍼슨의 견해를 다시금 확인한 셈이었다.

그 결과 백신 제조 공급과 소비가 활발하게 이어졌다. 백신 사업은 번창했다. 대형 제약사 다섯 곳이 소크 백신을 생산했다. 1955년부터 1962년 사이에 미국에서만도 4억 회 분량이 주사되었다. 거의 모든 미국인이 천연두와 소아마비에 맞서 예방주사를 맞았다.

1960년대와 1970년대를 거치며 미국과 다른 선진국의 아동들은 학교에 들어가기 전 기본 예방접종을 받았다. 여기에는 디프테리아, 파상풍, 백일해(DTP)가 포함되었고 뒤이어 홍역, 볼거리, 풍진(MMR), 수두가 추가되었다. 미국의 대다수 학구에서 입학 등록 전에 부모에게 아이의 예방접종 증명서를 제출하라고 요구했다. 치명적인 광견병이 의심스럽지만 붙잡을 수 없는 동물, 포획해서 광견병임이 확인된 동물에 물린 사람에게는 예방접종이 표준 절차였다. 군대는 갓 모집한 신병들을 줄 세워 독감을 포함해 병사들을 덮칠까 두려운 질병에 예방주사를 놓았다. 백신 수요가 끊이지 않았으므로, 제약사들은 대규모로 공중보건을 지원하는 수익성 높은 사업 모델에 어떻게든 참여하고 싶어했다.

이 놀랍기 그지없는 발전은 모두 백신 덕분이다. 지금도 백신이 기본 위생 시설과 더불어 공중보건이 쓸 수 있는 가장 날카롭고 효과 좋은 무기라고 말해도 전혀 과장이 아니다. 이 무기를 어떻게 겨냥하느냐에 따라 우리 미래가 판가름 날 것이다.

다양한 아동 질환을 억제하거나 뿌리 뽑으려는 노력도 큰 성공을 거둬, 이런 질환이 발생하지 않는 것을 사람들이 당연하게 여기기 시작했다. 하지만 백신으로 많은 변화가 나타난 가운데 백신 반대 운동도 일어났다. 백신 반대자들은 백신, 그중에서도 아동용 백신이 자폐증을 일으키거나 질병을 예방하기는커녕 도리어 일으킨다고 믿어 백신을 경계했다. 이들의 주장을 뒷받침할 과학적 증거는 없다. 그런데도 교육 수준과 교양 수준이 높은 많은 선량한 사람이 한때 기적으로 여겼던 백신을 꺼려 뒷걸음질을 친다. 얄궂게도, 이런 거부 반응은 백신이 막 등장한 시절에 의심 많은 반대자들이 천연두 접종 의사들을 괴롭히고 공격하던 일을 떠올리게 한다. 그나마 그 시절의 반대자들에게는 확고한 지식이 없었다는 평계라도 있었다.

오늘날 반대자들에게는 그런 변명거리가 전혀 없다. 홍역을 예로 들어보자. 홍역은 대개 별다른 치료 없이도 치유되지만, 면역력이 떨어진 사람들에게는 치사율이 30퍼센트에 이를 만큼 매우 심각한 병이 될 수 있다. 미국에서는 2000년부터 홍역이 사라졌다. 하지만 이제 다시 돌아왔다. 홍역에 걸린 다른 나라 아이들이 아직 낫지 않은 상태로 미국으로 여행해 백신을 맞지 않은 미국 아이들에게 바이러스를 노출했기 때문이다. 게다가 홍역은 쉽게 전염된다. 2015년에 홍역 감염자 한 명이 캘리포니아 디즈니랜드에 방문했을 때를 생각해보라. 당시 집단 발병으로 미국에서 147명이 홍역에 걸렸고, 그 가운데 131명은 캘리포니아주 사람이었다. 이 집단 발병이 홍역이 지난 일이라고 생각한 자만심 때문이었는지, 아니면 효과 좋은 백신을 두려워한 그릇된 불신 때문이었는지는 중요하지 않다. 중요한 것은 그 바람에 없었어도 될 질병이 퍼졌고(몇몇은 증세가 매우 심각했다), 공포가 널리 퍼졌고, 경제적 비용을 치렀다는 것이다.

그런데 백신이 발전하지 못하도록 방해하는 것은 자만심이나 백신 반대자만이 아니다. 이제 백신 사업의 기본 경제 조건이 바뀌었다.

오늘날 정기 예방접종, 황열과 장티푸스 같은 여행 관련 예방접종에서는 백신의 사업 모델이 아직도 유효하다. 하지만 제약사가 몇 개 남아 있지 않은 데다, 정부와 보험사 같은 대량 구매처가 특정 백신의 가격과 수익을 끌어내렸다. 2002년에는 와이어스Wyeth 제약사가 DTP와 독감 백신 생산을 중단했다. 와이어스는 이 조처로 수익에 미미한 영향을 받았을 뿐이지만, DTP와 독감 백신은 이듬해 모두 배급제를 시행해야 했다.

이제는 백신의 수요가 새롭게 바뀌었고, 사업 모델은 더 복잡해졌다.

제약사는 백신 생산이 더는 주요 활동 분야가 아니라고 말한다. 2014년 기준으로 세계 제약 산업의 연매출은 1조 달러가 넘는 것으로 추산된다. 그 가운데 약 4.9퍼센트인 490억 달러가 판매 상위 5대 약품인 자가 면역제 휴미라Humira(125.4억 달러), 레미케이드Remicade(92.4억 달러), 엔브렐Enbrel(85.4억 달러), C형 간염 치료제 소발디Sovaldi(102.8억 달러), 당뇨병 치료제 란투스Lantus(85.4억 달러)에 집중되었다. 범위를 더 넓히면 2014년 10대 판매 약품의 매출액 합계가 830억 달러였다.

이와 달리 2014년 5대 백신 제약사의 매출액 합계는 234억 달러로, 1조 달러 규모인 제약 시장에서 겨우 2퍼센트 남짓일 뿐이었다.

백신과 관련해 한 가지 바로잡을 사항이 있다. 백신은 집단 발병을 다룬 스릴러 소설이나 영화에서처럼 뚝딱 만들어지지 않는다. 영화나 소설에서는 과학자 한 무리가 실험실에서 갑자기 마법 같은 제조법을 찾아내 백신을 병에 담고, 의료 기동대가 발병 현장으로 달려가 환자들의 팔뚝에 이 백신을 주사하면, 환자들이 기적처럼 몇 초 또는 몇 분 만에 회복한다. 하지만 현실은 다르다. 무엇보다도, 백신은 거의 언제나 치료용이 아니라 예방용으로 쓰인다. 또 실험실에서, 그다음에는 동물 실험에서 효과가 나타나 개념 증명을 거친 '제조법'을 손에 넣었을지라도, 그 뒤로도 기나긴 과정을 거친 다음에야 식품의약청에 승인을 요청하고 생산 시설을 구축해 생산을 늘릴 수 있다. 말할 것도 없이, 이 모든 과정에 들 비용을 어떻게 마련할지도 생각해야 한다.

백신은 여느 의약품과 다르다. 비교하자면 백신이 만들기가 더 어렵다. 고지혈증 치료제로 먹는 리피토Lipitor, 당뇨병 치료제로 먹는 메트포르민Metformin, 우울증 치료제로 먹는 프로작Prozac, 발기 장애로 먹는 비아그라Viagra 같은 모든 유지 약물은 제너럴모터스 조립 라인에서 쉐보레를 만드는 것에 빗댈 수 있다. 이와 달리 백신 제조 특히 새로운 백신 제조는 캘리포니아 들판에서 양상추를 기르는 것과 같다. 쉐보레가 차고에 배달되든 양상추가 식탁에 오르든 모두 우리가 기대한 모습에 가까울 것이다. 하지만 차량 제조 과정은 양상추 재배 과정에 비해 훨씬 쉽게 예상할 수 있고, 반복할 수 있고, 생산 규모를 조절할 수 있다. 이와 달리 양상추 재배는 날씨, 토양 상태, 가뭄, 홍수, 곤충, 하필 그 지역에 도는 농작물 병해에 영향을 받는다.

의약품과 백신은 화학적 제제와 근본적으로는 생물학적 제제 사이의 차이다. 즉 화학 합성 대 생물학적 생육의 차이인 것이다. 우리는 수십 년 동안 백신을 세포에서, 달걀에서, 또 송아지 같은 동물의 살갗에서 배양했다. 이런 방식은 시간이 오래 걸릴뿐더러 제조 과정에서 제어하기 어려운 여러 변수가 튀어나온다. 게다가 독감 백신 대다수는 생산할 때 무척 많은 닭이 낳은 무척 많은 달걀이 필요하다. 더 현대적인 세포 배양 기술은 바이러스 종균을 기존 세포주*에 주입해 발효조에서 양을 늘린다. 더 빠르고 효율도 높은 방법이지만, 이것도 생물학적 제조 과정이기는 마찬가지다.

백신은 유지 약물에 비해 제조 과정과 성질이 다른 만큼이나, 경제적 관점에서도 근본적 차이를 보인다. 환자가 날마다, 더 나아가 평생 먹을 유지 약물에서는 제약사가 상황을 고려해 시장을 정기적으로 예측할 수 있다. 전염되지 않는 큰 병 이를테면 암은 곧 사라지지 않을 질병이므로, 제약사들이 탄탄한 시장을 확신할 수 있다. 따라서 특허를 독점하는 기간에 자사 의약품에 높은 가격을 매길 수 있다.

이와 달리 특정 백신의 수요는 꾸준하지도 않고 예측하기도 어렵다. 이미 특허를 얻은 백신의 수요가 있더라도, 생산을 늘리기에는 때가 너

---

* 동식물 조직에서 채취한 세포를 계속 배양한 같은 특성의 세포 집단

무 늦기 일쑤다. 2009~2010년에 H1N1형 독감이 대유행하는 동안 미국에서 피해가 컸던 2차 확산은 2009년 10월에 환자 수가 정점을 찍었다. 그런데 백신의 대량 확보는 환자 수가 6분의 1로 떨어진 2010년 1월 말에야 가능했다. 그때마저도 1억 2500만 회 접종 분량을 확보했을 뿐이었다. 아이들은 두 번 접종해야 한다는 것까지 고려하면, 모든 미국인을 접종하기에는 턱없이 모자란 양이었다.

미국에서 백신을 내놓으려면 다른 의약품과 마찬가지로 식품의약청에서 규정한 임상 시험을 거쳐야 한다. 백신을 개발할 때는 다양한 내부 시험, 동물 시험을 거친다. 그다음에는 세 단계에 걸친 임상 시험이 있다. 1단계인 1상 시험은 안전성을 검증한다. 2상 시험은 다양한 용량으로 안전성과 유효성을 검증한다. 3상 시험은 대규모 임상 시험 참여자를 대상으로 약품이나 백신의 실제 유효성을 검증한다. 이때 백신이 아동, 십대, 65세 초과 노령자, 면역력이 떨어진 사람, 임신부 등에 따라 어떤 영향을 미치는지 같은 인자를 반영해, 시험 참여자에 따른 반응이 다른지 확인한다.

3상 시험은 대개 이중 눈가림 시험이다. 달리 말해 시험 참여자도 진행자도 어떤 참여자가 진짜 약물을 받았는지 가짜 약물을 받았는지 모른다. 시험이 끝난 뒤에야 이 정보를 밝혀 결과를 비교한다. 독립된 감시 위원회가 시험 중에 백신이 뚜렷하게 효과가 있거나, 뚜렷하게 효과가 없거나, 환자의 안전을 위협한다고 판단할 때는 초기에 시험을 중단하기도 한다. 3상 단계는 엄청난 비용이 들기도 하므로, 제약사는 식품의약청 승인을 받을 가능성이 매우 높다고 보지 않는 한 3상 시험에 착수하려 하지 않는다. 오늘날 제약사가 식품의약청에서 새로운 백신을 허가받으려면 10년 넘는 연구 기간과 10억 달러 넘는 투자를 각오해야 한다.

제약사 경영진은 3상 시험을 시작해 결과가 나오고, 식품의약청의 백신 연구 및 검토 사무국에 자료를 제출하고, 사무국에서 검토 및 평가를 마치기까지 말 그대로 몇 년이 걸린다는 것을 안다. 그래서 우리는 이 3상 평가 단계를 '죽음의 계곡'이라 부른다. 연구비와 개발비, 시험 비용, 허가 비용이 눈덩이처럼 쌓이는데 수입은 한 푼도 없는 시기이기 때문이다.

이런 현상을 이해하도록 두 단계 전으로 돌아가보자. 백신 개발은 대개 국립보건원의 승인 및 계약, 과학과 건강을 지향하는 재단, 그리고 말 그대로 천사 같은 '에인절' 투자자를 만났을 때 시작된다. 초기 연구는 대부분 학계에서 시작한다. 이 초기 개발 단계가 성공하면 백신이 시제품 단계로 들어서 2상 시험까지 거친다. 하지만 그다음에는 죽음의 계곡으로 들어선다. 이제 엄청난 비용이 들어갈 것이 뚜렷해지므로, 연구자 겸 개발자는 몇 가지 중요한 결정을 내려야 한다.

백신이 3상 시험을 통과해 부작용을 일으키지 않은 채 효과를 증명할 확률이 얼마인가? 백신이 3상 시험을 무사히 통과해 식품의약청 승인을 얻었을 때 수요가 꾸준한 대규모 시장을 찾아낼 확률은 얼마인가? 제조 시설 구축에는 얼마가 들까? 다른 나라의 규제 절차를 통과하는 데 들어갈 추가 시간과 비용은 어느 정도일까? 3상 시험 비용을 포함해 연구비와 개발비는 어떻게 배분해야 할까? 특히 "언젠가는 세계적 재앙을 일으킬 위험"이 있지만 앞으로 몇 년 심지어 몇 십 년 동안 모습을 드러내지 않으리라고 봐야 할 질병에서는 어떻게 해야 할까? 서아프리카가 경험한 에볼라 바이러스와 아메리카 대륙이 경험한 지카 바이러스는 이런 난관을 보여주는 두 예다.

이해하지 못할 상황은 아니다. 기업이 경제적 현실을 무시할 수는 없는 노릇이다. 기업은 사업 관점에서 합리적으로 행동하고 있다는 것을 이사회에 증명해야 한다. 누구나 사회적 책임을 다하는 기업에 박수를 보내지만, 사회적 책임이 사업 방식이 되기를 바라지는 않는다. 현재 다케다Takeda 제약의 국제백신사업단 단장이자 이전에 빌 멀린다 게이츠 재단에서 국제보건공급 이사를 맡았던 라지브 벤카야 박사는 미 국립의학아카데미 회의에서 이렇게 말했다. "제약사는 바른 일을 하고 싶어합니다. 하지만 위험을 좋아하지도 않고 잘 견디지도 못합니다."

자선 사업 기금은 백신 연구와 개발, 구매에서 여전히 중요한 역할을 한다. 이 방식은 소아마비 퇴치 활동, 그 과정에서 설립된 비영리 단체 '10센트 모금 운동March of Dimes'을 모델로 삼는다. 빌 멀린다 게이츠 재단은 학술 연구 집단, 제약사, 제품 개발 동업자와 협력하여, 아프리카에서 목숨을 가장 많이 앗아가는 감염병인 HIV/에이즈 백신과 효과가 더 뛰어난 말라리아 백신을 개발하고자 노력한다. 이 밖에도 여러 다른 예가 있다.

하지만 빌 게이츠의 시애틀 사무실에서 나와 마크가 그를 만났을 때 게이츠는 이렇게 말했다. "사람들은 가능성이 큰 시나리오에 투자합니다. 눈에 보이는 시장에요. 그러니 가능성이 낮은 일들은, 그래서 보험 장치가 없는 한 선뜻 큰돈을 투자하기 어려운 일들은 투자를 받지 못합니다. 이렇듯 사회는 자원을 주로 자본주의 방식으로 분배합니다. 그래서 역설적이게도, 어려운 난제에 대비하기 위해 노력한 사람이 정말로 아무런 보상도 받지 못합니다."

2012년 에볼라 집단 발병과 2016년 지카 집단 발병에서 봤듯이, 심각한 바이러스성 감염병이 새로 발생할 때마다 사람들은 새로운 위협에 맞서 싸울 백신을 확보하기가 왜 어려운지 알려달라고 목소리를 높인다. 그러면 공중보건 관료들이 몇달 안에 백신을 얻을 수 있을 것으로 예측한다. 이런 예측은 거의 언제나 틀린 것으로 드러난다. 설사 맞더라도, 위협의 크기와 장소에 맞춰 백신 생산을 늘리기가 어렵거나, 또는 바이러스가 원래 있던 곳으로 후퇴해 백신이나 치료제가 더는 필요 없는 일이 벌어진다. 다시 빌 게이츠의 말을 들어보자.

2009년에 유행성 독감을 일으켰던 H1N1에서 보듯이, 안타깝게도 민간 영역에서 들리는 소식은 매우 부정적입니다. 당시 HIN1이 확산되리라는 생각이 퍼져 있었으므로 백신을 많이 공급했었습니다. 그런데 독감 유행이 모두 끝나자, 사람들이 세계보건기구를 들볶았고 글락소스미스클라인이 H1N1이 끝날 것을 틀림없이 알았으면서도 백신을 팔았으니 자기들은 헛돈만 썼다고 비난했죠. 하지만 그건 잘못된 비난이었습니다. 에볼라 때 머크, 글락소스미스클라인, 존슨앤드존슨 같은 제약사가 모두 많은 돈을 투자했지만, 이들이 헛돈을 쓰지 않았다고 말하기는 어렵습니다. 그때 뛰어들어 진행한 사업이 지금도 손익 분기점에 이르지 못했으니까요. 하지만 당시에는 누구나 이 회사들을 향해 이렇게 말했죠. "당연히 당신네는 보상을 받을 것이다. 그러니 서둘러 백신을 개발하라." 그러니 제약사의 관심이 떨어질 수밖에요.

그러니 이 사업 모델은 이제 절대 작동하지도, 전 세계의 수요에 부응하지도 못할 것이다. 우리가 이 방식을 바꾸지 않는다면 결과도 바뀌지 않을 것이다.

예를 하나 들어보자. 누구나 해마다 가을이면 독감 예방접종을 하라는 권고를 받는다. 또 해마다 "지난번에 백신을 맞았는데도 독감에 걸렸어!"라는 불평을 듣는다. 몇 해 전 내게도 그런 일이 일어났다. 예방주사를 맞았는데도 독감에 걸려 한 주 동안 꼼짝 못 하고 침대에 누워 지냈다.

사실 독감 백신은 효과가 무척 낮은 백신 중 하나일뿐더러, 해마다 목표물을 바꿔야 하는 유일한 백신이다. 독감 바이러스가 아주 쉽게 변이하므로 공중보건 당국은 그해에 어떤 변종이 퍼질지를 경험으로, 그것도 몇 달 앞서 다른 반구의 상황을 관찰하여 추측해야 한다. 그러므로 다가오는 겨울철에 어떤 독감 바이러스가 유행할지를 예측하고자, 봄철부터 북반구와 달리 가을철인 남반구에 어떤 독감 바이러스 변종이 퍼지는지를 추적한다. 어떤 해에는 그런 경험적 추측이 다른 해보다 더 정확하게 맞아떨어지기도 한다.

그렇다면 해마다 독감 예방접종을 할 만한 가치가 있을까? 내 답은 조건부로 '그렇다'이다. 예방접종이 독감을 예방할 수도 있고 하지 못할 수도 있다. 하지만 설사 효과가 30~60퍼센트에 그칠지라도, 무방비인 것보다는 확실히 낫다.

우리에게 정말로 필요한 것은 판도를 바꿀 독감 백신이다. 즉 세계적 독감 유행을 일으키고 이듬해부터 계속 계절성 독감을 일으킬 확률이 높은 독감 바이러스에서 변하지 않는 특성을 겨냥해 공격하는 백신이 필요하다.

그런 획기적인 독감 백신을 개발하기가 얼마나 어려울까? 간단히 말해, 사실 우리도 모른다. 죽음의 계곡을 통과하기는커녕 발이라도 디밀어본 시제품이 하나도 없기 때문이다.

그러므로 새로운 패러다임이 필요하다. 공공 자금, 민관 협업, 자선 재단의 지원과 안내를 하나로 묶은 새로운 사업 모델이 있어야 한다.

그런 사업 모델은 어떤 방식일까?

다시 전쟁을 예로 들어보자. 국방부에서 새 무기 체제가 필요하다고 판단할 때는 일반 사양을 제시하고 입찰에 부친다. 이때 대형 방위 산업체가 그 무기를 개발해 시험을 마쳤다고 해서 정부가 기업이 이익을 낼 만큼 충분히 많은 양을 사들이지는 않는다. 그 대신 입찰액을 평가해,

한 방위 산업체 또는 여러 산업체의 합작 기업을 선택한다. 이와 마찬가지로, 크나큰 피해를 낳을 위험한 감염병이나 항생제 내성이 있는 감염병에 맞설 백신을 진심으로 확보하고 싶다면, 정부는 그저 초기 연구·개발 단계뿐 아니라 실제로 백신을 시장에 내놓는 과정에까지 개입하는 방안을 진지하게 고려해야 한다.

우리도 전 세계가 패러다임을 바꾸었으면 좋겠다. 하지만 흔히 그렇듯 이 패러다임 변화는 미국이 주도해야 할 것이다. 물론 유럽연합 국가, 중국, 인도가 과학과 정책 지도력은 물론 재원까지 제공한다면 두 팔 벌려 반길 일이다. 하지만 국제사회의 합의를 마냥 기다릴 수는 없다. 지금 여러 감염병이 우리를 노리고 번개처럼 빠르게 다가오고 있다. 미국 정부는 반드시 백신 개발에 지원을 늘려 위기 행동 강령을 수행해야 한다. 잠재력이 확실한 백신이 죽음의 계곡을 무사히 통과하려면 정부, 학계, 산업계의 공조도 필요하다.

미국 정부는 지금껏 중요한 백신 경쟁에서 뚜렷한 격차를 내고자 애써왔다. 외국의 위협이나 테러리스트는 확실히 당국의 관심을 끈다. 9·11 공격과 뒤이어 탄저균 공격이 터지자, 보건복지부 장관 토미 톰프슨은 매우 유능하고 노련한 생물 무기 테러 전문가와 공중보건 전문가로 팀을 꾸렸고, 내게 이 팀과 자신의 특별 고문으로 일해달라고 부탁했다. 그는 9·11 뒤로 보건복지부의 고위 간부와 내가 수없이 전화하고 회의하는 과정을 지켜봤고 내 책 『살아 있는 테러 무기Living Terrors』도 읽은 터라, 내가 생물 무기 테러라는 걱정스러운 분야에 경험이 많다는 것을 알았다. 나는 감염병 연구·정책센터 소장으로 일하면서도, 3년 넘게 보건복지부의 비상근 특별 고문으로 일했다. 놀랍고도 기쁘게도, 톰프슨 장관은 상황에 미리 대비하는 것이 공중보건에서 무척 중요하다는 사실을 잘 이해했다. 정부 고위 관료로는 드문 일이었다.

내가 참여한 활동 중 하나는 생물 무기 방어 계획인 바이오실드 프로젝트Project BioShield였다. 그 계획은 스튜어트 사이먼슨(톰프슨 장관의 가장 가까운 조언자인 공중보건 비상 대책 차관보)과 의학박사인 필립 K. 러셀 소장(미국 육군 의료연구·물자사령부 전 사령관)의 아이디어로 탄생했다. 여기에 더해, 지금은 고인이 된 도널드 A. 헨더슨, 국립보건원 산하 국립 알레르기·감염병연구소NIAID 소장인 의학박사 앤서니(토니) 파우치(바이오실드라는 이름을 지었다), 고인이 된 NIAID 부소장 존 라몬테인 박사, 국립보건원 원장 대리를 지냈고 당시 톰프슨 장관의 과학 자문이었던 윌리엄 라우브 박사, 보건복지부의 고위 공무원 케리 윔스가 팀을 이뤄 바이오실드 프로젝트를 실현했다. 이들의 선견지명과 획기적인 업적 덕분에, 2004년 의회는 10년에 걸쳐 화학 무기, 생물 무기, 방사능 무기, 핵무기의 위협에 맞설 의료 대책을 확보하는 목표를 지원하고자 바이오실드 프로젝트 특별 준비 기금BSRF에 56억 달러를 책정했다. 우리가 바란 것은 그렇게 사전 책정된 대규모 정부 기금이 제약사를 자극해 수년이 걸릴 대응 약품 개발에 자원을 투자하도록 이끄는 것이었다.

기금이 시장을 보장한 덕분에 중소 규모 제약사 여럿이 신규 백신을 포함한 대응 제품 개발에 참여했다. 안타깝게도, 백신 생산에 독보적 전문 기술이 있는 대형 제약사가 개발에 뛰어들기에는 56억 달러라는 기금이 충분한 동기가 되지 못했다. 그런데도 우리는 여러 대응 제품, 특히 테러 대응과 관련한 제품들을 확보했다. 이 기금은 2004년부터 2014년까지 10년 동안 운영되었고, 미리 약정된 지원금을 모두 소진했다. 하지만 이제는 해마다 의회에서 예산을 책정받아야 하므로 언제나 투자가 불확실하고, 그래서 당연하게도 여러 해에 걸친 장기 프로젝트에만 참여하고 싶은 회사들이 참여를 꺼린다.

정부, 공중보건 기관, 제약 산업의 관계가 걸핏하면 흔들리는 한, 국방비나 국토 안보 예산으로 분류되지 않는 분야에서 예산 투입을 꾸준히 보장받기가 바늘구멍 들어가기만큼이나 어렵다는 한탄이 계속 흘러나올 것이다. 방위 사업에 자금을 대는 사람들은 다년 예산을 요청받는 데 익숙하다. 1년 만에 뚝딱 무기 체제를 개발해 구축할 수는 없는 노릇이기 때문이다. 우리가 공중보건과 의료 대응책에서 진행하는 거의 모든 일도 마찬가지다. 1년짜리 예산이나 한 번의 자금 조달로는 부족하다. 자금 조달과 관련해 가장 귀 따갑게 듣는 열띤 단어가 '지속 가능성'이다.

2006년에 의회는 생물의학 첨단연구개발국BARDA을 설립했다. 이 기관의 목표는 공중보건 의료에 비상사태가 일어날 때 필요한 백신, 의약품, 치료법, 진단 도구를 개발하고 구매할 체계적이고 통합된 접근법을 제공하는 것이다. 이제 바이오실드 프로젝트는 BARDA에서 추진하고, 연간 책정된 예산으로 화학 무기, 생물 무기, 방사능 무기, 핵무기에 맞설 모든 대책을 개발할 경비를 대야 한다. 그런데 2016년 예산이 약 18억 달러였다. 백신이나 치료제를 포함해 신종 감염병에 투입할 전용 자금은 없었다. 게다가 해마다 의회에 나가 새로 예산을 요청해야 하는 탓에, 판도를 바꾸는 독감 백신 개발 같은 주요 장기 프로젝트를 추진할 싹을 거의 잘라버렸다.

나는 BARDA 직원들의 노력을 존중한다. 하지만 이들이 사업을 추진하는 방식만으로는 세계적 유행병이나 지역에 중대한 영향을 미칠 유행병에 맞설 백신을 확보하기가 어렵다. 힘깨나 쓰는 국회의원들이 걸핏하면 자신의 지역구나 주에 있는 회사가 생산하는 특정 대응 수단의 개발과 조달을 우선시해달라고 BARDA에 압박을 넣기 일쑤다. 그런 압력이 언제나 뚜렷하게 드러나지는 않지만, 한 회사가 의회에 로비 활동으로 미치는 힘, 그래서 BARDA에 미치는 힘을 알고 싶다면 탄저균 백신을 조달할 때 BARDA가 어떤 결정을 내리는지만 봐도 된다. 게다가 내가 보기에는 BARDA의 고위직들이 의회에 불려 나가 자신들의 사업 진척 상황을 증언할 때, 너무 자주 '물이 반이나 남았다는 관점'으로 설명했다. 실상은 빌어먹게도 잔이 거의 말라가는데 말이다. 유행성 독감 대비가 바로 이런 사례였다. 필요한 신규 백신을 확보하려는 현 연방정부의 노력은 재앙에 대비할 비법이 아니라, 최근 역사가 증명했듯이 위기에 앞서 거의 아무 대책도 세우지 못하는 지름길이 틀림없다.

최근 미국 정부가 아닌 다른 곳에서, 날로 늘어나는 신규 감염병의 위협에 대처하려면 국제사회가 대비를 강화해야 한다는 인식이 생겨났다. 세계보건기구, 노르웨이 공중보건원NIPH, 백신연구재단FFVR이 각자 주도한 세 계획은 기금을 먼저 지원해야 할 '최우선 병원체Priority Pathogens'의 목록을 제시한다. 이 목록에서 병원체의 순위는 발생 가능성, 국제 보건에 미칠 충격, 안전하고 효과적인 백신이 나올 합리적 확률을 근거로 삼았다.

백신연구재단은 초기 자본 20억 달러인 국제 백신 기금을 마련해, 백신이 아예 없거나 있더라도 일부 효과만 있는 질병 47가지 중 상위 질병에 맞서자고 제안했다. 기금의 목적은 위기 행동 강령에서 제시한 메르스, 에볼라, 지카 같은 질병이 집단 발병했을 때 사용할 백신을 미리 마련하도록, 백신 시제품을 실험실에서 꺼내 죽음의 계곡을 통과시키는 것이다. 저자들은 백신 개발에 집중하는 주요 제약사가 이제 네 곳(글랙소스미스클라인, 머크, 화이자, 사노피 파스퇴르)뿐이라는 사실을 언급하며 정부, 재단, 제약 산업은 물론이고 보험 산업과 여행 산업처럼 이전과 달리 이제는 공중보건의 영향을 받는 분야들이 종잣돈을 내놓아야 한다고 요구했다. 기금을 조성해야 할 근거로, 이들은 2014~2016년 에볼라 위기 때 증명된 백신이 없던 탓에 80억 달러에 이르는 비용을 치렀다고 지적한다. 그러나 알다시피 에볼라 백신의 접종 대상인 아프리카 사람들은 백신을 살 돈이 없으므로, 제약사가 에볼라 백신을 시장에 내놓을 경제적 동기가 없었다.

전직 재무부 장관이자 하버드대 총장을 지냈고 현재 교수로 있는 로런스 서머스는 우리에게 "언감생심 나를 이 분야의 전문가라고 부를 생각은 없습니다"라고 말했다. 그럴지도 모르겠다. 하지만 공중보건을 바라보는 그의 분석과 시각은 시종일관 혜안이 넘쳤다. 국제보건위험체계위원회GHRFC가 「무시된 국제 안보의 범위: 감염병 위기에 맞설 체계」라는 보고서를 발표하는 기조연설에서 그는 이렇게 주장했다.

> 백신 전반에서, 특히 비상사태 때 되도록 빨리 백신을 개발할 역량에서는 더 많은 투자가 반드시 있어야 한다. 민간 영역에 기댈 수 없는 대상에서는 투자가 문제의 본질이다. 세계적 유행병이 발생했을 때 누구도 희소한 백신이나 항체로 막대한 이익을 얻지 못하게 해야 한다. 또 누구든 그러기를 바라서도 안 된다. 그러므로 민간 영역은 귀중한 예방책에서 사회적 이익을 조금도 얻지 못할 것이다.

백신연구재단, 세계보건기구, 노르웨이 공중보건원의 활동은 절로 박수를 보내 마땅한 위대한 첫걸음이다. 하지만 이 새로운 대규모 국제 활동에 누가 돈을 댈까? 투자자는 얼마나 많이, 얼마나 오래 돈을 댈까? 어떤 백신을 재빨리 우선 투자 대상으로 올릴지를 누가 결정할까? 공공 부문과 민간 부문의 협력 업체를 모두 감시할 책임은 누가 져야 할까? 이 밖에도 고려해야 할 사항이 한둘이 아니다.

희망이 전략은 아니지만, 나는 백신 업계에 새롭고 흥미롭기 그지없는 발전이 있기를 바란다. 그리고 백신연구재단, 세계보건기구, 노르웨이 공중보건원, 주요 재단, 세계경제포럼WEF, 주요 백신 제조업체, 미국 정부가 계속 대화를 주고받은 결과, 새로운 단체인 전염병대비혁신연합CEPI이 탄생했다.

나는 이 단체의 전문 위원회 네 곳 중 두 곳에 참여하여 내부 현황을 경험했으므로, 이 연대가 웹사이트에 올려놓은 비전이 판도를 바꿀 수 있으리라고 낙관한다. "감염병이 유행병으로 발전하는 사태를 초기 단계에서 관리하여, 유행병이 인명 손실을 낳고 사회 발전과 경제 발전을 해치고 인간애의 위기를 드러낼 공중보건의 비상사태가 되지 않도록 막겠다."

초기 백신 개발부터 적용까지 철저하게 관리하는 접근법을 이용해, 전염병대비혁신연합은 시장이 자원을 효율적으로 배분하지 못해 생기는 근본적인 부족에 집중할 것이다. 초기에는 신규 백신이 임상 전 연구부터 임상 원리 증명 시험, 그리고 알려지지 않은 병원체에 맞서 발 빠르게 백신을 개발할 때 사용할 플랫폼 생성까지 전체 절차를 통과하도록 움직이는 데 초점을 맞출 것이다. 이 노력을 실현하기에 충분한 기금을 어떻게 구할 것인가 하는 중대한 물음에는 아직 답을 찾지 못했다. 그래도 나는 이 단체들이 국제사회의 반응을 오랫동안 꾸준히 끌어내 매우 중요한 백신을 현실적으로 안정되게 공급할 수단을 실현할 수 있는 최고의 기회를 상징한다고 믿는다. 그러므로 우리 모두 전염병대비혁신연합의 발전을 주의 깊게 지켜봐야 한다. 언젠가는 우리 목숨이 전염병대비혁신연합에 전적으로 의존하게 될 수도 있다.

9장

잊지 말아야 할 감염병:
말라리아, 에이즈, 결핵

인류의 주요 사망 원인인 세 질병 HIV, 결핵, 말라리아를 살펴보면,
정말 괜찮은 치료제가 있는 것은 HIV뿐이다. 이유는 아주 간단하다.
미국과 유럽에 HIV 치료제를 찾는 시장이 있기 때문이다.

_전 세계은행 총재, 의학박사 김용

세계보건기구의 통계 자료를 보면 2014년 기준으로 전 세계에서 3690만 명이 HIV에 감염된 채 살고, 한 해 120만 명이 에이즈로 사망하는 것으로 추산된다. 2015년 기준으로 결핵은 감염자가 960만 명, 한 해 사망자가 110만 명인 것으로 추산된다.* 또 말라리아 감염자는 2140만 명, 한 해 사망자는 43만8000명으로 추산된다.** 그야말로 엄청난 불행이자 지독한 사망률이다. 그런데 이런 현실이 언론의 주목을 받지도, 기삿거리가 되지도 않는다. 하지만 세계 어느 대도시에서든 천연두 환자가 열 명이라도 발생한다면 사람들의 관심이 즉각 여기에 쏠릴 것이다.

여기에서도 우리를 죽이는 질병, 아프게 하는 질병, 두렵게 하는 질병이 같지 않다는 현실을 다시금 깨닫는다. 이른바 제일 세계에 사는 사람들은 위협 매트릭스를 구성할 때 인류의 주요 사망 원인인 세 감염병을

* 2018년 기준으로 결핵 감염자는 1000만 명, 한 해 사망자는 150만 명으로 추산되므로, 조금 증가하는 추세다.
** 2018년 기준으로 말라리아 감염자는 2280만 명, 한 해 사망자는 40만5000명으로 추산된다.

자동차 사고나 길거리 범죄처럼 일상에서 흔히 일어나는 다른 위험과 마찬가지인 것으로 취급한다. 이 감염병들이 존재한다는 것은 알지만, 그리 신경 쓰지 않는다.

이전에도 우리가 이렇게 인식하지는 않았다. 1980년대를 산 사람들은 에이즈가 불러일으킨 공포를 기억한다. 그 시절 새로 발견된 인간 면역 결핍 바이러스는 곧 사망 선고였다. 우리 조부모나 증조부모 시절에는 결핵에 걸렸다는 것은 고통스럽게 죽거나 서서히 쇠약해진다는 의미였다. 그때 결핵 치료법이라고는 휴식과 서늘하고 건조한 공기뿐이었다. 말라리아는 내가 자랐고 지금도 살고 있는 미네소타를 포함해 세계 여러 지역 사람들에게 수백 년 동안 심각한 위험이었다.

오늘날에도 HIV를 낫게 하거나 예방할 방법은 없지만, 효과적인 칵테일 요법 덕분에 HIV가 치명적인 영향을 미치지 않도록 막을 수 있다. 결핵은 오랫동안 엄격하게 항결핵제 요법을 쓰면 나을 수 있다. 말라리아는 서구화 지역에서는 거의 발생하지 않는다.

하지만 우리가 꽤 뿌듯하게 생각하는 이 세 감염병이 지금도 세계 보건을 크게 위협한다. 특히 너무 가난해 치료제를 사기 어렵고 적절한 의료 기반 시설도 갖추지 못한 나라에서는 문제가 심각하다. 이 책은 '위험한' 감염원 즉 세계적 유행병을 일으킬 위험이 있는 병원체, 지역에 중대한 악영향을 미칠 수 있는 병원체를 주로 다룬다. 하지만 이 세 질병을 무시한다면, 내가 책임을 게을리했다는 뜻이자 이 책이 불완전하게 끝났다는 뜻이다. 나는 공중보건에 큰 영향을 미치는 다른 감염병 이를테면 C형 간염, 음식 매개 질병, 수인성 질병, 세균 폐렴, 그 밖에도 외면받는 열대병, 광견병이 세계 곳곳에서 발생한다는 사실도 절대 가볍게 여기지 않는다. 주로 아시아에서는 광견병에 걸린 개에 물려 해마다 5만 명이 사망한다.

다행히 상황을 바꾸고자 많은 자원을 들여 애쓰는 사람들과 단체들이 있다.

마이크로소프트 창립자 빌 게이츠는 자수성가로 이룬 엄청난 재산을 어떤 관심사에든 쓸 수 있었다. 그런 그와 아내 멀린다의 선택은 '모든 목숨의 가치는 똑같다'는 간단한 전제를 바탕으로 재단을 설립하는 것이었다. 빌 멀린다 게이츠 재단은 그 전제를 보건, 빈곤 완화, 교육을 통해 앞장서 실행에 옮겼다. 그런 까닭에 우리는 게이츠 부부가 노벨평화상을 받아야 마땅하다고 믿는다. 모든 아이에게 건강하게 자랄 동등한 기회와 세상을 살아가는 데 필요한 도구를 선사하려는 노력보다 세계 평화에 더 이바지하는 것이 있을까?

게이츠 재단은 짧은 기간에 수백만 명을 죽일 위험이 있는 집단 발병과 세계적 유행병에 대비하는 데 상당한 관심을 보인다. 하지만 이들은 전 세계에 어마어마한 영향을 미칠 수 있는 기본에 집중한다. 빌 게이츠는 이렇게 설명했다. "재단이 보건과 관련해 가장 많은 시간을 쏟는 대상이 그것입니다. 우리는 유행병이나 생물 무기 테러에 대비하는 조직이 아니에요. 말라리아, HIV, 결핵, 설사병, 폐렴에 대비하는 조직이죠."

재단의 주요 활동 가운데 하나가 단호하게 소아마비 퇴치에 도전하는 것이다. 고백하건대 나는 지구상에서 소아마비를 완전히 몰아낼 수 있는 가능성에 대해 오랫동안 의심해왔다. 특히 오늘날처럼 국가들이 분열되고 취약한 데다, 정치·경제·종교 문제까지 뒤얽힌 상황에서는 그렇게 될 리가 없다고 믿었다. 하지만 게이츠 재단과 여기에 감화된 협력자들이 행동에 나선 덕분에, 어쩌면 마침내 그런 일이 일어날지도 모르겠다.

그런데 더 중요한 것은 게이츠가 소아마비뿐 아니라 말라리아 퇴치에도 도전한다는 사실, 그리고 그가 세계 곳곳에서 협력자를 끌어들이는 방법이다.

미국인에게는 말라리아보다 소아마비가 '감정'을 더 자극하는 질병이다. 크게 보면 서방 세계가 소아마비에 시달린 데다, 어린아이들이 다리 보조기를 차거나 휠체어에 앉거나 철제 호흡 보조기에 들어간 딱한 모습이 떠오르기 때문이다. 하지만 사실은 소아마비가 말라리아보다 정복하기 '더 쉬운' 질병이어서일지도 모른다. 천연두와 마찬가지로 소아마비 바이러스는 사람만 감염시킬 뿐, 동물 숙주도 없고 모기가 매개체 노릇을 하지도 않는다. 하지만 말라리아는 이야기가 다르다.

말라리아는 인류 역사 곳곳에서 모습을 드러낸다. 효과가 가장 좋은 치료제 퀴닌과 아르테미시닌도 고대 치료제에서 비롯된다. 먼 옛날에는 기나나무 껍질과 칭하오쑤라는 식물을 말라리아 약재로 썼다. 말라리아를 일으키는 것은 말라리아모기*Anopheles*가 옮기는 단세포 미생물 기생체 즉 말라리아 원충이다. 14장에서 자세히 다루듯이, 이 모기는 뎅기열, 황열, 지카, 치쿤구니야열을 옮기는 매개체인 숲모기*Aedes*와 사뭇 다르다. 어떤 종의 모기를 억제하려면 그 종의 서식지, 번식 방법, 먹이를 근거로 종마다 다른 전술을 써야 한다.

모기의 침을 타고 혈류로 들어간 말라리아 원충은 간까지 이르러 그곳에서 번식한다. 말라리아 증상으로는 고열, 메스꺼움, 구토, 설사, 식은땀, 오한, 피로, 두통이 있다. 간에 영향을 미치므로 황달이 나타날 수도 있다. 중증 환자는 뇌염, 호흡 곤란, 빈혈을 일으키기도 하고, 그 결과 혼수상태나 사망에 이르기도 한다. 이미 고질적인 가난, 깨끗하지 않은 물, 부족한 의료 시설과 의료 지원, 다른 건강 문제에 시달리는 이들일수록 더 심각한 말라리아 증상을 겪을 확률이 높다. 한 사람이 감염되면 수혈, 주삿바늘 공유, 임신부-태아 전염을 통해 사람에게서 사람으로 전염될 수 있다. 게다가 지금껏 우리가 다룬 여러 감염병과 달리, 말라리아는 재발할 수 있다. 아이에게는 평생 지능 장애와 학습 장애를 남길 수 있다.

말라리아 전쟁이 워낙 중요했으므로, 1902년부터 2015년까지 노벨 생리의학상 가운데 다섯 번이 말라리아와 관련되었다. 그런데 지구에서 이 질병을 뿌리 뽑으려는 계획은 돈이 너무 많이 들고, 너무 복잡하고, 실현하기 어렵다는 이유로 1969년에 폐기되었다.

말라리아는 현재 100여 국에서 발생하고, 사망자 가운데 90퍼센트가 사하라이남 아프리카에서 나온다. 그런 사망자 가운데 77퍼센트가 다섯 살이 채 안 된 어린아이다.

게이츠 재단과 다른 이들이 개입한 결과, 2016년에 2004년 대비 환자가 약 25퍼센트 줄었고, 사망자는 42퍼센트 줄었다. 그 시기에 말라리아 기금은 거의 열 배나 늘었고, 개발도상국에서 말라리아를 억제하는 큰 소득이 있었다. 이 성공은 적시 진단과 치료, 효과적인 방역 약제를 활용한 실내 소독, 효과가 오래가는 살충제로 처리한 모기장을 포함해 여러 해결책이 어우러져 나온 결과였다. 게이츠가 지원하는 에이즈, 결핵, 말라리아 퇴치 국제 기금은 모기장을 가장 많이 사들이는 구매자다.

2013년에 게이츠 재단은 말라리아를 뿌리 뽑을 새로운 다개년 전략 '말라리아 퇴치 속도전Accelerate to Zero'을 발표했다. 처음에 나는 생물학적으로도 기술적으로도 말라리아를 퇴치할 수 있다는 재단의 결론을 그다지 믿지 않았다. 하지만 마크와 함께 게이츠와 이 구상을 이야기한 뒤에는 "시도해봐야 알 수 있다"는 그의 마음가짐에 존경을 느끼며 헤어졌다. 게이츠의 말마따나 "이런 일들은 이것 아니면 저것처럼 뚜렷한 형태로 오지 않는다. 상황이 분명하지 않을 때야말로 우리가 행동에 나서야 하는 때다."

매개체를 억제할 자원이 부족해지면(시간이 흐르면 어김없이 이런 일이 일어난다) 모기 개체군과 모기가 옮기는 바이러스가 빠르게 원상태를 회복한다. 우리는 이 교훈을 값비싼 대가를 치르고서야 배웠다. 게다가 설사 한 대륙에서 모기를 없애더라도, 모기가 들끓는 다른 지역에서 비행기나 배를 거쳐 다시 들어오지 않도록 영원히 경계를 게을리하지 말아야 한다. 그러므로 최종 목표는 국제적 근절이어야 한다. 솔직히 말해 내 평생에 이런 노력을 마침내 실현할 사람이 있다면, 빌과 멀린다일 것이다. 만약 그렇게 된다면, 모기 퇴치는 인류에게 물려줄 그야말로 멋진 유산이 될 것이다.

말라리아 퇴치 전략은 세계 보건 현안에서 말라리아가 중요한 위치를 차지하도록 못을 박는 몇 가지 영역을 포함한다. 가장 중요한 두 요소는 예방 단계에 속하는 것으로, 말라리아모기를 제압할 새로운 살충제 개발과 백신 연구다. 현재 서른 개 넘는 말라리아 백신이 개발 단계에 있다. 국립 알레르기·감염병연구소가 개발에 나선 지 5년 만에 한 후보 백신이 첫 인체 임상 시험에서 고무적인 결과를 냈다.

몇몇 위험한 매개체 종에서는 유전자를 조작한 불임 모기를 야생에 방사하는 방법을 시도하고 있다. 이 기술의 최종 효과는 아직 추측에 기댈 뿐이라, 과학자들이 지금도 유전자조작 불임 수컷이 자연 상태의 경쟁자를 누를 선택 이익을 얻게 할 방법을 찾고자 애쓰고 있다. 하지만 모기의 자연 질서를 흔드는 시도가 지금껏 한 번도 없었으므로, 이런 모기를 방사했을 때 생태계에 의도치 않은 영향을 미칠지 모른다는 우려가 있다. 어떤 전문가들은 이 전략의 효과를 알기까지 10년이 걸린다고 본다.

매개체 감염병에서는 적극적 수단과 소극적 수단을 구분한다. 적극적 수단으로는 병원균 매개체를 죽일 살충제, 병과 증상을 치료할 의약품이 있고, 소극적 수단으로는 모기장이 있다. 현재 시험 중인 더 흥미로운 소극적 수단은 살충제로 처리한 벽지다. 살충제 살포는 서너 달마다 반복해야 하지만, 이런 벽지는 3년 이상 효과를 낼 수 있다.

미 육군은 이미 몇 년 전부터, 모기 매개 풍토병이 발생하는 지역에서 복무하는 병력에게 인공 살충제인 퍼메트린으로 처리한 전투복을 지급했다. 살충제로 처리한 옷이 모기 매개 질병이 들끓는 지역의 민간인에게 효과 있는 보호 장치가 될지도 시험 중이다.

치료제 측면에서는 게이츠 재단이 "1회 복용 치료제, 한 번에 모든 기생충을 쓸어버리는 알약"이라는 것을 지원하고 있다. 기존 치료제는 말라리아가 내성을 보일뿐더러, 사흘 동안 약을 먹어야 해서 많은 사람이 복용법을 준수하지 못한다.

이 활동들은 2005년에 처음 나온 대통령 말라리아 구상PMI과 맞아떨어진다. 이 구상은 2003년에 'HIV/에이즈, 결핵, 말라리아에 맞선 국제 지도력 법안'이 통과된 뒤 시작되었다.(법안은 2008년에 한 차례 수정되었다.) 대통령 말라리아 구상은 말라리아 관련 사망률을 50퍼센트까지 줄이는 것을 목표로 구체적 활동 네 가지를 강화하는 데 집중했다. 대상은 살충 처리한 모기장의 더 효과적인 제작 및 공급, 실내 소독제 살포, 아르테미시닌을 바탕으로 다른 약물을 추가 사용하는 병용 요법, 임신부 대상 간헐 치료였다.

이제 당신도 이해하겠지만, 공중보건에서는 지속 가능성이 가장 중요한 관심사다. 그런데 아프리카의 말라리아에 쏟는 노력과 자원 덕분에 우리가 바라고 기대하는 대로 환자 수가 계속 줄어든다면 그때는 무슨 일이 벌어질까? 말라리아 전쟁이 더는 다급하지 않아 보일까? 그래서 에볼라나 모기 방제 때 전반적으로 그랬듯 다음의 시급한 과제로 넘어갈까? 아니면 천연두 때 그랬듯 노력을 지속하여 세상을 계속 개선하는 모습을 보일까?

1980년대와 1990년대 초반에는 HIV/에이즈가 언론에 빈번히 보도되는 비극이었다. 그 시절을 산 사람은 누구나, 치료법이 없는 감염병에 걸려 죽기를 기다리는 환자들의 수척한 얼굴을 잊지 못한다. 지금도 HIV를 예방할 효과적인 백신은 없다. 하지만 항레트로바이러스 요법의 눈부신 발전 덕분에, 거의 확실한 사망 선고였던 재앙이 관리할 수 있는 만성 질환으로 바뀌었다. 적어도 치료제를 살 수 있을 만큼 잘 사는 나라나 국제 원조를 받을 만큼 운이 좋은 나라에서는 그렇다.

하지만 상황이 개선되자, 아직도 세계의 주요 골칫거리인 질병이 머리기사에서 사라졌고 대응 조치도 현실에 안주할 뿐이다.

그렇다면 오늘날 세계의 HIV/에이즈 상황은 어떨까? 2014년 기준으로 한 해에 약 200만 명이 새로 감염되었고, 그 가운데 70퍼센트가 사하라이남 아프리카 사람들이었다. 신규 환자 중 22만 명은 열다섯 살 미만인 아이들로, 대부분 HIV 양성인 엄마의 뱃속에서 또는 태어난 뒤 젖을 먹다가 감염되었다. HIV에 감염된 사람이나 그럴 위험이 있는 사람 대다수가 예방책이나 의료, 치료제에 접근하지 못한다.

아프리카 국가 서너 곳, 그중에서도 케냐와 남아프리카공화국은 자국의 감염자 중 일부를 치료하는 상당한 진전을 보였다. 하지만 아프리카와 중동 국가 대다수는 감염자에게 아무런 조처도 하지 않는다. 의료 종사자는 HIV로 진단받은 사람들에게조차 증상이 발현되면 그때 치료받으러 오라고 말한다. 의료 자원이 부족한 탓에, 병이 진행된 사람에게 쓸 양밖에 약제가 없기 때문이다. 게다가 나이지리아, 우간다, 러시아 같은 나라에서는 감염자 대다수가 고용 차별, 사회적 배척, 종교적 박해에 시달릴까봐 진단이나 치료를 꺼린다. 어떤 곳에서는 콘돔을 배포하고 주삿바늘을 깨끗한 것으로 교체만 해도 HIV/에이즈 전파를 막는 데 도움이 될 수 있다. 하지만 어떤 곳에서는 이런 대책이 현지 사회의 금기와 정면으로 맞부딪친다.

2015년 유엔은 2030년까지 에이즈 유행을 종식시키겠다는 목표를 세왔다. 하지만 2016년 6월 열린 '에이즈 종식 관련 유엔 총회 고위급 회의'에서 각국 대표들은 모든 사항에 합의하고서도 그 목표를 어떻게 달성할지에 합의하지 못했다. 이들은 모든 HIV 감염자가 치료받을 수 있게 한다는 세계보건기구의 지침을 지지하고, 이런 노력에도 목표를 이루지 못했을 때 나타날 결과도 알고 있다고 선언했다.

하지만 어떤 회원국 대표들은 선언문에 성 평등, 여성을 위한 HIV 예방 및 피임이란 문구를 넣지 않으려 했다. 수단 대표는 "이 문구가 몇몇 국가의 법체계와 어긋난다"고 지적했다. 어떤 대표들은 HIV 전염을 예방하도록 성교육을 촉구하는 문구를 못마땅하게 여겼다. 한편에서는 정맥주사용 마약 사용자, 성 노동자(아이슬란드는 이 용어에 개의치 않았다), 동성애자, 성 전환자, 죄수 같은 취약 집단을 선정하는 것을 불쾌하게 여겼다. 이란 대표는 이 문구가 차별이라고까지 말했다. 투표권이 없는 회원국인 바티칸은 산아 제한 수단을 언급하는 모든 문구에 이의를 제기했고, 어떤 나라들은 결혼 전 금욕과 결혼 중 정절을 더 강조하기를 바랐다.

미국 대표 세라 멘델슨은 미국이 보기에는 선언문이 인권, 임신과 출산 결정권, 소외된 사람들을 "더 강력하고 명쾌하게 다뤘어야 했다"고 밝혔다. 캐나다와 호주 대표도 여기에 동의해, 동성애자 차별과 낙인을 없애자고 촉구하는 문구가 빠진 것을 비판했다.

이 모든 의견 차이는 HIV/에이즈를 물리칠 실행 계획에 좋은 징조가 아니다.

전 세계에서 에이즈를 퇴치하고자 가장 애쓴 나라는 미국이다. 미국은 의료 자원이 제한된 지역의 감염자 수백만 명에게 치료를 제공하고 전파를 막고자, 조지 W. 부시 대통령이 지휘해 만든 '에이즈 구호를 위한 대통령 비상 계획(PEPFAR·펩파)'을 실행했다. 2008년에는 이 계획을 새롭게 확장해, 버락 오바마 대통령이 선보인 '국제 보건 구상Global Health

Initiative'에 주춧돌이자 가장 중요한 요소로 반영했다. 이제 PEPFAR는 한 질병에 맞서 한 나라가 선보인 가장 위대하고 광범위한 보건 계획이 되었다. 여기에는 국무부, 국방부, 보건부, 상무부, 노동부는 물론이고, 질병통제센터, 미 국제개발청, 평화봉사단까지 다양한 분야의 정부기관이 참여해 협력한다. PEPFAR는 이제 현지 국가와 직접 협력해 현지의 에이즈 대응 능력과 장기 지속력을 기른다.

전체 목표는 HIV/에이즈 대처 프로그램들을 국가가 주도해 현지 보건 수요에 대처하는 전체 계획의 일부로 추진하는 것이다. PEPFAR가 비상사태 대응에서 지속적인 활동으로 성격을 전환했으므로, 이제 목표는 증거에 근거한 의사 결정을 내릴 현지 전문 지식을 기르는 것이다. 그리고 게이츠 재단과 마찬가지로 PEPFAR도 다국적 단체의 활동과 국제 협력 관계에 영향을 미치려 한다.

미국 시민인 나는 PEPFAR가 국제사회에서 HIV라는 큰 짐을 덜어준 것이 무척 뿌듯하다. 하지만 이 프로그램이 미래에 미칠 충격은 걱정스럽다. 무엇보다도, 이를테면 지카 집단 발병에 대응하는 것처럼 공중보건과 관련한 사안을 현재 정치권이 지원하는(또는 지원하지 않는) 수준을 보면, 정부가 앞으로도 PEPFAR에 지금처럼 기금을 지원한다는 보장이 없다. 사실 2008년에 PEPFAR 지원을 크게 늘린 뒤로, 연방정부의 기금 지원은 제자리걸음을 하고 있다.

그런데 HIV에 감염된 채 살아가는 사람은 느리지만 꾸준히 늘고 있다. 2010년 세계의 HIV 감염자 추산치는 3330만 명이었다. 2014년에는 그 수가 3670만 명으로, 순증가가 340만 명이 넘었다. 2015년에 PER-FAR는 950만 명 넘는 HIV 감염자에게 항레트로바이러스제를 제공했다. 신규 감염자가 현재와 같은 추세로 계속 늘어난다면, 앞으로 10년 안에 신규 환자가 680만 명 더 늘어날 것이다. PEPFAR가 이들을 모두 계속 치료해야 한다면, 현재 치료하는 환자보다 지원 대상이 71퍼센트 더 늘어난다. 즉 앞으로 10년 동안 신규 환자를 따라잡으려고만 해도 PEPFAR에 지원을 상당히 늘려야 한다는 뜻이다. 하지만 내가 보기에 PEPFAR 지원이 늘어나는 일은 없을 것 같다. 신규 HIV 환자가 발생하는 국가의 정부가 PEPFAR에 지원을 늘린다면 그럴 수도 있겠지만, 신규 환자의 거의 절반이 서아프리카와 중앙아프리카에서 발생한다는 현실을 고려할 때 그럴 확률은 낙타가 바늘구멍에 들어가는 확률과 비슷하다.

이 상황에 대처할 최고의 해결책은 C형 간염 바이러스에서 그랬듯 효과 있는 백신이나 치료법을 찾아내는 것이다. 하지만 그런 일은 일어나지 않았고, 일어나고 있지도 않다. 노력이 부족해서가 아니다. 해마다 에이즈 백신을 연구하는 데 거의 10억 달러가 들어간다. 국립 알레르기·감염병연구소 소장인 앤서니 파우치 박사는 초기부터 HIV와 에이즈 연구에 참여했다. 그는 상황을 이렇게 설명한다. "HIV/에이즈 연구는 과학적 딜레마입니다. 우리 몸이 HIV에 맞서는 중화 항체를 만들려고 하지 않으니까요. 우리는 사람이 상상할 수 있는 모든 의미 있는 과학을 살펴보고 있습니다. 저온 전자 현미경 관찰법, 구조 생물학, X선 결정화를 이용해 바이러스의 외피 형태를 제대로 파악하여, 생식 계열 B세포가 보호 반응을 일으키도록 유도하려 합니다. 그러니까 내 말은, 온갖 최첨단 활동을 하고 있다는 거지요."

성공을 바라지만, 그래도 나는 가까운 미래에 효과 있는 백신이 나올지 확신이 서지 않는다. 우리는 그런 '핵무기' 없이도 HIV/에이즈에 맞서 계속 전쟁을 벌일 계획을 세워야 한다. HIV/에이즈 전쟁을 계속 이어지는 지역전으로 생각해야 한다.

사람들은 결핵에 대해 새로 출현하는 감염병만큼 불안하게 여기지 않는다. 하지만 사실은 그래야 한다. 흔히들 결핵을 19세기나 20세기 초반의 유물로 생각해 산꼭대기의 요양원과 피를 토하는 오페라 여주인공을 떠올리지만, 오늘날에도 결핵은 무슨 일이 있었냐는 듯 주변에서 우리와 함께 이 세상을 살아간다. 게다가 결핵균이 갈수록 치료제에 내성을 보인다. 선진국에서는 오랫동안 결핵이 드물었다가, HIV가 나타날 즈음 다시 돌아왔다. 또 인도 여러 지역과 많은 개발도상국에서는 결핵과 HIV를 같이 앓는 환자가 꽤 많아 치료 방법을 적용할 때 몹시 골치 아프게 만들었다.

결핵을 일으키는 균은 우리 몸 여러 곳을 공격하지만 그중에서도 주로 폐를 감염시킨다. 공기를 통해 사람에게서 사람으로 퍼지는데, 그나마 다행히도 홍역이나 독감 같은 호흡기 바이러스보다는 전파성이 약하다.

건강한 사람은 설사 결핵균을 보유하더라도 아무런 증상을 보이지 않기도 한다. 면역 체계가 방어벽을 치기 때문이다. 달리 말해 살아 있는 결핵균이 몸 안에 살기는 하지만, 면역 세포에 가로막혀 결절 안에 머문다. 세계보건기구는 세계 인구 3분의 1이 잠복 결핵에 걸렸으리라고 추정한다. 잠복 결핵 감염자들이 활성 결핵으로 진행할 위험은 약 10퍼센트다. '활성' 결핵이 되면 기침, 각혈, 가슴 통증, 쇠약, 체중 감소, 열, 수면 중 식은땀 같은 증상이 나타난다.

그런데 잠복 결핵에 걸린 사람이 HIV에 감염되면 그야말로 손쓸 길이 없다. 결핵과 HIV가 결합하면 더 나빠지려야 나빠질 수 없는 감염병이 된다. HIV에 감염된 사람의 면역 체계는 기능을 제대로 발휘하지 못하므로, 결핵균이 고삐 풀린 듯 마음껏 번식해 균이 머물던 장기 이를테면 폐 깊숙이 퍼진다. 이런 환자들은 결핵균 때문에 폐가 손상되기 마련이라, 남에게 결핵균을 옮길 확률도 훨씬 더 높다. 내가 미네소타주 역학자로서 진행했던 몹시 만만찮았던 조사 중 하나가 어느 먼 나라에서 미니애폴리스-세인트폴로 오는 비행기를 탄 승객 수백 명을 추적 조사한 일이었다. 알고 보니 그 비행기에 탄 탑승객 한 명이 약제 내성이 있는 활성 결핵 감염자이자 HIV 감염자였다. 아홉 시간 동안의 비행 동안, 이 환자는 내내 기침을 했다.

남아프리카공화국 보건복지부 장관으로, 카리스마 넘치고 크게 존경받는 아론 못소알레디 박사는 이제 결핵이 치료받지 않으면 감염자 45퍼센트가 죽는 더 날카로운 위협이 되었다고 세계에 거침없는 경고를 날렸다. 그는 결핵으로 날마다 4100명이 죽고 있는 현실을 지적했다. 그런데도 발생 확률이 가장 높은 이 위협에 대해 느껴야 할 감정을 우리는 느끼지 못한다. 결핵과 같은 아프리카 대륙에서 발생한 에볼라에는 잔뜩 겁을 먹으면서도 결핵은 무시한다. 하지만 실수하지 말기를. 서구에서 대규모 사망자를 낼 위험은 에볼라나 지카보다 결핵이 훨씬 더 높다.

못소알레디는 광산 노동자와 다른 주요 노조 대표들을 한데 불러 결핵과 관련한 사실을 알렸다. 2009년에 남아공 광산에서 사고가 일어나 80명이 죽었을 때는 사람들이 분노했다. 그런데 같은 해에 결핵으로 죽은 광부가 무려 1500명이었는데도, 알아차리는 사람이 없는 듯했다.

못소알레디는 『허핑턴포스트』에 "결핵은 정말로 사건이 아니라 과정이다. 저기 한구석에서, 외떨어진 병동에서, 아무도 지켜보지 않는 사이 아주 서서히 발생한다. 그래서 아무런 감정도 불러일으키지 않는다."

반가운 소식은 2000년부터 2015년 사이에 전 세계의 결핵 사망률이 무려 47퍼센트나 낮아졌다는 것이다. 달갑잖은 소식은 2014년에 세계보건기구에 보고된 신규 환자가 겨우 600만 명으로, 신규 환자 추정치인 960만 명의 63퍼센트에 그친다는 것이다. 달리 말해 신규 환자 37퍼센트가 진단을 받지 않았거나 세계보건기구에 보고되지 않았다는 뜻이다. 감염자들이 적절한 의료 서비스를 받았는지도 불확실하다. 게다가 더 불길한 소식이 있다. 2014년에 다약제 내성을 보였을 것으로 추산한 환자가 48만 명이었는데, 내성이 발견되어 세계보건기구에 보고된 환자는 4분의 1뿐인 12만 명이었다.

이 수치는 게이츠 재단 같은 단체와 정부기관이 결핵 관련 연구를 충실하게 지원하는 것이 왜 중요한지를 보여준다. 게이츠는 특히 세 영역 즉 백신 개발, 빠른 진단, 내성에 맞설 새로운 치료제 연구에 기금을 지원했다. 하지만 게이츠의 투자가 정말로 성과를 내려면, 다른 단체와 정부들이 이 활동을 자기네가 본받아 적극적으로 실행해야 할 사례로 인식해야 할 것이다.

적절히 관리하고 치료한다면, 대다수의 환자는 결핵을 치료할 수 있다. 하지만 앞서 언급했듯이 다약제 내성을 보이는 변종 결핵균이 날로 늘고 있다.(항생제 내성은 16장과 17장에서 다루겠다.) 항생제 내성이 가장 높은 변종 결핵균은 현대의 최첨단 의술로도 성공적인 치료를 장담하지 못한다. 우리가 결핵보다 한발 앞서지 않는 한, 결핵은 언제나 우리보다 시속 10킬로미터는 더 빠르게 흐르는 또 다른 강물이 되어 우리를 덮칠 것이다.

세계의 거대 도시마다 불결하고 혼잡한 환경에서 사는 인구가 크게 늘고, 사람들이 세계 곳곳을 제집 드나들듯 넘나들고, 약제 내성이 있는 결핵균이 늘어나는 상황이 결합하여, 결핵의 미래가 우리 모두에게 몹시 위험한 쪽으로 나아가고 있다. 그러므로 결핵을 예방하고 억제하는 데 투자를 줄이기는커녕 오히려 더 늘려야 한다. 그렇게 하지 않는다면, 단언컨대 길게 봤을 때 우리는 더 큰 대가를 치를 것이다.

10장

기능 획득과 이중 활용:
프랑켄슈타인 시나리오

내가 한때 그랬듯 당신도 지식과 지혜를 찾으려 하는구려.

부디 그 소망을 실현해 얻는 희열이 당신을 무는 독사가 되지 않기를 바라오.

_메리 셸리, 『프랑켄슈타인』

메리 셸리의 유명한 소설 『프랑켄슈타인』의 마지막에서, 과학자 빅토르 프랑켄슈타인은 새로 사귄 믿을 만한 친구이자 북극 탐험가인 로버트 월턴에게 과학에 근거한 모험주의가 양날의 칼이라, 똑같은 수고를 기울인 발견이라도 누가 어떻게 다루느냐에 따라 정반대 결과를 낳을 수 있다고 설명한다. 프랑켄슈타인은 월턴에게 말한다. 자신이 실현한 과학의 발전은 그저 고통과 파괴로 끝났을 뿐이지만, 어쩌면 자기 뒤를 따를 다른 이들은 치유와 진전을 이룰지도 모른다고.

『프랑켄슈타인』을 찬찬히 읽어보면, 시체 조각이었다가 생명을 얻어 되살아난 존재가 괴물이 되는 까닭은 악을 타고나서가 아니었다. 이 존재를 창조한 사람과 다른 사람들이 되살아난 존재를 대하는 방식 때문이었다. 그러므로 프랑켄슈타인은 우리가 '기능 획득 우려 연구'와 '이중활용 우려 연구'라는 주제에 접근할 때 경계로 삼아야 할 이야기다.

4장에서 다뤘듯이 기능 획득 우려 연구는 몇 가지 방법으로 일부러 돌연변이를 일으켜 미생물이 새로운 기능이나 능력을 얻도록 하는 것이다. 그리고 이중 활용 우려 연구는 악용되면 공중보건과 안전에 상당한 위협이 될 만한 생명과학 연구다.

21세기에 출현한 감염병을 파악해 대응할 때 그 아래에 깔린 주제 하나가 진화하는 미생물의 능력이라는 것은 이제 분명하다. 5장에서 다뤘듯이 진화는 다양성을 촉진하는 힘으로, 적자생존이라는 개념을 밑바탕으로 삼는다. 현대 세계는 우리와 함께 살아가는 미생물에게 진화하여 변모할 확실한 터전을 제공한다. 특히 100년 전만 해도 미생물이 감염시킬 수 있는 숙주가 해당 지역에 사는 수백만 명에 그쳤던 반면, 오늘날처럼 연결된 세상에서는 지구에 사는 수십억 인구가 모두 숙주가 될 수 있기 때문이다. 날로 개체수가 늘어가는 동물, 특히 농축산과 관련된 동물도 같은 효과를 낸다. 숙주인 동물과 인간처럼 미생물이 비행기에 올라타 이전에 없던 속도와 빈도로 세상을 돌아다닌다는 것은 병원체가 지구 가장 멀리 떨어진 곳까지도 빠르게 퍼질 수 있다는 뜻이다. 이 모든 요인이 감염병 전쟁에서 어떤 억제 수단과 백신, 치료법을 쓰더라도 살아남아 번성할 미생물이 출현하도록 돕는다.

우리에게는 이제 미생물로 하여금 초고속 진화를 일으키게 할 능력이 있다. 이런 진화는 멘델의 유전 법칙이나 다윈의 진화론으로는 예측하지 못했을 변화다.

초고속 진화는 자연 현상이 아니라 미생물공학의 결과물이다. 즉 인간이 의도적으로 미생물의 유전자를 조작해, 진화를 수천 년이나 앞당기거나 진화로는 절대 이루지 못할 변화를 일으킨 결과다. 그런 사례 중하나가 키메라 미생물이다. 키메라는 본디 그리스 신화에 나오는 동물로 머리는 사자, 몸통은 염소, 꼬리는 뱀의 모양을 하고 불을 내뿜는 존재다. 신형 생백신 가운데도 바이러스 일부를 다른 생물에 주입해 바이러스를 복제하는 제품이 있다. 이런 일은 인간이 개입할 때, 즉 사람이 다양한 미생물에게서 뽑아낸 유전 물질을 서로 바꿀 때만 일어난다. 그리고 누가 어떻게 만드느냐에 따라 키메라는 유익한 용도로도, 사악한 용도로도 쓰일 수 있다.

그렇다면 이 새로운 진화 방식은 21세기에 감염병이 일으킬 위험에 어떻게 영향을 미칠까? 이 모든 것은 하루가 다르게 발전하는 기술력과 관련된다.

2007년에 스티브 잡스가 처음으로 세상에 아이폰을 선보였다. 이것은 겨우 10여 년 전 이야기다. 오늘날 아이폰의 성능은 최초 모델을 보잘것없는 것으로 만든다. 같은 기간에 생명과학, 특히 미생물 유전학의 역량과 능력도 비슷한 혁신을 겪었다. 오늘날 미생물의 유전자를 조작할 때 사용하는 도구는 20년 전이라면 최상위 정부 실험실에서나 쓸 수 있었을 것들이다. 그런데 이제는 고등학교 미생물 수업에서도 쓰고, 아마추어 DIY 과학자들도 사용한다. 이렇게 탄생한 유전자조작 미생물이 사람이나 동물에 전염돼 질병을 일으키지는 않을까? 이는 정말로 가능하다. 멀리 갈 것도 없이 최근 유전자 드라이브gene drive* 기술이 흥미진진한 약속이냐, 불안을 자극하는 위험이냐를 놓고 벌어진 논쟁만 봐도 된다.

흥미로운 새 유전공학 기술 가운데 기능 획득 우려 연구가 될 수 있는 것 중의 하나가 크리스퍼 유전자 가위다. 크리스퍼CRISPR는 일정 간격으로 분포하는 짧은 회문 구조 반복 서열clustered regularly interspaced short palindromic repeats의 줄임말로, 박테리아의 약 40퍼센트에 걸쳐서 일정 간격으로 반복되는 DNA 염기 서열을 가리킨다. 연구자들은 이제 크리스퍼를 이용해 DNA를 '편집'해 다양한 식물과 동물을 인간에게 더 바람직한 쪽으로 개량한다. 어쩌면 그리 멀지 않은 미래에 크리스퍼를 활용

---

* 특정 변이 유전자가 전체 개체군에 강제 확산되도록 하는 기술

해 완전히 새로운 종을 창조할 수 있을지도 모른다.

이전의 유전자 편집 기술에 비해, 크리스퍼는 훨씬 더 싸고 간단하며 빠르다. 게다가 완전히 새로운 유전자 변형도 시도할 수 있다. 이런 연구가 우리 시대의 가장 심각한 감염병들을 공격하는 데 효과가 있으리라는 약속은 신나는 일이다. 하지만 이렇게 날로 이용하기 쉬워지는 기술을 끔찍한 용도로 사용한다면 어떤 일이 벌어질지도 어렵지 않게 상상할 수 있다. 2016년 2월 당시 국가정보국 국장이던 제임스 R. 클래퍼는 미국 상원 군사위원회에서 「세계 위협 평가Worldwide Threat Assessment」 보고서를 설명할 때, 유전자 편집이 국제적 위험 요소가 되었다고 증언했다.

이중 활용 우려 연구는 새로운 쟁점이 아니다. 원자물리학 초창기에도 과학계는 이 연구가 사회를 이롭게 하는 데 쓰일 수도 있고 해롭게 하는 데 쓰일 수도 있다는 사실을 알았다. 제2차 세계대전이 끝난 뒤 미군이 세균전의 위협, 즉 감염 매개체를 이용해 적국의 군대와 민간인에게 일부러 해를 끼치는 행위를 연구했을 때, 여기엔 위험성을 살펴볼 학계의 권위 있는 미생물 연구자도 국립보건원이나 질병통제센터 같은 정부 조직도 참여하지 않았다. 그러기는커녕 민간 영역과 군이 함께 활용할 수 있는 연구로 구상되었다. 군은 이 연구를 기밀로 분류하고, 연구 방법이나 결과를 대중에게 공개할 계획은 전혀 없이 군대 내부의 실험실에서 연구를 수행했다.

미국 정부와 과학계에서 이중 활용 우려 연구가 해를 끼칠 위험을 심각하게 고려한 때는 9·11 공격과 뒤이은 탄저균 공격이 발생한 다음이다. 그사이 생명과학에서는 폭발하듯 계속 혁신이 일어났다.

2004년 MIT의 제럴드 핑크 교수가 이제는 미국 과학·공학·의학아카데미로 바뀐 미국 연구평의회NRC 의장으로 취임해, 흔히 「핑크 보고서

Fink Report」로 알려진 보고서를 발간했다. 이 보고서는 생명공학 기술의 발전을 가로막지 않으면서도 세균전과 생물 무기 테러의 위협을 최소화할 수 있는 기틀을 마련했다. 생명공학 기술이 세계 보건을 향상시키는 모든 현대적 해결책에 필수 요소라는 데는 생명과학계 전반이 대체로 동의한다. 「핑크 보고서」는 생물 무기 테러를 둘러싸고 커지는 우려에 대해 생명과학계가 보인 반응을 요약해주고 있다. 또 이중 활용 우려 연구를 금지해서는 안 되지만, 꼼꼼히 신중하게 살펴봐야 하며 악용될 가능성을 늘 염두에 두고 연구를 수행해야 한다고 결론지었다.

최종 보고서는 가장 중요한 권고 사항 일곱 가지를 제시했다. 여기에는 이를테면 보건복지부가 재조합 DNA를 포함하는 실험을 검토하도록 기존 체계를 강화하고, '우려 실험'으로 분류된 일곱 종류의 실험을 검토할 체계를 만들어야 한다는 권고가 포함되었다.

보고서는 또 관련 체계를 검토할 때 반드시 국가 과학위원회를 설치하고 이들의 조언과 안내를 받으라고 요청했다. 그리고 요청대로 2004년에 정부는 국가 생물 보안 과학자문위원회NSABB를 설립했다. 투표권이 있는 위원 25명은 주요 이해 관계자의 관점을 대표해 미생물, 감염병, 실험실의 생물 안전과 생물 보안, 공중보건, 생명 윤리와 관련된 다양한 영역의 전문 지식을 제공한다. 당연직 위원 18명은 여러 연방 기관 출신들이 맡는다.

2005년 여름, 보건복지부 장관 마이클 레빗이 나를 이 위원회의 창립 위원으로 지명했다. 내가 보기에 위원회에 참여한 우리 중 누구도 당장 어떤 안건을 포함시켜야 할지 명확히 알지 못했다. 그러다가 난데없이 뜨거운 논란거리를 건네받자 상황은 뒤바뀌었다. 질병통제센터와 다른 연구 단체 세 곳이 『사이언스』지에 발표할 논문 한 편을 위원회에 제출했다. 1918년에 세계를 휩쓴 독감 대유행 때 사망한 환자들의 폐 표본에서 찾아낸 바이러스 유전자를 이용해 H1N1 독감 바이러스를 어떻게 복원했는지를 자세히 다룬 논문이었다. 연구진은 이 바이러스 정보를 이용해 만든 독감 바이러스를 페럿(족제비과의 포유류로 사람 독감 바이러스 감염을 연구하기에 적합한 동물이다)에 주입했다. 목적은 독감 바이러스가 어떻게 그토록 빨리 퍼졌는지, 어떻게 독감을 일으켰는지, 증상이 얼마나 심각했는지 파악하는 것이었다. 연구진이 파악하려 한 주요 의문점은 다음과 같았다. 세계적 독감 유행을 일으킨 바이러스가 어떻게 진화해 사람에 적응했을까? 새로 복원한 바이러스가 감염 감시에 사용될 변종을 식별할 수 있을까? 이 바이러스는 왜 그토록 치명적이었을까? 특히 젊은이들에게 치명적이었던 까닭은 무엇일까? 이 자료를 이용해 신약과 백신을 개발할 수 있을까?

레빗 장관은 위원회에 논문을 보내, 이 논문을 일반 의학지에 발표해도 될지 판단해달라고 요청했다. 핵심 질문은 하나였다. 만약 다른 사람이 이 연구를 재현할 수 있어 독감 바이러스가 뜻하지 않게 일반 대중에 다시금 유출되었을 때 공중보건을 심각하게 위협하겠는가?

그때 우리는 이 질문을 다룰 준비가 되어 있지 않았다. 이 바이러스가 대중의 건강에 미칠 위험을 평가할 표준화된 기준이나 협의안이 없었기 때문이다. 당시에는 H1N1 독감 바이러스가 25년 동안 계속 계절성 독감 바이러스로 출현한 탓에 많은 인구가 여기에 노출되었으므로 추가로 위험이 되지는 않을 것으로 믿었다. 몇 번에 걸친 전화 회의와 위원회 전원 회의의 끝에, 우리는 연구를 진행한 실험실에서 바이러스가 뜻하지 않게 유출될 위험을 줄일 방안을 추가 정보로 제공하라는 단서를 달아 논문을 발표해도 좋다고 합의했다. 그리고 논문을 검토한 지 4년 뒤인 2009년에 신종 H1N1 독감 바이러스가 멕시코에서 모습을 드러내 세계를 휩쓸었다. 이제는 알다시피, H1N1에 감염된 적이 있어도 그것이 이 신종 바이러스를 막을 면역체계나 보호 장치 구실을 하는 것은 전혀 아니었다. 사실 여러 연구가 증명했듯이, 복원된 1918년 독감 바이러스에 우리 대다수가 쉽게 감염되었을 것이다.

이 경험에서 소중한 교훈을 얻었다. 첫째, 최근 퍼진 변종 H1N1에 감염된 적이 있다면 지독한 1918년 H1N1 종에 면역이 생길지 모른다는 가정은 틀렸다. 둘째, 이 신종 독감 바이러스는 인공 바이러스가 전 세계에 대참사를 일으킬 위험이 있음을 알리는 경고였다. 그리고 이 경고는 이론에만 머물지 않았다. 이런 일이 과학적으로 실현되는 상황이 실제로 펼쳐졌다.

몇 년 뒤 우리는 H1N1 바이러스 복원 논문과 비슷한 난제를 마주했다. 이번에는 H1N1보다 파장이 더 큰 문제였다. 2011년 가을, 변이된 독감 바이러스 H5N1의 독성을 연구해 요약한 원고 두 편이 과학 학술지에 제출되었다. 국립보건원의 지원을 받아 네덜란드 에라스뮈스대 의료원의 론 파우히어르 교수와 동료들, 위스콘신대 매디슨캠퍼스의 가와오카 요시히로 교수와 동료들이 수행한 연구였다.

조류 독감 바이러스의 할아버지뻘로 보는 H5N1은 1997년 아시아에서 처음 확인된 뒤로 지금까지 공중보건계의 심각한 걱정거리이며, 아시아의 사육 조류 및 야생 조류 개체군에 엄청난 피해를 입혔다. 게다가 조류 독감에 걸린 새에 노출되면 사람도 조류 독감에 걸릴 위험이 있다. 물론 사람이 조류 독감 바이러스에 감염되는 일은 드물지만, 혹시라도 감염되면 치사율이 30~70퍼센트에 이르는 중증 질환을 일으킨다. 그런데 오늘날까지도 조류 독감 바이러스는 사람과 사람에게서는 전염 능력을 유지하지 못한다.

H5N1 연구 논문은 우리에게 이중 활용 우려 연구를 피부에 와닿게 보여주는 생생한 사례였다. 두 연구 모두 호흡 과정에서, 그러니까 공기

를 통해 폐럿끼리 전염시키는 H5N1 바이러스를 성공적으로 만들어냈다. 연구 목적은 어떤 유전자를 바꿔야 H5N1 같은 조류 독감 바이러스가 포유류 사이에서 쉽게 전염되는지 확률을 알아내는 것이었다. 폐럿에게 일어난 일이 사람에게서도 틀림없이 일어난다고 말할 수는 없다. 그럴 가능성이 있는지 확인하고 싶지도 않았다. 하지만 이 연구는 현실에서 벌어질 것 같은 아주 무시무시한 가능성을 제시한다.

미국 정부는 국가 생물 보안 과학자문위원회에 이 원고들이 불러일으킨 이중 활용 우려를 평가해달라고 요청했다. 나는 연구를 검토할 실무단에 참여해, 자료를 공개했을 때 나타날 만한 피해를 전체 위원회에 조언해달라고 요청받았다. 5년 전 H1N1 연구에서와 마찬가지로, 답해야 할 질문은 하나였다. 만약 이 연구의 방법과 결과를 공개할 경우, 누군가가 사람에게 전염시킬 위험이 있을 뿐 아니라 목숨을 위협하는 심각한 질병을 일으킬 만큼 능력이 향상된 독감 바이러스를 만들어내겠는가?

그때나 지금이나 H5N1 바이러스가 사람 사이에서 전염되는 일은 드물다. 하지만 여전히 세계적 유행병을 일으킬 위험이 있는 조류 독감 바이러스 종이다. 만약 H5N1 독감 바이러스가 사람간 전염 능력을 얻고 치사율이 높아진다면, 우리는 어마어마한 피해를 낳을 세계적 유행병을 마주할지도 모른다.

위원회는 이런 연구를 공개했을 때 어떤 이점이 있을지를 놓고 토론을 벌였다. 이를테면 비슷한 바이러스가 조류 개체군 사이에 돌고 있는 것을 발견했을 때 유행병이 될 위험을 미리 알아차릴 수 있을지 따져보았다. 몇 달에 걸쳐 전화 회의를 하고 문서를 주고받은 끝에, 실무단은 이 과학적 발견이 국제 생물 보안에 깊은 우려를 야기하므로 공개를 제한해야 한다고 결론지었다. 따라서 연구 방법과 결과를 요약한 아주 대략적인 고차원의 연구 원고만 공개해야 한다고 판단했다. 그런 생명과학 연구에 매우 흔치 않은 이 권고를 위원회 전원이 숙고한 뒤 무기명 투표로 재확인했다. 내가 보기에 그 결정은 연구 공개로 얻을 이로움과, 선례인 H1N1에서처럼 앞으로 나타날 만한 해로움을 모두 신중하게 고려한 사례를 보여준다. 결과 공개를 제한하는 권고와 함께, 우리는 H1N1 독감 바이러스와 연관된 이중 활용 우려 연구의 향후 방향을 국제사회와 더 빠르고 광범위하게 논의하기를 촉구했다.

그런데 문제는 여기서 끝나지 않았다. 위원회가 정부에 제시한 권고안의 적절성을 놓고 찬반 양쪽이 계속 다퉜다. 연구를 모두 공개하는 쪽을 지지하는 사람들은 다른 전문가, 연구 기금 제공자, 외부 검토자들이 바이러스의 어떤 요인이 전염에 영향을 미치고 세계적 유행병을 일으키는 바이러스가 출현하는 원인이 되는지를 밝혀야 할 필요성이 있다고 거듭 주장했다. 두 가지 연구가 그런 입장을 뒷받침했는데, 이 연구 참여자들은 대중과 환경에 미칠 위험을 '절대 최소로 줄였다'고 서술하면서, 연구자, 환경, 대중을 보호할 엄격한 생물 안전 수단이 준비되어 있다고 강변했다. 또 가능성이 희박하나마 실험 환경에서 사람이 실수를 저지를지라도, 작업자들이 H5 백신과 항바이러스제를 이용할 수 있고 바이러스에 노출된 작업자를 격리시킬 수 있다는 것을 덧붙였다. 이 집단은 연구의 일부 세부 사항을 공개하지 않는 것에도 반대했다. 공기 매개 바이러스를 만드는 기술이 이미 널리 알려졌으니, 철저히 차단된 실험실로 바이러스를 옮길 필요가 없다고도 주장했다. 이들은 "조류 독감 A형 H5N1 바이러스 전염을 다룬 원고를 검열하는 것은 그릇된 안전감을 키울 뿐이다"라고 결론지었다.

반대편에 선 나는 왜 연구 공개를 깊이 우려하는지를 몇몇 동료와 함께 공개적으로 설명했다. 페럿들 사이의 독감 바이러스 전염이, 변이된 바이러스가 사람이나 다른 포유류 사이에서도 퍼지리라는 뜻은 아니지만, 그럴 가능성을 전적으로 배제할 수는 없었다. 따라서 우리는 연구의 세부 사항을 완전히 공개한다면 바이러스를 역설계하기가 더 쉬워져 실제로 변종이 전염을 일으킬 수 있게 된다고 주장했다.

우리가 걱정한 것은 고의로든 사고로든 만약 바이러스가 유출된다면, 설사 바이러스의 독성이 야생형 H5N1 바이러스의 독성과 비슷할지라도 인간 환자의 수를 늘릴 수 있고, 그 결과 다른 독감 바이러스와 유전자를 교환해 새로운 세계적 대유행 변종을 만들 위험이 생긴다는 것이었다. 마지막으로 우리는 대중에게 상당한 위험을 불러일으킬 수 있는 연구와 관련된 결정은 생명과학자만 참여해서는 안 되며 생명과학계 외부의 생물 보안 전문가를 비롯해 이해관계가 충돌하지 않는 과학자들의 의견을 아울러야 한다고 강력히 촉구했다.

이 연구를 검열하는 것이 선례를 남길까봐 우려한 다양한 생명과학 연구 집단은 국가 생물 보안 과학자문위원회의 결정을 뒤집고자 계속 압력을 높였다. 문제의 두 연구에 자금을 지원한 국립보건원은 위원회에 사안을 다시 검토하라고 다그쳤다. 국립보건원 원장 프랜시스 콜린스 박사는 미국 정부의 수출 통제 요건에 명시된 특수 조항 때문에 선택지는 원고를 전부 공개하거나 아예 공개하지 않거나 둘 중 하나라고 주장했다. 미국 정부는 국가 안보 이익과 외교 목적을 지원하고자 민감한 설비, 소프트웨어, 기술을 수출하지 못하도록 통제하는데, 이 H5N1 연구가 규제용 수출 통제 요건에 들어맞았다. 위원회 대다수는 이 새로운 발전의 위험을 세계에 알리도록, 민감한 세부 사항이 삭제된 원고가 발표되기를 바랐다. 하지만 위원회는 원고를 전부 공개하거나 아예 공개하지 않거나 둘 중 하나를 선택하라는 요구를 받았다.

2012년 3월 29~30일 이틀 동안, 국가 생물 보안 과학자문위원회가 재소집되었다. 이번에는 정부가 나서서, 두 원고의 민감한 정보를 삭제한 뒤 공개하라는 위원회의 이전 권고를 재고하라고 요청했다. 나와 여러 동료가 보기에는 국립보건원 고위층이 우리가 두 논문의 완전 공개를 승인하기를 바라는 것이 틀림없었다. 물론 두 논문을 완전히 공개할 해결책을 찾아달라는 요청에 불순한 동기가 있다고 생각되진 않았다. 하지만 장담컨대, 그들은 까다로운 공공정책 상황에서 위험과 편익을 저울질하기보다 국가 생물 보안 과학자문위원회를 배제할 해법을 찾는 쪽으로 기울어 있었다.

위원회는 이 연구가 세계적 유행병을 일으킬 바이러스 변종의 출현을 빠르게 확인해 한발 앞서 백신 확보에 나서는 데 도움이 될 수 있다고 암시하는 정보도 받았다. 하지만 나는 독감을 광범위하게 연구했던 터라 이 주장이 사실이 아니라는 것을 알고 있었다. 위원회는 끝내 재투표에서 두 원고의 완전 공개를 승인했다. 그날 위원회 회의실을 걸어 나올 때, 나는 마치 정신 나간 공공정책 「제퍼디!Jeopardy!」* 퀴즈를 푼 기분이 들었다. 답은 정해져 있다. 이제 답에 맞는 질문을 찾아달라.

H5N1 원고를 둘러싼 논쟁에서 정신이 번쩍 들게 한 교훈은 잠재적 이로움과 세계적 유행병을 일으킬 위험이 있는 병원체의 분명한 위험을 저울질하는 것은 그야말로 복잡해 통제하기 어렵다는 것이다. 기후변화와 항미생물제 내성처럼, 이 사안은 공중보건 영역을 훌쩍 벗어나는 문제다. 무엇보다 정서불안증이 있거나 범죄 의도를 품고서 사람들을 해코지하려는 이들이 세계 곳곳에서 이중 활용 우려 연구와 기능 획득 우려 연구를 꽤 수행하고 있다. 게다가 자신들의 연구가 얼마나 위험할 수 있는지 제대로 파악하지 않은 무신경하고 무책임한 학자, 기업, 풋내기 과학자들까지 있다.

* 어떤 질문에 대한 답을 듣고 그 질문이 무엇이었는지 유추하는 퀴즈쇼.

굳이 이 연구를 수행해야 하는가라는 논쟁은 두 가지 핵심 질문에 이른다. 합법적인 과학적 연구 목적이 있는가? 작업자와 지역 주민들을 보호할 만큼 실험실에서 안전하게 수행할 수 있는가? 만약 가치 있고 안전하게 수행할 수 있는 연구라면, 의학 학술지에 발표하는 형식으로 대중에게 방법과 결과를 포함해 모든 내용을 공개해야 하는가?

이제부터 할 이야기는 기능 획득 우려 연구와 관련된 미생물이 아니라, 연구 개발 과정에서 병원균이 실험실의 경계를 벗어날 때 현실에서 어떤 일이 벌어질 수 있는지를 보여주는 예다.

1977년 전까지는 독감 대유행을 일으킬 새로운 바이러스 변종이 나타나면 이전의 계절성 독감 바이러스는 사라진다고 생각했다. 1918년에 H1N1 독감 바이러스가 세계를 휩쓸어 악명을 떨친 뒤로 여러 해 동안, H1N1 바이러스의 후손은 계절성 바이러스가 되었다. 계절성 H1N1 바이러스는 세계적 유행병을 일으켰던 조상에 견줘 독성이 상당히 줄어든 데다, 많은 사람이 1918~1919년 대유행 기간에 독감에 걸려 이 바이러스에 면역이 있었다. 그런데 1957년, H2N2 바이러스가 다음 독감 대유행을 일으킬 변종으로 등장했다. 그 뒤로 몇 달 사이에 H1N1이 사라졌고, H2N2가 해마다 돌아오는 새로운 계절성 독감 바이러스로 자리 잡았다. 이런 일은 1968년에 또 한 번 벌어진다. H3N2 독감 바이러스가 세계적으로 유행하자, 머잖아 H2N2 바이러스가 사라졌다. 정확한 이유는 설명할 수 없지만, 우리는 1918년 독감 대유행 뒤 H1N1이 진화한 방법을 근거로, 겨울철마다 A형 독감 바이러스가 한 종만 발생하리라고 확신했다.

그런데 1977년에 이런 상황이 완전히 뒤바뀌었다. H1N1 독감 바이러스가 아시아에서 출현해 세계 곳곳으로 빠르게 퍼지는데, H3N2를 밀어내지 않았던 것이다. 이제 우리가 고려해야 할 계절성 독감 바이러스는 두 종이 되었다.

어떻게 이런 일이 일어났을까? 우리 감염병 연구·정책센터 연구진이 2012년 보고서 「판도를 바꿀 독감 백신의 강력한 필요성The Compelling Need for Game: Changing Influenza Vaccines」에 쓸 정보를 조사하다가 연방정부 캐비닛에 오랫동안 파묻혀 있던 문서들을 찾아냈다. 1977년에 H1N1 바이러스가 출현한 일을 다룬 문서였다. H1N1 바이러스는 그해 5월에 러시아 동부와 중국 서부에서 거의 동시에 모습을 드러냈다. 바이러스의 유전자 특징을 확인해보니, 20년 전인 1957년에 사라진 H1N1과 매우 비슷했다. 만약 이 바이러스가 자취를 감춘 20년 동안 실제로 독감 철마다 퍼졌다면 유전자 구성이 사뭇 달랐을 것이다. 그러므로 신종 H1N1이 다시 사람에게 돌아오기 전까지 20년 동안 누군가의 냉동실에 가만히 머무른 것이 틀림없었다.

알고 보니 당시 소련에서 H1N1 바이러스가 처음 발견된 바로 그 지역에서 소련 정부가 독성을 줄인 살아 있는 H1N1 독감 바이러스를 이용해 백신을 연구하고 있었다. 조사 과정에서 우리는 소련이 1976년 뉴저지주 포트딕스에서 발생한 H1N1 변종을 자국의 백신 연구를 위해 공유해달라고 미국 정부에 요청한 편지를 찾아냈다. 나는 1977년에 H1N1 바이러스가 등장해 겨우 7개월 만에 세계 곳곳으로 빠르게 퍼진 원인이 소련이 백신을 연구하는 과정에서 바이러스가 유출되었기 때문이라고 거의 확신한다.

소련이 H1N1 바이러스로 정확히 어떤 연구를 진행했는지는 알 수 없다. 우리가 아는 것은 사고이거나 아니면 고의로 바이러스가 실험실을 벗어나 실험실 작업자에게서 지역 발병을 일으키고 뒤이어 세계 곳곳으로 퍼졌다는 사실이다. 사고였든 고의였든, 여기서 배울 강력한 교훈은 독감 바이러스가 사고로 실험실을 벗어나거나 고의로 유출된다면 빠르게 세계 곳곳으로 퍼진다는 것이다. 이런 바이러스는 그야말로 지구의 숲 전체를 태울 수 있는 성냥 한 개비와 같다. 잠재적으로 위험한 독감 바이러스를 이용해 이중 활용 우려 연구를 진행할 가능성을 알게 된다면 누구라도 소스라치게 놀랄 것이다.

2012년 이후 질병통제센터와 세계 곳곳의 학계 실험실은 다양한 병원체가 유출되었거나 유출되었을지도 모를 사고를 문서로 기록했다. 다행히 이런 사고의 대다수는 대중을 위험으로 몰아넣지는 않았다. 하지만 하마터면 위험했을 뻔한 사고도 있었다. 질병통제센터에서처럼 실력 있는 실험 전문가들이 최신 시설에서 일하고 세간의 이목이 쏠리면 대중이 그런 문제점을 찾아낼 만한 곳에서도 그런 사고가 벌어질 가능성이 있는데, 세계 곳곳의 다른 실험실 수천 곳에서 그런 사고가 벌어지지 말라는 법이 있는가? 그러므로 독감 바이러스 같은 미생물을 다루는 이중 활용 우려 연구를 계속 진행하겠다면, 한 치의 실수도 있어서는 안 된다.

그렇다면 그런 연구를 수행하지 말아야 한다는 뜻일까? H5N1 원고로 논쟁하는 동안 나는 많은 동료가 완고하게 이것 아니면 저것이라는 태도를 보이는 데 충격을 받았다. 한쪽에서는 학문의 자유를 보장해 연구자들이 제안한 대로 논문을 공개해야 한다고 굳게 믿었고, 다른 한쪽에서는 연구가 윤리적 선을 넘었다는 듯 절대 그렇게 해서는 안 된다고 믿었다.

그때나 지금이나 나는 이 흑백 논리에 동의하지 않는다. 내가 보기에 H5N1 연구와 같은 활동이 기대치 않게 판도를 바꾸는 결과를 낳을 수도 있다. 이를테면 에볼라 바이러스가 호흡기 전염 병원체가 될 수 있는지를 안다면 틀림없이 판도를 바꿀 연구가 될 것이다. 다른 이중 활용 우려 연구 중에도 수행되었으면 하는 것들이 있다. 하지만 사고로 병원체가 유출된다면, 또 악의적인 의도가 있거나 병원체를 유출할 위험이 매우 큰 실험 방식을 따르는 사람이 과학 문헌에서 그런 연구의 수행 방법과 결과를 완벽하게 확보해 연구를 재현한다면 위험할 것이다.

그러니 답은 분명하다. 이런 연구는 뛰어난 전문가와 최신 안전시설을 갖춘 몇몇 엄선된 실험실에서만 수행해야 한다. 또 기밀로 분류하거나 적어도 민감한 자료로 분류해 결과를 반드시 알아야 하는 사람과만 공유해야 한다. 우리는 이런 방식으로 미생물과 관련된 잠재적 위기를 예측해 대비하는 미국 정부와 세계의 여러 책임 있는 정부를 지지해야 한다.

2년에 걸친 작업 끝에, 2016년에 국가 생물 보안 과학자문위원회는 미국 정부가 H5N1을 포함해 세계적 유행병이 될 위험이 있는 병원체를 다루는 기능 획득 우려 연구를 평가해 기금을 지원할 때 쓸 종합 권고안을 완성했다. 위원회의 주요 조사 결과 권고 사항 일곱 가지로 구성된 이 권고안은 우리가 2012년에 조사해야 했던 것에 비해 크게 향상된 정보를 반영하고 있다. 하지만 내가 보기에는 위원회가 새로 마련한 문서 「제안된 기능 획득 연구의 평가와 감시를 위한 권고안Recommendations for the Evaluation and Oversight of Proposed Gain-of-Function Research」에도 여전히 심각한 쟁점들이 있다.

내가 가장 걱정하는 조사 결과는 기능 획득 우려 연구를 언제 수행하고 언제 수행하지 않느냐와 관련된다. 위원회는 권고안을 이렇게 마무리하고 있다. "몇 가지 기능 획득 우려 연구를 포함해, 생명과학 연구 중에는 수행해서는 안 되는 것이 있다. 연구로 얻을 수 있는 잠재적 이득이 잠재적 위험을 받아들일 근거가 되지는 않기 때문이다."

만약 실행 가능한 최고 수준의 실험실 안전을 적용한 기밀 연구 모델을 도입한다면, 그때는 자연 발생한 것이든 사람이 만든 것이든 미생물이 일으킬 대참사를 한발 앞서 인지하거나 대응할 준비를 하는 데 도움이 될 때 어떤 기능 획득 우려 연구에라도 참여할 수 있을 것이다.

그렇지만 인정할 것은 솔직히 인정하자. 물론 생명과학계와 정부가 이중 활용 우려 연구나 기능 획득 우려 연구와 관련된 실험실 안전이나 의도적인 악용에 맞서 1차 방어벽이 될 수도 있겠지만, 우리가 모든 문제를 잡아낼 수는 없다는 현실을 직시해야 한다. 그러니 아일랜드 공화국군이 남겼다는 이 말을 잊지 말자. "당신들은 언제나 운이 좋아야 하지만, 우리는 한 번만 운이 좋으면 된다."

나는 국가 생물 보안 과학자문위원회가 비정부단체와 사기업을 포함해 다른 나라들을 참여시킬 필요성을 인정한 점을 높이 산다. 외국에서 H1N1 유출과 같은 사건이 발생한다면 우리 또한 깊은 늪에 빠질 것이다. 따라서 모든 정부를 협상 테이블로 불러내 이들의 지원과 행동을 끌어내야 한다.

이 책에서 다룬 모든 우려 사항 가운데 아마 이중 활용 우려 연구와 기능 획득 우려 연구가 가장 큰 골칫거리일 것이다. 지금까지도 만족스러운 답이나 해결책이 없기 때문이다. 이런 연구를 수행할 기술은 앞으로 몇 년 사이에 더 정교해지고 손에 넣기도 더 쉬워질 것이다. 오늘날과 같은 인터넷 시대에 중대한 과학 연구 결과에 절대 뚫리지 않는 완벽한 안전 장치가 있으리라고 생각하는 것은 터무니없는 기대다. 우리는 그저 최선을 다해야 할 따름이다.

11장

—

생물 무기 테러:
판도라의 상자를 열다

반은 겁에 질려, 반은 열망에 끌려, 판도라는 뚜껑을 들어올렸다. 정말 한순간이었다. 뚜껑이 손가락 마디만큼 열린 그 짧은 시간에 끔찍한 것들이 떼로 흘러나왔다. 역겨운 냄새, 끔찍한 색, 사악한 모양. 이것들은 못되고 서글프고 고통스러운 모든 것의 넋이었다. 전쟁과 기아,

범죄와 역병, 심술과 잔인함, 질병과 적의, 시기, 비통함, 악독함, 그리고 다른 모든 재앙이 고삐 풀린 듯 세상으로 흩어졌다.

_「판도라의 신화」, 루이스 언터마이어 해석본

2001년 10월 4일 뉴욕, 나는 CBS의 탐사 프로그램 「60분」을 촬영하는 스튜디오에 있었다. 내가 쓴 책 『살아 있는 테러 무기: 미국이 다가올 재앙인 생물 무기 공격에서 살아남으려면 알아야 할 것』과 관련된 이야기를 나누도록 되어 있었기 때문이다. 책은 1년도 더 전에 출판되어 그럭저럭 팔리는 정도였는데, 끔찍한 9·11 공격이 일어나는 바람에 갑자기 책의 주제가 당혹스러울 만큼 적절한 주제가 되어버렸다. 기자 마이크 월리스가 진행자였다. 나와 함께 초대받은 다른 세 사람은 미 육군 감염병의학연구소를 이끌었던 대령이자 나에게는 생물 무기 분야의 또 다른 스승인 데이비드 프란츠 박사, 주 UN 호주 대사로 이라크 무기 사찰단을 이끌었던 리처드 버틀러, 노벨 화학상과 평화상을 받은 라이너스 폴링 박사 밑에서 연구했던 하버드대의 분자생물학자 매슈 메셀슨 박사였다.

그런데 인터뷰 중 제작 책임자 돈 휴잇이 스튜디오로 다급히 달려와 불쑥 인터뷰를 끊었다. 그의 손에 속보 기사가 들려 있었다. 휴잇이 우리 넷에게 "이 탄저균 사례에 대해 아는 대로 말해보세요!"라고 요구했다.

방금 전 플로리다주 보건 당국이 슈퍼마켓에서 파는 타블로이드지 『선』의 사진 편집자 로버트 스티븐스가 폐탄저병으로 진단받았다고 발표했기 때문이다. 미국에서 거의 25년 만에 처음 발생한 탄저병 환자였다. 스티븐스 씨는 이튿날 사망했다.

그 뒤로 며칠 사이 우리 넷 모두 이 사례에 깊이 발을 담그게 되지만, 그날 일이 발생했을 때는 넷 다 아무것도 알지 못했다. 굉장히 중요한 질문은 이것이다. 이 환자가 탄저균에 감염된 동물이 있는 환경에 노출되어 발생한 단일 사례일까, 아니면 탄저균의 공격을 알리는 첫 신호탄일까? 그때까지 탄저균은 언제나 생물 무기로 사용될 주요 후보였다. 9·11 공격이 끝나자마자 발생했으므로, 만약 탄저균 감염자가 더 나온다면 우연한 집단 발병일 가능성은 매우 낮아 보였다.

일주일 뒤 나는 워싱턴에서 보건복지부 장관 토미 톰프슨의 참모들과 당시 번져가던 탄저균 위기에 대해 논의했다. 매우 치명적인 탄저균 가루를 담은 편지가 『선』과 또 다른 타블로이드지 『내셔널 인콰이어러』의 발행처인 아메리칸미디어에 이어, 동부 연안의 다른 언론사인 ABC, CBS, NBC 방송국과 『뉴욕포스트』에도 배달되었다.

이때부터 거의 정확히 1년 뒤 비행기 사고라는 비극으로 세상을 떠나는 미네소타주 연방 상원의원 폴 웰스턴은 내가 워싱턴에 오는 것을 알고서, 워싱턴에 머무는 동안 자신의 참모진과 민주당 상원 원내 대표인 토머스 대슐에게 상황을 간략히 설명해줄 수 있겠느냐고 요청했다.

그날 대슐의 화려한 의사당 사무실에서 상원의원들을 만나 탄저균 가루가 든 편지 봉투가 어떻게 사람에게서 탄저병을 일으켰는지 설명했던 일은 평생 잊지 못할 것이다. 나는 이 끔찍한 사건을 저지른 이가 누구든, 가루의 품질로 봤을 때 아직 보내지 않은 여분이 더 있다고 말했다. 닷새 뒤, 언론계 바깥에서는 처음으로 하트 상원 건물의 대슐 의원

사무실에 탄저균 가루가 든 편지가 배달되었다. 같은 날 버몬트주 연방 상원의원 패트릭 레이히 앞으로 보내는 편지 한 통이 워싱턴에 도착했다. 편지에는 미국과 이스라엘을 저주하고 알라의 위대함을 찬양하는 글귀가 조악하게 적혀 있었다. 이제 이 사건은 미국 연방정부기관을 겨냥하는 전방위적인 공격이 되었다.

이 사건으로 적어도 22명이 탄저균에 감염되었고, 그중 11명은 목숨을 위협하는 흡입 탄저병을 앓았다. 5명이 사망했는데, 이중에는 워싱턴에 있는 미국 우편공사 브렌트우드 분류 센터의 우편 노동자도 2명 포함되어 있었다. 광범위한 조사를 진행했지만, 지금도 여전히 일각에서는 실제 범인의 정체를 의심한다. FBI가 발표한 범인은 많은 사람의 짐작과 달리 이슬람 테러리스트가 아니라, 생물 무기 연구소인 포트디트릭Fort Detrick에서 생물 무기 방어를 연구했던 브루스 아이빈스였다. 정신 건강에 문제가 있었다고 알려진 아이빈스는 2008년 기소를 앞두고 자살했다. 여러 정황으로 판단하건대 나는 이 비극이 아이빈스가 벌인 단독 테러라고 확신한다. 또 세계 전역의 실험실에 아이빈스와 같은 과학자들이 있고, 오늘날에는 이들이 그런 짓을 '더 뛰어나게' 저지를 수 있다고도 확신한다.

다행히 이 일회성 사건의 피해자는 많지 않았다. 물론 한 사람의 죽음도 무겁기 이를 데 없는 일이다. 게다가 손바닥만 한 편지에 노출된 하트 상원 건물, 의회 사무실, 언론사 사무실, 우체국 시설을 모두 청소하고 소독하는 데 10억 달러가 넘는 비용이 들었다. 또 밤낮으로 소독 작업을 진행했는데도 하트 상원 건물을 다시 열기까지는 3개월이나 걸렸다. 브렌트우드 우편 분류 센터를 다시 열기까지는 2년이 넘게 걸렸고, 뉴저지주 해밀턴에 있는 우편 시설은 3년 이상 지난 뒤에야 다시 문을 열었다.

테러의 주요 목적은 두말할 것도 없이 공포를 불러일으키는 것이다.

그리고 기원전까지 거슬러 올라가는 역사에서, 감염원은 어떤 사회에서든 가장 무시무시한 공포를 일으키는 원인이었다.

한니발은 기원전 184년에 페르가몬의 에우메네스 2세와 해전을 치를 준비를 하면서, 수병들에게 '온갖 독사'를 단지에 채웠다가 적선에 던지라고 지시했다. 1346년에 몽골 제국 킵차크칸국의 타타르 군대가 흑해 연안 크림반도의 도시 카파(현재의 페오도시야)를 포위했을 때는 흑사병으로 죽은 사람의 시체를 투석기를 이용해 성벽 위로 던져 흑사병을 퍼뜨렸다.

1763년에 미국 원주민과 영국군 사이에 폰티액 전쟁이 일어났을 때 펜실베이니아주 포트피트를 지키던 민병대 사령관 윌리엄 트렌트는, 그곳을 포위한 오타와족에게 "천연두가 발생한 병원에서 얻은 모포 두 장과 손수건 한 장"을 보냈다며 "바라는 효과가 났으면 좋겠다"고 일기에 적었다. 실제로 효과가 있었던 듯하다. 머잖아 원주민들 사이에 "걷잡을 수 없는 유행병"이 돌았다. 이 방법은 육군 원수 제프리 애머스트가 제안한 것으로, 매사추세츠주의 명망 있는 애머스트대가 그의 이름을 따서 지어졌다.

제1차 세계대전 때는 체포된 독일 첩자 바론 오토 카를 폰 로젠 남작의 짐에서 연합국의 동물을 감염시키려고 감춰둔 탄저균 약병이 발견되었다. 제2차 세계대전 때는 일본군 비행기가 중국 저장성에 오염된 쌀과 흑사병에 걸린 벼룩을 뿌렸다. 냉전 시기에는 소련과 미국이 세균 전쟁을 연구하는 대규모 프로그램을 운영했다. 유색 인종을 탄압한 남아공 정부는 인종 격리 정책을 끝내기 전만 해도 HIV, 에볼라를 포함한 치명적인 병원균을 정권이 공격받을 때 사용할 무기로 보유했다.

그러던 1969년, 리처드 닉슨 대통령이 미국의 공격용 생물 무기 프로그램을 축소했다. 생물 무기로는 합법적인 군사 목표를 전혀 달성할 수 없다고 결론지었기 때문이다. 그때부터 포트디트릭에서 근무하는 의사, 과학자, 기술자들은 오로지 생물 무기 방어 연구만을 진행했다. 하지만 소련은 아랑곳 않고 계속 다양한 생물 무기를 개발하고 생산했다.

마크 올셰이커와 함께 켄 알리벡을 처음 만난 날은 잊히지가 않는다. 1998년 어느 토요일 아침, 우리는 버지니아주 북부에 있는 알리벡의 집 근처 커피숍에서 만났다. 우리를 연결해준 사람은 CIA 정보원이었다. 의학 박사이자 미생물학 박사인 알리벡은 조금은 아시아인처럼 보이는 카자흐스탄 출신으로, 부드러운 중저음에서 카자흐스탄 억양이 강하게 묻어나는 친절한 어투의 소유자였다. 소련이 몰락하기 전까지만 해도 그의 이름은 카나트잔 알리베코프였다. 소련 육군 소령이자 공격용 생물 무기를 연구하는 거대한 비밀 시설 바이오프레파라트Biopreparat의 부국장이었던 그는 가장 무시무시한 자연 미생물을 더 무시무시한 전쟁 무기로 개발하는 임무를 맡았었다. 그리고 소련이 몰락하고 얼마 지나지 않아 러시아를 떠났다. 그는 미국이 정말로 공격용 생물 무기 연구를 포기했다고 생각했고, 그럼에도 불구하고 러시아의 상급자들이 치명적인 생물 무기를 계속 개발해야 한다고 그에게 거짓말한다고 확신했기 때문이다. 그는 고국을 등지지 않았다고 말했지만, KGB가 러시아를 떠나지 말라고 직접 명령했는데도 자신이 떠났다는 사실은 인정했다.

마크와 내가 알리벡과 그의 아내 레나를 함께 만났을 때, 그는 자신이 맡았던 연구와 그때 다뤘던 병원체를 차분하게 회상하며 설명했다. 탄저균, 브루셀라균, 마비저균,* 마르부르크 바이러스, 페스트균, 큐열균,** 천연두 바이러스, 야생 토끼병균. 이 병원체들이 전부 언제라도 쓸 수 있는

---

* 발굽이 하나인 말, 당나귀 등을 감염시켜 코의 점막에 염증을 일으키는 전염성 병원균. 사람에게도 감염된다.
** 감기와 비슷한 증상을 보이는 인수 공통 감염병인 큐열을 일으킨다.

폭탄이자 미사일이었다. 알리벡에 따르면 탄저균 하나만 해도 치명률을 최대로 높이고자 자그마치 2000종을 개발했다고 한다.

알리벡의 이야기에서 무엇보다 끔찍한 실험은 뇌를 공격하는 베네수엘라 말 뇌염 바이러스의 유전자를 우두 바이러스에 집어넣는 것이었다. 만약 이 실험이 성공한다면, 말 뇌염 바이러스를 천연두 바이러스에 집어넣는 것은 일도 아닐 것이다. 알리벡은 바이오프레파라트가 천연두 바이러스를 풍부하게 확보해 미국산 백신이 효과를 발휘하지 못하는 초강력 무기를 만들었다고 확언했다. 그에 따르면 이 연구는 키메라 프로젝트라는 체계적인 프로그램의 일부였다.

생물 무기 전쟁은 역사가 기나길 뿐 아니라 우리 생애에서도 그런 생물 무기 전쟁이 있었다. 그런데도 미국은 2001년 탄저균 공격이 발생한 뒤 거의 20년이 지난 지금까지도 생물 무기 전쟁을 부인한 채 이에 대비하지 않는다. 그사이 기능 획득 능력이 발전했다. 2001년에는 어떤 바이러스나 세균이 숙주를 공격해 죽이거나 전염시키는 방법을 근본적으로 바꿀 도구가 존재하지 않았다. 하지만 이제는 대학과 중고등학교, 상업적 실험실의 수많은 과학자가 그런 도구를 사용할 뿐 아니라, 비전문가까지 차고나 지하실에 그런 도구를 마련해놓은 채 만지작거리고 있다. 그러니 이제는 많은 기금을 지원받는 방어 연구용 국립 연구소 실험실이나 연구 기관의 실험실만 걱정할 게 아니다. 그뿐인가? 새로운 실험 기술로 잠재적 살인 미생물을 만들 만한 정보가 이미 인터넷에 널려 있다.

1990년대 후반에는 생물 테러가 크게 우려되는 A급 감염원은 탄저균, 천연두 바이러스, 페스트균, 야생 토끼병균, 그리고 에볼라 바이러스 같은 출혈열 바이러스 이 다섯 가지가 전부였다. 오늘날 내가 크게 걱정하는 대상은 탄저균, 천연두 바이러스, 그리고 최신 도구를 이용해 사람이나 동물을 쉽게 전염시키고 기존 치료제나 백신에 내성이 있는 변종을 만들 가능성이 있는 모든 미생물이다.

탄저균은 파괴력이 특히 큰 생물 무기다. 사람에게서 사람으로 전염되지는 않지만, 건조한 탄저균은 거의 무게가 나가지 않는 아주 작은 홀씨 상태로 수십 년을 거뜬히 버틴다. 오죽하면 고고학자들이 이집트 무덤에서도 탄저균의 흔적을 발견했을까. 그런 홀씨가 숙주 안으로 들어가 폐, 위장관 같은 습하고 편안한 환경에 이르면, 발아하여 활성 상태로 돌아간 뒤 단백질로 구성된 세 가지 치명적인 독소를 내뿜는다. 폐로 들어간 탄저균은 폐렴을 일으키며, 치료받지 못한다면 환자의 45~85퍼센트가 사망한다. 건조한 탄저균은 흰색 가루라면 무엇에든 숨길 수 있으므로, 공항 보안 검색 요원이나 다른 누구도 의심하지 않을 것이다.

지난 1993년 미국 의회 산하 기술평가국은 워싱턴 DC가 화학 무기, 생물 무기, 핵무기에 공격받을 때 나타날 충격을 비교한 「대량 파괴 무기의 확산: 위험 평가Proliferation of Weapons of Mass Destruction: Assessing the Risk」라는 보고서를 펴냈다. 보고서는 경비행기 한 대가 탄저균 홀씨를 100킬로그램만 흩뿌려도 수소 폭탄 하나를 장착한 스커드 미사일 한 발보다 더 많은 사람을 죽인다고 결론지었다. 보고서에 따르면, 수소 폭탄이 떨어졌을 때는 반경 16킬로미터 안에 있는 사람이 날씨와 투하 위치 등의 요인에 따라 적어도 57만 명에서 많으면 190만 명까지 사망한다고 한다. 그런데 같은 조건에서 탄저균이 흩뿌려지면 100만~300만 명이 사망하는 것으로 나왔다.

고故 윌리엄 '빌' 패트릭은 뛰어난 과학자이자 나와 마크의 친구로, 포트디트릭에서 생물 무기 프로그램을 이끌었다. 빌은 현미경으로 관찰하면 영락없이 탄저균처럼 보이는 무해한 배양 세균 7.5그램을 약병에 넣어 갖고 다니는 버릇이 있었다. 1999년 3월 하원 정보위원회의 증언에서 빌은 그 약병을 꺼내 안에 무엇이 들었는지 설명한 다음 힘주어 말했다.

"저는 모든 주요 공항과 국무부, 국방부, 심지어 CIA의 보안 시스템을 통과했습니다. 그런데 아무도 저를 제지하지 않더군요." 7.5그램이면 상원이나 하원 크기인 건물 안의 모든 사람을 죽이기에 딱 알맞은 양이다.

탄저균은 시프로플록사신 같은 광범위 항생제로 치료할 수 있지만, 빠른 진단이 필수인 데다 치료가 몇 주에서 몇 달까지 걸리기도 한다. 게다가 실험실 연구가 이미 증명했듯이, 항생제 내성이 있는 변종을 쉽게 개발할 수 있다.

생물 무기는 다른 어떤 대량 파괴 무기와도 다르다. 따라서 다른 대량 파괴 무기에 맞춘 대응 전략은 효과가 없을 것이다. 제트기 두 대가 세계 무역센터 쌍둥이 빌딩을 들이받아 건물이 무너진 사건이 끔찍하기는 했어도, 이는 미국과 뉴욕시가 계속 '존속할 수 있는' 비극이었다. 사고가 일어난 2001년 9월 11일이 지날 즈음, 테러 행위는 끝났고 도시는 복구에 들어갔다. 하지만 생물 테러 사건이 일어난다면, 사고가 난 날이 지난다는 것은 그저 비극의 시작을 뜻할 뿐이다. 게다가 아무도 사고가 일어난 줄조차 모를 것이다. 아마 일주일이 지나도록 알아차리지 못하는 사이, 초기 감염자들이 치명적인 감염병을 미국 전역과 세계 대부분의 지역으로 옮길 것이다.

설사 생물 감염원이 사람에게서 사람으로 전염되지 않더라도 문제는 만만치 않다. 내가 사는 곳에서 멀지 않은 블루밍턴시의 몰오브아메리카는 미국에서 가장 큰 쇼핑센터로, 하루 평균 방문객이 10만 명을 넘는다. 상점이 여기저기로 뻗어 있는 이곳에서 누군가 탄저균을 사방에 흩뿌린다면, 순식간에 수많은 사람이 감염되고 지역 보건 체계가 사태를 감당 못해 사망자는 수천 명에 이를 것이다. 그뿐 아니라 감염된 지 며칠이 지나 열, 오한, 가슴 통증, 가쁜 호흡, 피로, 구토, 메스꺼움 같은 증상이 나타나기 전까지 피해자들은 자신이 공격받은 줄도 모를 것이다. 즉 많은 피해자가 증상을 너무 늦게 알아차릴 것이다.

만약 그런 일이 일어난다면 역사에 남을 결코 잊을 수 없는 사건이 될 것이다. 무수한 사망자와 환자, 거의 상상도 못할 공포가 뒤따를 뿐 아니라 쇼핑몰 구석구석까지 오염을 제거하는 일은 복잡하기 이를 데 없는 커다란 과제가 될 것이기 때문이다. 그렇다고 건물을 그냥 허물 수도 없다. 탄저균 편지를 배달받았던 플로리다주의 아메리칸미디어 건물은 주변 지역에 탄저균 홀씨를 퍼뜨릴 위험 때문에 5년 넘게 폐쇄되었다. 이 건물은 어마어마한 소독 작업을 벌인 끝에 2007년에야 비로소 탄저균에서 벗어났다고 선언했다. 아메리칸미디어 건물보다 몇 배나 큰 몰오브아메리카가 오염된다면, 체르노빌처럼 사람이 살 수 없는 흉물 덩어리로 버려진 채 방치될 것이다.

내가 두 번째로 크게 걱정하는 생물 무기는 천연두다. 거의 40년간 발병한 적이 없지만, 천연두는 여전히 지구상에서 무서운 괴물로 손꼽힌다. 지금껏 사망자만 10억 명으로, 사망자로 치면 인류 역사에서 천연두를 따라올 감염병은 없다. 후유증도 매우 커서 극심한 고통과 볼썽사나운 흉터까지 남긴다. 문화에도 엄청난 영향을 미쳐, 다양한 문화에서 갖가지 신을 상징해온 질병은 아마 천연두가 유일할 듯하다. 오늘날 우리는 바이러스를 더 이상 신의 조화라고 여기지 않는다. 하지만 공중보건을 책임지고 있는 담당자들은 천연두가 다시 나타난다고 생각만 해도 등줄기가 서늘해진다.

1990년대 후반 무렵 우리는 천연두에 취약했다. 사고든 고의든 유출에 맞서 세계 인구를 보호할 방법이 없었다. 오랫동안 천연두가 나타나지 않아 백신 비축량이 거의 없었고, 그나마 남은 백신도 약효를 유지하는지 여부를 평가하지 않았다.

2014년, 메릴랜드주 베데스다시 국립보건원 본원에 있는 식품의약청

시험소 저장고의 미사용 구역에서 '천연두 바이러스'라고 적힌 약병들이 발견되었다. 보아하니 1950년대에 보관한 바이러스로, 1972년에 시험소가 국립보건원에서 식품의약청으로 이관되었을 때 이 약병의 존재를 아무도 알아차리지 못했던 것 같다. 자, 만약 이 약병들을 우리가 앞서 언급했던 불만 가득한 직원이 발견했다면 어떤 일이 벌어졌을까? 나는 이 사건이 의미하는 바가 분명하다고 생각한다. 그리고 다른 천연두 표본이 언젠가 발견되기를 기다리며 어느 연구원의 냉동실에 보관되어 있을 확률이 높다고 본다.

그런데 이 대목에서 이야기는 한층 더 복잡해진다. 그리고 더 무시무시해진다.

알다시피 21세기에는 유전학이 폭발하듯 발전했다. 제임스 왓슨과 프랜시스 크릭이 DNA 분자의 이중 나선 구조를 밝힌 뒤로 수십 년이 지난 지금, 우리는 식물과 동물의 유전 암호를 구성하는 아데닌, 티민, 사이토신, 구아닌 분자 수천 개의 배열을 탐구한다. 그리고 정부가 기금을 대는 기념비적인 인간 게놈 프로젝트의 영향으로, 다양한 생물의 유전자 염기 서열을 마침내 파악했다.

2002년에는 인터넷을 개발한 기구인 국방부 방위고등연구기획국 DARPA의 지원으로, 저명한 분자유전학 및 미생물학 교수인 에커드 위머 박사가 뉴욕주 롱아일랜드에 있는 스토니브룩대 연구팀을 이끌고 아무것도 없는 상태에서 소아마비 바이러스를 합성했다. 소아마비 바이러스의 유전 정보는 생명 암호를 구성하는 아데닌, 티민, 사이토신, 구아닌이 결합한 염기쌍 7500개에 들어 있다. 몇 년 전이라면 소아마비를 일으키는 바이러스를 아무것도 없는 상태에서 만든다는 것이 공상과학 소설에나 나올 법한 이야기로 들렸을 것이다. 이 연구는 역사에 기록될 놀랍기 이를 데 없는 사건이었다. 공개된 염기 서열의 지시를 따라만 했을 뿐인

데, 기존 유전 물질을 이용해 질병을 일으키는 바이러스를 사상 처음으로 만들어냈다.

염기쌍이 겨우 7500개뿐이니 소아마비 바이러스는 꽤 단순한 바이러스다. HIV는 이보다 더 많은 1만 개다. 그렇다면 천연두는 몇 개일까? 지난 1994년에 J. 크레이그 벤터와 동료들이 천연두 바이러스의 전체 유전 암호를 밝혔다. 염기쌍은 자그마치 18만6102개였다. 소아마비가 100층짜리 유전자 건물이라면, 천연두는 1600층짜리 구조물이었다. 따라서 어떤 사람이 자기 실험실에서 천연두를 만들어낼까봐 걱정할 일은 별로 없었다. 위머가 소아마비 바이러스를 만들었듯이 천연두 바이러스를 만들 수 있는 사람은 아무도 없었다.

하지만 기술이 순식간에 발전하면서 유전공학의 초고층 건물을 손에 넣기가 갈수록 쉬워졌다. 위머가 소아마비 바이러스를 만들었던 실험실에서 천연두 바이러스를 만드는 것이 아직은 불가능하지만 머잖아 가능해질 것이다. 사실 2014년 10월 『뉴욕타임스』에 실린 한 기고문의 제목이 '천연두 부활? 생각보다 쉽다'였다. 서던캘리포니아대의 매우 존경받는 교수 레너드 애들먼은 자신의 실험실이나 다른 실험실이 위머와 비슷한 방법을 이용해 어떻게 천연두 바이러스를 만들 것인지를 설명했다. 다시 말해 우리는 이제 1600층짜리 유전자 건물을 지을 수 있다.

천연두 바이러스를 만들기 쉽다는 뜻일까? 분명 그렇지는 않다. 하지만 핵무기를 만들어 폭파하는 것보다는 훨씬 더 간단할 것이다. 우리가 한시도 걱정을 내려놓지 못하는 일이 바로 그런 것이다. 더구나 테러리스트에 고용된 과학자들이 현재 개발된 백신으로 막아내지 못할 천연두 바이러스를 만들고자 기능 획득 기술을 이용해 유전자를 조작하거나 독성을 높일지도 모른다.

무기가 강력한 효과를 발휘하려면 갖추어야 할 특성이 있다. 예비 사용자들이 자신의 경제 사정과 과학 지식으로 감당할 수 있어야 한다. 겨냥한 목표에 도달할 수 있어야 한다. 목표물이 아닌 다른 사람에게 불필요한 피해를 입히지 않아야 한다. 그리고 바라는 결과가 나타나야 한다.

테러리스트들이 사용하기에 이런 요건에 꼭 들어맞는 무기는 생물 무기가 거의 유일하다. 대량 파괴 무기에 비하면 값이 싸고, 목표물에 도달하기도 쉽다. 그리고 테러리스트들에게는 불필요한 피해라는 것이 존재하지 않는다. 테러리스트가 바라는 결과, 즉 공포와 그 뒤를 잇는 두려움은 보나 마나 효과가 확실하다. 1995년에 옴진리교 지도자들이 도쿄 지하철에 사린가스를 살포했을 때 죽기를 바랐던 사람의 숫자는 실제 사망자 열세 명보다 훨씬 더 많았을 것이다. 하지만 이들은 공포를 조장하고 사회를 혼란에 빠뜨리겠다는 목표를 어렵잖게 달성했다.

게다가 생물 무기를 살포해 감염시키는 시점과 증상이 발현하는 시점 사이에 시간차가 있는 탓에 테러는 더 악랄해지고 오래 이어진다. 그뿐만 아니라 테러리스트를 추적해 신원을 확인하고 체포하기가 훨씬 더 어려워진다.

천연두는 이 모든 요건에 꼭 들어맞는다. 게다가 가까운 미래에 이 요건에 맞는 인공 병원균이 또 얼마나 많이 나올지도 모르는 일이다. 효과적인 대응책을 마련하지 않는다면, 어떤 테러리스트 단체라도 자신들의 목적을 실현시킬 수 있을 것이다. 인류 역사에서 처음으로, 한 줌도 안 되는 몇몇 사악한 인간이 지구촌의 정치적 균형과 안전, 건전성, 그리고 경제적 안녕을 뒤흔들 힘을 손에 쥘지도 모르는 것이다.

사악한 인간이란 어떤 이들일까? 현재 세계정세로 볼 때는 혼자 움직이는 개인이든 이슬람국가ISIS 같은 단체의 지원을 받든, 이슬람 극단주의자들을 명단 제일 윗줄에 올려야 한다. 하지만 이들 말고도 명단에 올려야 할 사람은 많다. 정신 질환을 겪는 과학자나 돈만 많이 준다면 기꺼이 자신의 지식과 노동을 팔 과학자들도 눈여겨봐야 한다. 미국을 포함한 많은 나라에서 내국인이 테러를 저지른 역사가 있다. 미국만 해도 인종차별 철폐에 반대하는 큐클럭스클랜KKK부터 오클라호마에서 폭탄 테러를 일으킨 티머시 맥베이까지 다양한 부류가 있다.

이들의 뒤틀린 정신은 같은 땅에 발붙이고 사는 동료 시민들을 교활하기 짝이 없는 방식으로 죽이고 싶은 핑계를 얼마든지 내놓을 것이다. 그리고 오랫동안 여러 사례에서 봐왔듯이, 자신이 더 높은 자리에 올라야 하는데 제대로 대접받지 못한다고 생각해 이런 역겨운 방식으로 자신을 증명하려 드는 실험실 직원들도 있다.

이외에도 후보는 차고 넘친다. 천재에 가까운 지능으로 겨우 스물다섯 살에 수학 박사 학위를 딴 유나바머 시어도어 카진스키는 몬태나주의 외딴 오두막에서 산업사회의 삭막함을 향해 비난을 퍼부었다. 카진스키는 폭탄 제조법을 알았다. 만약 그가 수학이 아닌 생화학 박사 학위를 받았다면 생물 테러의 길을 갔을지도 모른다. 마크가 전직 FBI 특수 요원 존 더글러스와 함께 오랫동안 여러 책에서 설명한 대로, 이렇게 병적으로 반사회성을 보이는 사람들 대부분의 머릿속에서는 자신을 못나게 여기는 뿌리 깊은 자격지심과 한껏 우쭐해 거드름을 피우면서도 그런 자신을 세상이 무시한다고 생각해 분노하는 마음이 끊임없는 전쟁을 벌인다.

그렇다면 테러리스트가 천연두 바이러스를 살포했을 때 우리는 얼마나 무력할까? 굉장히 비슷하지만 훨씬 덜 심각한 질병과 관련된 실제 사례 하나를 살펴보자.

2003년 일리노이주 록퍼드시의 스웨디시아메리칸병원에 원숭이마마에 걸린 리베카라는 열 살짜리 여자아이가 입원했다. 아마 원숭이마마라는 병이 낯설게 들릴 것이다. 원숭이마마도 천연두와 마찬가지로 진성

두창 바이러스과에 속하므로, 천연두 백신이 원숭이마마에 대해서도 면역을 길러 크게 걱정할 일이 아니었기 때문이다. 하지만 두 바이러스 모두 비슷하게 지독한 증상을 일으킨다. 게다가 원숭이마마의 치명률이 천연두에 비해 대체로 크게 낮다지만, 그래도 여전히 10퍼센트로 높다. 또 천연두와 다른 특성까지 하나 더 있다. 원숭이마마는 종을 뛰어넘어 전염된다.

1950년대에는 원숭이마마가 아프리카 원숭이에게서만 나타났다.(그래서 이름이 원숭이마마다.) 하지만 이제는 중앙아프리카 일부 지역에 사는 다람쥐, 쥐, 그리고 여러 작은 설치류에서 왕성하게 번식한다. 어린 환자 리베카는 외래 동물인 감비아도깨비쥐가 있던 애완동물 가게에서 프레리도그를 샀는데, 이 프레리도그가 감비아도깨비쥐에게서 원숭이마마를 옮은 것이다. 감비아도깨비쥐는 가나에서 텍사스로, 다시 시카고 교외의 애완동물 가게로 운반되었다. 바로 이런 이동 방식에 편승해 감염병이 전 세계로 퍼진다.

리베카는 그해 여름 미국에서 집단 발병한 원숭이마마 확진자 37명 가운데 한 명이었고, 스웨디시아메리칸병원에 입원한 유일한 확진자였다. 그런데도 리베카의 입속과 목구멍을 포함해 온몸에 마마꽃이 피고 아이가 고열과 통증에 시달리며 물 한 모금도 삼키지 못하자, 병원 전체에 갑자기 혼란과 공포가 퍼지기 시작했다. 의료진 가운데 천연두 예방주사를 맞은 사람이 거의 없었기 때문이다. 게다가 리베카를 입원시키느냐 아니면 다른 병원으로 이송하느냐를 놓고 현실과 윤리를 따지는 논쟁까지 벌어졌다. 어떤 의료진은 말 그대로 자기 목숨이 위험할까봐 두려움에 떨었고, 어떤 의료진은 부작용 때문에 천연두 예방주사를 맞지 않으려 했다.

원숭이마마는 치료제가 없다. 리베카는 격리되었고, 리베카 곁에 다가

가도 된다는 허락을 받은 사람이라면 반드시 방독 마스크와 방호복 등 완전한 방호 장비를 갖춰야 했다. 방호 장비를 갖추지 않은 사람은 절대 리베카의 피부를 만지지 못했다.

다행히 리베카는 엄청난 시련을 보여주는 흉터 자국이 조금 남았을 뿐 건강을 회복했다. 하지만 이 꼬마 환자 한 명을 치료하는 데도 의료진은 무너졌고 오랫동안 계속될 감정의 생채기까지 남았다. 만약 원숭이마마가 아니라 천연두였다면, 또 환자가 한 명이 아니었다면 어땠을지 상상해보라.

만약 천연두 바이러스 공격이 일어난다면 어떤 일이 벌어질까? 적어도 일주일 동안은 피해자뿐 아니라 누구 하나 공격이 벌어졌는지조차 모르고, 그사이 범인은 유유히 자취를 감출 것이다. 그리고 머잖아 감염된 피해자 몇 명이 두통, 요통, 고열, 메스꺼움, 구토 등 독감과 애매하게 비슷한 증상으로 병원과 응급실을 찾는다. 대다수는 집에 가서 물을 많이 마시고 푹 쉬라는 조언을 들을 것이다. 더러는 몸이 몹시 아파 수막염 같은 중증 질환이 아닌지 검사를 받겠지만, 결과는 음성으로 나올 것이다. 몇몇 예리한 의사가 음식물 때문에 포도상구균에 감염되지 않았을까도 고려하겠지만, 진단으로 이어지지는 않을 것이다.

집에 돌아갔던 환자가 발진이 퍼져 다시 찾아오면 이제는 의사들이 다른 각도에서 병명을 고려해보겠지만, 병원균을 겨냥한 어떤 항생제에도 환자는 반응하지 않는다. 그사이 몸에 돋아난 결절이 딱딱한 고름집으로 바뀌었다가 터지면서 고름이 흘러나올 것이다. 이즈음에는 의사들이 머리를 긁적이는 걸 멈추고 동료들에게 믿기진 않지만 무슨 일이 벌어지고 있는지를 조용히 알릴 것이다. 이제 의사들은 난생처음 실제 천연두 사례를 마주하게 된다.

마침내 지옥문이 활짝 열린다. 일선 의사와 공중보건 공무원들은 전화통을 붙잡고 주정부 보건부든 질병통제센터든 떠오르는 모든 사람에게 연락한다. 질병통제센터와 보건복지부의 비상사태 책임자는 백악관에 한 시간 단위로 상황을 보고한다. 비상사태 책임자들은 감염 집단이 미국 전역에 퍼져 있고, 특히 뉴욕, 뉴저지, 펜실베이니아, 코네티컷 지역에 환자가 더 많이 몰려 있는 것을 빠르게 파악한다. 결석률과 결근율은 예년 같은 기간에 비해 더 높게 나타날 것이다.

백악관은 천연두 퇴치를 이끈 살아 있는 전설들을 포함해 천연두 정보를 아는 사람들을 샅샅이 찾아내 연락한다. 그리고 9·11 테러 뒤 보건복지부 장관 토미 G. 톰프슨의 통솔 아래 개발해 비축한 천연두 백신을 전량 배포하라고 명령한다. 가장 먼저 예방주사를 맞을 사람은 응급 의료 요원과 일선의 치료 인력, 그리고 군대와 경찰 등 법 집행 인력이다. 첫 접근법으로는 윌리엄 페이기가 1970년대에 인도에서 고안한 포위 접종 전략을 시도할 것이다. 하지만 이 방법은 환자 수가 늘어나면 현실성이 떨어진다. 그사이 사망자가 발생하고 나라가 공포에 휩싸인다. 모든 사람이 애가 타도록 백신을 손에 넣으려 할 것이다. 약국에 백신이 없는데도 약탈이 일어나고, 몇몇 주지사는 주 방위군을 부를 것이다. 물밑에서는 은밀하게 백신을 파는 암시장이 빠르게 형성된다. 대통령은 누구나 결국은 예방주사를 맞을 수 있다며 진정하라고 촉구하겠지만, 기자들이 그때가 언제냐고 다그치면 아직은 시기를 특정하기가 너무 이르다고 답할 것이다.

백악관 회의에서는 확산을 미리 막고자 다급하게 마련한 격리 계획을 논의한다. 대규모 격리를 시행한 지가 100년도 더 지나, 법무부 장관은 격리 명령을 누가 내려야 하는지도 헷갈릴 것이다. 하지만 질병통제센터 소장은 격리가 의미 없다고 말한다. 집단 발병이 워낙 여기저기서 일어나 많은 사람을 격리시키기가 어렵기 때문이다. 유럽, 아시아, 아프리카,

남아메리카에서 날마다 새로운 환자가 발생한다는 보고가 들어오는 상황에서는 더욱 그렇다. 이 환자들은 모두 3주 전에 미국을 방문했을 것이다. 다른 나라들은 유엔이 나서서 미국, 캐나다, 멕시코를 봉쇄하라고 줄기차게 요구한다.

사망률은 계속 오를 것이다. 영안실은 시체를 받지 않는다. 병원들은 다른 대안이 없으므로 대형 냉동 트럭에 시신을 보관한다. 언론은 특집 기사에서 콜럼버스 시절 아메리카 대륙의 원주민들이 천연두를 포함한 다른 질병에 집단 면역이 없었던 탓에 어마어마한 피해를 입었던 역사를 다룬다. 주식 시장은 75퍼센트 급락한다.

이 시나리오는 한없이 이어질 수 있다. 확산이 얼마나 이어지고서야 마침내 위기를 제어할 수 있을지는 아무도 모른다. 그러니 9·11 공격보다 몇 배는 더 큰 그림자를 드리우고, 미국인을 포함한 전 인류에 씻을 수 없는 상처를 남길 거라고 말해도 과언이 아니다.

게다가 더 암울하게도, 우리가 첫 생물 무기에서 겨우 회복하기 시작했을 때 테러리스트가 다른 무기를 '재장전'해 살포하는 일을 막을 길은 없을 것이다. 한술 더 떠 가장 무시무시한 공포까지 남아 있다. 테러리스트를 돕는 과학자들이 행여 천연두 바이러스의 유전체를 바꿀 방법을 알아낸다면, 그래서 기존 백신으로 생긴 면역이 무용지물이 되는 바이러스를 만든다면, 그때는 대체 무슨 일이 벌어질까?

2015년 10월, 전 코네티컷주 연방 상원의원 조지프 리버먼과 전 펜실베이니아 주지사이자 첫 국토안보부 장관이었던 토머스 리지가 공동 위원장을 맡은 초당파적 전문가 특별 위원회가 「생물 무기 방어를 위한 국가 청사진: 최대 효과를 얻는 데 필요한 지도력과 주요 개혁National Blueprint for Biodefense: Leadership and Major Reform Needed to Optimize Efforts」이라는 보고서를 내놓았다. 사실 위원회의 조사 결과를 놓고 보면 꽤 관대한 부제를 붙인 셈이다.

이 보고서에서 거듭 강조하는 기본 메시지는 이렇다. "미국은 생물 무기의 위협에 충분히 대비하고 있지 않다." 물론 테러와 관련된 위원회는 있다. 미국 21세기 국가 안보 위원회, 미국에 대한 테러 조사 위원회(9·11 위원회), 대량 파괴 무기와 관련된 미국의 정보력 조사 위원회, 대량 파괴 무기 확산 및 테러 방지 위원회 등. 하지만 보고서는 이렇게 결론짓는다. "무수한 생물 무기 방어 활동이 계속 갈래갈래 나뉜 채 제대로 성과를 내지 못하는 까닭은 생물 무기 방어에 집중하는 지도력이 없기 때문이다."

그리고 더 뼈아픈 말을 남긴다. "간단히 말해, 미국은 다른 위협만큼 생물 무기의 위협에 주목하지 않는다. 생물 무기 방어를 통솔해 이끌 지도자가 없다. 생물 무기 방어를 위한 광범위한 국가 전략도 없고, 포괄적인 전용 예산도 없다."

나도 같은 생각이다. 보고서에서 가장 소름 끼치면서도 흥미로운 부분 하나는 당시 기준으로는 미래인 2016년에 생물 테러가 일어났다고 가정하고 '2016년 생물 테러 전후 행정부와 의회의 조치에 대한 상하원 합동 조사'의 결과를 단장이 연설하는 대목이다. 가상의 시나리오에서는 워싱턴 DC에 유전자를 조작한 니파 바이러스(1998년에 말레이시아에서 처음 확인된 감염원으로, 뇌염과 호흡 곤란을 일으킨다)가 에어로졸 형태로 살포된다. 이에 따라 상하원 의원과 참모진 여럿을 포함해 6053명이 사망하고, 수만 명에 이르는 환자와 장애인이 생겨난다. 그리고 워싱턴 테러에 앞서, 시골에서 가축을 겨냥한 살포도 있었다.

조사 단장의 진술은 현재 우리에게 실제로 부족한 부분을 깔끔하게 요약한다.

테러리스트들이 성공한 이유는 의회를 포함해 정부가 무능력했기 때문이다. 그들은 우리의 무능력을 기회로 삼았다. 우리는 감염원을 일찌감치 검출하지 못했고, 가축에게서 일어난 감염을 빠르게 알아차리지 못했으며, 환자들에게 나타난 증상을 신속하게 진단하지 못했고, 생물 테러에 대비해 공중보건과 의료에 꾸준히 기금을 지원하지 못했을 뿐만 아니라, 적절한 의료 대책을 미리 마련하지 못했고, 기존과 다른 대응 단체들이 소통하도록 돕지 못했다. 무엇보다 생물 무기 방어를 국가의 최우선 과제로 여기지 못했다.

안타깝게도 2016년 테러의 원인은 9·11 위원회가 2001년 테러를 분석할 때 제시한 원인과 다르지 않다. 이 공격은 '상상력 부족' 때문에 일어났다.

무능력은 이 보고서의 핵심 주제다. 예측, 조기 경보, 검출에서 나타난 무능력을 조사 단장은 이렇게 평가한다. "이제 우리는 이 무능력의 목록에 위협 평가 실패, 정치적 의지 발현 실패, 곧 닥칠 위험에 맞선 조치 실패를 추가해야 한다." 간단히 말해, 이것이 바로 우리 실태다.

그렇다면 우리가 할 수 있는 일은 무엇일까?

빌 게이츠는 자신의 어마어마한 자산으로도 이 난제를 상대하기가 버겁다는 것을 안다. "만약 수표를 써서 생물 테러를 멈출 수 있다면, 나야 위험에 익숙한 사람이니 말할 것도 없이 수표를 쓰겠지요. 그런데 수표를 누구 앞으로 써야 할까요? 수표를 쓴다면 무슨 일이 벌어질까요?" 이 주제를 이야기하는 동안 그는 정확한 결론을 내렸다. "이건 정부가 맡아야 할 일입니다."

이게 바로 내가 하고 싶은 말이다. 테러 대비에는 돈이 많이 들지만, 돈만으로는 충분하지 않다. 조직은 물론이고 탄탄한 계획도 있어야 한다. 이런 위협에 겨우 맞대응만 하는 데 만족해서는 안 된다. 만약 생물 테러가 실제로 일어난다면, 공중보건과 의료 체계가 더는 상상도 못 할 일이 아니라 눈앞에 닥친 난관과 마주할 준비를 마친 상태여야 한다.

어머니 자연이 심각한 감염병이라는 실제 난제를 하루가 멀다 하고 우리 앞에 던져놓는 판에, 공중보건과 의료계에는 '어쩌면 일어날지도 모를' 일에 대비하느라 행여 정부 자원을 쓰는 것은 말도 안 된다며 대놓고 비난하는 사람들이 더러 있다. 무슨 뜻인지는 잘 알겠다. 하지만 기억해야 할 사실이 있다. 정보기관은 테러리스트들이 미국에 대규모 공격을 퍼부을 자원과 조직을 갖췄다고 오랫동안 의심해왔다. 2001년 9월 11일, 우리는 그것이 억측이 아니라는 것을 뼈저리게 깨달았다. 게다가 생물 테러는 아주 작은 규모로만 일어나도 커다란 파괴력을 발휘할 수 있는데, 많은 분석가가 이 사실을 여전히 깨닫지 못한다.

특별 위원회가 권고한 실행 항목 중에는 생물 무기 위협에 대응할 국가 정보 관리자를 지정하는 내용도 있다. 이 관리자는 생물 무기와 관련된 모든 활동을 조율하고, '원헬스'라는 개념이 무척 중요하다는 것도 이해해야 한다. 생물 무기가 사람뿐 아니라 동물도 감염시킬 수 있으며, 새로 나타나는 감염병 60퍼센트는 동물을 거쳐 사람에게 옮겨오기 때문이다.

나는 보고서가 인식한 대로 생물 무기 방어를 주정부와 지방정부 차원에서 다뤄야 한다고 생각한다. 어떤 공격이든 처음에는 응급 의료 요원과 병원 응급실 인력이 대응할 테니, 이들이 눈앞에서 벌어지는 상황을 알아야 하기 때문이다. 보고서는 예상치 못한 생물 무기 사고를 다룰 대비가 되었는지를 병원 인증, 연방 기금 지원, 보험 적용과 연계시켜야 한다고 권고한다. 이 방식이 효과를 발휘하려면, 주정부가 생물 무기에 맞서 대비할 수 있을 만큼 연방 기금을 넉넉하게 지원해야 한다.

위원회는 또 생물 무기 방어에서 중요한 역할을 하는 국립 알레르기·감염병연구소와 생물의학 첨단연구개발국이 소통하고 자원을 조율해야 한다고 매우 강력하게 권고한다. 여기에도 백신 개발에서 나타나는 것과 대체로 비슷한 문제가 있다. 정부는 의료 대응책을 마련하려는 기초 조사와 초기 개발에 꽤 많은 돈을 들인다. 그런데 치료제를 실제 생산하고 유통하는 데는 거의 돈을 들이지 않는다. 보고서는 이 단계의 실행 방안을 구체적으로 권고한다. 첫째, 국립보건원 연구가 민간 대응책의 우선 사항을 지원한다. 둘째, 기금을 수요에 맞춰 넉넉히 배분한다. 셋째, 국립 알레르기·감염병연구소에 생물 무기 방어 지출 계획을 요구한다. 하지만 현실에서는 "행정부가 비상사태 대비 프로그램이 성공했다고 홍보하면서도, 뒤로는 예산 요청을 삭감했다".

탄저균 사례에서 보았듯이, 참혹한 생물 테러가 지나간 뒤 환경을 복원하는 것은 감당 못할 일은 아니더라도 만만찮은 과제로 남는다. 분명한 사실은 우리가 이런 일에 어떻게 대처해야 할지 전혀 모른다는 것이다. 그러니 추가 연구가 시급하다. 환경보호국에 어느 정도 책임은 있지만, 다시 한번 말하건대 지금은 그런 일을 어떻게 해결할지를 밝힌 명확한 법도, 규정도, 심지어 공식 지침도 없다.

그렇다고 내가 특별 위원회 보고서의 내용에 모두 동의하는 것은 아니다. 권한을 주다, 가능하게 하다, 필요하다, 발전시키다, 장려하다, 평가하다, 결정하다, 조정하다와 같은 말이 들어간 모호하고 물러터진 권고 사항이 너무 많다. 하지만 보고서가 던지는 질문, 사회의 안녕을 가장 끔찍하게 위협할 만한 위험에 근본적인 대비가 부족하다는 전체 메시지는 반드시 곱씹어봐야 한다.

신화에 따르면, 모든 끔찍한 것이 상자 밖으로 날아간 뒤 판도라가 상자를 들여다보니 뭔가가 들어 있었다.

상자 밑바닥에서 뭔가가 몸을 떨었다. 몸통은 작고, 날개는 부서질 듯 얇았다. 하지만 찬란한 빛을 내뿜었다. 판도라는 가까스로 그것의 정체를 알아차렸다. 그리고 그것을 꺼내 조심스레 쓰다듬고서 에피메테우스에게 보였다. "이건 희망이에요." 그러자 에피메테우스가 물었다. "그게 살아남을까?"

이미 판도라의 상자는 열렸다. 따라서 마지막 남은 내용물에 모든 기회를 줄지는 세계의 지도자들에게, 그리고 우리 모두에게 달려 있다.

12장

—

에볼라: 아프리카 밖으로

미래는 이미 와 있다. 다만 골고루 퍼지지 않았을 뿐이다.

_소설가 윌리엄 깁슨

2014년에 우리를 놀라게 한 일을 기억하는가?

에볼라 바이러스는 1976년에 남수단 은자라와 자이르(현재의 콩고민주
공화국) 얌부쿠에서 거의 동시에 확인되었다. 앞서 나타난 마르부르크 바
이러스와 마찬가지로, 에볼라도 바이러스 입자가 필라멘트처럼 생긴 필
로바이러스다. 에볼라라는 이름은 콩고에서 에볼라가 집단 발병했던 마
을 근처를 흐르는 에볼라강에서 비롯되었다. 1976년부터 2013년까지 아
프리카에서 기록된 집단 발병은 스물네 건이고, 2000년에 일어난 발병
이 가장 규모가 컸다. 우간다 굴루에서 일어난 집단 발병에서는 환자가
425명이었고, 그중 224명이 목숨을 잃었다. 그전까지 일어난 집단 발병
에서는 사망자가 이보다 꽤 적었다. 그래서 과학자와 공중보건 담당자 대
다수는 에볼라 사망자가 그리 많지 않을 것으로 예상했다. 2014년에 대
유행이 닥치기 전까지는 말이다.

에볼라 바이러스는 적도 근처 중앙아프리카의 울창한 숲 깊숙이에서
수수께끼에 싸인 채 살아간다. 오늘날까지도 우리는 에볼라의 확실한

숙주 동물을 찾아내지 못한 채 과일박쥐가 숙주이지 않을까 짐작만 할 뿐이다. 에볼라가 인간 개체군에서 출현할 때는 언제나 아주 외진 곳에서 퍼졌기 때문에, 대부분 제한된 자원과 소수의 공중보건 지원팀만으로도 감당할 수 있었다.

에볼라가 사람에게서 사람으로 전염되는 크나큰 위험은 환자를 치료하고자 이송한 병원들에서 발생했다. 이 의료 시설들이 장갑과 다른 의료 보호 장구를 포함해 현대의 감염병 대응 방식을 적용하지 않았던 탓에, 오히려 환자 증가를 부채질하기 일쑤였다. 에볼라가 집단 발병으로 번지지 않도록 막은 첫 대응은 그 상황에서 전염을 멈추는 데 필요한 감염 억제 관련 의료품과 전문가를 투입한 것이었다. 에볼라에 효과가 있는 치료제나 백신이 없었는데도, 이 기본 접근법이 효과를 발휘해 에볼라는 꽤 빨리 사라졌다.

그러던 2014년 3월, 흔히 에볼라의 은신처로 여겨지는 적도 아프리카가 아닌 곳에서 에볼라가 모습을 드러냈다. 그곳은 아프리카 중서부 해안에 자리 잡은 기니 동남부의 숲이 우거진 지역이었다. 서아프리카의 집단 발병을 불러일으킨 첫 환자는 갓 젖을 뗀 아이로 보인다. 아이가 살던 자그마한 마을 근처의 나무 구멍에 박쥐가 살았는데, 아이는 아마 이 박쥐와 접촉해 바이러스가 옮았을 것이다. 아이는 고열, 구토, 출혈성 설사 증상이 나타난 지 이틀 만에 세상을 떠났다.

2014~2015년에 에볼라가 퍼진 요인은 한두 가지가 아니다. 대대로 이어온 장례 및 매장 관행을 고수한 탓에, 감염된 사체와 사람들 사이에 광범위한 신체 접촉이 일어났다. 라이베리아 수도 몬로비아, 시에라리온 수도 프리타운, 기니 수도 코나크리의 빽빽한 빈민가는 전염을 어마어마하게 증폭시켰다. 현지의 의료 체계도 부적절했다. 에볼라 환자가 에볼라에 감염되지 않은 다른 환자들과 격리되지 않은 바람에, 세계보건기구

의 말처럼 "여러 갈래로 연쇄 전염을 일으켰다". 적절한 치료를 제공할 장비와 전문 인력도 부족했다. 많은 사람이 병든 가족을 병원에 데려가기보다 숨겼다. 병원에서 아무것도 해줄 수 없는 데다 혼자 쓸쓸하게 죽을 터였기 때문이다. 의료용 보호 장구가 없었던 탓에 기가 찰 정도로 많은 아프리카인 의료진이 에볼라에 감염되어 목숨을 잃었다. 세계보건기구와 다른 국제단체들이 문제를 인식하지 못했을 뿐 아니라 제대로 대처하지 못한 것도 위기를 연장시켰다.

당시 세계보건기구 사무총장이었던 마거릿 챈이 2015년 9월 런던에서 열린 회의에서 발언한 대로, "에볼라 같은 질병은 의료 체계의 역량이 모자란 빈틈을 낱낱이 드러내고, 이런 빈틈으로 열리는 기회를 하나도 놓치지 않고 활용할 것이다". 이 말은 예나 지금이나 변함없는 사실이다.

그렇다면 2014년에는 무엇이 달랐기에 문제가 커졌을까?

나는 2014년 7월 『워싱턴포스트』 기고문에서 답을 간단히 설명했다. 에볼라 바이러스는 바뀌지 않았다. 바뀐 것은 아프리카였다. 이 간단한 사실이 당시 에볼라 집단 발병에 복잡하기 짝이 없는 영향을 미쳤고, 또 앞으로 닥칠 집단 발병에도 영향을 미칠 것이다.

첫째, 외국 업체의 대규모 채굴과 벌채로 기니의 산림이 파괴된 탓에 에볼라가 깊은 숲속에 사는 동물 개체군에게서 쉽게 벗어날 수 있었다. 둘째, 이제는 기니, 라이베리아, 시에라리온 사람들이 이전보다 훨씬 더 먼 곳까지 여행해 훨씬 더 많은 사람과 접촉한다. 접촉자들이 환자와 가까운 곳이 아니라 멀리 떨어진 곳에 여기저기 흩어져 살면 접촉자 추적이, 그러니까 감염자와 접촉한 사람을 모두 찾아내기가 훨씬 더 어려워진다.

게다가 현대의 운송 수단 덕분에 사람들이 아픈 가족의 곁을 지키려고 수백 킬로미터를 여행할 수 있다. 서아프리카의 집단 발병 지역은 이

전의 여러 발병 지역보다 도시화가 훨씬 더 많이 진행된 곳이었다. 따라서 특히 수도 세 곳의 빈민가에서 바이러스가 더 빠르고 촘촘이 퍼졌다. 이 모든 요인을 발판 삼아 에볼라 바이러스는 초고속으로 진화했다. 집단 발병 뒤 넉 달 동안 일어난 사람 대 사람 전염이 이전의 500~1000년 동안 일어났을 전염보다 더 많았다. 달리 말해 유전자 주사위가 수도 없이 던져졌다는 뜻이다.

에볼라 바이러스는 솜씨 좋게도 몸 곳곳의 다양한 세포에서 자신을 복제하고, 그 과정에서 극심한 면역 반응과 패혈 쇼크를 일으킨다. 에볼라 출혈열에서 흔히 떠올리는 증상인 안구 출혈, 내부 장기 손상은 정확한 임상 증상이라기보다 선정주의에서 비롯된 과장이다. 그렇지만 에볼라가 실제로 섬뜩한 질병인 것은 맞다. 증상은 바이러스에 노출된 지 닷새에서 열흘 뒤부터 나타난다. 처음에는 열, 오한, 심한 두통, 관절통과 근육통, 피로로 시작해, 메스꺼움과 구토, 출혈성 설사, 발진, 복통, 멍, 출혈로 발전한다. 막바지에는 실제로 눈과 입에서 피가 흘러나오고, 곧 창자(직장) 출혈도 흔히 일어난다. 혈액이 응고되지 않아 장기 사이의 공간에 피가 모이는 내출혈은 훨씬 더 지독한 손상을 입힌다. 치명적인 경우, 저혈압 때문에 순환 기능 상실과 극심한 체액 손실이 일어나 목숨을 잃기 쉽다.

끔찍한 증상이 빠르게 나타나고 또 그만큼이나 끔찍한 죽음으로 이어지기 일쑤였기에 에볼라는 더 흔하고 만연한 여러 감염병과 달리 공포를 불러일으켰다. 2014~2015년 집단 발병으로 2만8600명이 넘는 환자가 생겼고, 그 가운데 1만1325명이 목숨을 잃었다. 그뿐 아니라 서아프리카 어린이 3만 명이 고아가 되었다.

에볼라는 보기 드문 감염병이었기에 그전까지는 말라리아, 결핵, 에이즈, 백신으로 예방할 수 있는 설사병과 달리, 개인 위협 매트릭스에 위험 요소로 반영되지 않았었다. 중서부 아프리카뿐 아니라 미국에서도 사정은 마찬가지였다. 수많은 사람이 최근 몇 주 사이에 아프리카 대륙 어디라도 다녀온 사람과는 한사코 접촉하길 꺼렸다. "혹시 모르는 일이니까……"라는 말을 정치인과 심지어 일부 공중보건 관료들까지 툭하면 내뱉었다.

사실 그런 사람들은 에볼라로 위험에 빠질 일이 거의 없었다. 지금까지 에볼라의 주요 전염 경로는 감염자의 체액이다. HIV는 감염자와 성관계를 하거나, 감염된 혈액에 상처가 노출되거나, HIV에 오염된 혈액을 수혈받거나, HIV에 감염된 임신부한테서 태어날 때 전염된다. 이와 달리 에볼라는 감염된 사람이나 감염자의 체액을 만지기만 해도, 또 어떤 의료 처치 과정에서 감염자의 체액을 에어로졸 형태로 들이마시기만 해도 전염될 수 있다. 에볼라 출혈열에서 가장 흔한 전염 방법은 두 가지다. 장례 풍습에서 사체를 다루는 것과, 병원이나 집에서 아픈 환자를 보살피는 것. 하지만 감염자가 아프기도 전부터 접촉 감염을 일으키는 독감과 달리, 에볼라 환자는 실제로 증상을 보이기 전까지는 접촉 감염을 일으키지 않는다. 그리고 앞서 언급했듯이 에볼라 증상은 웬만해서는 알아차리지 못하기가 어렵다.

여러 단계에서 두려움이 합리적 반응을 밀어냈다. 아프리카의 어떤 오순절 교회 지도자들이 처음에는 에볼라의 존재를 부정하더니 나중에는 난교와 동성애를 꾸짖는 신의 형벌이라고 주장했다. 과학을 빛바래게 하는 문화적 확신을 보여주는 사례는 이외에도 더 있다. 몬로비아에서는 사람들이 아픈 가족을 치유하려고 교회로 데려가는 바람에, 목사 40명이 아픈 신도들을 보살피다가 바이러스에 노출돼 사망했다.

2014년 9월 어느 아침 미국 국회의사당의 어느 상원 회의실에서 상하원 의원들에게 상황을 설명하는 동안, 나는 어느 나이 든 하원의원과 격렬하게 의견을 주고받았다. 그는 에볼라가 종식될 때까지 아프리카의 감염 지역과 미국 사이에 비행기 운항을 전면 금지하는 법안을 도입하고 싶어했다. 나는, 만약 아프리카에서 환자들을 치료하다가 바이러스에 접촉됐을 경우 미국으로 돌아와 치료받을 길이 없다면, 자원하는 의사, 간호사 및 그 외 공중보건 인력들이 갑자기 부족해질 테니, 에볼라가 여기까지 퍼질 위험만 키우는 꼴이라고 지적했다. 그리고 비행기를 운항하지 않는다면 발병 지역에 구호품은 어떻게 공급할 생각이냐고 물었다. 다행히 그는 운항 금지가 상황을 해결하는 최선은 아닌 것 같다며 생각을 바꾸었다.

다른 의원들과 일부 주지사도 현장에서 돌아오는 모든 의료 종사자의 격리 기간을 늘리자고 요청했다. '혹시 모를 일'에 대비한 또 다른 방안이었다. 공중보건 종사자 대다수는 뉴욕 주지사 앤드루 쿠오모와 뉴저지 주지사 크리스 크리스티를 대놓고 '의사 양반'이라며 비아냥댔다. 쿠오모와 크리스티가 에볼라 환자를 치료하다 돌아온 의료 종사자들을 공중보건 때문에 격리시켜야 한다고 과학적으로 맞지 않는 발언을 했기 때문이다.

한쪽에서는 에볼라 환자와 접촉한 사람이라면 널찍한 방에서 서로 떨어져 잠깐 대화만 나눴더라도 격리실에 21일 동안 격리하라고 요구했다. 다른 한쪽에서는 에볼라 환자를 보살핀 의료 종사자를 어떤 방식으로든 추적 조사하는 것은 인권 침해일 뿐 아니라 의료나 공중보건 측면에서 전혀 타당한 근거가 없다고 주장했다. 내 입장은 두 극단 사이 어딘가에 있었다.

당시 우리가 과학에 근거해 확보한 모든 정보는 에볼라에 감염된 사람이 임상 증상을 보인 뒤로 하루 이틀 사이에는 누구에게도 바이러스를 옮기지 않는다는 전제를 뒷받침했다. 그리고 바이러스에 노출되었을

지 모를 의료 종사자가 의심 증상을 나타냈을 때 즉시 보고할 충분한 이유가 두 가지 있다. 첫째, 이들은 에볼라 환자를 보살피고자 기꺼이 목숨을 내걸었다. 그런데 자기가 에볼라 바이러스를 옮길지 모른다고 의심할 이유가 있을 때 이들이 어떻게 다른 사람을 해롭게 하겠는가?

둘째, 설사 우리가 그토록 이타적인 사고방식을 미심쩍게 여길지라도, 의료 종사자들은 에볼라 감염자가 일찌감치 집중 치료를 받으면 생존율이 놀랍도록 높아진다는 사실을 잘 알고 있다. 그렇다면 얼마 전까지 에볼라 환자를 돌봤던 의료 종사자들이 만약 자기한테서 에볼라의 초기 증상이 나타났을 때 꼼짝 않고 집에 머물겠는가, 아니면 거리를 여기저기 돌아다니겠는가?

실제로 미국인 의료 종사자 세 명이 자신에게 증상이 나타나자 진료를 받았다. 이들 가운데 누구도 에볼라에서 회복된 뒤 다른 사람에게 바이러스를 옮기지 않았다. 거의 모든 사례로 볼 때, 에볼라 감염자라 해도 명백한 증상이 나타나기 전까지는 접촉 감염을 일으키지 않으므로, 의료 전문가가 자기 점검만 제대로 한다면 가족, 동료, 또 길거리나 지하철에서 마주치는 낯선 사람에게 에볼라 바이러스를 옮기지 않도록 막을 것이다.

한편 아주 드물게 몇몇 의료 종사자의 태도는 정말 짜증스러웠다. 그들은 공중보건이나 정부의 공권력이 자신들의 개인 생활에 개입할 권리가 없다고 고집을 부렸다. 그런 태도는 많은 대중과 몇몇 정치인의 머릿속에 의료계나 공중보건계가 제 한 몸만 소중히 여겨 남한테 에볼라 바이러스를 옮기든 말든 상관 않는다는 생각을 깊이 심어줄 뿐이었다. 안타깝게도 우리는 아프리카에서 돌아온 의료 종사자든 미국 병원에 입원한 에볼라 환자를 보살폈던 의료 종사자든 이들이 자가 진단을 충실히 하면 모든 사람을 보호할 수 있다고 대중에게 제대로 설명하지 못했다.

그런데 에볼라 바이러스가 언제나 여기서 간략히 설명한 대로만 전염될까? 이전에 에볼라 바이러스가 미국에 출현한 것은 1989년으로, 버지니아주 레스턴의 실험용 게잡이짧은꼬리원숭이 보관소에서였다. 리처드 프레스턴이 1995년에 발표한 베스트셀러 『핫존The Hot Zone』의 배경이 바로 이 집단 발병이다. 이 원숭이들은 모두 에볼라 출혈열로 죽거나, 아니면 확산을 막고자 안락사당했다. 에볼라 바이러스 속의 한 종인 이 레스턴 에볼라 바이러스는 사람을 감염시키지 않는 것으로 밝혀졌다. 하지만 안타깝게도, 모두 여섯 종인 에볼라 바이러스 가운데 서아프리카에서 집단 발병을 일으킨 종을 포함해 다른 네 종은 사람을 감염시킨다.

레스턴에서는 인간들이 운이 좋았다. 그런데 감염된 원숭이들은 원래 따로따로 우리에 갇혀 있었으므로 다른 원숭이와 몸이 닿을 일이 없었다. 따라서 이 변종은 호흡기를 통해 전염됐을 확률이 높다. 그렇다면 레스턴 에볼라 바이러스가 언젠가는 공기를 매개로 전염돼 사람을 감염시킬지도 모른다는 뜻일까? 알 수 없는 일이다. 2016년 켄트대 연구진이 에볼라 바이러스의 유전체가 살짝만 바뀌어도 바이러스가 새로운 숙주에 적응한다는 것을 증명했다. 이를테면 레스턴 에볼라 바이러스가 사람을 감염시킬 수도 있다는 뜻이다. 이들은 이렇게 결론지었다. "사람에게 병을 일으키는 레스턴 바이러스가 나타날지도 모른다. 이는 우려할 만한 일이다. 레스턴 바이러스는 돼지들 사이를 돌아다니므로 공기 매개 전염으로 사람을 감염시킬 수 있기 때문이다."

2012년에 캐나다의 어느 연구진이 중서부 아프리카에서 에볼라 출혈열을 일으켰던 바이러스인 자이르 에볼라가 호흡기를 통해 돼지에게서 원숭이에게로 전염될 수 있다는 것을 증명했다. 두 동물의 폐는 인간의 폐와 매우 비슷하다. 만약 에볼라 바이러스가 사람에게서 공기 매개 전염을 일으킨다면 이야기는 완전히 달라진다. 그건 정말로 어마어마하게 무지막지한 일이다.

2014년 9월에 『뉴욕타임스』에 실은 기고문에서 이런 이야기를 꺼냈다가, 나는 쓸데없이 불안만 조장한다는 비난을 받았다. 하지만 그때나 지금이나 이런 일이 일어날 가능성을 무시할 수도 없고 무시해서도 안 된다는 생각에는 변함이 없다. 그 기고문을 쓰기에 앞서, 나는 여러 나라의 저명한 에볼라 바이러스 전문가, 역학자들과 여러 차례 대화를 나눴다. 이들도 조용히 같은 질문을 던졌고, 이전 수십 년 동안 에볼라에 감염된 사람보다 지난 몇 주 동안 감염된 사람이 더 많다는 사실을, 그리고 이런 초고속 진화가 호흡기 전염 바이러스에 유리하다는 사실을 지적했다. 다만 이들은 불안을 퍼뜨리는 허풍선이라는 꼬리표가 붙을까봐 두려워 그런 일이 일어날 가능성을 입에 올리지 않으려 했을 뿐이다.

2015년 3월 미국, 유럽, 아프리카의 주요 에볼라 전문가 19명(앞서 말한 전문가들도 몇 명 포함되었다)과 나는 에볼라 바이러스의 전염과 관련해 우리가 아는 것과 모르는 것을 포괄적으로 검토해 저명한 미생물 학술지 『엠바이오$_{mBio}$』에 발표했다. "이를 뒷받침할 역학 데이터는 부족하지만, 더 파헤쳐야 할 핵심 질문은 에볼라 바이러스가 주로 폐를 감염시키고 호흡기로 전염되는 상황이 앞으로 벌어질 수 있는가다. 바이러스가 오랜 시간에 걸쳐 진화한다면 그럴 가능성이 커진다. 하지만 상당한 증거로 미루어보건대, 에볼라 바이러스가 엄청난 진화나 유전자 변화를 겪지 않더라도 그런 전염은 일어날 수 있다."

내가 『뉴욕타임스』에 에볼라 기고문을 실은 지 얼마 지나지 않아, 컬럼비아대의 유명한 바이러스 학자 빈센트 라카니엘로 박사가 많은 독자를 보유한 자신의 블로그에 다음과 같은 글을 올렸다. "인류가 여태까지 100년 넘게 바이러스를 연구했지만, 사람을 감염시키는 바이러스 중 전염 방식을 바꾼 것은 본 적이 없다. (…) 에볼라 바이러스가 그동안 전염 방식을 바꾼 적 없이 사람을 감염시킨 다른 모든 바이러스와 조금이라도 다르다고 생각할 근거는 없다."

이 발언은 그야말로 사실이 아니다. 전염 방식을 바꾸는 바이러스는 실제로 존재한다. 멀리 갈 것도 없이 아메리카에서 일어난 지카 바이러스 유행이 그 예다. 2016년 2월, 라카니엘로는 지카 바이러스 전염과 관련해 이렇게 적었다. "성관계로 지카 바이러스가 옮을 수 있을까? 아주 드물게는 그럴지도 모르겠다. 하지만 지카 바이러스를 옮기는 주요 경로는 의심할 것도 없이 모기다."

지금은 라카니엘로 박사가 성관계로 지카 바이러스를 옮기는 일은 드물다고 한 자신의 글을 번복하고 싶어할지도 모르겠다. 2016년 초여름, 우리는 매개체 감염병인 지카가 성관계로 전염되는 일이 드물지 않다는 것을 확인했다. 성관계 전염은 에볼라 전파의 주요 수단으로 새롭게 인정되었다. 모기 매개 전염병의 저명한 전문가 대다수는 지카 바이러스에서 돌연변이가 일어났고, 그래서 사람에게서 전염되는 방법과 강도가 근본적으로 바뀌었다고 결론지었다.

그러므로 어느 날 공기를 매개로 전염되는 에볼라 바이러스가 지역사회를 배경으로 발생하리라는 가능성을 배제해서는 안 된다. 나는 그런 일이 절대 일어나지 않기를 기도한다. 현재까지는 서아프리카에서 그런 일이 벌어졌다는 어떤 증거도 없다. 아직은! 하지만 에볼라 바이러스 전염에서 어떤 이들이 그랬듯 어머니 자연이 무슨 일을 할지 상상만 해도 너무 끔찍하다는 이유로 과학계가 아예 생각조차 하지 않으려 한다면, 틀림없이 우리는 다음에 나타날 어떤 생물학적 변화에도 제대로 대비하지 못할 것이다.

우리가 아직 모르는 게 얼마나 많은지 보여주는 예를 들어보자. 그동안은 에볼라에 걸린 환자가 회복되면 에볼라에 면역이 생기고 다른 사람에게 병을 옮기지 않을 거라고 덮어놓고 믿었다. 이언 크로지어는 시에라리온에서 에볼라에 맞선 영웅 중 한 명인 미국인 의사로, 2014년 9월에 그곳에서 에볼라에 감염되자 미국으로 송환되어 치료받은 끝에 완전히 회복됐다. 그런데 2015년 5월, 그의 눈에 여전히 바이러스가 숨어 있다는 사실이 밝혀졌다. 뒤이은 여러 연구에 따르면 회복한 일부 남성의 고환에도 에볼라 바이러스가 숨어 있었기에 성관계로 에볼라를 옮길지 모른다는 공포를 더 부채질했다.

우여곡절 끝에 우리는 에볼라 바이러스 감염이 이토록 오래 이어진다면 대규모 에볼라 집단 발병을 종식시키는 것은 정말로 어려운 도전이 될 수 있으리라는 것을 깨달았다. 서아프리카의 에볼라 발생 국가들이 모두 에볼라 종식을 선언한 지 한참 뒤인 2016년 5월, 에볼라가 느닷없이 잇달아 집단 발병했다. 모든 사례로 볼 때, 이 재발은 회복된 환자가 전에 감염된 적이 없는 사람과 섹스를 하거나 아이에게 젖을 먹여 시작됐을 확률이 높았다. 회복된 환자들을 검사해보니, 실제로 정액과 젖이 돌발적인 발병의 원인으로 확인되었다. 따라서 에볼라 바이러스가 여러 달 동안 정액과 젖 같은 체액에 잔류할 수 있고, 이때는 회복된 환자라도 여전히 바이러스를 옮길 수 있다. 이 시기에 계속 증상을 보이는 환자는 얼마 안 되며, 대다수가 무증상 환자다.

이런 돌발적인 발병 환자가 한 명만 생겨도 아프리카의 어느 나라들에서 에볼라는 엄청난 유행병으로 번질 불씨가 될 수 있다. 우리가 2014~2015년 에볼라 유행에서 배웠어야 할 큰 교훈이 있다. 이 감염병이 한 번으로 그치지 않는다는 것, 그리고 잉걸에서 연기가 올라오고 불씨가 튀는 한 산불 진화는 끝나지 않는다는 것이다.

그사이 에볼라가 혹시 해안 3국 바깥으로 퍼지지 않을까 하는 커다란 공포가 내내 이어졌다. 나이지리아의 첫 환자는 아프리카에서 손에 꼽을 정도로 크고 도시화된 나라가 철저한 감시와 빠른 의료 처치 덕분에 위기를 비껴간 사례로 언급된다. 나이지리아의 의료 요원들과 연방 보건부의 훌륭한 활동을 깎아내릴 생각은 조금도 없지만, 분명히 할 것은 분명히 하자. 나이지리아는 효과적으로 대응했다기보다 운이 매우 좋았던 경우다.

첫째, 라이베리아계 미국 변호사였던 최초 감염자 패트릭 소여는 라이베리아 정부에서 자문활동을 했는데, 라이베리아에서 토고를 거쳐 2014년 7월 20일 나이지리아 라고스에 도착했을 때 이미 몸이 아픈 상태였다. 그러니 당연하게도 무르탈라 모하메드 국제 공항에서 쓰러졌다. 소여는 병원으로 이송되었고, 사흘 뒤에야 에볼라로 확진받았다.

그런데 마침 공공 병원들이 파업 중이라, 소여는 퍼스트컨설턴트 의료원이라는 사설 병원으로 옮겨졌다. 즉 감염병 환자를 치료할 준비가 더 잘 된 곳에 입원했던 것이다. 그런데도 소여가 에볼라로 확진받기 전에, 소여 때문에 벌써 의료 종사자 아홉 명이 감염되었다. 이 이야기에서 가장 중요한 역할을 한 사람은 이 병원 원장이었던 아메요 아다데보 박사다. 소여를 직접 치료한 아다데보는 그를 격리실에 들여보내 그곳을 벗어나지 못하게 했다. 소여가 이 조처에 반대했을 뿐 아니라 정부와 병원까지 나서서 소여를 퍼스트컨설턴트에서 내보내라고 온갖 압력을 넣었지만, 아다데보는 뜻을 굽히지 않았다. 정부와 병원은 소여를 병원에서 내보내야 골칫거리가 해결될 거라고 믿었다. 하지만 만약 그렇게 했더라면 정반대 상황이 펼쳐졌을 것이다.

7월 28일, 아다데보에게서 증상이 나타나기 시작했다. 그리고 8월 19일, 그녀는 끝내 숨을 거뒀다. 오늘날 아다데보는 나이지리아를 구한 영웅이자 강인함, 헌신, 측은지심의 상징으로 추앙받는다.

아다데보와 그녀의 동료들과 같은 헌신적인 의료 종사자 말고도, 나이

지리아를 가까스로 위기에서 구한 존재는 소아마비를 뿌리 뽑고자 나선 사람들이었다. 이 부분은 질병통제센터의 프랭크 머호니 박사에게 공을 돌려야 마땅하다. 나이지리아에서 소아마비 퇴치 프로그램을 이끌던 머호니는 그 인력을 에볼라 대응에 투입했다. 질병통제센터 구호팀은 지휘 체계를 제공했고, 머호니는 팀원들이 에볼라 퇴치 활동에 나설 때 나이지리아 보건 당국과 긴밀하게 협조하도록 했다.

그런데 이 모든 상황이 다르게 전개되었다면 어땠을까? 만약 소아마비 퇴치 팀이 그곳에 없었다면? 만약 최초 감염자 소여가 공항에서 쓰러지지 않고 라고스의 어느 지역으로 들어갔다면? 무시무시한 일이 벌어졌을 것이다. 라고스 거주자 1500만 명 중 3분의 2가 믿고 마실 만한 깨끗한 식수, 전기, 하수도가 없는 빈민가 환경에서 산다. 만약 에볼라가 그곳에 뿌리를 내렸다면? 해안 3국에서 일어난 일은 그저 맛보기에 그쳤을 것이다.

게다가 라고스가 재앙의 끝도 아니었을 것이다. 이런 여건의 대도시는 사하라이남 아프리카 곳곳에 존재한다. 콩고민주공화국 수도 킨샤사의 빈민가에 사는 사람이 기니, 시에라리온, 라이베리아의 수도 세 곳에 사는 사람을 모두 합친 것보다 많다. 또 인구가 1400만이 넘는 킨샤사가 콩고민주공화국에서 가장 큰 도시이기는 하지만, 이 나라에는 인구가 100만 명 이상인 도시가 네 곳이나 더 있다. 나이지리아에도 인구 100만이 넘는 도시가 라고스 말고도 다섯 곳이나 더 있다. 가나 수도 아크라의 인구도 250만 명이 넘는다. 이 도시들은 모두 에볼라가 성냥불을 긋는다면 펑 하고 폭발이 일어날 화약고다.

아프리카 여러 나라에서 에볼라에 맞서 싸워야 한다면 무슨 일이 벌어질까? 해마다 서아프리카 젊은이 수천 명이 미국의 농업 이주 노동자와 그리 다르지 않은 이주 노동자가 된다. 생장기인 5월부터 10월까지는 비가 서아프리카를 촉촉이 적시는 덕분에 곡식이 무럭무럭 자라므로, 젊은이들이 8월부터 10월 초까지는 대개 고향 마을에서 가을걷이를 돕는다. 하지만 그 뒤로는 임시 일자리를 찾아 마을을 떠난다. 부르키나파소와 말리, 니제르, 가나의 재래식 금광, 가나와 코트디부아르의 코코넛 기름 농장과 팜유 농장, 모리타니와 세네갈의 대추야자 수확과 고기잡이, 그리고 이 모든 나라에서 일어나는 불법 숯 생산이 이들이 찾는 일거리다.

이들은 국경 검문소를 피하고자, 조상들이 그랬듯이 거의 알려지지 않은 길과 쉼터를 이용해 울창한 숲을 지난다. 또 대개 서아프리카 경제 공동체의 신분증을 소지하고 있어서 모든 회원국을 자유롭게 통과할 수 있다. 연안 국가에서 목적지까지 가는 데는 하루에서 사흘이 걸린다. 그러니 에볼라가 비행기에 올라타지 않아도 아프리카를 가로지를 수 있다. 이곳에서는 에볼라가 발걸음을 따라 이동한다.

2014~2015년 에볼라 유행 때 미국 에볼라 대응 조정관으로 일한 론 클레인은 "에볼라 유행이 그토록 최악으로 치달았다는 사실은 무슨 일이 일어날 수 있는지를 알려주는 무시무시한 경고입니다"라고 말한다. 2014년 10월 중순, 오바마 대통령이 그에게 전화를 걸어 에볼라 위기 동안 미국의 에볼라 대응을 맡아달라고 요청했다. 론은 의료 쪽에 경험이 전무했기에 수긍될 만한 선택이 아니었다. 그의 말처럼 클레인은 예방주사를 놓을 줄도 몰랐다. 하버드 법대를 졸업한 클레인은 앨 고어 부통령과 조 바이든 부통령의 수석 보좌관으로 일했다. 이 선택으로 오바마 대통령이 크게 비난받았지만, 시간이 지나고 보니 탁월한 선택이었다. 클레인은 위기 상황에 맞서 빠르게 정부 정책을 수립하고 관계 부처 사이의 얽히고설킨 대응을 조정하는 데 도가 튼 사람이었다. 그런 능력이야말로 우리에게 필요한 것이었다.

클레인은 이렇게 결론지었다. "네. 최악을 가정한 질병통제센터의 예상 수치에 비하면 최종 에볼라 사망자는 일부에 그쳤습니다. 그리 다툴 것도 없이, 수많은 사람이 에볼라를 비껴갔죠." 감염이 일어난 국가의 국민이 문화와 행동을 어렵사리 바꿔 에볼라의 확산을 늦췄고, 용기 있게 나서서 가족과 이웃을 돌봤다. 그리고 현지의 치열한 노력은 미국과 다른 여러 나라, 그리고 국경없는의사회 같은 비영리 단체들이 이끈 유례없는 국제적 대응으로부터 꽤 많은 도움을 받았다.

미국은 총 3만 명이 넘는 공무원, 계약직, 군 복무자, 자원 봉사자를 다양한 대응 영역에서 성공적으로 동원했다. 하지만 이런 경험이 있는데도 클레인은 "앞으로 닥칠 유행병에서는 훨씬 더 난감한 상황이 벌어질 수 있습니다"라며 염려했다.

유행병에 대비가 안 된 곳은 개발도상국만이 아니다. 클레인은 "미국도 뉴욕 외에는 격리 병상이 세 개 이상 있는 도시가 한 곳도 없습니다. 뉴욕도 여덟 개에 그치고요"라고 지적했다.

그런데도 국제사회의 조율된 대응 계획은 하나도 없다.

아마 파장이 훨씬 더 클 다음 에볼라 유행에서 우리를 지킬 합리적이고 포괄적인 방법은 딱 하나 있을 것이다. 효과 있는 백신을 개발하고 제조해서 내놓는 것이다.

하지만 바이러스가 여전히 맹렬하게 확산되는데도 상황은 세계백신연합Gavi, the Vaccine Alliance의 회장 세스 버클리 박사가 테드 강연에서 지적한 대로다. "이런 질병들에 걸릴 위험이 가장 큰 사람은 백신을 살 능력이 가장 떨어지는 사람이기도 합니다. 따라서 부유한 나라에서 많은 사람이 이런 병에 걸릴 위험이 있다면 모를까, 제약사들이 백신을 개발해 시장에 내놓을 동기가 거의 없습니다. 상업적으로 보면 이런 백신을 개발하는 것은 너무나 큰 모험입니다."

2014년에 서아프리카에서 에볼라 집단 발병이 나타난 뒤로, 국제사회는 이런 어려움 속에서도 백신 개발에 어느 정도 진척을 이뤘다. 지금까지 임상 시험 1상이나 2상을 거친 백신 후보가 모두 열세 개다. 게다가 기니, 라이베리아, 시에라리온에서 저마다 다른 후보가 각각 3상 효능 시험에 들어갔다. 뉴링크제네틱스NewLink Genetics가 개발하고 머크가 판매하는 '재조합 수포성 구내염 바이러스-자이르 에볼라 바이러스rVSV-ZE-BOV라는 백신은 유효한 효과가 있는 것으로 나타났다.*

에볼라 집단 발병이 많이 줄어들고 백신 연구에서도 진척이 나타나자, 국제사회는 아프리카에서 에볼라 위기가 마침내 종식됐고 다시는 일어나지 않을 거라고 결론지었다. 하지만 현실은 전혀 다르다. 만약 국제 공중보건계가 계속 열의를 보이지 않는다면 서아프리카에서 에볼라가 발병한 기억이 흐릿해질 테고, 따라서 백신이 승인을 얻도록 밀어붙이는 과정이 흔들릴 것이다. 2016년 지카 바이러스가 유행하기 시작하자, 미국의 입법자들은 남은 에볼라 기금을 지카 전쟁에 쓰기로 했다. 그 바람에 지카도 에볼라도 마땅히 받아야 할 주목을 받지 못했다.

이 글을 쓰는 현재 여러 백신이 다양한 임상 시험 단계에 들어갔다. 하지만 규제 기관으로부터 승인을 받은 백신은 아직 하나도 없다. 승인받은 백신이 하나 이상 나오고 그런 백신을 다음 에볼라 유행에 대비해 비축해야만, 지난번보다 훨씬 더 효과적으로 에볼라에 대처할 준비를 할 수 있다.

제약사들은 지금껏 에볼라 백신 개발에 수백만 달러를 쏟아부었다. 하지만 세계백신연합이 비상사태에 대비해 사들인 미승인 백신은 겨우 500만 달러어치뿐이다. 우리가 공공 보조금을 적용해야 하는 까닭이 바

---

* 머크가 ERVEBO라는 상표로 등록한 이 백신은 2019년 11월 미국 식품의약청 승인을 얻었다.

로 여기에 있다. 영리 단체인 사기업이 이런 엄청난 위험을 감수하리라고 기대할 수는 없는 노릇이다.

연구 자선 단체 웰컴트러스트 대표인 제러미 패러 박사는 에볼라 위기 내내 분명하고 설득력 있는 목소리를 냈다. "에볼라 감염률이 통제 수준 아래로 떨어졌다는 이유로, 눈앞의 다른 위협으로 관심이 기울어 백신 개발이 미완성으로 그치지 않을까 몹시 염려됩니다."

만약 그렇게 되었는데 에볼라가 다시 유행한다면, 어떤 일이 벌어질까? 언론과 의회 위원회가 2014~2015년 사태 때 그토록 많은 경고가 나타났는데 왜 아직도 백신이 없느냐고 따질 것이다.

효과가 입증되어 승인받는 백신이 나온다면, 우리는 반드시 제조에 들어가 비축량을 확보해야 한다. 하지만 더 중요한 점은, 집단 발병이 일어날 만한 지역에 사는 특정인들이 반드시 예방접종을 받게 해야 한다는 것이다. 대상자는 의료 종사자, 구급차 기사, 경찰관, 공공 안전 담당자, 장례 인력을 포함한다. 집단 발병을 확인하면 바로 포위 접종을 실행할 수 있도록 접종 분량을 넉넉하게 미리 배치해야 한다. 감염 지역 전체에 빠르게 대처할 수 있을 만큼 추가 분량도 충분히 확보해야 한다. 내 생각에 타당한 비축량은 1억 회 분량이다.

8장에서 다뤘듯이, 나는 에볼라 백신이 판도를 바꿀 첫 승리가 되도록 전염병대비혁신연합과 함께 힘껏 노력했다. 우리는 정말로 판도를 바꿀 백신을 만들 수 있다. 나는 그렇게 확신한다. 위협이 되는 주요 유행병 목록에서 에볼라를 지울 수 있다. 설사 에볼라가 환자와 같은 공기를 들이마시기만 해도 전염되는 병으로 변이하더라도 말이다. 그런데 지금 이 일을 완수할 만한 공동의 비전, 지도력, 자금이 있을까?

윈스턴 처칠은 이런 말을 남겼다. "최선을 다하고 있습니다, 라는 말은 아무 쓸모가 없다. 필요한 일이라면 반드시 성공해야 한다."

13장

—

사스와 메르스:
앞으로 닥칠 위험을
알리는 전조

새벽은 중국을 벗어나 벵골만을 지나 우레가 내리치듯 온다네!

_키플링의 시 「만델레이」

2003년, 마흔일곱 살이던 조니 첸은 상하이를 기반으로 활동하는 건강한 미국인 사업가였다. 그해 2월 말 홍콩에서 하노이를 거쳐 싱가포르로 가는 비행기에 올랐을 때, 그는 고열과 호흡 곤란에 시달렸다. 하노이에 내린 그는 프렌치병원으로 이송되었다.

그런데 마침 감염병 및 열대병 전문가이자 국경없는의사회의 이탈리아 지부장인 카를로 우르바니 박사가 세계보건기구 업무로 그 병원에 와 있었다. 동료들에게 존경받는 의사였던 우르바니는 베트남과 캄보디아에서 풍토병에 맞서 싸웠다. 또 1999년 노벨의 기일인 12월 10일에 열린 시상식에서 국경없는의사회가 노벨평화상을 받을 때 노르웨이 국왕이 수여하는 상을 받은 대표단 중 한 명이기도 했다. 우르바니는 상금 중 일부로 세계 빈민층에게 중요한 의약품을 공급할 기금을 마련했다.

다른 의사들은 첸이 독감에 걸린 것 같다고 생각했지만, 우르바니는 첸의 증상이 전형적인 독감의 양상과 다르다는 것을 알아차렸다. 열과 설사 증상이 나타난 뒤로도 일주일 동안 심각한 증상을 보이지 않았기 때문이다.

우르바니는 최신 장비를 갖춘 현대 병원에서 활용할 수 있는 모든 자원과 항생제로 첸을 치료했다. 하지만 아무것도 효과를 발휘하지 못했다. 이 질병이 자신이 그동안 봐온 어떤 질병과도 다르다는 사실을 우르바니는 확실히 깨달았다.

인공호흡기를 단 지 7일 뒤, 조니 첸은 홍콩으로 이송되었다. 최고 수준의 응급 치료가 이어졌지만, 그는 3월 13일 끝내 숨을 거뒀다. 그리고 하노이에서는 우르바니가 가장 두려워했던 일이 벌어진 것을 깨달았다. 병원에 있던 다른 환자들, 그리고 이어서 의료 종사자들한테서 같은 병이 발생하고 있었다. 첸은 적어도 38명을 감염시켰다. 우르바니는 제네바에 있는 세계보건기구 본부에 연락한 다음, 정체 모를 감염원이 퍼지지 않도록 병원을 봉쇄했다.

사실 이 이야기의 시작점은 2003년 2월이 아니라 그보다 몇 달 더 전이다. 해마다 독감 변종이 매우 자주 출현하는 곳 중 하나인 중국 광둥성에서 보기 드물게 심각한 독감처럼 보이는 질병이 나타났다. 2002년 11월, 세계보건기구의 독감 프로그램 담당자인 클라우스 슈퇴르 박사가 중국의 예방접종 계획과 관련해 베이징에서 열린 정기 회의에 참석했다. 그때 광둥성의 보건 관료로부터 홍콩과 가까운 광둥에서 몇몇 사람이 극심한 독감 바이러스 때문에 사망했다는 말을 들었다. 연중 이 시기는 독감 수사관이 중국과 극동아시아에서 새로운 변종이 출현하지 않을까 신경을 곤두세우는 때다. 세계에서 인구 밀도가 가장 높은 지역인 데다, 사람들이 어마어마하게 많은 돼지, 닭 그리고 오리와 거위 같은 물새와 가까이 접촉하며 살기 때문이다. 이런 조류가 이 낯선 질병을 일으킨 바이러스의 자연 숙주였다.

2003년 2월 10일, 말 그대로 신종 감염병을 감시하는 온라인 사이트 신종 감염병 감시 프로그램ProMED이 스티븐 커니언 박사의 질문을 올렸다.

> 광저우에서 발생한 유행병을 들어봤는가? 인터넷 대화방에서 만난 한 지인이 거기 사는데, 그곳 병원들이 문을 닫았고 사람들이 죽어나간다고 한다.

그 뒤로 여섯 달 동안, 신종 감염병 감시 프로그램은 이 집단 발병을 계속 널리 알렸다. 그리하여 세계가 새로운 병원체를 이해하고, 확인하며, 억제하는 데 중요한 역할을 했다.

2002년 11월 중국에서 돌아올 때 클라우스 슈퇴르는 바이러스 표본을 제네바로 가져왔다. 실험실에서 분석해보니 평범한 독감 바이러스였다. 그 바람에 모두 긴장을 풀었다. 그런데 2003년 2월 홍콩 주변 지역에서 중증 폐렴 환자들이 나타났다. 혈액 표본과 침 표본을 분석해보니, 이번에는 독감이라는 증거가 없었다. 슈퇴르는 "궁금증이 싹 사라지고 걱정이 들기 시작했다"며 당시 상황을 전했다.

바로 그 무렵 세계 곳곳의 여러 노련한 공중보건 전문가들이 무슨 일이 벌어지고 있는지 의견을 달라는 요청을 받았다. 날마다 열린 화상 회의에는 홍콩, 동남아시아, 제네바의 세계보건기구, 애틀랜타의 질병통제센터, 베데스다의 국립보건원, 워싱턴의 보건복지부 재난지휘센터가 참여했다. 이 정체 모를 질병이 방심한 사람들 사이에 별안간 등장했다는 설명을 들었을 때, 나는 조지프 러디어드 키플링의 시구 "새벽은 중국을 벗어나 벵골만을 지나 우레가 내리치듯 온다네!"를 떠올렸다. 중국에서 시작된 이 질병은 정말로 우레가 내리치듯 홍콩과 베트남에 도착했다.

세계보건기구가 주선한 여러 화상 회의에 수많은 인물이 등장했지만,

나는 슈퇴르와 당시 세계보건기구 전염병관리본부 상임 이사 데이비드 헤이먼 박사가 모든 국제 조사 활동을 조율하는 방식에 깊이 감명을 받았다. 발병 초기에 원인을 '알 수 없는 상황'이 이어진 탓에 당연히 우려가 높아졌다. 세계 곳곳의 다양한 실험실을 묶어 한 팀으로 연구하도록 이끈 헤이먼의 노력은 세계보건기구의 전성기 중 한 시기를 이끌었다.

이때 열린 어느 전화 회의에서 카를로 우르바니의 말을 들은 기억이 있다. 말을 많이 하지는 않았지만, 그가 말할 때 목소리가 썩 좋지 않았다. 우르바니는 방콕에서 열린 의료 회의에 참석하고자 여행하는 동안 병이 도졌고, 방콕에 도착하자마자 병원에 입원했다. 처음 며칠 동안은 격리된 병실에서 세계보건기구의 국제 전화 회의에 참여하곤 했다. 그런데 걱정스럽게도 기침 소리가 계속 나빠지기만 했다. 세계 곳곳에서 전화 회의에 참여했으므로, 말 그대로 세계 곳곳에서 이 기침 소리를 들을 수 있었다. 이제 와 되돌아보니, 기침 소리야말로 우리가 이 질병을 매우 심각하게 받아들여야 한다는 가장 생생한 경고였다.

2003년 3월 29일, 우르바니의 심장이 끝내 멈췄다. 방콕의 한 병원에서 집중 치료를 받은 지 18일 만이었다. 세상을 떠났을 때 우르바니는 마흔일곱 살이었다. 죽음을 눈앞에 둔 그는 신부에게 병자 성사를 집전해달라고 부탁했고, 자신의 폐 조직 표본을 분석용으로 보관하라고 지시했다. 간절히 바라건대, 카를로 우르바니가 현대 역학의 위대한 영웅으로 기억되었으면 한다. 남을 보살피느라 자신의 목숨을 희생한, 그리고 눈앞에 닥친 잔인한 위협을 세상에 알린 고귀한 사람으로.

그사이 중국은 보도를 차단했고, 그 바람에 이 질병을 가장 초기 단계에서 막을 다시없을 기회를 놓쳤다. 중국은 훗날 이 일로 세계보건기구에 사과해야 했다.

질병 수사 활동 결과, 이 정체불명의 질병이 광둥성에 사는 예순네 살의 의사 류젠룬이 2003년 2월 21일 결혼식에 참석하려고 홍콩에 갔을 때 슬며시 따라 들어왔다는 사실이 밝혀졌다. 광둥에서 류젠룬은 흔치 않은 중증 폐렴을 앓는 환자들을 치료했었다. 홍콩에서는 메트로폴호텔 911호에 묵었는데, 복도 맞은편의 투숙자가 바로 조니 첸이었다. 홍콩에 도착한 이튿날 견딜 수 없을 만큼 몸이 아프자, 류젠룬은 쾅화병원 응급실에 도움을 요청해 집중 치료실에 입원했다. 홍콩 보건 당국이 위험한 신종 감염병이 자신들의 발등에 떨어졌다는 사실을 깨달았을 때는 이미 이 질병이 싱가포르와 베트남으로 퍼지기 시작한 뒤였다. 그리고 바로 그곳 베트남에서 우르바니가 심상치 않은 상황을 알아차리고 경보를 울렸다.

2월 25일에는 류젠룬의 매제한테서도 증상이 나타나 3월 1일 쾅화병원에 입원했다. 류젠룬은 3월 4일 숨을 거뒀고, 그의 매제도 3월 19일에 숨을 거뒀다. 바로 그날, 광둥에 머물렀던 한 사업가가 홍콩을 거쳐 고향인 타이완 타이베이로 날아갔다. 그 바람에 타이완에서도 집단 발병이 일어났다. 통틀어 볼 때 홍콩에서 발생한 감염자 약 80퍼센트의 최초 전파자가 류젠룬이었고, 그 가운데 6명은 메트로폴호텔 투숙객이었다.

이때까지도 이 무시무시한 신종 질병이 무엇인지, 다음에는 이 질병이 어디를 덮칠지 아무도 몰랐다. 머잖아 답이 나타났다. 3월 5일, 일흔여덟 살인 여성 콴쑤이추가 캐나다 온타리오주 토론토 자택에서 호흡 곤란으로 사망했다. 조니 첸과 마찬가지로, 콴쑤이추도 류젠룬이 메트로폴호텔에 머무는 동안 그곳에 손님으로 묵었다. 이틀 뒤, 그녀의 아들 체치콰이가 심각한 호흡 곤란 때문에 구급차에 실려 스카버러그레이스병원으로 실려갔다. 엿새 뒤 체치콰이도 숨을 거뒀다.

토론토의 『글로브앤메일』이 보도한 대로, 체치콰이가 입원한 날 캐나다 구급대 소속의 감독자 브루스 잉글룬드가 구급대의 걱정스러운 전화를 받고서 스카버러그레이스병원 응급실에 찾아갔다. 그리고 거기서 이 병에 걸렸다. 다행히 목숨은 건졌지만, 그는 10년이 지난 시점에도 여전히 만성 피로와 호흡기 질환에 시달렸다.

당시에는 아무도 몰랐지만, 체치콰이를 병원으로 데려간 것이 토론토 지역 병원들에서 사스가 집단 발병하는 불씨가 되었다. 적어도 6차 감염을 일으켰기 때문이다.

3월 12일, 세계보건기구는 "원인을 알 수 없는 중증 급성 호흡기 증후군"을 일으키는 특이한 폐렴을 언급하며 전 세계에 경보를 발령했다. 3월 16일, 증상이 곧 병명이 되었다. 중증 급성 호흡기 증후군severe acute respiratory syndrome, 즉 사스였다. 발표가 있기 이틀 전인 3월 14일, 캐나다 브리티시컬럼비아주 밴쿠버의 보건 당국이 메트로폴호텔에 묵었던 쉰다섯 살의 남성에게 사스를 확진했다. 이 남성은 목숨을 건졌고, 토론토에서와 달리 캐나다 서해안에서는 사스가 두번 다시 발생하지 않았다.

4월이 되자 미국 질병통제센터와 캐나다 국립미생물연구소NML는 사스 바이러스가 지금까지 알려지지 않았던 코로나바이러스라는 사실을 밝혀냈다. 코로나바이러스라는 이름은 전기 현미경으로 들여다보면 바이러스 입자의 표면에서 튀어나온 단백질이 코로나corona, 즉 화관을 닮았다 하여 붙여진 것이다. 5월이 되자 사스 바이러스의 주요 숙주가 흰코사향고양이와 족제비오소리로 밝혀졌다. 둘 다 광둥성의 토종 동물로, 현지 시장에서 식용으로 팔렸다. 따라서 사스 바이러스가 사람에게 전염된 과정은 중서부 아프리카의 시골 주민들이 에볼라 바이러스에 감염된 야생동물을 먹었다가 에볼라에 걸린 경로와 비슷했을 것이다. 뒤이은 연구에 따르면, 집단 발병이 일어나기 몇 달에서 몇 년 전 박쥐한테서 사향고양이와 오소리에게 이 바이러스가 옮았을 확률이 높았다.

지금도 마찬가지지만, 사스에는 백신도 없고 특정 치료제도 없었다.

따라서 이 무렵 가장 큰 공포는 사스가 HIV처럼 사람한테 영원히 발붙이거나 독감처럼 위협적인 계절성 질병이 되는 것이었다.

지역사회에 슬그머니 공포가 스며들었다. 에이즈 초창기에 의료 종사자들이 환자들에게 보였던 반응과 마찬가지로, 사스 환자를 돌보느니 일을 그만두는 간호사도 더러 나왔다. 캐나다 최대 신문인『토론토스타』는 3월 24일 일면 머리기사에「정체불명의 병원균, 응급실을 폐쇄하다」를 실었다. 알려진 것이 없다시피 했으므로, 공식 발표는 모호하거나 모순되기 일쑤였다. 관리들과 일선 의료진의 정보 교환은 체계적이기는커녕 아예 소통이 안 될 때도 있었다.

4월 12일, 세계보건기구는 굳이 필요하지 않다면 광둥성이나 홍콩 여행을 자제해달라는 권고안을 발표했다. 4월 23일에는 여행 자제 지역에 토론토를 추가했다.

마침내 사스의 확산을 멈춘 것은 최첨단 의료 기술이 아니었다. 어차피 사스에 특화된 치료제는 없었다. 그보다는 물샐틈없는 감염 억제 활동, 이를테면 환자 격리, 의료진의 방호 장비 착용, 감염자와 접촉한 의료진과 지역민의 집중 추적 조사, 모든 초기 증상자의 즉시 격리가 효과를 발휘했다. 5월 중순이 되자 발병이 수그러드는 모습을 보였고, 온타리오 주는 비상사태를 해제했다. 하지만 비상 해제를 선언한 지 며칠 지나지 않아 병원에 다시 감염자가 밀려왔다. 온타리오는 다시 전면 봉쇄 조치에 들어갔고, 토론토에서 사스가 실제로 억제되기까지는 5주가 더 걸렸다.

사스 집단 발병이 의학계에 던진 가장 큰 수수께끼는 이를테면 류젠룬이나 조니 첸 같은 감염자는 자신들과 마주친 사람들에게 그토록 바이러스를 많이 옮겼는데, 왜 어떤 감염자들은 다른 사람을 거의 감염시키지 않았느냐였다. 우리가 지금도 완전히 이해하지 못하는 여러 이유로, 어떤 사람은 코로나바이러스에 감염되었을 때 '슈퍼 전파자'가 된다.

공중보건과 감염병 분야에서 우리가 가장 걱정하는 것은 치사율이 높으면서 호흡기로 쉽게 전염되는 질병이다. 달리 말해, 목숨을 위협할 뿐 아니라 그 병에 걸린 사람이나 동물과 한 공간에서 숨을 들이마시기만 해도 걸릴 수 있는 질병이다. 감염병 대다수에서는 감염자가 다른 사람에게 병을 옮길 확률을 기초 감염 재생산수basic reproductive number, 즉 R_0(알제로)라고 부른다. 재생산수는 환자의 접촉자가 모두 그 질병에 취약할 때 즉 예방주사를 맞은 적이 없거나 전에 그 병에 걸린 적이 없을 때 꽤 비슷하게 나타난다. 이를테면 감염력이 높은 호흡기 감염병인 홍역의 R_0는 대개 18~20이다. 따라서 환자 한 명이 감염에 약한 접촉자 18~20명에게 바이러스를 옮긴다. 대변-구강 경로로 전염되는 소아마비 바이러스는 R_0가 대개 4~7이다.

그런데 슈퍼 전파자는 재생산수 규칙을 깬다. 이들은 같은 감염병에서도 접촉자에게 다른 감염자보다 더 많은 병원체를 옮긴다. 왜 슈퍼 전파자가 그토록 많은 접촉자를 감염시키는지 그 이유는 분명하지 않다. 다만 우리가 아는 것은 슈퍼 전파자가 코로나바이러스 감염을 정말 소름 끼치는 상황으로 만들 수 있다는 것이다. 이런 슈퍼 전파자는 겉으로 구분되지 않는다. 꼭 더 아프다거나, 면역력이 떨어진다거나, 나이가 많다거나, 임신부이거나 한 것도 아니다. 우리가 흔히 병을 더 잘 옮긴다고 생각하는 조건과 일치하지 않는다는 뜻이다.

캐나다에서 발생한 사스 추정 환자와 의심 환자 438명 가운데 총 44명이 목숨을 잃었다. 전 세계의 추정 환자 8422명 가운데 약 11퍼센트인 916명이 사망했다. 전 세계에 퍼질 수 있는 감염병의 사망률로는 몹시 끔찍한 수치다. 토론토는 관광 수익 감소로 약 3억 5000만 달러, 소비 감소로 3억 8000만 달러의 손실을 봤다고 추산했다.

세계은행은 사스 유행 때문에 세계 경제가 540억 달러에 이르는 손실을 봤다고 추산했다. 이 수치는 대부분 사스와 직결된 의료비가 아니라 대중의 '회피 행동aversion behavior'으로 인해 발생했다.

질병통제센터 부소장 앤 슈허트 박사의 말처럼 "우리가 사스를 억제한 방법은 수백 수천 년 동안 쓴 방법과 다르지 않았다". 그렇다고는 해도 사스 집단 발병을 멈추는 데는 공중보건에 근거한 사뭇 다른 두 가지 활동이 중대한 역할을 했다. 첫째, 사스를 일으켰던 동물이 중국 시장에서 사라졌다. 둘째, 감염을 효과적으로 억제했다. 사향고양이와 오소리가 사람에게 사스 바이러스를 옮길 만한 원천으로 확인되자, 남아시아 시장에서는 이 동물들을 퇴출시켰고, 각국의 당국에서는 사람들에게 그런 동물을 먹거나 접촉하지 말라고 경고했다. 어찌 보면 이 조처는 1854년에 존 스노가 런던 브로드가에서 '펌프 손잡이를 제거'한 것과 비슷했다.

동물 노출에 따른 사람 감염이 더는 발생하지 않았으므로, 이제 남은 일은 병원에서 감염 억제를 시행하고, 지역사회에서 환자와 접촉한 사람을 꼼꼼히 추적해 이들이 다른 사람에게 바이러스를 옮기지 않도록 막는 것이었다. 어떤 접촉자가 사스 초기와 비슷한 증상을 조금이라도 보일라치면 곧장 다른 사람들로부터 격리시켰다. 이런 대응은 생각보다 어려운 일이었다. 하지만 특히 슈퍼 전파자에서 사람 대 사람 전염을 막을 수 있었던 덕분에, 마침내 공중보건 억제 수단은 성공을 거뒀다. 2003년 여름, 드디어 사스가 전 세계에서 사라졌다.

하지만 정말 그럴까? 인간과 야생 생물의 건강을 생태와 연결시키는 혁신적인 보존 과학에 전념하는 국제단체 에코헬스 연합EcoHealth Alliance의 회장이자 질병 생태학자 피터 다스작 박사는 최근에 이렇게 발언했다. "사스는 중국에서 멀쩡히 살아남아 잘 생존하고 있다. 그리고 다음 집단 발병을 준비하고 있다."

최근 이어진 두 연구도 이런 결론을 뒷받침한다. 중국과 타이완에서 박쥐 표본을 조사해보니, 사스 바이러스와 유전자가 거의 같은 코로나바이러스를 보유하고 있었다. 머잖아 이 바이러스는 인간과 꽤 자주 접촉하는 다른 동물로 옮겨갈 수 있다. 만약 이런 박쥐 바이러스 중 하나가 다른 동물을 감염시킨 뒤 사람을 감염시킨다면, 2002~2003년 중국 광둥성에서 벌어진 일이 완벽히 다시 일어날 수 있다. 그러니 우리는 한시도 사스 바이러스에 사망 선고가 내려졌다고 여겨서는 안 된다.

이제 그동안 야생동물에서 코로나바이러스와 사스가 살아왔고 박쥐가 자연 숙주일 확률이 높다는 것이 밝혀졌다. 그러니 수많은 사향고양이와 족제비오소리를 제거하면 어머니 자연이 더는 우리에게 코로나바이러스를 보내지 않도록 막을 수 있다고 생각할 논리적 근거가 사라졌다.

2012년 여름, 사우디아라비아 출신인 한 남성이 사스와 매우 비슷한 증상을 보였다. 콩팥 기능 부족은 물론이고 일반 세균과 바이러스로는 발생하지 않는 중증 폐렴이 나타났다. 이 환자가 발병한 지 두 달 뒤, 사우디아라비아에서 일하는 이집트인 미생물학자 알리 무함마드 자키 박사가 환자의 폐 조직에서 바이러스를 분리해 그것이 사스 바이러스와 비슷한 코로나바이러스의 한 종이라는 것을 확인했다. 하지만 정확히 말하면 사스 바이러스는 아니었다. 그리고 10년 전 나타난 사스 바이러스와 마찬가지로, 이 변종도 그때까지 알려지지 않은 것이었다. 그해 9월, 카타르에 사는 마흔아홉 살의 남성이 비슷한 증상을 보였다. 이 남성도 같은 바이러스에 감염된 것으로 드러났다. 그리고 가을과 겨울 내내, 사우디아라비아와 카타르에서 추가 환자가 불쑥불쑥 발생했다.

새 질병에는 중동 호흡기 증후군Middle East respiratory syndrome, 줄여서 메르스라는 이름이 붙여졌다. 후향 분석retrospective analysis에 따르면, 첫 환자는 2012년 4월 요르단에서 발생했던 것으로 보인다. 현재까지 우리가 알기로 이 질병의 자연 숙주는 중동에서 발견되는 박쥐 종이다. 이 박쥐들이 메르스 바이러스를 중동과 북아프리카에서 흔한 단봉낙타에 옮겼다. 최근 여러 연구가 아프리카와 아라비아반도에서 채취해 저장한 낙타의 혈액 표본을 이용해, 메르스 바이러스나 이와 비슷한 바이러스에 항체가 있는지를 검사했다. 알고 보니 그런 바이러스들이 늦어도 2012년 부터 낙타들 사이에서 돌았다.

메르스 바이러스에 감염된 박쥐들이 파먹은 무화과나 다른 과일이 땅에 떨어졌을 때 낙타들이 이 과일들을 먹고서 감염되었을 수도 있다. 박쥐의 배설물과 접촉했다면 그것도 어느 정도 영향을 미쳤을 것이다. 감염된 낙타는 마침내 다른 낙타와 사람에게 바이러스를 퍼뜨렸다.

안타깝게도 메르스의 사망률은 사스보다 훨씬 더 높은 30~40퍼센트로 나타났다. 어떤 공중보건 관련자가 메르스를 가리켜 '스테로이드 맞은 사스'라고 말할 정도였다. 그나마 다행인 점은, 사람과 사람 사이에 전염이 쉽게 일어나지 않는 듯 보였다는 것이다. 감염자와 가까이에서 오랫동안 접촉한 사람만 메르스에 걸렸다. 하지만 몇 달 지나지 않아, 사스와 마찬가지로 메르스도 특정인을 슈퍼 전파자로 '선택'한다는 사실이 드러났다. 그리고 어떤 사람이 슈퍼 전파자가 될지는 알 길이 없었다.

우리가 답을 찾아야 할 중요한 질문이 있었다. 현재 사람에게 치명적인 질병을 일으키는 메르스 바이러스가 어디에서 생겨났을까? 이 바이러스가 그저 최근에 낙타에 올라탔다가 다시 사람에게 옮겨왔을까? 아니면 비슷한 바이러스가 오랫동안 낙타의 고질병이었다가, 어쩌다 돌연변이가 일어나 더 위험한 특성을 얻었을까? 후자가 맞다면 많은 낙타가 메르스 바이러스와 비슷한 바이러스에 항체 양성 반응을 보이고, 메르스 바이러스에 감염된 낙타만이 사람에게 해를 끼칠 것이다.

낙타도 메르스 바이러스를 보유하지만, 대개는 증상을 보이지 않는다.

가끔 가볍게 호흡기 질환을 앓기는 한다. 만성 감염이 나타나 여러 해 동안 바이러스를 몸에 지니기도 한다. 그러나 낙타가 호흡이나 체액, 낙타 젖을 통해 사람에게 이 바이러스를 옮기면, 사람은 가볍게 앓고 지나가거나 목숨이 오가거나 둘 중 하나인 메르스를 겪는다.

바로 이 때문에 메르스는 사스나 다른 코로나바이러스와는 또 다른 문제를 일으킨다. 메르스 바이러스는 이제 중동 전역의 낙타 개체군에 확실히 자리를 잡았다. 달리 말해 박쥐가 없어도 번식할 수 있다는 뜻이다.

족제비오소리와 흰코사향고양이는 우리가 모조리 죽일 수 있을지도 모른다. 이런 동물에 신경 쓰는 사람은 아무도 없다. 설사 이런 이국적인 진미를 정말로 즐기는 사람이 있을지라도, 그 맛을 포기하는 것이 엄청나게 어려운 일은 아니다. 하지만 중동에서 낙타를 없앨 수는 없다.

중동 문화에서 낙타란 그야말로 중요해 거의 성스러운 동물에 가깝다. 중동 사람들은 지난 수천 년 동안 낙타에 의지해 살아왔다. 낙타는 지금도 중동의 생활 방식에 깊이 얽혀 있고, 현지 상거래에 없어서는 안 될 존재다. 낙타는 젖, 고기, 털을 제공하고, 또 운송과 다른 여러 일을 맡는다. 똥마저 땔감으로 쓰인다. 낙타 젖은 가장 중요하다 할 낙타 제품으로, 유목민의 주요 식량이다.

게다가 아프리카의 뿔*에 있는 나라들에서는 낙타가 갈수록 중요한 농업 수출품이 되었다. 이를테면 최근 몇 년 동안 소말리아는 해마다 중동에 3000만 달러어치가 넘는 낙타를 수출했다.

아라비아반도에서 낙타 경주는 미국에서 경마가 누리는 것에 준하는 인기를 누린다. 우승한 낙타는 웬만하면 500만 달러가 넘는 가격에 팔리고, 더러는 3000만 달러에 팔리기도 한다. 사람에게 미인대회가 있듯,

---

* 좁게는 에티오피아, 소말리아, 에리트레아, 지부티까지지만 포함되나 여기서는 넓게 케냐, 수단, 우간다까지 포함된다.

예쁜 낙타 선발 대회도 있다. 이 대회에서 우승한 낙타도 경주에서 우승한 낙타와 비슷하게 몸값이 치솟고 인기를 누린다.

쉽게 말해, 중국과 미국에서는 조류 독감에 걸린 닭들을 여러 차례 모조리 살처분했지만, 중동의 낙타 소유주들은 설사 낙타가 메르스 증상을 보이더라도 그리 심하지 않은 한 죽이지 않을 것이다. 따라서 중동과 아프리카에서 낙타를 없애겠다는 생각은 애초에 배제해야 한다.

이런 상황이 메르스의 미래에 어떤 의미를 지닐까? 글쎄, 나는 메르스가 이제 겨우 추악한 머리를 보였을 뿐이지 않을까 싶어 두렵다. 아라비아반도에 사는 단봉낙타는 무려 120만 마리가 넘고, 그 가운데 78퍼센트가 사우디아라비아, 아랍에미리트, 예멘에 있다. 혹이 두 개인 쌍봉낙타는 주로 중국과 몽골에 산다. 아프리카에는 어림잡아 2400만 마리가 살고, 그중에서도 소말리아가 700만 마리, 수단이 490만 마리, 케냐가 320만 마리로 대부분 아프리카의 뿔에 몰려 있다.

앞서 언급한 대로 낙타와 접촉했을 때 메르스에 걸릴 위험이 크다면, 단봉낙타가 많은 나라일수록 메르스에 걸린 사람도 많아야 말이 된다. 2018년까지 메르스 확진자는 총 2274명인데, 그중 약 83퍼센트인 1896명이 사우디아라비아에서 발생했다. 2010년 기준으로 사우디아라비아는 인구가 2710만 명, 낙타는 80만 마리였다. 아라비아반도의 다른 나라는 인구가 대략 5100만 명, 낙타는 40만 마리였다. 아프리카의 뿔 지역의 인구는 2억 2580만 명, 낙타는 약 1600만 마리였다. 따라서 사우디아라비아는 해당 지역에서 인구는 9.8퍼센트, 낙타 수는 4.3퍼센트를 차지할 뿐인데도, 메르스 환자는 무려 83퍼센트를 차지했다. 이유가 무엇일까? 우리는 답을 찾지 못했다.

최근 여러 연구에 따르면 얼마 전부터 아프리카의 뿔 지역이 낙타들 사이에 메르스 바이러스나 이와 유사한 바이러스가 돌았다고 한다. 하지만 아직은 그곳의 낙타 사육자에서 메르스 환자가 나왔다는 증거는 없다. 2016년에 발표된 한 연구에 따르면, 케냐의 가축 사육자 1122명에게서 채취한 혈액 표본을 분석했더니 메르스에 항체가 있는 사람은 단 두 명이었다. 이 결과는 낙타가 많은 아프리카 국가에서 메르스 감염이 비교적 적다는 것을 암시한다.

혹시 실제로는 이들 나라에서 메르스가 심각한 공중보건 문제인데도, 열악한 의료 체계와 불충분한 질병 감시 탓에 환자들을 놓치고 있는 것은 아닐까? 나는 그렇게 생각하지 않는다. 만약 사우디아라비아에서 발병하는 메르스 바이러스가 아프리카의 뿔에 있는 나라들에서도 발생한다면 설사 질병 감시가 소홀하더라도 주요 슈퍼 전파자가 적어도 몇몇 병원에서 다른 환자와 의료 종사자에게 바이러스를 퍼뜨릴 테고, 그것을 우리가 알아차리지 못할 리는 없다.

나는 오늘날 심각한 질병을 일으키는 메르스 바이러스가 2010년에서 2011년 사이에 사우디아라비아나 요르단에서 생겨났다고 확신한다. 아마 사람에게는 질병을 일으키지 않는, 메르스와 비슷한 아프리카의 다른 바이러스가 변이한 변종일 것이다. 아프리카의 뿔 지역에서는 대개 낙타를 키워 아라비아반도에 팔기만 할 뿐 거꾸로 사들이는 일은 드물므로, 사람에게서 질병을 일으키는 메르스 바이러스의 씨앗이 아직도 아프리카에 뿌리를 내리지 못했다.

나는 다른 감염병이 그렇듯 메르스도 앞으로 거듭 다시 모습을 드러낼 것이라고 거의 확신한다. 메르스 재유행은 그저 시간문제일 뿐이다. 일반 무역 물자가 대부분 아라비아반도에서 아프리카로 들어가는데도 메르스 바이러스가 앞으로 결코 홍해를 건너 아프리카의 뿔로 건너가지 않으리라고 가정하는 것은 역학 관점에서 보면 터무니없고 비논리적인 주장이다.

다음 메르스 전선은 아프리카의 뿔에 사는 2억 2580만 명 사이에 그어질 것이다. 이곳의 나라들은 일찍이 기초 의료 물자가 턱없이 부족하므로 메르스에 엄청난 충격을 받을 것이다. 그때는 서아프리카에서 에볼라가 발병했을 때 벌어진 일이 동아프리카에서도 벌어질 수 있다.

아랍에미리트 아부다비 왕실에 초청받아 그곳에서의 상황을 연구한 덕분에 나는 중동에서 메르스의 뿌리가 어디에 있는지 파악할 수 있었다. 그때 나는 중동의 상황을 계속 꼼꼼히 주시했고, 모든 관련자에게 낙타든 사람이든 백신이 필요하다고 주장했다. 그곳 지인들에게 메르스에 대처할 길은 사람과 동물을 모두 고려하는 '원헬스' 접근법뿐이라는 것이 명확해졌다고 알렸다. 우리가 사람에게서 질병을 예방할 백신이나 피해를 줄일 항바이러스제를 만들지는 몰라도, 그런 질병을 억제할 가장 직접적이고 효과적인 수단은 바이러스를 보유한다고 알려진 낙타와 다른 포유류에게 사용할 백신이라는 뜻이다. 동물용 백신이야말로 '펌프 손잡이를 제거'해 확산을 멈출 확실한 전략이다.

메르스는 지금껏 중동에서 계속 서서히 끓어올랐다. 1950년부터 2009년까지 사우디아라비아의 보건부 장관은 딱 한 번 바뀌었다. 그런데 메르스가 등장한 뒤로는 다섯 번이나 바뀌었다. 확신하건대 메르스 바이러스를 억제할 능력이 총체적으로 모자랐기 때문일 것이다.

2015년 3월 워싱턴 DC의 의학연구소Institute of Medicine에서(그해 7월 1일 미 국립의학아카데미로 명칭이 바뀐다) 신종 질병의 위험에 관한 회의가 열렸을 때, 나는 머잖아 메르스가 중동 이외 지역에서 모습을 드러내리라고, 자신이 메르스에 걸린 줄 모르는 슈퍼 전파자가 비행기에 올라타 어느 대도시로 날아가리라고 예측했다. 언제 어디서 나타날지는 몰랐지만, 거의 틀림없는 일이었다.

회의가 끝난 지 채 두 달도 지나지 않아, 예순여덟 살의 남성이 중동 지역 네 나라를 방문한 뒤 대한민국으로 돌아갔다. 아프기 시작해 최종 확진을 받기까지 9일 동안, 이 남성은 의료 시설 네 곳을 방문했다. 만약 병원에서 이 환자의 질환을 일찍 밝혀냈다면, 이 사람을 격리해 집단 발병이 더 퍼지지 않도록 막았거나 적어도 더 쉽게 억제했을 것이다. 하지만 실제로는 6월 초가 되자 이 환자는 가족을 비롯해 방문했던 병원 중 두 곳인 평택성모병원과 삼성서울병원의 환자 및 의료진을 포함해 모두 20명이 넘는 사람을 감염시켰다.

대한민국에서 메르스가 이토록 빨리 퍼진 데에는 커다란 이유가 하나 있었다. 감염 억제 방식, 특히 감염성이 높은 슈퍼 전파자에 대응하는 방식이 부적절했다. 안타깝게도 전 세계의 현대 의료 시설이 모두 별반 다르지 않은 상황이다.

메르스는 대한민국의 경제, 사회, 정치에 크나큰 충격을 안겼다. 삼성서울병원은 6월 14일부터 7월 20일까지 5주 동안 환자를 받지 못했다. 학교도 거의 3000곳이 휴교에 들어갔다. 운동 경기의 관중이 줄었고, 콘서트가 연기되었다. 가게나 슈퍼마켓에서 물건을 사는 사람도 줄었다. 10만 명이 넘는 여행객이 한국 방문을 취소했다. 한국은행은 이자율을 사상 최저로 낮췄고, 경제가 급강하할 수 있다고 공개적으로 우려를 드러냈다. 박근혜 대통령의 지도력이 대한민국을 달구는 논쟁거리가 되었고, 대통령이 문제에 책임을 지지 않으려 한다는 비난이 일었다.

보건 당국은 모든 의심 환자가 격리 병실에 입원하거나 자가 격리해야 한다고 명령했고, 감염 억제 정책을 다시 검토해 강화했다. 슈퍼마켓 판매대를 소독제로 닦았고, 지하철역과 기차를 정기적으로 소독했다. 또 호흡기 전염을 막고자 마스크 착용을 권고했다. 모두 1만6000명이 넘는 사람을 격리시켰고, 마을 한 곳을 통째로 봉쇄하기도 했다. 당국은 감염자 한 명 한 명의 상태를 공식적으로 살폈다.

7월 말이 되자 확진자 186명 가운데 36명이 사망했다.

9월에 삼성서울병원 원장 송재훈 박사가 메이오클리닉의 프리티시 토시 박사와 나를 서울로 초청해, 삼성서울병원의 상황을 평가하고 앞으로 위기를 피하려면 어떻게 해야 할지 조언해달라고 요청했다. 나는 오랫동안 송재훈 원장을 알고 지냈고, 그를 가까운 친구이자 매우 존경할 만한 동료로 여긴다. 그는 내가 함께 일한 매우 뛰어난 감염병 의사 가운데 한 명이다. 그런 그가 순식간에 의료 위기이자 정치 위기가 된 정말 난감한 상황에 놓여 있었다. 국회 청문회에 불려갔고, 삼성서울병원 응급실이 슈퍼 전파자의 초기 진단을 놓친 데다 역학 조사까지 막았다는 비난을 받았다.

삼성서울병원은 대한민국의 주요 병원으로, 세계 여러 지역의 최고 의료원과 맞먹는 수준을 자랑한다. 이곳의 의사, 간호사, 행정 직원들도 의료계에서 매우 뛰어나고 숙련된 사람들로 손꼽힌다. 메르스 발병 기간에 의료진 대다수는 마치 영웅처럼 자기가 맡은 일을 수행했다. 메르스 병실에서 며칠을 머물면서, 목숨이 오가는 동료와 환자들 곁을 떠나지 않았다. 온갖 소문이 돌았지만, 사실 다른 병원 세 곳을 방문했던 초기 환자를 올바르게 진단한 곳이 삼성서울병원이었다. 구체적인 감염 억제 예방 조처를 내리기 전에 환자 285명과 의료진 193명이 노출되었지만, 뒤이은 전염은 일어나지 않았다. 문제는 애초에 초기 환자가 삼성서울병원에 가기 전 38명에게 바이러스를 노출했고, 그중 대한민국 밖으로 나간 적이 없는 서른다섯 살 남성 접촉자가 삼성서울병원 응급실에 간 탓에 주요 확산을 유발했다는 것이다.

의료진이 이 남성을 메르스 환자로 추정하자마자 격리 병실로 옮겼지만, 그때는 이틀이 지난 터라 전염이 계속 일어난 뒤였다. 병원은 응급실에서 이 남성과 어떤 식으로든 접촉했던 모든 사람을 조사해 인터뷰하고 추적했다.

오늘날 우리도 이런 재앙에 대처할 준비가 되어 있지 않기는 마찬가지다. 미국의 어느 병원에 비슷한 메르스 슈퍼 전파자가 출현했다면 우리도 비슷한 결과를 보였을 확률이 매우 높다. 공중보건과 관련된 메시지도 2014년 에볼라 발병 때처럼 엇갈렸을 것이다. 만약 메이오클리닉, 존스홉킨스병원, 매사추세츠종합병원, 클리블랜드클리닉이 심각한 메르스 슈퍼 전파자가 발생해 5주 남짓 문을 닫는다면 언론과 대중이 어떤 반응을 보일지 상상해보라. 국가 위기가 일어날 것이다.

2014년에 질병통제센터가 한 연구에서 확인해보니, 두 달 동안 사우디아라비아와 아랍에미리트에서 곧장 미국으로 날아온 사람은 12만 5000명이 넘었다. 이 여행자 중 누구라도 중동에서 한국으로 돌아간 예순여덟 살의 남성과 같을 수 있었다.

2016년 여름, 삼성서울병원에서 메르스 발병을 조사해 억제하는 역할을 맡았던 팀이 자신들의 활동과 그 과정에서 얻은 교훈을 의학 학술지 『랜싯』에 자세하게 발표했다. 이 논문의 마지막 구절은 전 세계의 의료계가 아주 심각하게 받아들여야 할, 경험에서 우러나온 목소리와 힘든 전투 끝에 나온 결론을 담고 있다.

중동에서 메르스 코로나바이러스 전염이 지속되는 한, 여행자 단 한 명이 세계 어디에서라도 비슷한 집단 발병을 일으킬 위험을 주시해야 한다. 앞으로 더 큰 집단 발병이 일어나지 않도록 막으려면 비상사태에 대비하고 경계하는 것이 무척 중요하다. 이 보고서는 병원, 실험실, 정부 기관의 대비가 메르스 코로나바이러스 감염뿐 아니라 다른 신종 감염병을 막을 열쇠라는 것을 전 세계에 알리는 경보다.

나는 한국의 메르스 집단 발병이 메르스의 역사에서 유별난 사건으로 남지 않으리라고 믿어 의심치 않는다. 메르스 바이러스가 다음에 어디를 습격하든, 그곳의 병원과 공중보건 관계자들도 같은 난관을 마주할 것이다.

따라서 우리가 메르스와 관련해 맞닥뜨린 큰 사안은 두 가지다. 첫째, 다음 집단 발병이 한국에서처럼 당연히 한 도시나 지역에 국한되리라고 생각할 근거가 없다. 둘째, 만약 메르스 바이러스가 아프리카 대륙으로 들어갈 길을 찾는다면 퇴치는커녕 억제조차 몹시 힘겨울 것이다. 지금 우리에게는 그런 일이 벌어지기 전에 무언가 결정적 조처를 할 기회가 있다. 하지만 언제까지나 그 문이 열려 있지는 않을 것이다.

이 책을 마무리할 무렵, 세계보건기구가 「중동 호흡기 증후군 코로나바이러스(메르스 코로나바이러스)에 맞선 연구 및 의약품 개발 로드맵 A Roadmap for Research and Product Development Against Middle East Respiratory Syndrome: Coronavirus(MERS CoV)」이라는 종합 보고서를 펴냈다. 보고서는 메르스에 정면 대응하는 데 필요한 중요 의약품 개발을 규정한다. 그중에서도 중요한 것은 사람용 백신과 낙타용 백신이다. 이 로드맵은 효과 있는 치료제와 더 나은 진단 검사도 우선으로 꼽는다.

백신연구재단, 노르웨이 공중보건원, 전염병대비혁신연합도 메르스 백신 연구 및 개발을 우선 사항으로 인정했다. 그렇다면 언젠가는 백신이 실제로 나올까? 나는 잘 모르겠다. 백신 연구와 개발이라는 무지개 끝에 노다지가 있을 전망이 없고, 핵폭탄을 개발했던 맨해튼 계획처럼 이런 활동을 주도할 당국도 없기 때문이다. 나는 세계보건기구의 로드맵 보고서가 사무실 구석에 처박혀 먼지만 뒤집어쓰지 않을까 몹시 걱정스럽다. 내가 그런 일을 겪은 적이 있기 때문이다. 감염병 연구·정책센터가 판도를 바꿀 독감 백신이 필요하다는 종합 보고서를 내놓았지만, 보고서는 여태까지 오랫동안 무시되어왔다.(이 보고서는 마지막 장에서 다루겠다.)

사스 발병은 세계에 오늘날까지 우리를 괴롭히는 유산을 하나 남겼다. 2003년 사스 집단 발병 초기에 세계보건기구의 요청으로 여러 회사가 백신 연구, 개발, 제조에 뛰어들어 많은 돈을 투자했다. 제약 산업계를 통틀어 얼마를 투자했는지는 정확히 모르지만, 수억 달러에 이르렀을 것이다. 제약 업계는 세계가 공중보건 위기에 대응하는 데 조력해 옳은 일을 하고, 또 투자 기회를 잡으려 했다.

2003년 늦여름 사스가 종식되자, 사스 백신과 관련된 추가 연구를 지원하려던 정부 당국과 자선 단체의 관심이 거의 사라졌다. 언젠가는 백신을 구매하겠다고 관심을 보이는 곳조차 없었다. 그 바람에 제약사 대다수가 초기 사스 백신 연구비만 떠안고 말았다. 지금껏 언급했듯이 기업의 이런 '기억'이 백신 관련 투자에 영향을 미치는 큰 걱정거리로 남았다.

이 글을 쓰는 동안 서아프리카에서 에볼라 유행이 가라앉을 기미를 보이자, 정부의 관심이 줄어들었고 백신 제약사들은 노력의 대가로 아무것도 얻지 못했다. 이제는 제약사들이 또다시 '끈 떨어진 신세'가 되지 않으려고 신중한 자세를 보이므로, 다음에 세계적인 감염병 위기가 닥쳤을 때 주요 백신 제약사가 큰돈을 투자하리라고 기대해서는 안 된다.

이것이 우리의 첫 난관이다. 우리가 이 난관을 직면하지 않는다면, 이런 전문가 보고서가 제시하는 권고와 제안에 귀 기울이지 않는다면, 그런 무심함을 후회할 날이 틀림없이 올 것이다.

14장

—

모기: 공중보건 최악의 적

당신이 너무나 보잘것없어 아무런 영향을 미치지 못한다는 생각이
든다면, 모기 한 마리와 함께 잠을 자보라.
_달라이 라마

감염병 역학자로 일하는 동안, 나는 지금껏 다룬 모든 주요 질병에 어떤
식으로든 관여해왔다. 그래서 그 질병과 전염 방식을 역학자로서 이야기
할 수 있다. 하지만 모기와 모기가 옮기는 질병은 내 개인사가 크게 얽혀
있는 이야기다.

　1997년, 우리 가족은 아름다운 미네통카호를 마주 보는 미니애폴리
스 세인트폴 서쪽 교외에 집을 한 채 지었다. 커다란 참나무 스물아홉 그
루가 자라는, 수풀이 우거진 땅이었다. 그해 열여섯 살이던 아들 라이언
은 미니애폴리스 북부의 외갓집에서 여름 한 달을 보낸 뒤, 새집 주위에
나무 심는 일을 돕기 위해 집으로 왔다. 하루는 라이언이 집 둘레에 나
무를 심을 구멍을 파고, 나는 새로 깐 잔디에 물을 줬다.

　그리고 약 일주일 뒤, 라이언에게 도무지 가시지 않는 두통이 생겼다.
그날은 토요일 밤이었고, 우리 둘은 함께 미네소타 트윈스의 야구 경기
를 보고 있었다. 라이언은 너무 피곤해 그런 것 같다며 반지하에 있는 자
기 방으로 자러 갔다.

이튿날 아침, 나는 아래층의 라이언에게 일어나 교회에 갈 준비를 하라고 외쳤다. 녀석은 아직도 피곤하다며 뭐라고 중얼거리더니 그냥 누워 있겠다고 말했다.

예배를 드리고 돌아와 라이언을 불렀는데, 아무런 답이 없었다. 방으로 내려가보니 라이언은 말도 못할 정도로 끙끙 앓고 있었다. 방 곳곳에 토한 흔적이 보였다. 토한 자리를 보니 화장실에 가기 위해 발을 뗄 겨를조차 없었던 듯했다.

한 해 전 나는 미니애폴리스 서남쪽에 있는 맨케이토라는 곳에서 고등학생 사이에 대규모로 집단 발병한 세균성 수막염에 대응한 적이 있었다. 라이언과 비슷한 전형적인 증상을 보였던 열여섯 살 사내아이가 그 병으로 목숨을 잃었다. 그래서 세균성 수막염이 가장 먼저 떠올랐다.

그때 집에는 나와 라이언뿐이었다. 라이언을 일으켜 어깨에 들쳐업고, 차 앞자리에 태웠다. 먼저 미니애폴리스어린이병원에 전화한 뒤 최대한 빨리 차를 몰았다. 차를 몰면서 맨케이토 집단 발병 대응 팀을 함께 이끌었던 크리스틴 무어와 그녀의 남편에게 연락했다. 내가 응급실에 들어선 지 얼마 지나지 않아 두 사람이 도착했다.

허리천자로 확인해보니, 다행히 뇌척수액에서 세균이 보이지는 않았다. 세균성 수막염을 걱정했던 나는 가슴을 쓸어내렸다. 하지만 우리는 라이언이 무엇 때문에 아픈지 궁금해졌다. 라이언의 상태는 병원에 입원한 이튿날까지 나아지지 않다가 그날 오후 늦게야 비로소 조금 호전되었다. 밤이 되자 무슨 병 때문에 아팠는지는 모르겠지만, 라이언은 회복하는 듯 보였다.

그런데 화요일 밤, 라이언의 상태는 급격히 악화되어 집중 치료실로 옮겨졌다. 나는 아이를 잃을지 모를 위험을 마주해야 했다.

라이언의 담당의들과 함께 생각할 수 있는 모든 질환을 검토했다. 그리고 역학자 경력을 바탕으로, 미네소타에서 발견되는 모기 관련 바이러스의 항체를 검사해보자고 제안했다. 이전에 라크로스 뇌염을 조사한 적이 있었지만, 사실 라이언이 라크로스 뇌염 같은 병에 걸렸으리라고는 생각하지 않았다. 이 뇌염은 대개 잠복기가 한 주를 넘는데, 잠복기 전에 머물렀던 외갓집은 뇌염 바이러스가 없는 지역이었기 때문이다.(내 생각은 그랬다.)

놀랍게도, 결과는 양성이었다. 우리는 라크로스 뇌염의 잠복기와 관련한 통념을 전적으로 다시 생각했고, 바이러스에는 우리가 경험하지 못한 변수가 여럿 있다는 사실을 받아들였다. 그런 와중에도, 실은 라이언이 라크로스 뇌염이라는 진단에 적잖이 마음이 놓였다. 비록 1960년에 처음 발생한 어린 환자가 안타까운 죽음을 맞았고 여전히 특이 요법이 없는 질병이었지만, 통계로 볼 때 예후가 우리가 감별 진단으로 추정했던 다른 질병들보다 훨씬 더 긍정적이었기 때문이다.

병원의 적극적인 보조 치료 덕분에 라이언은 서서히 증세가 나아져 눈에 띄는 장애가 전혀 없이 무사히 회복했다. 물론 후유증으로 뇌손상이 있지 않을까 걱정했지만, 그것을 알려면 기다려보는 수밖에 없었다.

한편 메트로폴리턴 모기방제구역에서 우리 집 주위를 조사하던 중, 나뭇가지가 갈라지는 부위가 자연스럽게 패이거나 썩으면서 생긴 구멍들을 찾아냈다. 잔디밭에 물을 줄 때마다 나도 모르게 안뜰 가장자리에 있는 이 구멍들에도 물을 뿌렸던 모양이다. 조사관들은 그곳에서 미국흰줄숲모기*Aedes triseriatus*도 찾아냈다. 이 모기들을 검사했더니 라크로스 바이러스가 검출됐다. 후속 조처로, 주변 지역의 모든 나무 구멍을 메웠다.

언론은 이 이야기를 놓치지 않았다. 이 일은 모기가 옮기는 뇌염을 깊이 연구한 어느 고위 공중보건 관리가 나무에 물을 주는 바람에 모기들을 깨우고서도 자기가 무슨 짓을 했는지 몰랐다는, 경각심을 일깨우는 일화가 되었다.

다행히 라이언은 라크로스 뇌염을 앓고도 아무런 후유증을 겪지 않았다. 몇 년 뒤, 미네소타대 의과대학에 다니던 딸 에린은 신경학과에 실습을 나갔을 때 라크로스 뇌염과 관련한 설명을 들었다. 에린이 가만히 설명을 들어보니, 이름을 밝히지 않은 채 묘사한 환자의 이야기는 바로 라이언의 사례였다.

미국인은 모기를 치명적인 적이라기보다 주로 짜증스러운 존재로 생각한다. 모기가 위험하다는 생각이 들면 살충제를 뿌려 우리를 보호하기라도 하지만, 대개는 한창 피를 빠는 모기를 때려잡는 것만으로 만족한다. 물론 모기라고 모두 위험한 건 아니다. 3000종 남짓의 모기 종 가운데 인간에게 병을 옮긴다고 알려진 종은 몇몇 종에 그친다. 하지만 그렇게 병을 옮기는 모기들은 동물계에서 가장 흉악한 공공의 적이다. 알다시피 내 아들의 목숨이 위험했던 것도 앵앵거리는 작은 모기 한 마리 때문이었다.

모기는 절지동물이다. 즉 외골격과 체절, 부속지가 있다. 종마다 습성이 다르고, 이런 습성 차이는 매개체 감염병이 어떻게 퍼지는지를 이해하는 데 중요한 요인이 된다. 어떤 종은 바람을 타고 하루에 수 킬로미터를 여행하지만, 어떤 종은 시골길조차 건너려 하지 않는다. 어떤 종은 숲이 우거진 곳에서 살지만, 어떤 종은 늪지대에서 산다. 쥐와 바퀴벌레처럼 인간들 틈에서 살아가는 데 적응한 종도 있다. 이런 종들은 뒤뜰은 물론이고 옷장에까지 자리를 잡는다. 어떤 종은 비가 온 뒤에 물이 고이는 나무 구멍이나 웅덩이에 알을 깐다. 어떤 종은 플라스틱 음료수병 바닥에 한 숟가락만큼의 물만 있어도 번식할 수 있다. 따라서 모기 방제 계획은 방식을 막론하고 어떤 종이 바이러스나 기생충을 옮기느냐에 근거해야 한다.

인간 세계에서는 범죄자의 대다수가 남성이지만, 모기 세계에서는 암 컷만이 사람이나 다른 동물을 문다. 이때 암컷은 속이 텅 빈 대롱처럼 생긴 주둥이를 이용해 피를 빤다. 어떤 종은 혈액의 영양분이 있어야 알 을 낳을 수 있고, 어떤 종에선 혈액이 더 많은 알을 낳도록 촉진한다. 모 기는 동물을 물 때 자그마한 상처를 낸 뒤 침을 집어넣는다. 모기의 침 에 있는 항응혈제는 주둥이 안에서 피가 굳지 않도록 막는다. 모기에 물 린 뒤 살갗이 가렵고 빨갛게 부풀어 오르는 까닭은 항응혈제에 반응해 우리 몸에서 히스타민이 작용하기 때문이다. 바이러스나 기생충을 보유 하다가 우리를 감염시키는 것도 바로 모기 침이다. 모기가 병을 옮기는 종은 우리 인간만이 아니다. 다양한 모기가 인간부터 작은 설치류, 심지 어 파충류까지 흡혈한다.

감염원을 옮기려면, 먼저 모기가 감염되어야 한다. 다행히도, 전체 모 기 종 가운데 인간의 병원체에 쉽게 감염되는 종의 비율은 낮은 편이다. 이 모기들이 감염되는 주된 경로는 이미 감염된 인간 또는 동물의 피다. 이를테면 초여름에 웨스트나일West Nile 바이러스나 동부마뇌염EEE·서부 마뇌염WEE 바이러스를 보유한 모기가 아직 날지 못하는 어린 새를 물었 다고 해보자. 바이러스에 감염된 어린 새는 이제 바이러스 운반체가 된 다. 다른 모기들이 이 새를 문 다음 다른 새나 사람을 물면, 자가 증식하 는 다단계 감염이 일어난다.

이와 달리 말라리아는 주로 인간 감염병으로, 인간을 문 모기가 말라 리아 원충에 옮았다가 다시 다른 사람에게 이를 옮기는 식이다. 한편 최 근 동남아시아에서는 주로 원숭이를 감염시키는데, 인간도 감염시키는 말라리아 원충의 변종이 늘어나고 있다.

모기 매개 감염에는 온도도 중요한 역할을 한다. 바깥잠복기extrinsic

incubation period, 健騫喀講, 즉 모기가 피와 함께 빨아들인 감염원이 중간 숙주인 모기의 체내에서 성숙해지기까지 걸리는 시간에 영향을 미치기 때문이다. 매개체 감염병의 대다수는 온도가 따뜻해질수록 바깥잠복기가 짧아진다. 우리가 전염병에서 기후변화를 매우 중요한 요인으로 고려하는 까닭도 이 때문이다.

알다시피 라이언이 라크로스 뇌염에 걸리는 데 치명적인 역할을 한 종은 미국흰줄숲모기다. 나와 미국흰줄숲모기는 오랫동안 알고 지낸 역사가 있다.

고등학교 2학년 여름방학 때, 친하게 지내던 수렵 관리인의 도움으로 아이오와주립 위생관리연구소Iowa State Hygienic Laboratory에서 아르바이트 자리를 얻었다. 이 연구소는 아이오와주의 공식 공중보건 연구소였다. 당시는 고향 워콘 근처에서 여름마다 라크로스 뇌염 환자가 늘어나던 시기였다. 라크로스 뇌염 바이러스는 뇌를 부풀어 오르게 해 피로, 고열, 두통, 메스꺼움, 구토를 일으키다가 발작, 혼수상태, 마비까지도 나타나게 한다. 심각한 증상은 대부분 16세 이하 청소년에게서 나타나고 대체로 일시적 증상에 그치지만, 가끔은 영구적인 손상을 남기거나 목숨을 위협하기도 한다.

처음에는 캘리포니아 뇌염으로 알려졌지만, 미네소타주의 어린 여자아이가 워콘에서 동북쪽으로 100킬로미터쯤 떨어진 위스콘신주 라크로스 군데르센 클리닉La Crosse Gundersen Clinic에서 알 수 없는 병으로 치료를 받으면서 지금의 이름을 얻었다. 안타깝게도 그 아이는 목숨을 잃었다. 이때 환자의 뇌와 척수 조직을 채취해 표본을 보관했는데, 5년 뒤 그 표본에서 아르보바이러스arbovirus를 분리했다.

라크로스 뇌염을 운반해 전염시키는 것은 미국흰줄숲모기다. 나무구멍모기tree-hole mosquito라고도 불리는 이 종은 조금이라도 빗물이 고이고 직사광선이 비추지 않는 곳이라면 활엽수에 난 구멍이든, 물을 담은 그릇이든, 버려진 타이어든, 쓰레기든 가리지 않고 알을 낳는다.

참나무 같은 활엽수의 줄기에서 커다란 가지가 뻗어 나가면서 물이 고일 수 있는 틈이 생기면 나무 구멍이 된다. 이 틈은 미국흰줄숲모기가 알을 까기에 더할 나위 없이 좋은 환경을 제공한다. 어둡고 조용하고 바람도 없는 데다, 자주 떨어지는 나뭇잎이 유충의 먹잇감인 미생물의 먹이가 되기 때문이다.

미국흰줄숲모기는 부화한 곳에서 몇백 미터 밖으로 여행하는 일이 드물다. 라크로스 뇌염 바이러스의 주요 숙주는 설치류이지만, 일단 모기가 이 특이한 바이러스에 감염되면 알을 낳을 때 바이러스도 함께 옮긴다. 달리 말해 감염된 암컷의 알에서 태어난 미국흰줄숲모기도 감염되어 라크로스 뇌염 바이러스를 옮길 수 있다.

내가 라크로스 뇌염을 연구하기 시작했을 때 아이오와 동북부, 미네소타 동남부, 위스콘신 서남부에서 해마다 20~40명이 이 병에 걸렸다. 환자의 대다수는 어린이였고, 첫 증상은 대부분 두통과 목 결림이었다.

나는 위생관리연구소가 제공한 실험 장비로 집 지하실에 기본적인 실험실을 꾸렸다. 채집한 모기들을 선별할 초급 현미경이 있었고, 서른 종 남짓인 우리 지역 고유종을 확인하는 법을 배웠다. 표본을 넣어둘 작은 유리병과 유리병에 넣은 표본을 보관할 특수 드라이아이스 냉동고도 마련했다. 밤마다 모기를 잡을 때 쓸 벌레잡이 등도 여럿 갖다놓았다. 벌레잡이 등은 전등과 환기팬이 든 투명한 플라스틱 통, 그리고 아래쪽에 달린 커다란 그물자루로 구성되었다. 나는 날마다 해가 지기 전 몇 시간 동안 15~30킬로미터에 이르는 경로를 돌아다니며 벌레잡이 등을 10~15개씩 설치했다. 벌레잡이 등은 오토바이 배터리에서 나오는 전력으로 밤새 돌아갔다. 벌레잡이 등 위로는 드라이아이스가 든 자루를 걸어놓았다. 이산화탄소를 얼린 물질인 드라이아이스는 녹으면서 모기가 좋아하는 이산화탄소를 내뿜는다. 등불 가까이 모여든 모기는 환기 팬에 빨려 그물자루로 들어갔다. 날마다 해가 뜨기 전에, 나는 길을 되짚어 모기가 가득 든 그물자루를 걷어 왔다. 그리고 자루를 드라이아이스 냉동고에 한 시간 동안 넣어뒀다가, 모기가 모조리 죽으면 종별로 분류해 유리병에 넣었다.

내가 할 일은 라크로스 뇌염 환자가 발생했던 곳에서 가까운 지역의 삼림 지대에서 미국흰줄숲모기를 잡는 것이었다. 나무 구멍이나 틈, 아이오와주 농장에서 흔히 발견되는 버려진 타이어와 썩지 않는 용기 등 부화 장소 근처의 그늘진 곳에서 모기들을 발견한다. 나는 매주 아이오와 주립 위생관리연구소로 표본을 부쳤다. 그러면 실험실은 냉동고를 채우고 밤마다 미끼로 쓸 드라이아이스를 보냈다.

내가 맡은 또 다른 일은 벌레잡이 등을 설치한 구역에 토끼우리도 설치해 토끼를 계속 검사하는 것이었다. 한 주에 한 번씩 토끼의 혈액을 채취해 뇌염 바이러스에 감염되었는지를 확인했다. 항체는 혈청에 들어 있으므로, 원심분리기로 토끼의 혈액에서 혈청을 분리했다. 이런 임무와 실험 장비 덕분에, 정말로 과학자가 된 것 같은 기분이 들었다.

나는 고등학교 3학년 때도 이 일을 했고, 또 이 일을 사랑했다. 어느 토요일 밤늦게 집에 돌아간 날, 엄마가 부엌에서 울고 있는 모습을 보았다. 무슨 일이 있었느냐고 물었더니, 아버지가 툭하면 그랬듯 그날도 잔뜩 취해 집에 왔고, 성질을 내며 지하실로 내려가 내 실험실을 일부 때려 부수고는 다시 집을 나갔다고 했다. 아버지는 걸핏하면 인사불성으로 취해 지역 신문사의 암실 바닥에서 잠들곤 했다.

지하실은 엉망진창이었다. 부서진 유리병이 곳곳에 흩어져 있었다. 다행히 표본이 든 드라이아이스 냉동고는 동생들이 머리를 들이밀었다가 간히지 않도록 내가 이미 잠가둔 상태였다. 현미경의 유리 렌즈도 산산조각 나 있었다. 화가 나고 기가 막히고 겁이 났다. 위생관리연구소가 내게 더는 일을 맡기지 않으면 어쩌지? 이튿날 아버지가 귀가하자 나는 지하 실험실과 연구가 내게 얼마나 중요한 줄 알면서 왜 그랬느냐고 작심하고 따져 물었다.

아버지는 도리어 "도대체 거기서 그 빌어먹을 것들로 무슨 짓을 벌이고 있었는데?"라며 쏘아붙였다. 나는 아버지가 왜 그런 일을 벌였는지 조금도 이해할 수 없었다. 아마 아버지 스스로도 정확히 설명하지 못하겠지만, 마음 깊숙한 곳에서 내게 분노를 느꼈거나 당신의 삶에 실망했기 때문일 것이다. 이 모든 일은 내가 아버지를 영원히 쫓아내기 1년 조금 더 전에 일어났다.

월요일 아침, 나는 윌리엄 호슬러 박사에게 전화를 걸 수밖에 없었다. 그는 연구소 소장이자 미국의 저명한 미생물학자였다. 문득 일감을 잃는 것도 모자라, 망가진 장비를 모두 변상해야 할지 모른다는 두려움이 밀려왔다. 그때만 해도 미국에서는 이런 가정사를 쉬쉬했다. 하지만 나는 무슨 일이 벌어졌는지를 정확히 말하는 수밖에 없다고 마음먹고, 용기를 내 전화를 걸었다.

나는 울먹이며 이야기를 마쳤다. 호슬러 박사의 첫마디는 이것이었다. "괜찮아요?" 나는 그렇다고 말했다. 박사는 다시 물었다. "가족들도 괜찮고요?" 네, 지금은 괜찮아요, 나는 대답했다.

"장비는 언제라도 교체하면 돼요. 무슨 일이 벌어지든 거기에 대처할 거고요. 아버님이 또 그러실까요?"

"모르겠어요. 안 그랬으면 좋겠지만."

그 순간 호슬러 박사를 향한 존경과 사랑이, 그리고 안도가 밀물처럼 밀려왔다. 나는 계속 일을 맡았고, 호슬러 박사는 망가진 장비를 교체해

주었다. 이후 그분이 2011년에 세상을 떠날 때까지 우리는 내내 가깝게 연락을 주고받았다. 운 좋게도 나는 윌리엄이 청중으로 참석한 자리에서 강연할 기회가 여러 번 있었다. 윌리엄이 나를 강연자로 소개할 때도 몇 번 있었다. 나는 그때마다 기회를 놓치지 않고, 내가 과학자로서 처음 겪은 위기와 윌리엄이 베풀어준 호의를 세상에 알렸다. 내가 역학자로 발디딜 기회를 준 사람에게 표시할 수 있는 최소한의 존경이었다. 윌리엄은 또 직장에서 어떻게 최우선 가치를 판단하고 그 가치를 행동에 옮길 것인가에 있어 평생 마음에 새길 가르침을 주었다. 이제 윌리엄은 가고 없지만, 나는 언제까지나 그의 가르침을 따를 것이다. 어쨌든 아버지는 그 뒤로 다시는 실험실을 건드리지 않았다.

모기는 내가 미네소타주 보건부의 급성질환 역학과를 이끌던 초기에도 계속 큰 걱정거리였다. 나는 미네소타주에서 발생한 라크로스 뇌염 환자를 추적하는 데 깊이 참여해, 신규 환자를 발생시킨 미국흰줄숲모기의 번식지를 찾아내 제거하고자 애썼다.

1980년대 초반에 우리는 서부마뇌염 바이러스가 집모기의 한 종인 큘렉스모기Culex tarsalis와 조류에게서 활동한다는 사실을 확인하고, 질병통제센터와 긴밀히 협조해 여름철에 대규모 발병이 나타나지 않도록 막았다. 이 종은 평원의 움푹 팬 웅덩이나 습지처럼 조금이라도 물이 있는 곳이면 어디서든 알을 까는가 하면, 여름 바람을 타고 하룻밤에 30킬로미터를 날아가기도 한다.

1983년에 실험실 연구에서 미네소타주 중서부의 병든 말뿐 아니라 모기 표본에서도 서부마뇌염 바이러스가 증가하고 있다는 사실을 확인했다. 그뿐 아니라 그해 무덥고 습한 여름 날씨 탓에 모기 개체 수가 사상 최고치를 기록했다. 사람에게서 서부마뇌염이 나타날 요인이 모두 갖춰진 것이다. 우리는 이 질병이 말과 사람에게 퍼지지 않도록 막고자 광범위한 살충제 살포 계획을 세웠다. 그리고 어쩌다보니 내가 책임자가 되었다.

우리는 항공기 열두 대를 이용해 대상 지역 18곳 중 먼저 13곳에 살충제를 분사했다. 여기에는 오하이오주 데이턴의 라이트패터슨 공군기지에서 날아온 정예 분사조도 참여했다. 그런데 느닷없이 미네소타주 법무장관실로 살충제 분사 임시 금지 명령 통보서가 날아왔다. 살충제가 벌집에 해를 미칠지 모른다고 걱정한 미네소타양봉협회와 두 양봉업자의 요청에, 오터테일카운티의 한 판사가 임시 금지 명령을 내린 것이다. 나는 살충제 분사에 앞서 벌집을 밀봉하고, 이로 인해 일어나는 손해는 모두 책임지겠다고 약속했다. 양봉업자들은 벌이 활동하지 않는 해질녘부터 동틀녘까지만 살충제를 분사할 것을 제안했다.

같은 날 자정, 미네소타주 대법원의 대법원장이 모든 판사를 미네소타 보건부 회의실로 불러 모았다. 당시 나는 40시간 동안 한잠도 못 잔 상태였지만, 미네소타주를 대표하는 증인으로 참석했다. 내 증언과 반대편 대표들의 증언을 들은 뒤, 법원은 금지 명령을 거두었다. 우리는 아침 10시부터 오후 5시까지는 살충제를 뿌리지 않고, 되도록 목표 지역에 가깝게 분사하도록 한 방침에 동의했다. 민간과 사업자의 합법적 우려보다 공중보건의 이익을 우선에 둔 전형적인 판례였다. 나는 우리가 모든 측면을 고려해 해답을 찾고자 노력했다고 생각한다.

덕분에 우리는 미국에서 서부마뇌염 방제책으로 수행한 최대 규모의 항공 방제 활동을 펼칠 수 있었다. 분사 대상 지역은 카운티 40곳으로, 미네소타주 인구의 절반가량이 거주하는 지역이었다. 방제 활동에는 170만 달러의 비용이 투입되었는데, 여기에는 계약된 항공기의 호스가 망가져 살충제 1500리터를 어느 농장 앞마당에 쏟아버리는 바람에 보상 소송이 걸린 100여 건에 대하여 보건부가 보상한 금액 총 5만

9000달러도 포함되었다.

그래도 어쨌든 서부마뇌염은 발병하지 않았다. 어느 기자에게 질문을 받았을 때, 나는 같은 상황이 또다시 닥쳐도 똑같이 하겠노라고 답했다. 살충제를 뿌리지 않았다면 미네소타 주민들에게 서부마뇌염이 발병했을 거라고는 절대 확신할 수 없었다. 이것이 공중보건의 사전 대응에서 맞닥뜨리는 어려움이다. 조처를 취해 어떤 일이 일어나지 않도록 막으면, 그 조처가 필요했느냐는 비판이 어김없이 따라온다. 반대로 입수한 정보에도 불구하고 조처를 취하지 않아 집단 발병이 일어나면 언론, 선출직 공무원, 심지어 동료들에게까지 십자포화를 받는다. 공중보건 전문가로서 하지 않은 일에 답하기보다 한 일에 답하겠다는 내 생각은 그때도 지금도 변함이 없다.

양봉업자들은 벌통을 어느 정도 잃기는 했지만, 결국 우리를 지지했다. 그리고 질병통제센터는 이런 성명을 발표했다. "서부마뇌염이 발생할 위험을 봉쇄한 미네소타주의 계획은 탁월했다."

2년 뒤 질병통제센터는 내게 뎅기열과 황열을 옮기는 흰줄숲모기Aedes albopictus 퇴치 실무단에 합류해달라고 요청했다. 단장은 매개체 감염병 분야의 거장인 UC버클리의 윌리엄 '빌' 리브스였다. 나는 미네소타주 살충제 분사 계획을 세울 때도 리브스에게 자문을 구한 바 있었다. 그의 의견은 내가 살포 계획의 효과를 확신하는 데 큰 역할을 했다.

흰줄숲모기 퇴치 활동은 상황에 대응하기보다 미리 대책을 세우고자 했던 대단히 이례적인 상황이었다. 당시는 흰줄숲모기가 미국에서 아직 매개체 감염병을 퍼뜨리지는 않았지만 처음으로 발견된 상황이었고, 질병통제센터는 문제를 미리 예방하고자 했다. 알고 보니 동북아시아에서 재생 타이어가 많이 수입되고 있었다. 이런 타이어 대다수는 재생 처리 전후로 아무 곳에나 쌓여 있다가 배에 실렸다. 따라서 빗물이 고여 모기가 알을 낳는 번식지가 되기에 더할 나위 없이 완벽한 장소였다. 수많은 감염병이 이런 식으로 퍼진다.

미국흰줄숲모기가 지금도 여전히 미국 공중보건의 과제이기는 하지만, 이집트숲모기Aedes aegypti는 현재 전 세계에서 공중보건을 위협하는 원인이다. 이 모기는 바퀴벌레에 빗댈 만한 종이다. 인간의 거주 환경 안팎으로 매우 잘 적응해 살아갈 줄 알기 때문이다. 이집트숲모기는 처음 노예선에 올라타 아프리카에서 아메리카로 건너왔다. 뜻하지 않게 나타난 결과를 연구하는 일은 거의 언제나 공중보건 활동의 한 영역을 차지한다.

록펠러 재단은 1915년 일찌감치 황열 연구 및 퇴치를 우선 사항으로 삼았다. 따라서 황열의 주요 매개체인 이집트숲모기가 공중보건의 과녁이 되었다. 1940년대 후반, 록펠러 재단과 범아메리카 위생기구PASO(범아메리카 보건기구PAHO의 전신)에서 일한 프레드 소퍼가 아메리카 대륙 전역에서 이집트숲모기를 제거하기 위한 광범위한 공조 활동을 시작했다. 이 계획은 여러 퇴치 수단을 조합한 강력한 방제 활동을 미국 전역에서 전개했다. 퇴치 수단에는 산란지 축소, DDT 같은 살충제를 이용한 유충 및 성체 제거가 포함됐다.

사실 이 활동은 대대적인 성공을 거뒀다. 문제를 해결했다고 생각한 당국은 모기 퇴치를 대수롭지 않은 일로 여기기 시작했다. 그런 생각은 무관심과 방심으로 이어졌다. 야생의 환경을 오염시키기 쉬운 썩지 않는 제품의 증가도 문제를 거들었다.

1960년대부터 1970년대까지 개발도상국의 대도시에서 빈민가가 날로 늘어났다. 바꿔 말해, 이집트숲모기가 번식하기에 완벽한 장소인 아무렇게나 버려진 플라스틱과 고체 쓰레기가 날로 늘어났다.

이제 우리는 그동안 거둔 성공을 잊는 데 그치지 않고 퇴보하는 지경에 이르렀다. 일부 모기 매개 감염병, 이를테면 이집트숲모기가 주요 매개체인 감염병에서는 감염률이 인류 역사상 어느 때보다 높아졌다. 4대 모기 매개 감염병인 황열, 뎅기열, 치쿤구니야열, 지카 감염증에서는 이 것이 틀림없는 사실이다.

하지만 오늘날에는 모기, 특히 숲모기Aedes에 속하는 종을 적절히 억제하는 나라가 없다시피 한 것이 현실이다. 하지만 그리 멀지 않은 과거에 우리는 아메리카 대륙에서 이집트숲모기를 크게 억제했다. 이 노력은 20세기에 들어선 지 얼마 지나지 않아 모기의 발생지를 없앨 필요를 강조하며 시작되었다. 당국은 모기가 알을 낳는 장소를 찾아내 산란지를 없앴다. 1962년이 되자 아메리카 대륙의 꽤 많은 지역에서 모기와 뎅기열이 완전히 퇴치됐다고 선언했다. 그리고 바로 이때부터 실패의 길로 들어섰다. 우리가 왜 실패했는지를 이해하려면, 먼저 지난날의 성공을 이해해야 한다.

쿠바 아바나의 마리아나오 지구에는 카를로스 핀라이 박사를 기려 꼭대기에 주사기 조각을 올린 커다란 기념비가 세워져 있다. 메릴랜드주 베데스다의 월터리드 국군병원은 월터 리드 박사의 이름을 딴 것이다. 미국군의관협회AMSUS가 수여하는 고거스 메달은 윌리엄 C. 고거스 박사의 이름을 딴 것이다.

이들 세 거장이 누려 마땅한 명예를 기리는 기념물은 이 밖에도 수없이 많다. 세 사람이 감염병 전쟁과 지금도 이어지는 이집트숲모기 전쟁에 앞장선 위대한 인물이기 때문이다.

만약 이집트숲모기가 없었다면 프랑스는 파나마운하 건설에 성공했을 것이다. 하지만 황열과 여러 매개체 감염병으로 노동자가 다달이 무려 200명씩이나 죽어 나가는 바람에 프랑스는 13년을 애쓰고도 운하 건설을 포기했다. 이와 달리 뒤를 이은 미국은 운하 건설을 마무리해 아메리카 대륙의 무역과 해운업에 혁명을 일으켰다. 모두 핀라이와 리드의 이론 및 발견을 바탕으로, 고거스가 앞장서 위생을 개선하고 모기의 서식과 번식을 억제한 덕분이었다.

황열

황열은 증상이 심하면 간을 손상시켜 황달을 일으키는 질병으로, 동아프리카와 중앙아프리카에서 기원했다고 보는 플라비바이러스*Flavivirus* 속의 한 종인 황열 바이러스로 인해 발병한다. 감염자 대다수는 가벼운 증상을 보이거나 아예 증상을 보이지 않기도 한다. 가장 흔히 보고되는 증상은 갑작스러운 발열, 오한, 심한 두통, 요통, 전신 근육통, 메스꺼움과 구토, 피로, 무력감이다. 환자의 15퍼센트는 몇 시간에서 하루 정도 증상이 완화되는 듯싶다가 고열, 황달, 출혈을 보이고, 마침내는 쇼크와 다발성 장기 부전을 일으킨다. 중증 황열에는 특별한 치료제가 없다.

황열 바이러스의 주요 매개체인 이집트숲모기는 노예선을 타고 신세계에 도착했고, 기록에 남은 첫 발병 사례는 1647년 바베이도스다. 그 뒤로 카리브해와 대서양 연안을 따라 서서히 위아래로 이동하여, 1660년대에는 뉴욕에, 1685년에는 브라질 헤시피에 이르렀다. 1669년에는 미시시피 리버밸리와 필라델피아에서 대규모 집단 발병을 일으켰다. 그리고 머잖아 아메리카 대륙의 모든 온대 지방을 번식지 삼아 끈질기게 퍼졌다.

카를로스 핀라이는 쿠바 의사로, 1853년부터 1855년까지 필라델피아의 제퍼슨 의과대학에서 공부했다. 핀라이는 그곳에서 감염의학의 지적 토대인 세균론을 크게 지지한 존 키어슬리 미첼 박사를 만났다. 그리고 1857년에 아바나로 돌아가 안과병원을 개업했다. 하지만 우리가 핀라이를 기억하는 까닭은 눈 때문이 아니다. 그때까지 사람들은 황열이라는 재앙이 '나쁜' 공기나 사람 대 사람의 접촉 때문에 생긴다고 생각했다. 하지만 핀라이는 황열이 널리 퍼진 모기에 물려서 발병한다는 이론을 제시했다. 그는 이 이론을 1881년 워싱턴 DC에서 열린 국제위생회의ISC에서 밝혔다. 한 해 뒤에는 더 깊이 들어가, 황열과 말라리아를 일으키는 주요 범인이 숲모기 속이라고 밝혔고, 모기를 억제하면 황열과 말라리아를 뿌리 뽑는 데 도움이 된다고 주장했다.

미국-스페인 전쟁의 결과로 쿠바가 독립한 뒤인 1900년, 미 육군 의무단 소속 군의관 월터 리드 소령이 육군 의무감 조지 밀러 스턴버그의 지시를 받고, 핀라이의 이론을 시험해보기 위해 쿠바로 건너갔다. 당시 리드는 전초 부대에서 장티푸스를 폭넓게 경험한 뒤였으므로 감염병 연구에 탄탄한 배경지식이 있었다.

리드는 아바나 교외에 막사처럼 생긴 건물 두 채를 짓고, 한 건물은 포마이트집(포마이트는 감염원에 오염되어 접촉하면 감염을 일으킬 수 있는 물질을 가리킨다), 다른 하나는 모기집이라고 이름 붙였다. 그리고 실험 참여자에게 돈을 주고 두 건물 중 한 곳에서 하룻밤을 보내게 했다. 포마이트집은 그야말로 역겨웠다. 침대보에는 황열 환자의 토사물과 대소변이 덕지덕지 묻어 있었다. 설명에 따르면 실험 참여자들은 악취가 진동하는 건물에 발을 들이자마자 구역질을 했다고 한다. 그래도 리드가 꼼꼼히 단속한 덕분에 모기는 한 마리도 없었다.

이와 달리 모기집은 먼지 한 톨 없이 깔끔했고 환기도 잘되었다. 안쪽의 수면 공간은 바닥에서 천장까지 칸막이를 세워 둘로 나누었다. 한쪽은 모기가 한 마리도 없었지만, 다른 쪽은 일부러 모기를 집어넣었다.

실험이 끝난 뒤 확인해보니, 모기집 내 모기가 없는 구역에서 잔 실험 참여자와 포마이트집에서 잔 안쓰러운 사람들은 아무도 심각한 병을 앓지 않았다. 하지만 모기가 우글거린 구역에서 잔 실험 참여자 대다수는 황열에 걸렸다.

이것이야말로 군 당국과 의료계가 애타게 찾던 증거였다. 쿠바를 통치하던 미군정 장관이자 뛰어난 의사로 존경을 받았던 레너드 우드 장군은 이렇게 선언했다. "핀라이 박사의 이론을 확인한 것은 제너가 천연두 예방접종을 발견한 이래 의학이 거둔 가장 위대한 전진이다."

리드가 기꺼이 핀라이의 공으로 돌린 연구 덕분에, 사람들은 열대 지방에서 모기 방제 활동을 펼쳤고, 그 결과 황열 사망률이 뚝 떨어졌다. 그리고 이 덕분에 고거스가 플로리다, 쿠바, 파나마에서 황열을 성공적으로 억제할 수 있었다.

대략 이때부터 미국은 모기 방제를 방역의 우선 사항으로 삼았고, 연방정부가 활동을 주도했다. 1940년대부터 1950년대까지 범아메리카 보건기구와 록펠러 재단이 앞장선 국제 활동이 아메리카 대륙 스물세 나라에서 이집트숲모기를 근본적으로 제거했다.

1960년대에 들어서자 아메리카 대륙에서 이집트숲모기가 거의 사라졌다. 가정에서 DDT를 광범위하게 살포한 것도 한몫했다. 스위스 화학자 파울 헤르만 뮐러는 DDT를 개발한 공로로 1948년 노벨 생리의학상을 수상했다. 하지만 레이철 카슨이 1962년 펴낸 책 『침묵의 봄Silent Spring』이 환경보호 의식을 높이고 DDT가 환경과 생물의 생리 활동에 미치는 영향에 의문을 제기한 뒤로, DDT는 서서히 금지되어 퇴출되었다.

출간 뒤로 지금껏 『침묵의 봄』은 끝없는 토론과 논쟁을 불러일으켰다. 어느 쪽으로든 책의 정확성이나 유산을 따지는 것은 이 책의 목적이 아니다. 하지만 환경에 미치는 영향을 근거로 DDT 반대운동을 촉발시킨 원인은 이를 극히 제한된 곳에 사용했던 공중보건 분야가 아니라, 광범위하게 사용한 농업이라는 사실을 언급해야겠다. 『침묵의 봄』이 나오고 DDT 사용이 금지된 지 몇 년 뒤인 1970년, 공중보건계는 이집트숲모기와의 전쟁에서 승리했다고 선언하고는 다른 우선 사항으로 눈길을 돌렸다.

간략히 말해, DDT 살포가 막을 내린 지 몇 년 뒤부터 이집트숲모기와 다른 모기 종들이 인간이 거주하는 영역으로 슬금슬금(사실은 윙윙활기차게) 되돌아왔다. 다시 돌아온 모기들은 30년간 이어져온 인간의 안일함을 기회로 삼아 20세기 말 다시 무리를 지어 번성했다. 오늘날 숲모기는 대부분 DDT에 내성을 보여, DDT 살포를 무용지물로 만들었다.

듀크 NUS 의과대학 명예교수 두에인 J. 거블러 박사는 세계적 권위의 매개체 감염병 전문가다. 거블러는 오늘날 우리가 마주하는 전 지구적 문제를 일으킨 원인이 1970년 이후 숲모기에 대한 무관심과 관련된 네 가지라고 밝혔다. 첫째 무계획적인 도시화와 인구 증가, 둘째 현대 항공산업 발달과 국제 여행 증가에 따른 세계화, 셋째 현대의 고형 폐기물 문제(숲모기에게는 플라스틱과 고무로 만든 썩지 않는 쓰레기가 더할 나위 없는 산란지다), 넷째 효과적인 현장 밀착형 모기 방제의 부족이다. 이 모든 요인이 결합되면서, 이집트숲모기는 북적이는 인간들 사이에서 적응해 살아갈 길을 찾았다. 이제 모기는 현대의 여객 운송과 해운업을 이용해 쉽사리 세계 곳곳으로 이동하고, 사람이 사는 곳이면 어디에서든 번성한다.

한때 공중보건의 위대한 승리라 여겼던 황열도 다시 돌아왔다. 오늘날 황열은 주로 아프리카 대륙에서 발생하는데, 발열과 황달 증상을 보이는 중증 환자가 해마다 어림잡아 18만 명씩 나타난다. 그리고 이 가운데 7만8000명이 사망에 이르는 것으로 추정된다. 거블러에 따르면 황열이 아메리카 대륙과 온대 지역에 다시 자리 잡는 것도 시간문제일 뿐이다.

2011년 어느 의학 학술지에 실은 논문에서, 거블러는 개발도상국의 거대 도시에서 황열이 갑자기 발생할 것이라고 예견했다. 만약 그런 일이 벌어진다면, "황열 바이러스는 매우 빠르게 이동하여 (…) 국제 보건에 비상사태를 일으킬 것이다". 그리고 이렇게 경고했다. "세계는 황열이라는 '시한폭탄'을 깔고 앉아 있다. 뎅기 바이러스보다 더 치명적인 바이러스를."

그 시한폭탄은 이미 터졌는지도 모르겠다. 2015년 12월, 앙골라는 세계보건기구에 황열이 새로 집단 발병했다고 보고했다. 거블러가 걱정했던 바로 그 일이 벌어진 것이다. 인구 700만 명이 넘는 수도 루안다에서 광범위한 지역 감염이 나타났고, 다른 주요 도시 몇 군데로까지 퍼졌다.

황열은 세네갈에서 발병해 아프리카 대륙 서안을 따라 남쪽 앙골라까지 퍼졌고, 다시 대륙을 가로질러 수단, 남수단, 우간다, 에티오피아, 케냐에까지 퍼졌다. 2016년 3월 세계보건기구는 이 지역에 비상사태 2단계를 선언했다. 2016년 여름에 접어들어 앙골라와 콩고민주공화국에서 그 기세가 수그러들었다. 하지만 황열 위기가 정말로 끝이 났는지는 앞으로 두고 볼 일이다.

앙골라는 이 경험으로 공중보건 영역에서 관리의 어려움을 절감했다. 세계보건기구는 비상사태를 선언하기 한 달 전, 600만 회 넘게 접종할 수 있는 황열 백신을 앙골라로 보냈다. 그런데 3월 말에 보니 100만 회 분량이 감쪽같이 사라지고 없었다. 남은 백신도 일부는 황열이 발생하지 않은 지역으로 보내졌고, 많은 양이 주사기도 없이 발송되는 바람에 쓸모가 없었다. AP통신은 이 일을 놓고 "감독 부족과 부실한 관리가 지난 수십 년 사이 최악이었던 중앙아프리카의 황열 유행을 억제할 기반을 무너뜨렸다"고 논평했다.

콩고민주공화국에서 일어난 집단 발병은 인구 1000만 명이 넘는 거대 도시인 수도 킨샤사에 집중되었던 까닭에, 자칫 폭발적인 유행으로 바뀔 위험이 있었다. 만약 그런 일이 벌어지면 아시아와 아메리카 대륙으로 번질 확률도 상당히 높아진다. 아메리카 대륙에 치쿤구니야열과 지카 바이러스를 바짝 뒤쫓아 황열이 유행하고 여기에 뎅기열까지 겹친 다면 무슨 일이 벌어질까?

황열이 중국에까지 손을 뻗칠 가능성은 이제 오싹하게도 현실성 있는 이야기가 되었다. 남아프리카공화국 케이프타운대의 숀 와서먼 박사는 2016년 5월 5일 『국제 감염병 학술지International Journal of Infectious Diseases』에 주저자로 「아시아의 황열 사례: 유행병의 조짐Fever Cases in Asia: Primed for an Epidemic」이라는 논문을 발표한다. 논문에서 와서먼과 공동 저자 두 명은 이렇게 경고했다.

> 현재 황열이 집단 발병한 앙골라에는 중국인 노동자가 많고, 그 대다수 가 예방접종을 받지 않았다. 만약 이 가운데 다수의 노동자가 비행기에 올라 황열을 옮기기 알맞은 환경을 갖춘 아시아의 특정 지역으로 날아 간다면 역사상 유례 없는 상황이 펼쳐질 것이다. 이런 조건은 황열에 취 약한 인구가 무려 20억 명이나 살고 있는 데다 효과적으로 대처할 기반 조차 턱없이 부족한 지역에서, 황열이 유행할 확률을 걱정스러운 수준 까지 높인다. 그런 일이 벌어진다면 치사율은 50퍼센트까지 치솟을 것 이다.

숲모기가 옮기는 모든 전염병 가운데 최근 백신이 승인된 뎅기열을 제외하면, 황열은 효과가 규명된 값싼 백신이 있는 유일한 질병이다. 그 럼에도 불구하고 큰 문제가 남아 있다. 만약 아프리카의 대도시들에서 황열이 계속 퍼져 당장 예방접종을 해야 한다면, 현재 보유한 백신으로 는 예방접종 대상 인구의 일부도 감당하기 어렵다. 엎친 데 덮친 격으로 아메리카나 아시아 중 어느 한 대륙의 도시에서 황열 환자가 나타난다면, 상황은 속수무책으로 악화될 수밖에 없다.

어쩌다 이런 상황이 벌어졌을까? 우리는 왜 더 단단히 대비하지 않았을까?

황열 백신은 효과가 무척 뛰어나다. 대부분의 사람이 한 번의 접종만으로 평생 황열을 방어할 수 있다. 하지만 이 백신은 우리가 흔히 '레거시legacy' 백신이라 부르는 것으로, 현대 백신 기준에 비해 구식이고 제조하기가 더 어렵다. 대다수 독감 백신과 마찬가지로, 황열 백신도 지난 80년 동안 큰 변화 없이 닭이 낳은 수정란을 사용하여 만들고 있다. 백신 생산까지는 6개월이 걸리고, 제조 과정에서 문제가 생기기도 쉽다.

황열 백신 제약사는 단 여섯 곳뿐이고, 이들 회사에서 해마다 5000만에서 1억 회 분량의 백신을 생산할 수 있다. 게다가 이들 제약사 중 두 곳은 자국에서 쓸 분량만을 생산한다. 하지만 이집트숲모기가 왕성하게 번성하는 지역에서 살아가는 인구는 자그마치 39억 명이 넘는다. 그러니 돈 문제는 차치하더라도, 즉시 생산 시설을 갖춰 더 많은 백신을 신속하게 만들어내는 것이 아예 불가능한 상황이다. 황열 백신 생산은 마천루를 짓는 것과 같다. 건축 과정에 아무리 많은 물자를 쏟아붓더라도, 한 번에 한 층밖에 올리지 못한다.

생산력을 늘리려 해도 몇 년이 걸릴 것이다. 안타깝게도, 상황이 좋지 않은 시기에는 생산력이 오히려 더 나빠지기도 한다. 주요 제약사 여섯 곳 가운데 한 곳이 2016년에 시설 개조를 위해 문을 닫았다.

거블러와 나 외에도 여러 사람이 앞으로 세계 전역에서 숲모기 관련 질병이 퍼질지 모른다고 몇 년 넘게 경고했지만, 빠르게 세계로 번지는 황열 집단 발병에 대처하기에 현재 보유한 백신만으로는 턱없이 부족하다. 그래도 한 가닥 희망은 있다. 여러 연구에 따르면 1회 접종 분량을 5분의 1에서 10분의 1까지 희석해도 예방력은 여전히 뛰어나다. 여러 황열 전문가도 여기에 동의한다. 세계보건기구는 2016년 6월에 이 같은 접종 방법을 승인했다. 하지만 확실히 성공한다는 보장은 없다. 희석한 백신이 어린아이와 성인에게 동일하게 안정적인 효과를 보일지도 아직까지 걱정스러운 부분이다. 게다가 백신을 최대로 희석하더라도, 황열이 새로 유행할지 모를 아프리카, 아시아, 아메리카의 인구를 감당할 만큼 넉넉하지 않을 것이다. 황열은 전 세계를 휩쓸고 에볼라와 지카의 이환율과 사망률도 뛰어넘을 위험이 있는 매개체 감염병이다. 이제 우리는 숲모기 세상에서 살고 있다. 아프리카에서 일어난 황열 발병이 전 세계의 도시를 휩쓸 유행병으로 번지지 않았더라도, 언젠가 또다시 발병한다면 틀림없이 그렇게 될 것이다.

뎅기열

현재 뎅기열은 인간에게서 발병하는 가장 중요한 매개체 감염병이다. 형태는 두 가지로 나타난다. 뎅기열은 독감과 비슷한 질환으로, 대개 합병증 없이 회복을 예측할 수 있다. 하지만 비교적 신종 질병인 뎅기출혈열DHF은 죽음으로까지 이어질 수 있다. 뎅기열이 얼마나 심각한 질병인가를 두고는 과학계에서 의견이 얼마간 갈린다. 하지만 옥스퍼드대, 하버드대, 싱가포르대를 포함한 여러 저명한 학술 기관이 참여한 2013년의 연구에 따르면, 해마다 대략 3억 9000만 명이 뎅기열에 감염되고, 감염자 대다수가 매우 가벼운 증상을 보이거나 아예 증상을 보이지 않는다. 하지만 심각한 증상을 보이는 사람도 최소 9600만 명에 이른다. 동남아시아에서는 뎅기출혈열이 어린이의 입원과 사망을 일으키는 주요 원인 중하나다.

'뎅기Dengue'는 어원이 알려지지 않은 스페인어로, 아마도 악령이 일으키는 병을 뜻하는 스와힐리어 키딩가 포포kidinga popo에서 파생되었을 것으로 추정된다. 미국 건국의 아버지 중 한 명인 벤저민 러시 박사는 뎅기를 "뼈를 부러뜨리는 열" "쓸개즙이 줄어드는 열"이라고 불렀다. 많은 환자가 발열, 발진, 근육통, 관절통과 같은 증상을 보이고, 때로는 뼈가 으스러지는 듯한 통증을 느낀다.

뎅기 바이러스는 혈청형에 따라 DEN-1, DEN-2, DEN-3, DEN-4로 뚜렷하게 나뉜다. 열대 대도시의 도심지에서 이 네 가지 바이러스가 일으키는 주요 유행병, 특히 뎅기출혈열은 상당히 높은 이환율과 사망률로 이어진다. 게다가 의료 자원이 부족한 나라에서 병원에 지나치게 많은 환자가 몰리면, 주요 의료 체계가 붕괴해 혼란이 일어난다.

한편 네 가지 혈청형 바이러스 중 하나에 노출되면 그 바이러스에는 평생 면역이 생기지만, 다른 혈청형 바이러스에까지 교차 면역이 생기지는 않는다. 오히려 특정 혈청형에 면역이 생긴 사람이 다른 혈청형 바이러스에 노출되면 뎅기출혈열이 발병할 수 있다. 뎅기출혈열은 심각한 내출혈, 쇼크로 이어지는 갑작스러운 혈압 저하, 매우 높은 사망률을 보이는 면역증강질환이다. 다른 뎅기 바이러스에 항체가 생겼기 때문에 또 다른 뎅기 바이러스가 들어오면 환자의 자가면역체계가 과잉 반응을 일으켜 목숨을 위협하는 뎅기출혈열로 이어진다. 1960년대에 나온 어느 노래는 두 번째 사랑이 더 사랑스럽다고 했지만*, 뎅기는 절대 그렇지 않다.

뎅기출혈열은 뎅기열의 역사에서 비교적 새로이 발달한 질병이다. 뎅기열이 역사상 처음 언급된 것은 무려 중국 금나라 때로, 그때부터 이미 날아다니는 곤충과 관련된 질병으로 기록되었다. 1907년에는 황열에 이

---

* 프랭크 시나트라의 「더 세컨드 타임 어라운드The Second Time Around」의 첫소절이다.

어 두 번째 주요 감염병이었고, 바이러스가 원인이라는 것이 밝혀졌다. 하지만 뎅기열이 오늘날 우리가 생각하는 위협적인 수준으로 악화된 계기는 제2차 세계대전이었다.

제2차 세계대전 기간 아시아와 태평양을 가로지르는 대규모 병력 수송이 이루어졌고, 그에 따라 현지 생태계가 파괴되었다. 또 전쟁이 끝난 뒤에는 동남아시아에서 급격한 도시화가 진행되었다. 그 바람에 서로 다른 혈청형 바이러스가 퍼졌고, 예전보다 더 심각한 증상을 보이는 뎅기열 환자의 사례가 1953년에 필리핀과 타이에서 처음 보고되었다. 1970년대에는 태평양 지역 전역에서 소아 사망의 주요 원인이 되었다. 현재 뎅기출혈열이라 불리는 질환은 1980년대 초반에 중앙아메리카와 남아메리카에서 처음 나타났다. 이미 DEN-1형 바이러스에 항체가 있는 환자가 DEN-2형에 감염된 사례였다.

세계보건기구는 2020년까지 뎅기열 이환율을 적어도 25퍼센트, 사망률을 적어도 50퍼센트까지 낮추겠다는 목표를 세웠다. 목표 달성 여부는 효과적인 백신 개발에 달려 있다. 제약사 사노피의 백신 사업부인 사노피 파스퇴르가 개발한 첫 뎅기열 백신 CYD-TDV, 즉 뎅백시아Dengvaxia는 2015년 12월에 멕시코에서 처음으로 승인을 받았다. 이 백신의 임상 3상 평균 효능은 DEN-1에 40~50퍼센트, DEN-2에 30~40퍼센트, DEN-3와 DEN-4에 70~80퍼센트였다. 결과가 고무적이기는 하지만, 아직은 백신이 완성되었다고 보기 이르다. 이 백신이 정말로 효과가 있는지, 특히 중증 뎅기출혈열을 예방할 수 있는지 알려면 앞으로 더 많은 임상 경험이 쌓여야 할 것이다.*

---

* 뎅백시아는 뎅기 바이러스에 감염된 적이 없는 사람에게서 안전성 문제가 제기되어, 2017년 필리핀에서 사용이 금지되고, 브라질에서는 사용이 제한되었다. 2019년 5월 미 식품의약국은 뎅기열 바이러스 감염 이력이 있는 9~16세 청소년에 한해 조건부로 사용을 승인했다.

그사이 다른 백신 후보 다섯 가지가 개발 중에 있다. 이들 백신의 개발 경과를 살펴보면 공중보건과 관련해 중요한 사항을 알 수 있다. 즉, 별 문제 아니겠거니 여기고 돈만 쏟아붓는다고 해서 뚝딱 해결책이 나오는 게 아니라는 것. 최적의 시나리오는 문제가 감당하기 어려울 만큼 커지기 전에 미리 대책을 준비하는 것이다.

또한 언제나 문제에 부딪힐 것을 예상해야 한다.

뎅기열 백신 사용이 처음 고려되었을 때부터, 접종을 받은 사람이 여러 해 뒤에 뎅기 바이러스에 노출되면 백신으로 생성된 항체가 면역 과잉 반응을 일으켜 더 쉽게 뎅기출혈열에 걸릴지 모른다는 우려가 이미 제기되었다. 2016년 여름, 지난 50년 동안 뎅기 바이러스 연구를 이끈 인물 중 한 명인 스콧 할스테드 박사가 이와 관련해 경종을 울렸다. 그에 따르면 5세 미만 유아가 뎅백시아 백신을 맞으면 백신을 맞지 않은 유아에 비해 중증 뎅기 바이러스 감염으로 입원할 확률이 5~7배나 높아졌다.

이 자료가 뜻하는 바는 아직 명확하지 않지만, 많은 물음을 제기한다. 이런 역효과는 어린아이에게서만 나타날까? 백신 접종 뒤 시간이 지날수록 역효과가 나타날 위험은 계속 늘어날까? 제기된 물음들에 대한 답을 찾기 전까지, 할스테드의 연구는 뎅백시아를 포함해 개발 중인 다른 모든 백신에 적색경보를 울릴 것이다.

1970년대의 효과적인 모기 방제가 끊긴 뒤, 숲모기는 놀라운 정도로 본거지를 확장했다. 2012년에 진행된 한 연구에 따르면, 오늘날 뎅기 바이러스에 감염될 위험이 있는 인구는 128개국 39억 명에 이른다. 달리 말해 이 사람들은 이집트숲모기가 옮기는 다른 질병 즉 황열, 치쿤구니야열, 지카 감염증에 걸릴 위험도 있다는 뜻이다. 언젠가 숲모기를 매개로 감염돼 공중보건을 위협할 바이러스로는 이 외에도 세픽Sepik, 로스리버Ross River, 스폰드웨니Spondweni, 리프트밸리열Rift Valley fever 바이러스 등 여러 가지가 있다. 이런 바이러스들은 아직 누구도 들어본 적이 없 겠지만, 몇 년 전에는 지카 바이러스나 치쿤구니야 바이러스도 낯선 이 름이었다.

거블러에 따르면 지난 50년 동안 모기 퇴치 활동은 실패의 연속이었 다. 그동안 이집트숲모기 방제에 정말로 성공을 거둔 것은 단 두 번뿐이 었다. 1973년부터 1989년까지 싱가포르에서, 1982년부터 1997년까지 쿠바에서 이루어진 방제 활동이 그것이다. 두 활동 모두 끝내는 실패했 지만, 방제 활동과 무관한 다른 이유 때문이었다. 싱가포르는 가파른 경 제 성장으로 수십만 명에 이르는 이주노동자를 받아들여야 했는데, 그 대다수가 뎅기열이 풍토병인 지역 출신이었다. 이들과 밀려드는 관광객이 섞이면서 집단 면역이 상당히 약해졌다. 쿠바는 상당한 경제 원조를 제 공했던 소련이 붕괴하자 지원이 끊기면서 문제가 불거졌다. 이집트숲모 기 퇴치 활동도 지원이 중단되면서 피해를 보았다. 두 사례 모두 공중보 건이 다른 모든 사회 요인과 떼려야 뗄 수 없이 얽혀 있다는 사실을 다 시금 알려준다.

치쿤구니야열

'치쿤구니야chikungunya'라는 단어는 탄자니아 동남부와 모잠비크 북부 에서 쓰는 마콘데족 언어에서 비롯했다고 한다. '구부리다'라는 뜻으로, 이 질병을 꽤 정확히 설명한다. 치쿤구니야 바이러스가 속하는 알파바 이러스alphavirus의 주요 증상이 대개 극심한 관절통이기 때문이다. 다른 증상으로는 발열, 발진, 피로, 두통, 결막염, 소화기능 장애가 있다. 치사 율은 1000명당 1명으로 낮은 편이지만, 관절통이 몇 달에서 몇 해 동안 이어져 만성통증과 장애를 일으킬 수 있다.

치쿤구니야열은 아프리카에서 처음 확인되었고, 1950년대에 아시아로 퍼져 인도, 미얀마, 타이, 인도네시아에서 소규모로 유행했다. 1980년대에 사라지는 듯 보였지만, 2004년에 동아프리카에서 다시 모습을 드러냈다. 새로 나타난 변종의 전염성이 매우 높았던 탓에, 2년도 채 안 되어 인도에서 약 130만 명에 이르는 환자가 발생했다.

치쿤구니야 바이러스는 2014년 11월 말에 처음으로 아메리카 대륙에 발을 들였다. 장소는 세인트마틴섬이었다. 우리 가족은 이듬해 3월에 그곳으로 휴가를 떠날 계획이었다. 세인트마틴에서 치쿤구니야열 확진자가 나왔다는 소식이 전해지자, 이 바이러스가 그곳 주민과 방문객에게 빠르게 퍼지겠구나 하는 생각이 들었다. 친구와 가족들은 내가 과민반응을 보인다며 반발하고 투덜댔지만, 우리는 예약 날짜를 90일 앞두고 숙소 예약을 취소했다.(90일 이전에 취소하면 전액을 환불받을 수 있었다.) 취소하지 않았다면 큰일을 치를 뻔했다. 우리가 한창 여행을 하고 있을 때, 치쿤구니야 바이러스는 세인트마틴섬을 완전히 휩쓸었다. 그리고 2016년 6월까지 아메리카 대륙의 44개국에 퍼졌고, 환자 수는 최소 170만 명에 이르렀으며, 275명이 사망했다.

치쿤구니야열이 달갑게 견딜 만한 병이 아닌데도, 우리는 다른 질병만큼 이 병을 심각하고 다급하게 여기지 않는다. 황열과 뎅기출혈열은 목숨을 앗아갈 위험이 있지만, 치쿤구니야열은 한동안 불행을 겪는 것으로 끝날 것이라 생각하기 때문이다. 하지만 아메리카 대륙에 정착하면서, 이 바이러스가 생각했던 것보다 더 심각할 수도 있다는 사실을 우리는 깨닫고 있다.

이 바이러스들은 모두 이집트숲모기가 주요 매개체라는 공통점이 있

다. 여기에 더해 같은 지역에 사는 친척인 흰줄숲모기, 일명 아시아호랑
모기Asian tiger mosquito가 이집트숲모기의 습성과 서식지에 적응하기 시
작하면서 또 다른 매개체가 되었다.

이집트숲모기와 흰줄숲모기를 방제할 특효약은 없다. 효과적인 매개
체 방제는 모기 성체를 박멸하는 것뿐 아니라 서식지를 줄이고 유충 살
충제를 사용하는 것을 모두 아우르는 복잡한 과학이다. 여러 연구도 이
런 확신이 타당함을 뒷받침한다. 하지만 앞에서 언급했듯이, DDT를 대
체할 안전하고 효과적인 새로운 살충제는 아직 개발되지 않았다.

지금으로선 모기 방제를 책임지는 공중보건 조직이나 정부 당국이 없
는 실정이다. 국제공항이 항공관제탑 없이 돌아간다고 생각해보라. 21세
기에 국제사회, 국가, 심지어 지방정부가 숲모기 방제에 대응하는 모습이
딱 그런 지경이다.

우리에게 필요한 대책은 번식지를 없애거나 적어도 축소하는 것을 목
표로 삼는 광범위하고 통합된 국가별 모기 억제 계획이다. 효과적인 신
종 살충제와 유전자조작 모기 같은 현대적 기술을 포함해, 모기 성충을
공격할 새롭고 더 효율적인 수단이 마련되어야 한다. 그리고 무엇보다도
숲모기가 옮기는 바이러스를 막을 안전하고 효과적인 백신이 필요하다.

DDT에 대한 불신이 여전한 데다, 지난 수십 년 동안 모기도 내성
을 길러온 까닭에 여러 기후에서 적어도 6개월은 효과가 지속되는 새로
운 살충제를 개발해야 한다. 따뜻한 날씨가 이어지는 지역에서는 적어도
1년에 한 번은 살충제 분사 작업이 필요하다. 이때는 성충과 유충을 모
두 방제해야 한다.

모기를 이용해 개체 수를 억제하려는 시도들은 전망이 밝은 것으로
보인다. 숲모기 개체군에 불임 수컷을 퍼뜨리면 야생 모기의 수가 줄어
들지도 모른다. 말레이시아, 케이맨 제도, 브라질, 파나마에서 이 같은 방

식으로 현장 연구가 진행 중이다. 하지만 내가 보기에는 이런 억제 방법이 성공할 것 같지 않다. 이유는 숲모기의 습성 때문이다. 숲모기는 부화한 곳에서 기껏해야 100~200미터를 날아갈 뿐이다. 심지어 길도 건너려 하지 않는다. 따라서 불임 수컷을 이용한 방식이 효과를 거두려면 100미터 간격으로 모기를 퍼뜨려야 한다. 달에 가겠다고 사다리를 만드는 격이다. 따라서 이 방법이 좁은 지역에서는 도움이 될지 몰라도, 국가 단위 방제 계획에 있어서는 바탕이 될 수 없다.

다른 방식은 모기를 볼바키아*Wolbachia*라는 흔한 박테리아에 감염시키는 것이다. 이 박테리아는 모기의 번식률을 떨어뜨려 바이러스의 전파를 막는다. 혹은 유전자 변형 수컷을 이용해, 암컷이 낳은 알이 절대 성체로 자라지 못하도록 막는 방법도 있다. 또 유전자 드라이브gene drive*라는 실험 기술로, 모기의 면역 체계를 바꿔 바이러스 전파를 막을 수 있을지 모른다.

거블러는 숲모기가 옮기는 아르보바이러스 전체 또는 일부에 적용할 수 있는 안전하고 효과적인 백신이 개발되기를 바라면서도, 백신만으로는 모기 방제에서 절대 성공을 거둘 수 없다고 경고한다. 그는 이집트숲모기 및 관련 모기 종에 맞서 조금이라도 의미 있고 지속가능한 진전을 이루려면, 군사 작전에 버금가는 살충제 분사, 냉방 장치나 방충망이 없는 취약 지역에서의 모기장 사용, 유전자조작과 모기 개체군 억제를 모두 아우르는 철저하고 통합된 접근법을 실행해야 한다고 여긴다. 나도 여기에 강력히 동의한다. 다른 여러 질병을 통해 살펴보았듯이, 가난한 개발도상국은 치료제와 백신을 살 돈이 없으므로 기존 자원에 의지할 수밖에 없기 때문이다.

* 특정한 유전 형질이 세대를 거치며 빠르게 전해지도록 해 종 전체의 유전자 구성을 바꾸는 유전공학기술

거블러와 그의 경험 많은 동료들은 현재 매개체 감염병 억제를 이끌 국제사회, 국가, 지방의 통솔력이 무너진 상황을 고려해, 숲모기 전염병 예방에 관심 있는 기관들의 국제 연맹을 만들자고 제안했다. 단체명은 숲모기 매개 감염병 억제를 위한 국제 연맹Global Alliance for Control of Aedes-Transmitted Diseases으로, 비정부기구와 국제기금 지원 기관, 기금 재단을 포함하려 한다. 실행 조직인 뎅기열 및 숲모기 매개 감염병 국제 협력단Global Dengue and Aedes-Transmitted Diseases Consortium은 세계보건기구를 포함한 여러 국제기구, 정부기관과 긴밀히 협조하려 한다.*

인간을 위협하는 주요 질병에 맞서 중요하고 타당한 조치가 취해지지 않을 때마다, 나는 "어떻게 책임자가 아무도 없어!"라며 불만을 터트리곤 한다. 책임감 있는 전문가들이 기꺼이 책임자 역할을 떠맡으려 하는 단체를 보면 열렬한 지지를 보내야겠다는 맹세가 나도 모르게 울컥 튀어나오는 이유다. 나는 이런 맹세를 평생 지킬 것이다.

---

* 현재 뎅기열 및 숲모기 매개 감염병 국제 협력단이 꾸려진 상태다.

15장

지카: 예상치 못한 것을 예상하기

빠르게 확산하는 지카 집단 발병은

아프리카와 아시아에서 60년 동안 잠들어 있던 오래된 질병이

어느 날 불쑥 새로운 대륙에서 깨어나 전 세계 보건에 비상사태를 불러

올 수 있음을 경고한다.

_마거릿 챈 전 세계보건기구 사무총장, 2016년 5월 23일

2016년 봄, 아메리카 대륙 대부분 지역에 지카 바이러스 감염증이 퍼졌다.* 알려진 지 거의 70년이 지난 이 감염병은 느닷없이 일상용어가 되었다. 끔찍한 선천성 장애를 일으키는 지카는 난데없이 등장한 질병처럼 보였다. 그래서 모든 사람이 충격에 휩싸였다. 하지만 사실 이 바이러스는 난데없이 나타나 아메리카 대륙을 휩쓴 것이 아니었다. 공중보건 인력 대다수가 어머니 자연이 무슨 일을 하는지에 관심을 기울이지 않았을 뿐이다. 우리는 눈여겨봐야 할 곳을 눈여겨보지 않았다.

　지카 바이러스는 1947년에 우간다의 지카숲에 사는 히말라야원숭이에게서 처음 검출되었다. 그리고 1954년 나이지리아에 사는 열 살짜리 소녀에게서 발견되었다. 아시아에서는 1966년에 말레이시아에서 채집한 이집트숲모기에서 처음 확인되었다. 매우 고약한 축에 드는 말라리아와 황열에 견주면, 지카의 증상은 가벼운 편이었다. 결막염과 반점구진성 발

* 한국에는 2016년 3월 이후 2018년 12월까지 31명의 해외 유입 확진 사례가 보고되었다.(질병관리본부, 「2019년도 바이러스성 모기매개감염병 관리지침」, 2019년 5월 22일)

진이 나타나고, 때로 관절통과 근육통을 보이거나 아예 증상이 없기도 했다. 50년 동안 기록된 환자는 스무 명이 되지 않았고, 그마저도 대부분 황열 검사에서 우연히 발견되었다. 그러니 백신을 개발할 생각은 아무도 하지 않았다.

2007년에 지카 바이러스가 태평양으로 발을 넓혀 미크로네시아의 야프섬에 상륙했을 때, 공중보건 관계자들은 이를 관심 있게 지켜보면서도 거의 경계하지 않았다. 2013년에 지카 바이러스는 태평양 한복판인 프랑스령 폴리네시아에 다다랐다. 이때쯤에는 국제 공중보건 감시 체계가 지카의 출현을 확인하고, 무언가 무시무시한 일이 벌어지고 있다는 사실을 알아챘어야 했다.

2013년 10월부터 2015년 2월 사이 프랑스령 폴리네시아에서 지카 바이러스에 감염된 것으로 기록된 환자는 262명이었다. 그 가운데 70명에게서 신경계 장애 합병증이나 자가면역 합병증이 나타났고, 38명에게서 길랭·바레 증후군GBS이 나타났다.

프랑스 소아마비라고도 불리는 길랭·바레 증후군은 자가면역 반응으로 생기는 병이다. 길랭·바레 증후군이 발병하면 신경돌기를 감싸는 절연체인 말이집을 항체가 공격하는데, 이 보호막이 손상되면 신경이 전기 전도를 유지하지 못하게 된다. 환자의 절반가량은 감염 후 얼마 지나지 않아 증상을 보인다. 흔한 발생 원인은 캄필로박터균Campylobacter, 거대세포 바이러스cytomegalovirus, 엡스타인바 바이러스다.

어떤 환자는 매우 가벼운 증상을 보이지만, 어떤 환자는 끔찍한 증상을 보여 입원해야 할 때도 있다. 길랭·바레 증후군은 대체로 오래가지는 않는 편이다. 말이집이 다시 자라나기 때문이다. 하지만 발병 기간 환자는 집중 치료를 받아야 한다. 애초에 허약한 환자나, 건강했지만 증상이 특히 심한 환자의 경우 호흡근에 영향을 미쳐 목숨을 앗아가기도 한다.

첨단 의료기술로 치료해도 환자의 약 10퍼센트는 오랫동안 후유증에 시달린다. 양질의 의료를 지원받기 어려운 개발도상국에서 길랭·바레 증후군은 더 많은 사망자와 더 오래가는 후유증을 일으킬 위험이 있다.

특정 바이러스성 감염과 세균성 감염이 드물게 길랭·바레 증후군을 유발한다는 사실은 사실 새로운 발견이 아니었다. 감염병 전문가들은 언제나 중증 환자에게서 길랭·바레 증후군이 나타나지 않을까 경계했다. 하지만 이 심각한 질병이 지카와 함께 나타난 적은 없었다. 따라서 길랭·바레 증후군을 확인했을 때, 프랑스령 폴리네시아의 의료진들은 더 불안한 마음으로 지카바이러스감염증을 모니터링했다.

프랑스령 폴리네시아에서 일어난 지카 집단 발병을 공중보건 관점에서 주목한 곳은 유럽질병예방통제센터ECDC였다. 이들은 광범위하게 상황을 파악해 2014년 2월 14일에 긴급 위험 평가 보고서를 발표했다. 이 새로운 임상 영역에 지카와 더불어 뎅기 바이러스 감염이 어느 정도 영향을 미쳤는지는 명확하지 않았지만, 지카는 분명 우려할 만한 사항이었다. 당시 나는 이 보고서를 읽고서, 프랑스령 폴리네시아에서 지카 바이러스가 퍼진 원인이 이집트숲모기이고 아마 흰줄숲모기도 관련이 있을 테니, 아메리카 대륙에 지카 바이러스가 퍼질 모든 요소가 갖춰졌다고 생각했다.

프랑스령 폴리네시아를 휩쓴 이듬해, 지카는 섬에서 섬으로 껑충껑충 옮겨 다니며 서쪽으로는 뉴칼레도니아와 쿡 제도에 퍼졌고, 동쪽으로는 마침내 아메리카 대륙으로 가는 입구인 이스터섬에 다다랐다. 모두 훤히 예측할 수 있는 일이었다.

지카가 미국의 지척까지 다다른 것은 전혀 놀랄 일이 아니었지만, 이 바이러스가 얼마나 위험한지는 속속들이 모를 만도 했다. 프랑스령 폴리네시아의 집단 발병에서는 지카바이러스감염증이 몹시 심각한 합병증인 소두증을 일으킨다는 단서를 얻지 못했기 때문이다. 그런 데이터는 이후에야 나왔다. 나중에 보니 2016년형 지카 바이러스는 내가 생각했던 것보다 훨씬 더 심각했다.

2015년 초, 브라질 중부 동해안에 자리 잡은 도시의 의사들은 길랭·바레 증후군 환자가 급격히 느는 상황을 마주한다. 환자들은 대개 진단을 받기 며칠 전에 발진 증상을 보였다. 여름이 되자 그야말로 심각한 소식이 전해졌다. 소두증을 안고 태어나는 아이가 갈수록 늘었다. 소두증은 아이의 머리가 정상보다 작은 선천성 장애로, 이렇게 태어난 아이는 뇌가 제대로 발달하지 못한다. 소두증 아이를 낳은 여러 산모가 특히 임신 초기에 발진을 경험했다고 알렸다. 길랭·바레 증후군은 원래 이런 조건과는 무관했다.

소두증 아이가 급증함에 따라, 브라질의 의사와 의학자들은 즉시 지카와 소두증의 관련성을 의심했다. 아이가 소두증을 보이면 어떤 부모라도 어마어마한 충격을 받을 것이다. 게다가 브라질에서는 소두증 아이를 낳은 가족 대다수가 외부 지원을 거의 또는 아예 받을 길이 없을 정도로 찢어지게 가난한 형편이었다. 지카 바이러스는 임신 기간에 태아의 신경계를 곧장 침범하는 것으로 드러났다. 정상적인 아이와 소두증에 걸린 아이의 뇌 CT 영상을 비교해 보면 끔찍한 차이가 뚜렷하게 드러난다. 지카 바이러스에 감염된 아이는 뇌와 두개골 사이에 공간이 더 많고, 뇌에도 특이하게 어두운 부위가 보인다.

2016년 1월 중순, 질병통제센터는 임신한 여성이 지카 바이러스에 감염되면 합병증이 생길 위험이 있고 성관계로도 지카에 감염될 수 있으니 주의하라는 권고안을 발표했다. 지카 바이러스가 소두증과 길랭·바레 증후군을 일으킨다는 것을 뒷받침하는 자료가 하루가 다르게 쌓였는데도, 학계에서 감염병을 연구하는 동료들과 언론은 한참이 지나서야 같은 결론에 다다랐다. 2016년 1월에서 2월까지 지카 관련 보도는 지카 바이러스가 정말로 소두증과 길랭·바레 증후군을 일으키느냐를 다투는 논쟁이 주를 이뤘다.

내가 보기에 그런 토론은 완전히 시간 낭비였다. 마치 소방관 두 명이 불이 난 건물까지 누가 소방차를 몰고 갈지를 놓고 다투는 꼴이었다. 일선에서 감염병 발생에 대처하며 평생을 보낸 감염병 전문가들은, 지카 바이러스 때문에 건강에 문제가 생기는 사람이 날로 늘어나는 광경을 목격해야 했다.

내가 이 사안에 과감하게 대처해야 했던 때는 2016년 1월 마지막 주였다. 『뉴욕타임스』는 일요일판에 지카의 출현과 관련해 우리가 알아야 할 내용을 써달라고 원고를 청탁해왔다. 나는 지카 바이러스가 소두증과 길랭·바레 증후군을 일으킨다고 있는 그대로 적었다. 그런데 기고문이 발간되기 전인 금요일 오후에 편집자가 내게 연락해서는 기사에 이런 내용은 곤란하다는 의견을 전했다. 『뉴욕타임스』의 의학보건부 기자들이 그와 비슷한 결론에 이르지 않았다는 것이 이유였다.

『뉴욕타임스』 기자들이 어떤 결론을 내렸는지는 내 알 바가 아니었다. 지카는 정말로 소두증과 길랭·바레 증후군을 일으키고 있었다. 한 시간 넘는 통화가 몇 번 이어졌지만, 의견 차이는 좁혀지지 않았다. 나는 차라리 내 기고문을 빼달라고 요구했다. 『뉴욕타임스』에 기고문 한 번 더 싣겠다고, 새로 출현한 지카 위기에 쓸모없는 혼란을 더할 내용을 발표할 생각은 없었다. 결국 『뉴욕타임스』 편집국 윗선에서 내 발언을 허용하기로 했다. 이제 우리가 할 일은 이 어리석은 논쟁을 멈추고 무엇이든 지카의 충격을 최소화할 일에 착수하는 것이었다. 나는 기고문에 그렇게 적었다.

오늘날 우리는 임신부가 지카 바이러스에 감염되면 소두증은 물론이고, 다른 선천성 장애—이를테면 두개골 불균형, 경직, 발작, 과민성, 눈 질환, 뇌간 기능 장애가 유발될 수 있다는 사실을 안다. 질병통제센터와 브라질 연구진이 진행한 여러 연구에 따르면, 임신 3개월 안에 지카 바이러스에 감염된 임신부 1~13퍼센트가 소두증 아이를 출산하는 것으로 알려졌다.

아메리카 대륙에 상륙한 지 채 1년이 지나지 않아 길랭·바레 증후군과 소두증을 일으킨다는 관련성이 확인되었을 때쯤, 지카 바이러스는 21세기판 탈리도마이드 비극의 상징으로 떠올랐다. 탈리도마이드Thalidomide는 1950년대 후반과 1960년대 초반에 독일에서 판매된 진정제이자 입덧 방지제였는데, 이 약을 먹은 임신부들이 기형아를 출산했다. 아이들은 없거나 짧은 팔다리, 물갈퀴처럼 생긴 손발, 시력과 청력 장애, 심장 및 다른 장기의 기형을 안고 태어났다. 수십 년 동안, 임신부들은 탈리도마이드라는 단어만 들어도 심장이 철렁 내려앉는 두려움을 느꼈다. 그리고 이제 지카 때문에 같은 일이 벌어지고 있었다. 다만 여기에는 차이가 있었다. 탈리도마이드 사태가 발생했을 때는, 이 약만 먹지 않으면 선천성 장애가 생길 위험이 사라졌다. 하지만 지카 바이러스는 뜻하지 않게 숲모기에 물리면 그런 위험에 처하게 했다. 게다가 모기는 사방에 있었다.

감염병 때문에 임신을 하지 말라는 권고가 나오는 일은 극히 드물다. 그러나 마음이 찢어지는 선천성 장애를 일으키는 감염병에는 두 가지가 더 있다.

하나는 독일 홍역이라고도 불리는 선천풍진증후군CRS이다. 임신부가 풍진에 걸리면 태아가 선천풍진증후군에 걸릴 위험이 있다. 특히 임신 12주 내에 이 위험은 최고조에 달한다. 가장 흔한 후유증은 청각 장애이지만, 백내장, 선천 심장병, 발달 문제도 나타난다. 미국에서는 풍진 백신이 승인된 이후 기본적으로 풍진은 퇴치됐지만, 다른 여러 나라에서는 지금도 풍진이 풍토병으로 남아 있다. 질병통제센터는 해마다 10만 명이 넘는 아이가 선천풍진증후군을 안고 태어나는 것으로 추정한다.

또 다른 원인은 선천 거대세포 바이러스 감염증이다. 미국에서는 해마다 태아 3만 명이 거대세포 바이러스에 감염된 채 태어난다. 이 흔한 바이러스는 증상을 거의 일으키지 않지만, 면역력이 약한 사람이나 임신부에게 감염되었을 때는 심각한 증상을 일으킬 수 있다. 특히 태아가 감염되면 저체중, 황달, 비장 비대, 간 비대와 기능 저하, 폐렴, 발작이 나타난다. 현재로서는 선천 거대세포 바이러스 감염증에 쓸 치료제가 없는 상황이다.

이 두 질환도 비극이기는 하지만, 지카가 일으킬 최악의 시나리오는 위험의 수준이 다르다.

지카 유행에서 몹시 놀라운 한 가지 측면은 이 바이러스가 성관계로 전염되는 빈도다. 뎅기 바이러스와 황열 바이러스 같은 다른 플라비바이러스flavivirus를 지금껏 100년 넘게 사람에게서 광범위하게 연구했지만, 성관계 전염은 한 번도 기록되지 않았다. 그러나 이제 우리는 다양한 인간 '입국장'에서 생기는 감염과 싸워야 한다. 모기, 성관계, 수혈이 지카 바이러스를 쉽게 옮길 것이다. 많지는 않지만, 지카 바이러스에 감염된 환자를 돌보는 사람이 환자의 체액과 접촉했다가 감염될 수 있다는 증거까지 나왔다.

브라질 연구진은 성 활동이 활발한 나이에서 여성이 성 매개 전염으로 지카 바이러스에 감염될 확률이 남성에 비해 압도적으로 높다는 사실을 밝혀냈다. 이는 아마 남성이 여성에게 바이러스를 전염시키기가 그 반대의 경우보다 더 쉽기 때문일 것이다. 또 여성은 임신으로 나타날 위험 때문에 남성에 비해 지카바이러스감염증 검사를 훨씬 더 많이 한다.

임신한 여성의 지카 바이러스 감염은 공중보건 정책에 잇달아 골치 아픈 숙제를 던졌다. 많은 기독교 국가는 피임을 허용해야 할까? 태아가 영상에서 소두증을 앓는 것으로 나타나면 임신 중지를 허락해야 할까? 가임기 여성은 되도록 임신을 미루라고 권고해야 할까? 한 번도 감염을 일으킨 적 없는 신종 모기 매개 플라비바이러스가 처음 나타났던 이전 경험을 바탕으로 보면, 3~4년 동안은 바이러스가 활발하게 퍼지면서 많은 환자가 발생한다. 하지만 그 뒤로는 감염자 비율이 높아지면서 면역력이 생긴다. 그러므로 2020년에 아메리카 대륙에서 지카에 감염될 위험은 2016년에 비해 상당히 낮을 것이다.* 하지만 지카 발병 때 임신을 미루라는 권고는 극심한 논란을 불러일으켰다.

질병통제센터의 발표에 따르면 2016년 8월 1일을 기준으로 미국 50개 주 가운데 46개 주에서 1825명이 지카 바이러스에 감염 확진 판정을 받았고, 그 가운데 479명이 임신한 여성이었다. 16명은 성관계로 감염되었고, 5명은 길랭·바레 증후군으로 이어졌다. 미국령인 지역에서도 추가로 5548명이 감염되었고, 그 가운데 493명이 임신한 여성이었으며, 길랭·바레 증후군에 걸린 사람은 18명이었다. 질병통제센터가 2016년에 수행한 연구는 지카 바이러스 전염이 발생한 지역에서 비행기, 배, 육로를 이용해 해마다 미국으로 2억 1630만 명이 들어온다고 추정했다. 그중 5170만 명은 가임기 여성이었고, 230만 명이 미국에 도착할 때 임신 상태였다.

그 전까지는 모든 환자가 미국 본토 바깥에서 감염되었거나, 고위험 지역을 여행했던 사람에게서 성관계로 바이러스에 감염되었다. 하지만

---

* 질병통제센터에 따르면 2020년 8월 6일을 기준으로 미 본토에서 1건, 미국령에서 13건의 감염 사례가 확인되었다. Centers for Disease Control and Prevention, National Center for Emerging and Zoonotic Infectious Diseases(NCEZID), Division of Vector-Borne Diseases(DVBD) 참조.

8월이 되자 플로리다주 마이애미데이드 카운티의 일부 지역에서 모기 매개 전염이 일어났다는 증거가 나왔다. 다른 멕시코만 연안 지역에서도 비슷한 전염이 일어났을 확률이 높았다.

지카는 이미 카리브해 지역의 관광업에 심각한 피해를 줬고, 플로리다에까지 피해를 미치고 있었다. 2016년 봄 미 상원과 하원에서 지카 예방에 관한 지원책을 놓고 논쟁이 한창일 때, 공화당 출신인 플로리다주 연방 상원의원 마코 루비오는 민주당 편에 서서 추가 예산을 승인하라고 촉구했다. 『뉴욕타임스』와 나눈 인터뷰에서 그는 이렇게 말했다. "단지 이 문제를 긴급하게 다루지 않는 게 문제입니다. 곧 사람들이 '왜 아무것도 한 게 없느냐'고 물을 겁니다. 그때 쓸만한 답을 내놓아야 할 거예요. 하지만 그런 답이 있을 것 같지 않습니다."

플로리다 사람인 루비오는 플로리다주가 심각한 타격을 입을 수 있다는 것을 알았다. "사람들에게 모기 매개 감염이 한 번만 일어나도, 우리 주의 관광업이 심각한 피해를 볼 것이라고 말합니다."

생물의약품첨단연구개발국BARDA의 전 국장 대리 리처드 해쳇 박사는 "에볼라를 봉쇄하기는 쉬웠다. 봉쇄가 불가능해지기 전까지는 말이다. 지카도 똑같은 상황이 벌어질 수 있다"고 지적했다.

공중보건계가 직면한 중대한 물음은 이것이다. 지카 바이러스가 그토록 빨리 훨씬 더 위험해진 까닭은 무엇일까? 원래부터 늘 그렇게 위험한 바이러스였는데, 환자 집단이 충분히 크지 않아 우리가 알아차리지 못했을까? 아니면 무엇인가가 바뀌었을까?

두에인 거블러는 돌연변이를 가장 중요한 요인으로 꼽는다. "알다시피 돌연변이나 자그마한 유전자 변화는 뎅기 바이러스와 치쿤구니야 바이러스가 유행병을 일으킬 잠재력에, 또 어쩌면 독성에도 놀랍도록 큰 영향을 미칠 수 있다. 그러니 지카에도 같은 영향을 미쳤을 것이다."

거블러는 지카가 빠르게 확산되어 감염자가 급증하는 바람에 선천성 장애는 물론 더 심각한 증상이 늘어났을 수 있다고 보았다. 하지만 아마도 바이러스의 실제 유전자가 바뀐 것이 가장 주요한 원인이 되었을 것이다. 내 생각에는 이것이 모든 면에서 타당한 분석이다. 지카바이러스감염증의 역학이 갑자기 바뀐 이유가 정말로 유전자 변이인지는 시간이 흘러 더 많은 연구가 진행되면 명확히 밝혀질 것이다. 그렇다 해도 지카는 현재 인간 감염병, 특히 바이러스가 일으키는 감염병의 역학이 언제라도 바뀔 수 있다는 사실 앞에서 다시금 우리를 겸허하게 만든다.

지카 바이러스에 감염되면 병원에서 보조 치료만 받을 수 있을 뿐 치료제가 없다. 효과 있는 예방약이나 항바이러스제도 없다. 적어도 열두 곳에 이르는 제약사, 대학, 정부기관이 안전하고 효과적인 지카 백신을 개발하는 데 관심을 드러냈지만, 가까운 시일 내에 사용하기는 어려울 것이다.

앞서 뎅기 백신을 다룰 때 언급했던 항체 의존 면역 증강 즉 면역 과잉을 생각할 때, 미 식품의약국을 비롯한 규제 기관 어느 곳이든 안전을 보장할 충분한 데이터가 있어야만 지카 백신을 승인할 것이다. 달리 말해 백신이 나오려면 수천, 수만 명의 연구 참여자에게 예방접종을 한 뒤 추적 관찰을 해보아야 한다. 그러니 안전하고 효과적인 지카 백신이 나올 수는 있어도, 시판에는 몇 년이 더 소요된다.

만약 아메리카 대륙에서 창궐한 지카 바이러스가 정말로 최근에 변이를 일으킨 더 위험한 병원체라면, 이전 유형의 바이러스에 감염된 적이 있는 사람이 변종 바이러스에 면역을 보이는지를 지켜봐야 한다.

아시아와 아프리카 인구 중 얼마나 많은 사람이 현재 유행하는 지카 바이러스에 면역이 있는지는 전혀 알려진 바가 없다. 아메리카 대륙에서 지카 바이러스가 모기를 매개로 전염하는 지역이 있다고 확인된 국가와 자치령은 모두 42곳이다. 따라서 지카와 관련한 어떤 상황을 고려하든, 아프리카와 아시아에서 비슷한 발병이 나타날 가능성을 반영해야 한다. 앞 장에서 언급했듯, 128개국 39억 명이 뎅기 바이러스에 감염될 위험이 있는 것으로 추정된다. 지카 바이러스가 퍼질 위험에 있어서도 비슷한 수치를 염두에 두어야 한다.

내 역학자 인생에서 지카는 필요한 자원을 놓고 양당의 견해가 갈린 최초의 공중보건 위기였다. 앞으로 닥칠 위기를 생각하면 좋지 않은 징조다. 이런 분열은 또한 우리가 앞으로 마주할 난관에 제대로 대처할 수 있을지에 심각한 의문을 제기한다.

2016년 여름 내내 언론은 미 정부가 살충제를 뿌리는 영상을 집중적으로 보도했다. 보는 사람이야 마음이 놓였겠지만, 이런 살포는 실제 방제 효과가 거의 없었다. 살충제 살포로는 유충을 죽이지 못하고, 숲모기가 알을 까고 서식하는 집 안팎의 모든 곳을 샅샅이 방제하지 못한다.

두에인 거블러는 살충제 살포에도 정통하다. 그는 1987년에 푸에르토리코에서 뎅기열이 대규모로 발병했을 때 살충제 살포의 효과를 연구한 바 있다. 이때 사용했던 날레드Naled라는 살충제, 그리고 동일한 항공기가 2016년에도 동원되었다. 그의 연구에 따르면, 살충제 살포로 모기 개체 수가 줄어드는 효과는 있었지만, 뎅기 바이러스 전파는 조금도 줄어들지 않았다.

지카를 포함해 모든 숲모기 전염병은 이제 모기, 그리고 모기가 옮기는 바이러스와 맞서 싸우는 힘겨운 참호전이 되고 있다. 우리는 모든 수단을 동원하는 한편, 이 적들과 맞서 싸울 새롭고 더 효과적인 방법을 개발하려 한다.

그사이 생각지 못한 희소식이 들리기를 계속 기대한다.

16장

—

항미생물제:
공유지의 비극

아무 생각 없이 페니실린 요법을 쓰는 사람은 페니실린에 내성이 생긴 미생물에게 감염되어 무너진 사람의 죽음에 도덕적 책임이 있다.

_알렉산더 플레밍 경

약 400만 년 전, 지금은 뉴멕시코주 칼즈배드 동굴 국립공원이 자리 잡은 델라웨어 분지에서 동굴이 하나 형성되고 있었다. 그때부터 1986년 이 동굴이 발견되기까지 줄곧 레추기야 동굴은 사람과 동물의 발길이 닿지 않은 채 동떨어져 완전한 원시 생태계를 고스란히 유지했다.

캐나다 온타리오주의 맥매스터대 키랜디프 불라르 박사와 동료 일곱 명이 2012년에 동료 평가 온라인 학술지 『플로스 원PLoS One』에 실은 한 논문은 과학계 밖에서는 거의 주목을 받지 못했다. 하지만 이 논문이 암시하는 바는 정신이 번쩍 들게 하는 중대한 문제를 제기한다.

논문 저자들이 레추기야 동굴 벽에서 발견된 세균을 분석해보니, 페니실린 같은 자연 항생제뿐 아니라 1950년 이전까지는 지구에 존재하지도 않았던 합성 항생제에도 내성을 보였다. 감염병 전문가 브래드 스펠버그 박사는 『뉴잉글랜드 저널 오브 메디신New England Journal of Medicine』에 이렇게 적었다. "연구 결과는 중요한 현실을 똑똑히 보여준다. 항생제 내성은 이미 존재하고 자연에 광범위하게 퍼져 있다. 그것도 우리가 아직 개발하지도 않은 약제에까지."

　항생제 발견 이야기는 널리 알려졌을뿐더러 거의 신화가 되었다. 1928년 런던, 휴가를 마친 알렉산더 플레밍 박사가 세인트메리병원의 연구실로 복귀했더니, 포도상구균 배양 접시 하나가 곰팡이에 오염되어 있었다. 그런데 자세히 보니 곰팡이 주변의 포도상구균은 모조리 죽어 있었다. 영국의 여성 착유공들이 천연두에 걸리지 않는다는 발견과 조금도 다를 바 없이, 이 발견도 관찰에서 나온 성과였다.

　플레밍은 이 곰팡이를 추출해 순수 배양했다. 그리고 그렇게 얻은 추출물이 질병을 일으키는 다양한 세균을 죽인다는 사실을 발견했다. 이 곰팡이가 푸른곰팡이, 즉 페니실리움Penicillium 속이었으므로, 플레밍은 추출물에 페니실린이라는 이름을 붙였다. 뒤이어 옥스퍼드대의 하워드 플로리 박사와 언스트 체인 박사가 페니실린의 구조를 밝혀 인류의 목숨을 구하는 의약품으로 만들었다. 세 사람은 1945년 노벨생리의학상을 수상했다.

　영국에서 플로리와 체인이 한창 페니실린을 연구할 무렵, 독일의 화학공업 카르텔이던 이게파르벤IG Farben(몬산토바이엘도 그중 하나였다)에서 게르하르트 도마크 박사가 이끄는 한 연구진이 설파닐아마이드sulfanil-amide라는 붉은 화학 염료의 특성을 살펴보고 있었다. 설파닐아마이드는 콜타르에서 추출한 물질로, 세균을 죽이지는 않지만 세균이 증식하지 못하게 가로막았다. 이 설파닐아마이드가 설파제로 알려진 약품의 기본이 되었다. 처음 시장에 나온 설파제는 프론토질Prontosil이라는 약품이었다. 1933년에 도마크의 동료 한 명이 십중팔구 목숨을 위협하는 황색 포도상구균에 감염된 생후 10개월의 영아를 설파제로 치료했다. 이 아이는 인류 역사에서 처음으로 항미생물제 덕분에 목숨을 건진 사람이 되었다.

　얄궂은 일도 있었다. 2년 뒤 도마크의 여섯 살 난 딸이 우연히 바늘에

손을 찔렸는데, 심각한 감염이 일어나 죽음을 목전에 두고 있었다. 의사는 어떻게든 감염이 퍼지는 것을 막기 위해 팔을 절단할 것을 권했다. 하지만 의사만큼이나 애가 탔던 도마크는 프론토질을 투여했다. 나흘이 지나지 않아 아이는 건강을 회복했다. 도마크는 설파제를 개발한 공로로 1939년 노벨상을 수상했다.

항미생물제의 발전은 여기에서 그치지 않았다. 항미생물제는 그야말로 엄청난 의료 혁명이었다. 러시아계 미국 생화학자이자 미생물학자로 '항생제'라는 용어를 쓰자고 제안했던 셀먼 왁스먼 박사는 토양 세균을 정제해 스트렙토마이신을 발견한 공로로 1952년에 노벨상을 받았다. 스트렙토마이신은 첫 결핵 치료제였다.

오늘날 미국인의 주요 사망 원인은 두말할 것도 없이 심장병과 암이다. 하지만 1900년까지만 해도 심장병과 암은 비교적 중요하지 않은 질병이었다. 우리 선조들이 더 건강한 삶을 추구해 담배를 피우지 않거나 몸에 좋은 음식을 가려 먹어서가 아니었다. 그때는 감염병 때문에 현대의 살인병인 심장병과 암이 끼어들 자리가 없었다. 감염병은 심장병과 암보다 더 일찍부터, 더 자주 사람들을 괴롭혔다. 지금껏 설명한 기본적인 여러 공중보건 대책과 더불어, 항생제는 현대인의 생활 수준을 높이고 수명을 늘리는 데 엄청난 영향을 미쳤다. 페니실린과 설파제가 기적의 약이라는 말은 결코 과장이 아니었다. 도마크, 플레밍, 플로리, 체인의 발견은 항생제의 시대가 도래했음을 알렸다. 의학은 그때껏 존재를 몰랐던, 생명을 살릴 힘을 얻었다.

눈치챘는가? 여기에서 '발명'이 아니라 '발견'이라는 말을 썼다. 항생제는 인간이 나타나기도 전인 수백만 년 전부터 이 세상에 존재했다. 아득히 먼 옛날부터 지금까지, 미생물은 영양분과 서식지를 놓고 다른 미생물과 경쟁했다. 이런 진화의 압력으로 인해 '운 좋게' 성공한 미생물들이 이로운 변이를 일으켰고, 덕분에 자신의 생존을 위협하지 않으면서도 다른 미생물들은 번식하지 못하도록 막아주는 화학물질, 즉 항생제를 생산할 수 있었다. 사실 항생제는 천연 물질, 더 정확히 말하자면 자연 현상이다. 따라서 자연이 준 다른 선물, 이를테면 깨끗하고 풍부한 공기와 물처럼 소중히 다룰 수도 있고 함부로 써버릴 수도 있다.

레추기야 동굴에서 알 수 있듯이, 항생제만큼이나 자연스러운 현상이 항생제 내성이다. 미생물은 생존을 위해 내성을 키우는 방향으로 나아간다. 그리고 이는 인간의 생존을 갈수록 위협한다.

세계경제포럼은 「2013년 세계 위험 보고서Global Risks 2013」에서 이렇게 선언했다. "바이러스가 더 자주 머리기사를 차지하겠지만, 단언컨대 방심으로 인해 인류의 건강에 가장 커다란 위협이 될 요소는 항생제 내성균이라는 형태로 올 것이다. 우리는 결코 세균의 변이 곡선을 앞지를 수 없는 세계를 살고 있다. 회복력은 그 뒤처짐을 얼마나 용인할 것인가에 달려 있다."

마틴 블레이저 박사는 『인간은 왜 세균과 공존해야 하는가』에서 지난 80년 동안 사용한 항생제가 30억 년 전부터 지구에 존재했고 현재 사람의 몸에 서식하는 미생물 군집을 얼마나 바꿔놓았는지를 설명한다. 그러면서 '현대세계에 나타난 슈퍼 미생물의 진화'가 앞으로 감염병에 맞서 싸울 때 어떻게 정말로 새로운 위험이 되는지를 명료하고 알기 쉽게 제시한다. 세계는 지금 아주 서서히 진행되는 전 지구적 유행병에 대응 중이다. 그리고 해가 지날수록, 우리는 항생제라는 무기를 조금씩 잃고 다시 암흑시대로 들어설 위험을 목전에 두고 있다. 그런 시대가 오면 오늘날 대수롭지 않게 여기는 여러 감염이 심각한 질환을 일으키고, 폐렴이나 장염이 사망 선고가 되고, 미국인의 주요 사망 원인이 결핵이 될지도 모른다. 앞으로 항미생물제 내성이 어떻게 전개될지, 인간과 동물에 얼마나 크나큰 충격을 미칠지를 가장 광범위하고 정확하게 평가한 곳은 영국의 항미생물제 내성 검토위원회AMR다. 영국 총리 데이비드 캐머런의 지시로 설치된 이 위원회는 웰컴트러스트에 있는 내 친구들과 동료들의 지원을 받아 상세한 연구를 진행했다.(캐머런 총리는 2016년 4월 22일 런던에서 오바마 대통령과 공동 기자회견을 할 때도 현대 세계가 마주한 주요 난제를 열거하며 이 사안을 심각하게 여긴다는 사실을 재확인했다.) 이 활동을 이끈 짐 오닐 경은 국제적으로 유명한 거시경제학자로, 골드만삭스 자산운용의 회장을 지냈고 영국 정부의 각료로도 일했다.

많은 사람이 경제학자를 그토록 중요한 의학 연구의 수장으로 뽑은 것을 의아해했다. 하지만 내가 보기에 오닐은 더할 나위 없이 완벽한 선택이었다. 이 문제는 모든 측면에서 경제와 얽혀 있기 때문이다. 감염병은 정부, 제약 산업, 글로벌 축산업, 의료 보험 지급금과 관련한 의료 행위 대부분에 영향을 미친다. 거시경제학자는 그런 큰 그림을 보도록 훈련된 사람들이다. 그리고 오닐은 세계에서 손꼽히는 거시경제학자다. 브라질, 러시아, 인도, 중국을 묶어 브릭스BRICs라는 약어를 만든 오닐은 항미생물제 내성에 맞선 중대한 활동에서 이 나라들이 어떤 역할을 맡아야 하는지도 확실히 이해하는 인물이다.

오닐의 지휘 아래 내로라하는 연구진이 2년 넘게 연구한 끝에 내놓은 결론은, 상황을 이대로 내버려둔다면 앞으로 2050년까지 해마다 1000만 명이 항미생물제 내성으로 목숨을 잃고, 세계 경제 생산이 통틀어 100조 달러에 이르는 손실을 본다는 것이었다. 현재 우리가 알기로 이런 피해를 일으킬 만한 질병은 유행성 독감밖에 없다. 하지만 지금의 추세가 바뀌지 않는다면, 항미생물제 내성이 심장병과 암을 훌쩍 뛰어넘어 독보적인 사망 원인이 될 수 있다.

항생제 내성은 새로운 문제가 아니다. 하버드대 의과대학 교수로 명성이 자자했던 맥스웰 핀란드는 항생제 개발과 사용을 거의 50년 동안 앞장서 이끌었다. 1965년에 여러 나라의 감염병 전문가 여덟 명이 모인 자리에서 그는 물었다. "새로운 항생제가 필요할까요?" 이 회의의 결론이 그해 말 어느 주요 의학 연구지에 발표되었다. 회의 참석자들이 내린 결론은 반론의 여지 없이, '그렇다'였다. 아직 치료가 어려운 질병을 위한 신종 항생제가 필요한 데다, 당시 이용할 수 있는 항생제의 효과가 항생제 내성으로 줄어들고 있었기 때문이다. 따라서 오늘날 진행되는 논의는 지난 일을 모두 다시 반복하는 것이나 마찬가지다.

그때와 딱 한 가지 차이가 있다면, 1965년에 사용했거나 그 뒤로 발견된 모든 항생제가 이제는 항생제 내성의 추가 피해를 입고 있다는 것이다. 이제는 항생제 내성이 나타나는 속도가 신규 항생제를 개발하는 속도를 훨씬 더 앞지른다. 19세기 후반과 20세기 초에 이름을 날린 의사 윌리엄 오슬러가 "인류 사망 원인의 우두머리"라 부른 폐렴구균Strepto-coccus pneumoniae은 이제 변종의 40퍼센트가 미국 일부 지역에서 페니실린에 내성을 보인다. 게다가 제약사가 신종 항생제를 개발할 경제적 동기도 신종 백신을 개발할 동기 못지않게 어둡다. 백신과 마찬가지로 항생제도 날마다 쓰는 게 아니라 어쩌다 가끔 쓸 뿐이기 때문이다. 해외에서 제조되는 매우 저렴한 기존 복제약과도 경쟁해야 한다. 더구나 약효를 유지하려면 사용을 장려하기보다 제한해야 한다.

질병통제센터에 따르면 현재 해마다 미국에서 적어도 200만 명이 항생제 내성균에 감염되고, 그 가운데 적어도 2만3000명의 직접 사인이 감염증이다. 미국에서는 한 해에 메티실린 내성 황색 포도상구균으로 죽는 사람이 에이즈로 죽는 사람보다 더 많다.

대부분의 사람에게 도마크, 플레밍, 플로리, 체인 이전의 시대는 남의 일이다. 우리 증조부모, 더 나아가 고조부모 세대가 살던 1940년대 이전, 그러니까 항생제가 없던 시대는 이제는 상상하기도 쉽지 않다. 그러나 10~20년 안에 우리는 항생제가 종말을 맞는 시대에 들어설 수도 있다.

항생제 내성을 더 이상 막지 못하거나 막지 않는다면, 그래서 그대로 노출된다면 내성의 시대는 어떤 모습일까? 어두운 동굴의 시대로 돌아가는 것은 실제로 어떤 삶을 뜻할까?

한 가지는 명확하다. 지난 70년 동안 맞서 싸워 막아냈던 균은, 앞으로 더 많은 사람을 아프게 하고 더 많은 사람의 목숨을 앗아갈 것이다. 자세히 들여다보면 상황은 더 오싹하다. 감염을 효과적으로 억제할 무독성 항생제가 없다면 어떤 외과 수술이든 위험을 수반하므로, 그야말로 목숨이 오가는 중대한 수술 말고는 모든 수술에서 위험과 이익을 복잡하게 따져야 할 것이다. 개심 수술, 장기 이식 수술, 관절 치환 수술을 진행하기 어려워질 테고, 체외 수정은 더 이상 시술되지 않을 것이다. 제왕절개 수술도 훨씬 더 위험해질 것이다. 화학요법을 이용한 암 치료는 저 멀리 후퇴할 테고, 신생아 집중 치료와 일반 집중 치료도 마찬가지다. 그뿐 아니다. 사람들은 웬만해서는 병원에 가지 않으려 할 것이다. 병원 바닥과 벽면, 집기 표면, 공기에 세균이 득실거릴 터이기 때문이다. 류머티즘열은 평생 후유증을 남기고 결핵 요양원이 다시 등장할지도 모른다. 그때는 현실에 카메라만 들이대도, 종말 같은 재앙을 다룬 영화가 될 것이다.

도대체 어쩌다 상황이 이 지경이 되었을까? 항생제 내성이 왜 급속도로 강해졌는지, 이 암울한 미래를 뒤집어 항생제 내성의 충격을 줄이려면 무엇을 해야 하는지를 이해하려면, 먼저 이런 상황이 왜 벌어졌고 어디에서 벌어졌는지, 주요 동인은 무엇이었는지를 알아야 한다. 사람과 동물, 지리에 따라 내성 정도가 큰 순서대로 항생제 남용을 분류하면 다음과 같다.

1. 미국, 캐나다, 유럽연합의 인체용 항생제 사용: 많은 난제가 남아 있지만, 이 나라들은 항생제 처방 관리antibiotic stewardship를 촉진하고자 가장 많은 노력을 해왔다.
2. 나머지 국가의 인체용 항생제 사용: 현재까지 내성을 억제하고자 한 일이 거의 없다.
3. 미국, 캐나다, 유럽연합의 동물용 항생제 사용: 정부와 공중보건 영역에서 제지가 없었던 탓에, 식품용 축산업, 양계업, 수산업이 대부분 항생제 과다 사용 문제를 해결하려 하지 않았다.
4. 나머지 국가의 동물용 항생제 사용: 확실한 자료는 없지만, 사용량이 만만치 않을뿐더러 늘고 있다.

이제부터 이 문제들을 하나씩 살펴보자.

미국, 캐나다, 유럽연합의 인체용 항생제 사용

맞벌이 미국인 부부가 있다고 해보자. 어느 날 아침, 부부의 네 살배기 아들이 일어나자마자 귀가 아프다며 엉엉 운다. 엄마나 아빠가 아이를 소아과 의사에게 데려간다. 최근에 이런 귀앓이를 자주 본 의사는 바이러스 감염을 확신한다. 이런 귀앓이는 거의 언제나 바이러스 감염이다. 귀 염증을 치료하는 데 확실한 효과를 보이는 항바이러스제는 없다. 이 상황에서 항생제를 쓰면 아이 몸에 있을 다른 세균이 항생제에 노출되어 항생제 내성 변종이 진화의 대기회를 맞을 확률만 키울 뿐이다. 하지만 무엇이든 간에 약을 처방받지 못하면 어린이집에서 아이를 받아주지 않을 테니, 엄마나 아빠 중 한 명이 휴가를 내야 한다. 이런 문제는 실제로 우리 일상에서 하루가 멀다 하고 일어난다. 따라서 정말로 항생제를 써야 할 확률이 극히 낮을지라도, 궁지에 몰린 이 부부를 돕기 위해 항생제 처방전을 쓰는 것은 그리 큰 문제로 보이지는 않는다.

하지만 이 상황은 전형적인 '공유지의 비극'이다. 브래드 스펠버그 박사는 2009년에 펴낸 책 『돌림병의 부상Rising Plague』에서 누구보다 앞서 이렇게 설명했다.

> 1968년에 개릿 하딘이 『사이언스』지에서 처음 설명한 '공유지의 비극'은 개인이 자신에게 크게 이로운 쪽으로 행동하면서 사회 전체에는 약간의 해를 끼치는 대가를 받아들이는 상황을 말한다. 단 한 사람만 그렇게 행동한다면 그 결과가 사회에 미치는 해악은 적을 것이다. 하지만 모든 사회 구성원이 같은 행동을 한다면, 전체 구성원이 입을 피해의 총합은 어마어마하게 커진다.

몇몇 설문 조사에 따르면, 대부분의 항생제가 과잉 처방되어 내성이 쌓인다는 사실을 이해하면서도, 내성이 미생물이 아닌 인간에게 쌓인다고 생각한다. 얼마만큼이 과잉인지는 몰라도, 항생제를 너무 많이 먹으면 항생제가 자기에게만 듣지 않으리라고 생각한다. 그래서 설사 자신이 위험 요인을 조장하더라도, 전체 공동체가 아닌 자신만 위험해진다고 여긴다.

물론 의사들은 실제 위험을 잘 안다. 그렇다면 의사들이 항생제를 부적절하고 무책임하게 과잉 처방했다고 비난받아 마땅할까? 너무나도 많은 사례에서, 답은 '그렇다'이다.

질병통제센터는 2016년 5월 3일자 『미국의학협회 학회지』Journal of the American Medical Association에 퓨 자선신탁Pew Charitable Trust, 그리고 여러 공중보건 및 의료 전문가와 함께 진행한 연구 결과를 발표했다. 연구에 따르면 진료실과 병원 응급실에서 나오는 항생제 처방 가운데 적어도 30퍼센트가 불필요하거나 부적절했다. 놀라울 것도 없이 대부분 감기, 후두염, 기관지염, 축농증, 귓병처럼 바이러스가 일으키는 호흡기 질환에서 그런 처방이 나왔다.

질병통제센터의 보도자료는 "이렇듯 해마다 4700만 건이나 과잉 처방되는 항생제 탓에 환자들이 겪지 않아도 될 알레르기 반응은 물론이고, 때로 장에서 클로스트리디움 디피실레균Clostridium difficile이 증식해 목숨을 위협하는 설사병까지 앓는다"고 언급한다. 이 언급은 또 다른 중요한 사실을 가리킨다. 항생제 남용이 항생제 내성을 촉진할 뿐 아니라, 항생제가 완전히 이롭기만 하지도 않다는 것이다. 중증 질환을 치료하는 많은 약품과 마찬가지로, 항생제에도 부작용이 있다. 질병통제센터가 제시한 사례는 아마 장에 필요한 '이로운' 균을 항생제가 모조리 없앴기 때문에 일어났을 것이다.

그렇다면 왜 의사는 항생제를 과잉 처방할까? 소송을 일삼는 사회이니 문제가 생길 때에 대비하려는 목적일까? 아니면 문제를 제대로 의식하지 못해서일까? 스펠버그에 따르면, 사실 문제는 대부분 두려움 때문에 생긴다. 단지 그뿐이다. 종뇌 아래, 의식적 생각과는 거리가 먼 뇌줄기에서, 틀릴 것에 대해 자신도 모르는 두려움을 느끼기 때문이다. 환자를 처음 만났을 때는 환자의 질병을 모른다. 또 우리는 세균 감염과 바이러스 감염을 정말로 구분하지 못한다. 그럴 방법이 없다.

"물론 인구 기준으로는 이런 징후와 증상을 보이는 환자의 95퍼센트가 바이러스 감염이라고 볼 수 있다. 하지만 내가 의사로 일하는 동안 환자 만 명을 본다면, 내 앞에 있는 환자 한 명을 오진할 때도 있을 수 있다. 만약 내 진단이 틀리면, 정말로 나쁜 결과가 나올 수 있는 것이다. 바로 이런 두려움이 의사가 항생제를 처방하도록 몰아간다. 의사뿐 아니라 환자도 똑같이 이런 두려움에 시달린다. 몸이 좋지 않아 병원에 찾아올 때 사람들은 무엇이라도 얻기를 바란다. 환자가 원하는 것은 철학적 논쟁이 아니라, 몸을 낫게 할 무엇이다. 그러니 처방전을 요구할 수밖에 없다."

스펠버그는 이해하기 쉽게 두 가지 사례를 언급했다. 첫 사례에서는 외과 수석 레지던트가 스펠버그에게 연락해 쓸개에 염증이 생긴 환자가 있다고 알렸다. 환자는 안성맞춤으로 특정 세균만 콕 집어 공격하는, 적용 범위가 매우 좁은 항생제를 먹고 있었는데도, 백혈구 수치가 계속 늘고(몸이 감염에 대응한다는 신호다), 열이 계속 오르고 통증도 더 심해졌다. 그래서 레지던트는 환자에게 조신Zosyn이라는 상표로 알려진 피페라실린타조박탐을 투여하고 싶어했다. 조신은 강력한 광범위 항생제로, 매우 치명적인 병원균인 녹농균*Pseudomonas aeruginosa*을 죽인다.

스펠버그는 레지던트에게 환자가 녹농균에 감염되었을 가능성이 매우 낮은데 그 특정한 항생제를 왜 쓰려 하느냐고 물었다. 레지던트는 녹농균 감염이 걱정되어서가 아니라, 환자의 병세가 계속 나빠져서라고 답했다.

스펠버그가 다시 지적했다. "그렇군요. 하지만 환자의 병세가 나빠지는 원인은 아직 담낭을 적출하지 않아서잖아요."

"그게, 외상 환자 수술이 두 건 있어서 수술실을 못 잡았거든요. 그래서 당장 수술할 수가 없어요. 그러니 항생제라도 광범위하게 쓰려고요."

스펠버그는 이 사례를 이렇게 정리했다. "이런 반응은 그야말로 비합리적이다. 그 레지던트도 그런 처방이 비합리적이라는 것을 알았다. 하지만 두려웠다. 그래서 자기 마음이 놓이도록 광범위한 항생제를 일회용 반창고처럼 쓰려 했던 것이다."

다음 사례에서는 어느 레지던트가 오줌에서 그람음성균이 나온 환자에게 또 다른 강력한 광범위 항생제인 시프로Cipro를 처방해달라고 요청했다. 그람음성균은 그람 염색법에 따른 세포 분류 방식으로, 세포벽의 특징에 따라 특수 실험 염료에 염색 반응을 보이면 그람양성균, 반응을 보이지 않으면 그람음성균으로 나뉜다. 이 분류법은 염색 기법을 고안한 덴마크 세균학자 한스 크리스티안 그람의 이름을 딴 것이다.*

환자가 어떤 증상을 보이느냐고 물었더니, 아무런 증상도 없다는 답이 돌아왔다. "따라서 문제는 증상이 없는 세균뇨, 그러니까 오줌의 세균을 어떻게 치료할 것인가였다. 답은 치료하지 않는다였다. 이 사례는 아주 명확한 인지 부조화를 보여준다. 의사 자격시험에 이 문제가 나왔다면 이 레지던트는 옳게 답했을 것이다. 하지만 그건 종이 쪼가리 시험이고, 지금은 의사를 빤히 바라보는 환자가 있는 상황이다. 레지던트는 두려웠던 것이다. 우리는 아직 두려움을 해결하지 못했다. 그러니 두려움을 해결할 심리적 방법을 찾아내야 한다."

두 사례를 듣고 나니, 의사 특히 젊은 의사가 차분히 두려움을 가라앉히고 각 사례를 냉정하게 이성적으로 생각하기만 하면 되겠구나, 싶은가? 사례를 하나 더 들어보자. 스펠버그가 어떤 감염병 회의에 참석했다가 들은 이야기다.

스물다섯 살의 여성이 유명한 네트워크 병원의 긴급 치료 시설에 찾아와 발열, 인후통, 두통, 콧물, 몸살 증상을 호소했다. 전형적인 바이러

---

* 그람음성균은 페니실린에 반응하지 않는다. 따라서 그람염색으로 페니실린 투약 여부를 결정할 수 있다.

스 감염증 증상이었으므로, 시설은 적합한 절차를 고스란히 따랐다. 환자에게 항생제를 처방하지 않고, 대신 집에 돌아가 푹 쉬면서 수분을 보충하고 닭고기 수프라도 먹으라며, 사흘 안에 전화를 걸어 환자 상태를 확인하겠다고 알렸다.

한 주 뒤 환자는 패혈증 쇼크로 다시 병원을 찾았고, 얼마 지나지 않아 사망했다.

"알고 보니 르미에르증후군Lemierre's syndrome이었다. 세균 감염이 환자의 목에서 혈류로 퍼진 탓에 목정맥이 막힌 것이다. 이런 일이 일어날 확률은 1만 분의 1이다. 그야말로 극히 드문 경우다. 하지만 바이러스 감염의 합병증으로 일어난다고 알려진 질환이기도 하다. 그러니 얄궂게도 이 환자에게는 부적절하게 항생제를 처방받는 쪽이 이로웠을 겁니다."

마크의 동생인 조너선 올셰이커는 가장 바쁘게 돌아가는 1급 외상센터이자 응급의료센터인 보스턴의료원 응급의학과 과장이다. 보스턴의료원은 뉴잉글랜드에서 가장 큰 안전망 병원이다. 조너선은 날로 늘어가는 내성 문제에도 민감하게 신경 쓰지만, 환자를 다치게 하는 실수를 저지를까 걱정하는 의사와 간호사에게도 세심히 마음을 쓴다. "응급의학 의사라면 다들 듣고 싶어하지 않는 말이 하나 있어요. '지난주에 봤던 그 환자 기억해?' 다음에 이어질 말이 빤하거든요. '글쎄, 그 사람한테 무슨 일이 일어났느냐면 말이야……'"

스펠버그는 질문한다. "의사가 병원 문을 열고 들어오는 환자를 보는 족족 항생제를 처방하기까지 이런 일이 몇 번쯤 필요할 것 같은가?"

나머지 나라의 인체용 항생제 사용

2014년 기준으로 앞서 다룬 나라들의 인구수는 총 8억 6879만8000명으로, 세계 인구의 12퍼센트 가량을 차지한다. 그러니 설사 이런 '제1세계'에서 항생제 내성의 증가율을 크게 줄이는 발전을 이루더라도, 항생제 내성 감소를 국제사회의 우선 사항으로 삼지 않는다면 언젠가는 일어날 세계적 재앙에 아주 잠깐 미미한 영향을 미치는 데 그치고 말 것이다.

브릭스 국가들은 발전 수준이 거의 비슷하다. 총인구는 약 30억 8490만 명으로 세계 인구의 42퍼센트를 차지한다. 그리고 나머지 국가들의 인구가 33억 4780만 명으로 46퍼센트다. 세계 인구에서 12퍼센트를 차지하는 제1세계 국가들도 항생제 내성을 억제하는 데 어려움을 겪는 만큼, 나머지 88퍼센트 국가의 상황은 훨씬 더 어려울 것으로 보인다.

이런 나라 대다수에서는 항생제가 아스피린이나 코에 뿌리는 약품처럼 일반 의약품으로 팔린다. 의사의 처방전도 필요 없다. 많은 나라가 처방전 없이 항생제를 파는 것을 불법으로 규정하지만, 느슨한 법 집행 탓에 여러 중·저소득 국가에서 항생제가 처방전 없이 폭넓게 팔린다.

공중보건 분야에서 일하는 우리야 의사 처방 없이는 항생제를 절대 사용하지 못하도록 하고 싶은 마음이 굴뚝같다. 하지만 개발도상국에 사는 사람들에게, 그것도 인구 천 명당 의사가 많아야 한두 명인 곳에 사는 데다 설사 의사가 있더라도 애초에 진찰비를 낼 돈조차 없는 사람들에게, 진찰을 받아야만 약을 받을 수 있다는 말을 어떻게 꺼내야 할까? 현실과 동떨어져 의료 기반을 개선하지 않은 채, 덮어놓고 처방전 없는 항생제 판매를 금지하는 조처는 성공할 턱이 없다.

우리는 또 항생제 내성이 세계의 빈곤층에 지나치게 무거운 짐을 지운다는 사실도 이해해야 한다. 현재 특허권이 만료된 효과적인 항생제는 한 회 분량에 몇 푼밖에 들지 않을 것이다. 하지만 이런 약들이 더는 효과가 없을 때 등장할 신종 항생제는, 가난한 사람들이 단 한 번 사용하기도 어려울 만큼 매우 비쌀 것이다.

항미생물제 내성 검토위원회의 지원으로 런던정경대가 진행한 분석은 아시아, 아프리카, 남아메리카 대륙의 신생 개발도상국인 인도, 인도네시아, 나이지리아, 브라질 네 나라에서만도 설사에 항생제를 쓴 환자가 해마다 자그마치 5억 명에 육박했고, 2030년에는 이 수치가 6억 명을 훌쩍 넘을 것으로 예상했다. 이 결과는 안전하지 않은 물과 비위생적인 환경이 어떤 영향을 미치는지를 뚜렷이 드러낼뿐더러, 항생제 내성이 얼마나 널리 퍼졌는지도 알려준다. 이것이 앞으로 개발도상국에서 살 수 있는 항생제로는 이런 설사 환자를 치료하지 못하게 될 수도 있다는 뜻이라면, 무슨 일이 벌어질까?

개발도상국에서 쓰는 항생물질은 대부분 규제가 느슨하거나 전무한 제조 시설에서 생산된다. 달리 말해 품질이 관리되는지 평가할 길이 없다는 뜻이다. 게다가 수많은 빈곤층이 위생 및 청결 상태가 열악한 도시 빈민가에서 다닥다닥 붙어 산다. 이런 환경에서는 더 많은 질병이 생기므로, 미생물이 다른 미생물과 항생제 내성을 공유할 기회도 더 늘어난다.

개발도상국이 마주한 항생제 내성 문제를 어떻게 바라봐야 할까? 19세기부터 20세기 초까지 매우 치명적인 질병이었던 결핵을 한번 살펴보자. 세계 여러 지역, 특히 아시아에서 결핵은 대개 항생제로 치료할 수 있는 질병이었다. 하지만 이제는 다제 내성MDR, 광범위 약제 내성XDR, 전약제 내성TDR이 있는 질병으로 바뀌었다.

남의 일이 아니다. 예컨대 질병통제센터 소장을 지낸 톰 프리든 박사는 어느 인터뷰에서 이렇게 지적했다. "나는 결핵 환자에게서 이미 이런 사례를 보았습니다. 미국에서 쓸 수 있는 약이 더 이상 없는 환자를 돌본 적이 있어요. 그야말로 무시무시했고, 무력함을 느끼는 일이었죠. 이렇게 될 필요가 없었던 상황입니다." 미국 상황이 이렇다면, 개발도상국이 마주한 난관은 어느 정도이겠는가?

공중보건 분야의 독립 언론인이자 『악마 물리치기Beating Back the Devil』 『슈퍼버그Superbug』를 쓴 메린 매케너는 지적한다. "세계 곳곳에서 이런 변종이 출현한다. 그곳에서 건너온 주민이 있는 곳이라면 어디에서든, 미국 여러 지역에서 폐를 일부 절제한 결핵 환자가 나오고 있다. 이건 19세기에나 썼던 치료법이다!" 매케너는 항생제 사용 관행과 정책, 항생제 내성을 10년 넘게 연구해왔다. 지금까지는 항생제 내성에 따른 문제가 해결책이 나오는 속도를 훌쩍 앞지르고 있다.

북미와 유럽연합의 동물용 항생제 사용

인간이 사용하는 항생제 총량은 항생제 전체 사용량에 비하면 꽤 적은 편이다. 미국, 캐나다, 유럽연합에서 사용하는 항생제 가운데 인간이 쓰는 양은 약 30퍼센트다. 나머지는 동물, 특히 식용 동물과 반려 동물에 사용된다.

몸이 아플 때 우리는 흰 약통이나 주황색 약통 또는 개별 포장된 항생제를 그램 단위로 산다. 하지만 기업형 농장과 목장에서는 항생제를 톤 단위로 사들인다.

가축을 키울 때 항생제를 사용하는 용도는 네 가지다. 정도는 다르지만 네 가지 용도 모두 현대사회에서 단백질 식품을 생산하는 방식 때문에 생겨났다. 오늘날 우리는 식용 동물을 대규모로 생산하는 데다, 다닥

다닥 밀집시켜 키운다. 닭과 칠면조든, 소와 돼지든, 아니면 양식 생선이든 사정은 다르지 않다. 대규모 사육 업체가 수준 높은 방역으로 병원균을 철저히 차단한다면, 그래서 병원균의 접촉이 통제된다면, 동물들이 감염병에 걸릴 일은 거의 없다. 하지만 병원균이 일단 이런 밀집 사육 환경에 들어오면, 빠르고 광범위하게 퍼진다. 바로 그런 감염을 치료하고자 항생제를 쓰는 것이다. 그러나 애초에 감염을 막기 위해, 또는 병든 개체가 건강한 개체에게 병원균을 옮기지 않도록 하기 위해 항생제를 쓰기도 한다. 또 성장을 촉진하고자 할 때도 항생제를 쓴다.

1940년대 후반, 뉴욕주 레덜리 연구소 근처에 사는 어부들 사이에 송어가 예전보다 더 커졌다는 말이 돌았다. 저명한 생화학자 토머스 주크스 박사가 동료인 로버트 스톡스태드 박사와 이 명백한 현상을 조사했더니, 레덜리 공장에서 흘러나온 항생제 오레오마이신Aureomycin이 원인이었다. 가축과 식용 가금류 실험에서도 비슷한 결과가 나왔다. 축산업은 이 뜻하지 않은 발견을 혁신으로 여기며 두 팔 벌려 반가워했다.

우리는 수십 년 동안, 식용 동물이 더 빨리 더 크게 자라 더 많은 고기를 생산하도록 특정 항생제를 여러 차례 투여했다. 이 관행을 생장 촉진이라 부른다. 미 식품의약국은 축산업계와 협의해, 생장 촉진용 항생제 사용을 단계적으로 없애는 자발적 계획을 시행했다. 유럽연합은 1969년에 생장 촉진용 항생제 사용을 금지했다. 물론 감염 예방, 억제, 치료에는 여전히 항생제를 사용한다. 항미생물제 내성 검토위원회 보고서가 찾아낸 많은 증거에 따르면, 고소득 국가의 농부들이 생장 촉진용 항생제를 사용하여 얻는 추가 생장률은 고작 5퍼센트가 채 안 된다.

그렇다면 이런 항생제 사용이 인간에게는 어떤 영향을 미칠까? 항미생물제 내성 검토위원회는 식품 생산의 항생제 사용을 연구해 발표한 동료 평가 논문 280편을 검토했다. 그중에서도 학술 기관의 연구진이 발표한 139편 가운데 72퍼센트인 100편이 동물용 항생제 사용과 인간의 항생제 내성 사이에 관련성이 있다는 증거를 찾아냈다. 관련성을 찾지 못한 논문은 5퍼센트인 7편에 그쳤다.

2015년에 오바마 행정부는 늘어가는 항생제 내성을 다룬 여러 보고서에 경각심을 느껴 항생제 내성균 퇴치에 관한 대통령 자문 위원회를 꾸렸다. 위원장은 5장에서 다뤘던 미생물 군집을 깊이 있게 연구한 마틴 블레이저 박사가 맡았다. 하지만 이런 일류 전문가들조차 축산용 항생제 사용을 실제로 줄일 만한 권고안을 내놓지 못했다. 이들은 식품의약국이 동물용 항생제 사용을 줄이고자 노력했다고 언급하며, 수의사가 감독에 나설 것과 생장 촉진용 항생제 사용을 끝낼 것을 요구했다. 그러면서도 이 같은 조치가 의무가 아닌 데다 2012년 처음 시행된 뒤로 효과가 있었다는 증거가 거의 없다면서 한발 물러났다.

캔자스주립대의 수의사이자 축산용 항생제 사용 전문가로 위원회에 참여했던 마이클 애플리 박사는 항생제 사용을 전적으로 수의사에게 맡겨야 한다면서, 연구가 더 많이 이루어져야 한다고 주장했다. 기본적으로 우리는 지금껏 이 문제를 수의사에게 맡겨왔다. 그 결과로 미미한 진전을 이뤘을 뿐이다.

스웨덴, 덴마크, 네덜란드처럼 상황을 깨달은 나라들은 축산용 항생제 사용을 제한했고, 사람과 동물을 감염시키는 병원균에서 항생제 내성률을 밝힐 포괄적인 조사 체계를 마련했다. 네덜란드 위트레흐트대 임상감염학 교수인 야프 바헤나르 박사는, 네덜란드가 그동안 유럽연합에서 인체용 항생제 사용률이 가장 낮았지만, 동물용 항생제 사용률은 주요 축산물 수출국인 까닭에 가장 높았다는 사실을 지적한다. 네덜란드 보건부는 이런 상황을 개선하고자 해가 바뀔 때마다 연 단위 기준을 세우고, 축산업계가 항생제 사용을 빠짐없이 투명하게 보고하도록 의무화했다. 이제 동물용 항생제는 반드시 면허가 있는 수의사에게 처방받아야 한다. 또 매우 강력한 항미생물제를 쓸 때는 다른 대안이 마땅히 없음을 확인받아야 한다.

이토록 혁신적인 계획 도입을 고려하는 나라는 손에 꼽을 정도다. 개발도상국들은 선진국의 육류 중심 식습관을 받아들이는 과정에서 육류를 생산하는 축산 방식도 받아들였다. 즉 이들 역시 생장 촉진용 항생제를 과도하게 사용한다.

그 결과, 항생제 내성은 놀라운 속도로 강화되고 있다. 핵심 분자 구조에 불소가 들어 있어 플루오르퀴놀론Fluoroquinolones이라 부르는 항생제는 광범위 항생제로, 화학명이 플록사신으로 끝나는 여러 화합물과 시프로가 이 계열에 속한다. 널리 존경받는 경제학자이자 역학자로 감염병과 약제 내성의 영향을 전문적으로 연구하는 라마난 락스미나라얀은 2016년 미 국립보건원 발표에서 1990년에는 가축 생산물에서 발견된 흔한 병원균의 내성률이 10퍼센트였지만, 1996년에는 80퍼센트가 넘었다고 언급했다.

한동안 많은 공중보건 관계자가 미국에서 동물용 항생제 사용이 얼마나 널리 퍼졌고 어떤 목적으로 사용되는지를 밝히려 했지만, 식용 가축 생산자들이 수치나 투약 자료를 제출하지 않으려 했다. 대규모 육류 생산자들은 그런 자료가 자신들의 것이고, 혹시라도 공개했다가 초강력 내성균의 발생을 축산업 탓으로 돌리는 구실이 될까봐 걱정스럽다고 주장한다. 마틴 블레이저는 연간 동물용 항생제 사용량을 1만4000톤으로 추산한다. 이에 비해 인간에 대한 사용량은 4000톤이다. 우리가 어떤 항생제를 어디에 어떻게 투여하는지 모른 채 정말 엉성한 추정치인 전체 항생제 사용량을 척도로 삼을 수밖에 없다는 이 단순한 사실이야말로, 더 정밀한 자료가 간절히 필요하다는 명백한 증거다. 미국에서 생장용 항생제 투여가 서서히 줄고 있다고들 믿지만, 얼마나 줄고 있는지는 명확히 밝혀진 바가 없다. 믿을 만한 여러 정보에 따르면, 미국의 기업식 축산업의 항생제 사용은 일반 축산업에 비해 더 빠르게 늘고 있다. 2009년에서 2014년 사이 항생제 사용량은 22퍼센트 증가했다.

나는 항생제 사용과 관련한 명확한 자료가 필요한 까닭을 병원이 원내 의료 관련 감염 횟수를 보고해야 하는 까닭에 빗대곤 한다. 미국에서는 병원이 정부의 요구에 따라 이 자료를 보고하도록 되어 있다. 이전까지는 이런 의무가 없었고, 정부 방침이 발표되자 의료계는 이를 못마땅하게 여겨 크게 반발했다. 그러나 오늘날에는 이 보고 체계가 자리를 잡음으로써, 환자가 치료를 받는 동안 원내에서 감염되지 않도록 막을 추가 대책을 마련하는 데 큰 역할을 했다. 식용 동물과 관련한 상세한 항생제 사용 자료는 공중보건에 없어서는 안 될 정보다. 나는 언젠가 이런 필요성이 자료의 소유권 주장을 압도하리라고 본다. 정보가 없는 한, 우리는 앞으로 얼마를 사용해야 안전하다는 기준치조차 세우지 못한다.

2016년 5월 10일, 미 식품의약국은 축산용 항생제 판매사에 요구하는 연간 보고 요건을 수정한 규정을 최종 승인했다. 그 전까지는 판매사들이 식용 동물 사육자에게 판매한 항미생물제의 전체 추정량만을 제출했지만, 이제는 소, 돼지, 닭, 칠면조 등 가축별 수치도 함께 제출해야 한다.

식품의약국은 성명서에서 이렇게 약속한다. "식품의약국은 새로운 판매 자료를 이용해 주요 식용 동물에 사용되는 항미생물제가 어떻게 팔리고 유통되는지를 더 깊이 이해하고, 의학적으로 중요한 항미생물제를 신중하게 사용하도록 보장하는 노력을 한층 강화할 것이다."

이 바람직한 약속은 축산용 항생제 사용 규모를 파악하는 데도 도움이 될 것이다. 이 정도까지 오는 데 걸린 시간이 무려 40년이다. 다른 나라들이 함께하기까지 또다시 40년을 기다릴 수는 없는 노릇이다. 겨우 미국, 캐나다, 유럽연합에서 항생제 소비를 줄이는 데만 집중하는 것은, 타이태닉 호 선체에 빙산에 찍혀 대문짝만 한 구멍이 생겼는데 쟁반만 한 땜질만 해놓고 이제 다시 배를 몰아도 된다고 자축하는 꼴이다.

나머지 나라의 동물용 항생제 사용

제일 세계 바깥에서 항생제 사용이 가파르게 늘어 이미 엄청난 문제를 낳고 있다. 블레이저는 중국의 인체용 항생제 사용량이 연간 8만1000톤에 이르고, 축산용도 같은 수준이리라고 추정한다. 뿐만 아니라 수출량도 8만8000톤에 이른다. 중국을 비롯한 아시아 여러 국가에는 항생제 사용에 대한 엄격한 규제 감독이 거의 존재하지 않는다. 뉴델리에 있는 싱크탱크 과학환경센터CSE가 2013년 9월부터 2014년 6월까지 뉴델리 시장에서 닭고기 표본 70개를 사들여 분석해보니, 그 가운데 40퍼센트에 항생제 잔여물이 남아 있었다고 한다. 블레이저는 인도에서 나온 자료가 전혀 믿을 만하지 않다고 생각한다.

여러 정보로 볼 때 인도는 세계 최대의 항생제 생산국이다. 따라서 최대 사용국이자 수출국으로 봐야 할 것이다.

메린 매케너는 인도와 중국을 동물용 항생제 최대 사용국으로 꼽는데, 인도를 가리켜 "완전히 기능 장애에 빠져 있다"고 지적한다. 매케너가 찾아낸 여러 결과는 2016년에 블룸버그 통신이 진행한 조사에서 사실로 드러났다.

우리가 얼마나 곤란한 상황에 놓였는지를 보여주는 무시무시한 예는 중국에서도 볼 수 있다. 중국에서 사용하는 항생제 콜리스틴colistin은 어떤 항생제에도 반응하지 않는 균에 그야말로 최후 수단으로 쓰는 약제다. 1949년에 일본에서 처음 분리되어 1950년대에 개발된 약물이지만, 콩팥을 망가뜨리는 독성이 있어서 달리 방법이 없을 때만 사용했다. 중국에서도 사람에게 투여하지는 않는다. 그런데 축산용으로는 해마다 수천 톤을 사용한다. 베트남에서도 비슷하게 동물용으로만 승인되었는데, 이곳에서는 아예 의사들이 수의사들로부터 콜리스틴을 구해 환자들에게 사용하기까지 한다.

사실 인도를 포함한 다른 여러 나라에서도 콜리스틴을 사람에게 투여한다. 신생아에서 나타나는 특정 혈류 감염은 부작용이 적은 다른 항생제들에 내성을 보이므로, 콜리스틴이 아직 효과가 있는 거의 유일한 약제다. 그런데 블룸버그의 보도에 따르면, 2015년 초 인도 푸네의 킹에드워드메모리얼병원 의사들이 목숨을 위협하는 혈류 감염이 생긴 영아 두 명을 치료하다가, 콜리스틴에 내성을 보이는 병원균을 발견했다. 한 아이는 목숨을 잃었다.

이 병원의 신생아 집중치료실 실장인 우메시 바이디야 박사는 "콜리스틴마저 잃는다면 우리에게 남는 약제가 없습니다. 정말이지, 걱정스럽기 짝이 없는 일이에요"라고 말했다. 인도 일부 병원의 검사에 따르면 콜리스틴에 내성을 보이는 병원균의 비율은 벌써 10~15퍼센트에 이르렀다.

설상가상으로 어떤 병원균은 독자적으로 증식할 수 있는 염색체 이외의 DNA 분자인 플라스미드plasmid를 다른 병원균과 공유한다. 중국 연구진이 이런 플라스미드 하나에서 콜리스틴에 내성을 일으키는 유전자 mcr-1을 찾아냈다. 뒤이어 찾아낸 NDM-1(뉴델리메탈로베타락타마제)이라는 효소는 카바페넴carbapenem이라는 중요한 항생제 계열에서 병원균을 보호했다. 카바페넴계 항생제는 이미 다제 내성을 보이는 병원균에 맞서 주로 병원에서 쓰이는 약제다.

중국 베이징에 있는 중국농업대 수의학과 교수 선전중 박사는 블룸버그 기자 내털리 오비코 피어슨과 아디 나라얀에게 "중국 축산업에서 갈수록 과도하게 콜리스틴을 사용한 탓에 선택 압력을 받은 대장균이 mcr-1을 획득했을지 모릅니다"라고 말했다. 이 말이 이 세상에 존재하는 모든 대장균, 또는 상당수의 대장균이 내성을 띨 것이라는 뜻은 아니다. 하지만 걱정스럽게도, 축산업에서 무분별하게 사용한 항생제가 내성 확산에 영향을 미칠 수 있다고 시사한다.

그리고 마침내 2016년에 미국에서도 펜실베이니아에 사는 마흔아홉 살 여성의 소변에서 콜리스틴 내성 대장균이 발견되었다. 얼마 지나지 않아 미국 미생물학회 학술지인 『항미생물제와 화학요법Antimicrobial Agents and Chemotherapy』에 이 불행한 사태의 전개를 다룬 논문이 실렸다. 질병통제센터의 톰 프리든은 "기본적으로 이 사례는 항생제의 종말이 그리 멀지 않았다는, 그래서 우리가 집중 치료실에 있는 환자나 요로감염을 앓는 환자에게 어떠한 항생제도 쓰지 못하는 상황에 놓일지 모른다는 증거다"라고 지적했다.

맥도널드와 KFC 매장에 닭고기를 공급하는 업체를 포함해, 인도의 대규모 양계업체 대다수는 콜리스틴을 시프로플록사신ciprofloxacin(시프로), 레보플록사신levofloxacin, 네오마이신neomycin, 독시사이클린doxycycline 같은 주요 항생제와 섞어 혼합제로 사용한다. 피어슨과 가네시 나가라잔은 기사에서 이렇게 말한다. "농부들과 나눈 인터뷰로 보건대, 인도에서는 동물용으로 허가된 약물을 비타민과 사료 보충제로 사용하기도 하고, 질병 예방 차원에서 사용하기도 했다. 모두 항생제 내성균의 출현과 관련된 관행이다."

선젠중 박사와 함께 mcr-1 유전자를 연구한 영국 웨일스 카디프대 의학미생물학과 교수 티머시 월시 박사는 "콜리스틴과 시프로플록사신을 함께 투여하는 것은 상상도 할 수 없는, 어리석기 짝이 없는 짓"이라고

꼬집었다.

2011년에 인도 정부는 「항미생물제 내성 억제를 위한 국가 정책National-al Policy for Containment of Antimicrobial Resistance」이라는 문서를 발표했다. 여기에서 인도 정부는 처방전 없이 인체용 항생제를 판매하는 행위와 가축용 항생제를 치료 이외 용도로 사용하는 행위를 금지하라고 권고했다. 하지만 업계의 이해관계자들이 권고안에 격렬하게 반발하자, 곧장 권고를 철회했다.

이 모든 상황은 무엇을 뜻할까? 끝내 치료할 길 없는 세균 감염이 전 세계의 식량 공급에 곧장 타격을 줄 것이다. 그런 결말이야말로 프랑켄슈타인의 파국이다.

17장

—

항생제 내성 퇴치

에볼라가 발생할 확률은 상당히 낮다.

하지만 그에 따른 파장은 매우 크다.

항생제 내성은 불 보듯 뻔하고, 그에 따른 파장도 마찬가지로 클 것이다.

우리 코앞에서 벌어지고 있는 일이다.

_노벨생리의학상 수상자 조슈아 레더버그

2014년 기준 세계 인구 73억 명 가운데 미국, 캐나다, 유럽연합의 인구는 8억 6900만 명, 대략 12퍼센트를 차지할 뿐이다. 호주와 뉴질랜드를 포함시킬 수 있겠지만, 그래도 크게 늘어나지는 않는다. 그러나 이들 국가는 다른 면에서 중요한 역할을 한다. 제일 세계는 과학을 지배한다. 새로운 치료법 개발을 지배한다. 그리고 새로운 의약품, 백신, 항미생물제 발명에서 세계 시장을 지배한다.

이런 약제의 특허가 종료되면 똑같은 복제약이 해외에서 대량 생산된다. 복제약의 절반 이상은 인도와 중국에서 나온다. 그다음에는 다시 미국, 캐나다, 유럽, 그 밖의 다른 나라에 팔린다. 이 영역에서 국가들 간의 상호관계는 명백하다. 북미와 유럽연합은 세계 인구의 12퍼센트를 차지할 뿐이지만, 나머지 나라들이 항생제 내성 해결을 위한 정책과 계획을 세울 때 당연하게도 이들 국가를 참고할 것이다. 따라서 이들 국가에서 인간과 동물의 항생제 내성을 바로잡지 못한다면, 나머지 나라에서 항생제 내성에 맞서 싸우기를 기대하기도 어렵다.

내가 항미생물제 내성을 처음 다룬 것은 1984년 『뉴잉글랜드 저널 오브 메디신』에 실은 논문이었다. 주제는 약제 내성을 보이는 치명적인 살모넬라균 감염이었다. 그 뒤로 지금껏 나는 약제 내성 질환이 공중보건에 미치는 영향과 과제에 갈수록 큰 두려움을 느꼈다. 갈수록 악화되기만 하는 약제 내성 문제를 30년 넘게 연구하고 전문 단체, 정부 위원회, 실무단에 적극적으로 참여한 끝에, 나는 인체용, 동물용 항생제에 항미생물제 내성이 증가하는 위기를 막으려면 네 가지 사항을 당장 해결해야한다는 결론에 이르렀다. 어떤 대책은 돈이 많이 들고, 어떤 대책은 돈이거의 들지 않는다. 하지만 모두 반드시 시행해야 할 대책이고, 이 가운데어느 하나도 뜬구름 잡는 헛된 꿈이 아니다. 그 네 가지 우선 대책은 다음과 같다.

1. 항생제 치료를 필요로 하는 감염증 예방하기
2. 현재 사용 중인 항생제의 효능을 유지하기
3. 새로운 항생제를 발견하고 개발하기
4. 항생제를 쓰지 않아도 되는 새로운 해법 찾기

항생제 치료를 필요로 하는 감염증 예방하기

항생제 치료를 필요로 하는 감염증 예방하기는 적어도 제도권에서는 진전이 가장 실감되는 분야다. 2013년에 질병통제센터는 미국에서 가장시급하고 심각하고 걱정스러운 위험 항생제 내성균 18가지를 꼽았다. 이가운데 7가지는 병원과 장기 요양 시설 같은 의료 시설에서 흔히 감염되는 병원균이다. 입원 환자 절반 이상이 상시 항생제를 투여받고, 환자

100명당 4명이 의료 관련 감염을 한 차례 이상 겪으니, 놀랄 일도 아니다.

의료 때문에 항생제 내성균에 감염되는 일이 일어나지 않도록 하려면 두 가지 조치가 필요하다. 첫째, 항생제를 더 신중하게 사용해 항생제 내성이 늘지 않도록 막아야 한다. 둘째, 감염 관리를 개선해 항생제 내성균이 전염되지 않도록 막아야 한다. 이를 성공적으로 수행할 방법을 우리는 이미 알고 있다. 다시 말해, 대단한 발견이 필요한 게 아니다. 하지만 제대로 실행하려면 적절한 자원과 교육이 제공되어야 하고, 환자의 치료 성과를 정확히 측정해야 하며, 예방할 수 있는 항생제 내성 감염증 환자가 발생했을 때 이에 책임을 느끼도록 해야 한다.

앞서 언급했듯이, 원내 감염률을 보고할 것을 요구받자 많은 의사와 병원 관계자가 "의료 시스템을 망칠 것이다!"라며 거세게 반발했다. 하지만 실제로 이는 감염 억제에 도움이 된 가장 뛰어난 장려책으로 드러났다. 물론 이 정책이 나오기 전에도 거의 모든 병원에 감염 억제 프로그램이 마련돼 있었고, 더러는 칭찬받아 마땅한 결과를 얻기도 했다. 하지만 정부가 재정적 불이익을 주거나 성과를 근거로 장려금을 제공하는 정책을 펴자, 개선 속도가 빨라졌다. 메디케어*·메디케이드** 서비스 센터CMS는 재빠르게 의료 보험 지급금을 환자의 치료 결과와 연계했다. 그 한 걸음이 처음부터 항생제를 많이 사용하지 않도록 막았다.

다른 예방 수단은 그야말로 간단한, 손 자주 씻기다. 벌써 160년도 더 전에 이그나즈 제멜바이스 박사가 환자를 만지기 전에 손을 씻어야 병원 내 사망을 예방할 수 있음을 동료 의사들에게 증명했는데도, 오늘날까지 그 가르침을 배우지 못한 의료진이 아직도 많다. 통계 조사 대부분에

* 미 정부가 65세 이상 노인과 장애인을 지원하는 공공 의료보험 제도
** 미 정부가 주로 저소득층을 지원하는 공공 의료보험 제도

서 간호사보다 의사들이 손을 더 잘 안 씻는 것으로 드러났다.

국제 예방 활동은 깨끗한 물, 기초적인 위생 습관, 위생 시설이 갖춰지지 못한 곳에 이런 기반 요소를 제공하는 데 중점을 두어야 한다. 이런 기반 요소가 부족하면 감염병 발생을 부채질할 수 있다. 세계 곳곳에서 해마다 200만 명이 넘는 인구가 수인성 설사병으로 목숨을 잃는다. 오염된 물은 병원균이 인간과 환경 사이를 오가도록 부추겨, 항생제 내성 유전자를 널리 퍼뜨린다.

각 나라에서 깨끗한 물, 적절한 위생 시설과 관련한 기반 요소를 제공한다면, 현재 처방되는 많은 항생제는 더 이상 필요하지 않을 것이다.

항미생물제 내성 검토위원회 초기 보고서에는 이런 글이 적혀 있다. "세계은행과 세계보건기구가 발표한 데이터를 이용해 분석해보니, 소득 변수를 고정했을 때 한 나라의 위생 시설 접근성이 50퍼센트 증가하면 국민의 기대 수명은 약 9.5년 더 늘어났다."

같은 맥락에서 세계보건기구는 모든 다섯 살 미만 아이에게 폐렴연쇄구균*Streptococcus pneumoniae* 백신을 접종한다면 해마다 폐렴연쇄구균으로 목숨을 잃는 80만 명을 살릴 수 있다고 주장한다. 『랜싯』에 실린 한 관련 연구는 이 조치로 해마다 항생제 투여 기간을 3년 하고도 45일 줄일 수 있다고 추정했다.

내가 그동안 역학자로 일하면서 목격한 진실 중 하나는, 실상을 파악해야 조치를 취할 수 있다는 것이다. 언제나 질병 감시를 강조하는 이유다. 질병 감시는 사례를 찾아내 파악하는 과학이기 때문이다. 질병 감시는 매우 중요하다. 어떤 질병이나 집단 발병을 알지 못하면 아무런 대응도 할 수 없다. 질병통제센터는 신종 독감 바이러스를 빠르게 감지하는 체계를 갖추었다. 2016년 7월에는 6700만 달러를 투자해 미국 내 항생제 내성을 파악할 비슷한 체계를 마련하겠다고 발표했다.

2015년에는 세계보건총회WHA가 전 세계 차원에서 항생제 내성 데이터를 취합·분석·공유하는 표준 접근법을 지원하고자 국제 항생제 내성 감시체계GLASS를 도입했다. 하지만 내키는 회원국만 참여하는 프로그램인 데다, 전용 기금도 없다.*

게다가 지역이 일부 겹치는 라틴 아메리카, 중앙아시아 및 동유럽, 유럽 권역별 감시망이 세 개 있지만, 기금이 얼마 되지 않을뿐더러 감시망에 포함되지 않는 지역도 많다.

나는 이 모든 프로그램이 우리가 궁극적으로 필요한 체계로 가는 첫걸음이라고 생각한다. 우리에게 정말 필요한 것은 새로운 감염병이 출현했을 때 미국뿐 아니라 전 세계에 경보를 울릴 수 있는 광범위한 신속 감시 장치를 마련하는 것이다. 그런 감시 체계에는 병원균이 퍼지기 전에 집단 발병을 멈출 힘이 있다. 그뿐만이 아니다. 질병마다 항생제 사용을 수백에서 수천 회까지 줄일 수도 있다.

현재 사용 중인 항생제의 효능을 유지하기

우리가 보유한 항생제 무기를 유지할 방법을 논의할 때 다른 어떤 단어보다 무게가 실리는 말은 '과학'도 '연구'도 '자금'도 아니다. 바로 '행동'이다.

의료 기준과 관행에서 볼 때, 현재 존재하는 항생제의 효능을 유지하는 핵심은 역학 분야에서 항생제 처방 관리라 부르는 것이다. 제약사 머크의 배리 아이젠버그 박사는 항생제 처방 관리를 "정확한 진단에 따라

* 한국Kor-GLASS은 2016년부터 GLASS와 연계하여 국내 실정에 맞게 보완·개선한 국내 항균제 내성균 조사사업을 실행 중이다.

환자에게 맞는 약제를 알맞은 기간 동안 적시에" 투여하는 것이라고 설명했다. 달리 말해 항생제가 부적절하게 사용되지 않도록, 약효가 강한 항생제 처방을 규제할 감염병 전문가 등 전문가 집단이 병원에 상근해야 한다. 의사는 환자에게 특정 항생제를 투여하고 싶을 때 감염병 전문가에게 승인을 받아야 한다.

안타깝게도 이런 방식은 말이 쉽지 실행하기 어려울 때가 많다. 의사들은 웬만해선 환자 치료에 있어 자신의 결정권을 포기하지 않기 때문이다. 스펠버그는 병원에서 일하는 임상의인 자신의 경험을 털어놓았다. "병원에서 항생제 처방 관리 프로그램을 운영하거나 거기에 참여하는 사람들과 이야기해보면, '우리도 항생제 제한 프로그램을 시행하고 싶은 마음이 굴뚝같지만, 의사들이 도저히 받아들이려 하지 않아서 진행할 수가 없습니다'라는 말을 셀 수 없이 많이 듣는다.

그렇다면 왜 의사들에게 이런 요청을 해야 할까? 이에 대한 기본 개념은 항생제가 사회에서 위임받은 재산이라면, 즉 내가 쓰는 항생제가 남이 쓸 항생제의 약효에 영향을 미치고 남이 쓰는 항생제가 내 손주의 항생제 약효에 영향을 미친다면, 어째서 선택의 기회를 주느냐는 것이다. 사회가 인정하는 개인의 결정권은 타인에게 영향을 미치지 않는 한도까지다."

강한 항생제를 사용할 때 지켜야 할 지침이 더 엄격해진다면 우리는 치명적인 실수를 거의 하지 않을 것이다. 의학을 비웃는 오래된 금언이 떠오른다. 그렇다. 의학은 정밀과학이 아니다. '내가 하는 행동이 앞으로 사회에 어떤 해를 끼칠까?' 그리고 '내가 하는 행동이 지금 내 환자에게 어떤 해를 끼칠까?' 둘 중 하나의 질문을 선택해야 한다면, 어떤 환자가 항생제를 투여받지 못해 죽을지도 모른다는 사실을 상기하는 쪽이 효과적인 항생제 처방 관리라고, 스펠버그 박사는 말한다. 발열, 목앓이, 두통으로 병원을 찾았다가 한 주 뒤 패혈 쇼크로 죽음을 맞은 스물다섯 살 여성의 사례처럼 말이다.

"그런 환자 한 명을 막겠다고 만 명에게 부적절하게 항생제를 처방할 경우 훨씬 더 해로운 결과가 초래된다. 하지만 우리 머릿속을 괴롭히는 사람은 완쾌한 환자가 아니라 잃어버린 환자다. 그러므로 우리 사회가 그런 두려움을 해결하기 전까지, 또한 그런 위험을 균형 있게 평가할 능력이 없다는 불합리한 생각을 바로잡기 전까지 항생제 남용은 앞으로도 계속될 것이다."

항생제 처방을 효과적으로 관리하려면 일반 병원, 종합 병원, 개인 병원이 항생제 사용 현황을 반드시 공개해, 항생제를 오용하거나 남용하는 의사들의 평판을 떨어뜨리고 곤란하게 만들어야 한다. 한 연구에서 항생제 처방률이 공개된 의사들을 추적해보니, 항생제 사용이 크게 줄었다고 한다. 개인 병원에서는 항생제 사용이 보험업자와 정부에서 받는 급여율을 조정하는 결과를 낳을 수도 있다.

또 다른 전략은 널리 알려진 심리 법칙인 '공개 선언 효과'를 이용하는 것이다. 의사들로 하여금 "바이러스 감염에서는 항생제가 효과도 없을뿐더러 해롭기까지 하므로, 우리 병원은 그럴 때 항생제를 처방하지 않습니다"라는 글귀를 검사실에 붙이도록 하면, 의사와 환자 모두 내용을 이해해 적절한 치료 기준을 처음부터 편안하게 받아들일 수 있다. 의사들은 자신이 내건 선언을 번복하지 않으려 하고, 환자들도 애초에 항생제를 기대하지 않는다. 이런 글귀를 내건 병원과 진료소에서는 항생제 처방이 평균 25퍼센트 줄었고, 환자들도 부적절한 항생제 사용을 억제할 종합적인 노력에 자신이 이바지한다고 느꼈다.

아주 간단하게 들리겠지만, 약을 처방하는 사람이 현재 존재하는 항생제의 효능을 유지하도록 관리할 매우 강력한 심리 수단 세 가지는 정보 공개를 통해 난처하게 만들거나, 재정적 장려책 및 억제책을 쓰고, 공개적으로 알리는 것이다. 이 수단들을 널리 슬기롭게 사용하면 바람직한 효과를 볼 수 있다.

미국은 등록된 모든 약제에 국가가 사용 지침을 공개한다. 미국 감염병학회IDSA 회원과 다른 전문가들은 이런 지침을 수립하는 데 큰 책임이 있다. 제약사들은 당연히 자사의 약품이 되도록 폭넓게 사용되어 그에 맞춰 홍보할 수 있기를 바란다. 그리고 인정할 것은 솔직히 인정하자. 의약품 홍보는 의사와 병원에게 도움이 된다. 그렇지 않다면 제약사가 홍보에 그토록 많은 돈과 시간, 노력을 기울이지 않을 것이다.

그러므로 지침과 관련한 항생제 사용 억제 조치 중 하나는 제약사로 하여금 항생제 라벨에 적는 용도를 제한하도록 하는 것이다. 이 조치가 무슨 효과가 있을까 싶을 것이다. 의사들이 실제로 약품 라벨을 읽고 거기에 따를까? 아니다. 그런 사례는 손으로 꼽을 정도다. 하지만 라벨에 적는 항생제 용도를 좁히면 제약사의 홍보 용도를 제한할 수 있다. 정신의학에서 사용하는 강력한 향정신성 의약품이 부적절하게 사용될 때는 대개 승인되지 않은 것인 반면, 알다시피 강력한 항생제가 부적절하게 처방되는 경우는 대개 승인된 경우다.

이는 사실 아주 간단한 사안이어야 하지만, 문제는 보기보다 간단하지 않다. 식품의약국은 법규에 따라, 안전성과 효과를 확실하게 증명하는 임상 자료를 근거로 의약품을 평가하고 승인한다. 그런데 항생제에 관해서만큼은 이것만으로 불충분하다. 의회는 식품의약국이 항생제의 허가된 사용을 특정 중증 질환으로 한정할 수 있다는 취지의 법안을 제정해, 의약품 설명서에 이를 반영하도록 해야 한다.

녹농균과 아시네토박터균Acinetobacter처럼 정말로 위험한 병원균에 효과를 보이는 소수의 항생제임에도 불구하고 설명서나 국가 지침에 페니실린이나 에리트로마이신이면 충분한 흔한 세균 감염증에도 쓸 수 있다고 적어놓으면, 이것이야말로 항생제 내성을 퍼뜨리는 주범일 것이다.

현재 의료 환경에서는, 앞서 스펠버그가 이야기한 사례에서 외과 수석 레지던트가 왜 조신이라는 항생제를 쓰려 했는지를 쉽게 이해할 수 있다. 국가 지침이 그렇게 해도 된다고 말하기 때문이다. 그러니 부디, 감염 질환마다 추천 항생제 순위를 매기는 방식의 지침을 유의미한 수준으로 좁히는 작업을 반드시 수행하도록 하자.

지금까지 우리가 제시한 권고안은 주로 미국과 캐나다, 유럽 지역에 해당된다. 그 밖의 국가에서 항생제를 마구잡이로 쓰지 못하도록 막을 방법은 매우 제한되어 있다. 하지만 내가 보기에 그나마 가장 먼저 해야 할 일은 국제사회가 나서서 각국 지도자, 의료기관, 일반 대중에게 이 문제에서 우리가 한배를 탔다는 사실을 인지시키고, 설득하는 것이다. 그런 점에서 국제사회가 지구의 기후변화를 인식하고 행동에 나선 노력이 결실을 맺기 시작한 것은 희망적이다. 항생제 효능을 유지하는 데 필요한 것도 바로 그런 세계 차원의 교육 프로그램이다. 또 수십 년 동안 이어진 금연 운동만큼이나 강력한 억제 운동이다.

메린 매케너가 지적한 대로, 항생제 내성 억제 운동은 금연 운동만큼 간단하지도 단도직입적이지도 않다. 금연 운동에서는 담배가 건강을 파괴하는 적이라고 서슴없이 말할 수 있다. 하지만 항생제 내성 억제 운동에서는 훨씬 더 세심하게 메시지를 전달해야 한다. 이를테면 이런 식이다. 항생제는 제대로 사용하면 기적의 약이지만, 정말로 필요할 때가 아니면 절대 쓰지 말아야 한다. 항생제를 남용하고 싶지는 않지만, 몸이 좀 나아졌다고 처방된 항생제를 끊어선 안 되고 반드시 끝까지 다 복용해야 한다. 또…… 이 정도면 무슨 뜻인지 알 것이다.

질병통제센터는 이런저런 항생제 교육을 지원해왔다. 하지만 매케너에 따르면 공중보건처럼 중요한 사안과 항생제 내성 억제처럼 복잡한 사안에서는 금연 운동처럼 그야말로 엄청난 노력과 정부 지원이 필요하다.

식용 동물용 항생제 처방 관리를 지원하는 활동은 훨씬 더 복잡할 것이다. 가축 방역에 많은 돈이 걸려 있기 때문이다. 그러나 의료와 기술을 모두 고려해 이 사안을 연구한 라마난 락스미나라얀은 사육 기술이 발달할수록 생장 촉진용 항생제의 역할이 줄어든다고 본다. 그는 만약 미국에서 항생제를 생장 촉진제로 쓰지 않는다면, 장단점을 모두 고려했을 때 축산업자에게 돌아가는 돼지 한 마리당 가격은 1.34달러 감소하는 데 그친다고 주장한다. 만약 이를 뒷받침할 탄탄한 자료를 근거로 돼지, 소, 가금류에서 이 문제를 해결한다면, 실제로 변화를 일으킬 수 있다.

먹거리를 얻고자 기르는 동물이든 애지중지하는 반려동물이든, 병에 걸린 동물에게 안전하고 적절하게 항생제를 쓰는 것은 앞으로 계속 지지할 일이다. 하지만 현실은 그런 기준과 한참 동떨어져 있다. 오늘날에는 비위생적이고 빽빽한 동물 사육 시설을 깨끗이 청소하고 넓히는 대신 항생제를 대량 사용한다. 과학으로 보나 인도주의적으로 보나 바로잡아야 할 관행이다. 락스미나라얀과 같은 전문가들이 그에 따른 경제적 영향을 깊이 있게 파악해 알려줄 것이다.

나는 이 문제를 반드시 해결해야 한다고 생각한다. 그런 의미에서 2016년에 감염병 연구·정책센터CIDRAP에서는 항생제 처방 관리를 도울 최첨단 웹 기반 정보 플랫폼을 내놓았다. 이 사이트(https://www.cidrap.umn.edu/asp)는 항생제 처방 관리와 관련한 광범위하고 공신력 있는 다양한 최신 정보를 국제사회에 제공한다.

새로운 항생제를 발견하고 개발하기

이제 효과적인 새 항생제 발견 및 개발 문제를 다뤄보자. 항생제 내성이 늘수록 신종 항생제를 찾기는 더 어려워지지만, 현재의 과학 역량을 뛰어넘는 일은 아니다. 무엇보다도, 항생제를 이용해 지난 80년 동안 인간이 배양한 세균은 지구에 존재하는 세균 중 겨우 1퍼센트에 그친다. 그러니 어딘가에서 얼마나 많은 유익한 균이 우리를 기다리고 있을지는 아무도 모를 일이다.

이윤을 추구하는 대형 제약사가 새로운 항생제 개발에 커다란 기여를 하리라고 기대하기는 어렵다. 이제는 항생제 생산을 전통 사업 모델에 의존할 수 없기 때문이다. 기회비용도 문제지만, 임상 시험과 승인을 거치기까지 드는 투자비와 시간이 개발 의욕을 꺾는 핵심 요인이다. 거대 제약사 입장에서는 어쩌다 가끔 사용될뿐더러 효능을 유지하기 위해서는 투약을 제한해야 하는 약보다는, 날마다 복용해야 하는 약에 인력과 연구개발비를 쏟아붓는 쪽이 훨씬 더 남는 장사다. 2016년 7월 생물의약품첨단연구개발국, 웰컴트러스트, 영국 항미생물제내성센터ARC, 보스턴대 법학대학원이 '새 항생제의 초기 발견 및 개발에 집중하는 대규모 민관 협력'을 추진한다고 발표했다. 생물의약품첨단연구개발국은 첫해에 3000만 달러를 연구 기금으로 내놓았고, 항미생물제내성센터는 첫해에 1400만 달러를, 이후 5년에 걸쳐 1억 달러를 기부하기로 했다. 이 밖에도 여러 단체가 여기에 참여하기로 했다. 이 협력의 목적은 "약제 내성균 감염병에서 치료제로 선택할 전망이 밝은 후보를 개발 초기 단계에서 찾아내는 것"이다.

분명 장래가 기대되는 출발이다. 하지만 어디까지나 출발일 뿐이다. 얼핏 보면 이 활동에 많은 돈을 쓰는 것 같지만, 알기 쉽도록 이렇게 생각해보자. 유럽입자물리연구소CERN는 우주의 근본 구조를 파헤치겠다는 목적으로 세계에서 가장 큰 입자 물리 실험실을 가동한다. 명망 높은 여러 전문가는 국제사회가 이 연구에 쏟는 만큼의 노력을 신종 항생제 개발에도 기울여야 한다고 요구했다. 학술지『랜싯 감염병Lancet Infectious Diseases』2016년 1월 12일자에 발표된 논문에서 로이드 차플레브스키 박사가 이끄는 저명한 과학자 스물네 명이 밝힌 바에 따르면 유럽입자물리연구소의 대형 강입자 충돌기 건설에 90억 달러가 들었고, 국제 우주 정거장 건설에 1440억 달러가 들었다는 사실을 지적했다. 이들은 "항생제 내성 문제를 해결할 항미생물제 연구와 개발에도 이 개발비 언저리에 해당되는 투자가 필요하다"고 결론지었다.

그런 투자가 일어날 것 같지는 않다. 하지만 주요 전문가들이 이 문제를 얼마나 중요하게 여기는지는 어느 정도 엿볼 수 있다. 물론 영국의 항미생물제내성 검토위원회가 2050년까지 항생제 내성으로 3억 명이 목숨을 잃고 세계 경제가 100조 달러에 이르는 손실을 보리라고 예상한 추정치에도 주목해야 한다.

백신에서와 마찬가지로, 새 항생제 개발에 있어서도 방산업체의 방식을 제안한다. 항생제를 국가 자산으로 본다면 말이 되는 방식임에 틀림없다. 방산업체의 경우와 마찬가지로 일부 의사 결정을 국민의 대표자에게 맡기는 것이다. 국방부에서 새로운 항공모함, 전투기, 또는 다른 장비가 필요할 때 입찰을 요청한 다음 개발 계약을 체결하는 것과 같은 원리다.

전투기나 항공모함은 정부가 유일한 구매자다. 하지만 신종 항생제에서는 비록 정부가 의료보험, 군대, 보훈부와 그 밖의 프로그램으로 항생제를 주로 사들이더라도 상황이 다르다. 항생제 개발에서 민관 협력이 맡는 핵심 역할은 계약한 제약사가 받는 무거운 자금 압박과 시간 제약을 덜어주는 것이다. 다시 사용법 표기에서 용도를 제한하는 전략으로 돌아가보면, 자사의 항생제가 1순위일 때 제약사가 웃돈을 받을 수도 있다.

누구나 특정 처방약의 가격에 불만을 터뜨리지만, 이와 같은 상황에서는 진정한 가치라는 개념을 고려해야 한다. 기존 복제약보다 더 비싼 신종 항생제 덕분에 환자가 2~3일 일찍 퇴원할 수 있다면, 그 기간만큼의 가치를 매겨야 한다. 마찬가지로 특정 항생제가 아니면 치료할 수 없는 병원균에 맞서 효능을 잃지 않도록 일반적인 사용을 제한함으로써 약값이 비싸진다면, 그 진정한 가치는 이미 경제성 평가를 넘어선 것이다.

그래도 메린 매케너는 앞을 내다보는 경고를 남긴다. "설사 이 방식을 따르더라도, 언젠가 누군가는 신종 항생제를 시장으로 흘려보낼 재무 방식을 찾아낼 것입니다. 따라서 우리가 행동 방식을 바꾸지 않는다면, 기존 항생제의 효능이 바닥나자마자 신종 항생제의 효능까지 바닥낼 겁니다. 행동을 바꾸지 않는 한 결코 이 문제를 벗어날 수 없습니다."

항생제를 쓰지 않아도 되는 새로운 해법 찾기

항생제 내성 문제를 해결할 기발한 방법을 찾으려면 어떻게 해야 할까? 내성을 키우지 않으면서도 감염병을 예방하고 치료할 방법을 찾아내면 된다.

무엇보다도, 이미 존재하거나 최근 나타나고 있는 항생제 내성균 감염을 해결할 기초 백신을 연구하고 개발하는 것을 최우선으로 삼아야 한다.

숙주 조절 치료도 전망이 밝다. 숙주 조절 치료란 치료제가 병원균을 죽이기보다 숙주, 즉 환자의 몸에 어떤 영향을 미쳐 감염을 억제하는 방법이다. 이 치료법에서는 상황에 따라 염증 반응을 줄이기도 하고 늘리기도 한다.

감염을 소극적으로 치료하는 것도 방법이 될 수 있다. 이를테면 포도 상구균이나 디프테리아처럼 독소를 내뿜어 해를 끼치는 병원균의 경우 독소를 중화하는 것만으로도 병원균을 죽이는 것만큼 탁월한 치료 효과를 낼 수 있다. 이 방법의 한 형태는 실제로 항생제 이전 시대에 썼던 치료법과 비슷하다. 1890년대에 독일 의사 에밀 폰 베링이 디프테리아 치료법으로 고안한 혈청 요법은 이미 같은 감염병을 앓은 사람한테서 뽑은 혈청을 환자에게 주사하는 것이었다.

또 다른 소극적 전략은 침입한 병원균이 분열해 번식하지 못하도록 철분 등의 영양소를 차단하는 것이다. 세균은 철분을 생산하지 못하므로 반드시 숙주로부터 이를 훔쳐야 한다. 우리가 철분을 '숨길' 방법을 찾아낸다면, 병원균이 내성을 기를 생화학 공격을 하지 않아도 될 것이다. 이 방법은 앞으로 수십 년 안에 의미 있는 과학적 돌파구가 나타나기를 기대하는 분야다.

그다음으로는 박테리오파지bacteriophage, 즉 특정 균을 감염해 죽이는 살균 바이러스를 사용하는 방법이 있다. 필수 아미노산인 리신은 세균의 세포벽을 소화한 살균 바이러스가 생산하는 효소다. 달리 말해 오로지 병원균만을 감염시키는 바이러스를 일부러 주입하면 환자를 치료할 수 있다. 이 개념이 알려진 것은 꽤 오래되었지만, 엄격한 임상 시험을 이미 진행했어야 함에도 이제껏 진행된 적이 없다. 이 방법에서도 정확한 데이터를 더 많이 확보해야 한다.

항미생물제 내성 검토위원회 보고서는 컴퓨터과학과 인공지능 분야의 비약적인 발전도 도움이 되리라고도 예측했다. 예컨대 어마어마하게 많은 데이터를 빠르게 처리해 어떤 질환에서 항생제가 약효를 보이는 최단 투약 기간을 알아내 초기 진단에서 의사들에게 도움을 줄 수도 있을 것이다. 또 동물용 항생제 사용을 분석하는 데까지 영역을 확장할 수도 있다.

마지막으로, 빠른 진단 검사와 생체표지자(바이오마커) 검사를 개발해 시행한다면 세균 감염과 바이러스 감염을 구분하는 데 도움이 될 수 있다. 알다시피, 주의를 기울여야 할 과잉 처방은 대부분 두 감염이 비슷하기 때문에 발생한다. 이런 검사는 질병 감시에서도 매우 유용할 것이다. 많은 전문가가 동의하듯이, 이런 검사를 할 수 있는 기술은 존재하지만, 그런 검사 장비를 개발해 생산할 금전적 장려책은 없다. 그런 장비의 생산 여부는 오로지 공공 의료보험 체계, 그리고 보험사의 보험 급여 지급에 달려 있다. 예컨대 검사로 양성이 나왔을 때 처방할 항생제보다 검사 비용이 더 비싸다면, 검사 도입은 상당히 늦춰질 것이다. 이와 달리 값싼 항생제를 대부분 다 쓴 상태라면, 검사 비용이 전혀 바뀌지 않아도 빠른 검사가 훨씬 더 경제적이다.

이제 국제사회 전반에서 항생제 내성이 미칠 위협을 더 깊이 인식하기 시작했다. 2016년 4월, 아시아-태평양 지역의 12개국 보건부 장관들이 세계보건기구, 일본 정부, 유엔 식량농업기구FAO, 세계동물보건기구OIE의 후원으로 마닐라에서 모였다.

이틀 동안 회동한 뒤, 이들은 항생제 내성 퇴치에 상호 협력하기로 선언했다. 또 세계보건기구 서태평양지역사무처 사무처장 신영수 박사는 성명에서 "오늘날 항생제 내성은 인류 건강을 크게 위협하는 요소 중 하나다. 효과적인 항미생물제를 보유하는 것은 국가의 사회 및 경제 발전에도 매우 중요하다. 항생제 시대의 종말을 피할 행동에 나설 기회의 문은 점점 닫히고 있다"고 결론지었다.

국제사회가 협력해 항미생물제 내성 문제를 포괄적으로 다룰 것인가에 대한 전망은 항미생물제 내성 검토위원회가 2016년 5월에 내놓은 보고서 「약제 내성균 감염병의 국제적 해결: 최종 보고서 및 권고안Tackling Drug-Resistant Infections Globally: Final Report and Recommendations」에서 얼마간 찾아볼 수 있다. 대단히 놀라운 내용은 없지만, 현재로서는 위원들과 단체의 경력과 평판이 보고서의 메시지를 밀고 나갈 추진력을 불어넣으리라고 기대할 수 있을 뿐이다.

이 보고서는 우리가 주장한 네 가지 우선 사항을 하나하나 파고든다. 여기에는 국제적 경각심 고취, 수질과 위생 환경 개선, 축산업용 항생제 사용 규제, 감시 강화, 빠른 진단 기법에 대한 개발 투자, 대체 요법 찾기, 상업적으로는 확보할 수 없는 치료제 지원, 신종 항생제 투자 장려, 항생제 처방 관리를 위한 국제 협력 구축이 포함된다.

권고안 가운데 절반 이상의 항목이 세계 공중보건의 다른 모든 중요한 측면에도 똑같이 해당된다. 따라서 이 권고안은 단지 닥치지 않을 위기를 막아내기 위해 자원을 대규모로 쏟아부어야 하는가의 문제가 아니다. 이런 구상은 항미생물제의 효능을 유지하는 데도 도움이 될뿐더러, 세계 보건을 전반적으로 향상시키는 데도 도움이 될 것이다. 도대체 무엇이 이보다 더 중요하겠는가?

항미생물제 내성 검토위원회 위원들은 가축용 항생제 사용을 줄이고, 식용 동물을 사육하는 관행에 더 초점을 맞추고, 인간의 심각한 감염을 치료할 때 최후에 쓰는 항생제를 사용하지 않도록 하는 10년짜리 단계별 목표를 세울 것을 권고한다. 또 축산업자가 항생제 사용 정보를 정부뿐 아니라 대중에게도 공개할 것을 요구한다. 식품 판매자가 육류, 가금류, 생선이 항생제를 사용해 기른 것인지 표시하면, 소비자는 틀림없이 소매 시장에서 견해를 드러낼 것이다. 특히 항생제 인식 제고 운동이 뒷받침된다면 소비자들은 더 뚜렷하게 의견을 드러낼 것이다.

항미생물제 내성 검토위원회 보고서는 10년 동안 10개 프로그램을 운영하는 데 400억 달러가 들 것으로 예측했다. 하지만 2050년까지 약제 내성균 감염병으로 세계 경제 생산이 입을 손실액 100조 달러에 견주면 400억 달러는 미미한 수준이다.

저자들은 결론에서 말한다. "어떤 나라도 항생제 내성 문제를 혼자 힘으로 해결하지 못한다. 우리가 제안한 해결책 몇 가지는 적어도 변화를 일으킬 만큼 많은 나라가 뒷받침해야만 성과를 거둘 수 있는 것들이다." 예컨대 중국과 인도 중 어느 한 쪽이라도 참여하지 않거나 제 몫을 다하지 않는다면, 제안된 해결책은 대부분 효과를 거두지 못한다는 뜻이다.

쉽지 않은 일이다. 기후변화에 세계가 경각심을 느끼게 만들기만큼이나 쉽지 않을 것이다. 세계가 이런 대책을 얼마나 받아들여 행동에 나설지를 두고는 의견이 갈린다. 한편 우리가 아무것도 하지 않거나 충분한 조치를 취하지 않았을 때 무슨 일이 벌어질지는 자명하다.

짐 오닐은 위원회의 권고안이 성공할 것이라고 상황을 조심스럽게 낙관한다. 처음으로 자신감이 생긴 때는 2015년에 터키 안탈리아에서 열린 G20 정상회담이, 최종 성명서에 항생제 내성에 대처하자는 약속을 명기하면서부터였다고 한다. "내 금융계 생활로 보건대, 어떤 사안이 G7이나 G20 의제로 선정되면 실제로 어떤 조처를 실행할 때까지 웬만해서는 이 의제가 사라지지 않습니다. 게다가 이제 더 많은 역할을 맡고자 하는 움직임도 늘었죠. '오늘 G20 정상들은 시장에 진입하는 신규 약제에 보상을 지원하기로 했던 결정의 세부 사항을 이행하며, 이런 보상금을 마련할 국제 기금을 새로 설립하기로 했다'는 내용의 성명서가 발표되는 날이 오기를 기대한다."

오닐은 2016년 1월 스위스 다보스에서 열린 세계경제포럼에서 제약업계가 내놓은 성명서에서도 희망을 보았다. 이 성명서에서 80개가 넘는 제약, 복제약, 진단, 생명공학 관련 회사들이 정부와 업계에 약제 내성균,

즉 초강력 내성균에 맞설 광범위한 대책을 마련할 것을 함께 촉구했다. 다보스 성명서가 그저 구색 맞추기로 내놓은 입에 발린 소리로 남을지, 아니면 실제로 상황을 바꿔놓을 계기가 될지는 두고 볼 일이다.

위원회가 내놓은 권고안에는 할 수 있는 최선의 대책이 담겼다. 만약 이 기회를 놓친다면, 우리는 후대에 왜 항생제라는 보호막 없이 살아가야 하는지에 대해 무거운 마음으로 설명해야 할 것이다.

18장

—

독감: 감염병의 왕

세계 전역에서 1000만 명이 넘는 사람을 죽일 확률이 가장 높은 것은
자연스럽게 발생한 유행병이나 생물 무기 테러에서 비롯된 유행병이다.
_빌 게이츠, 『뉴잉글랜드 저널 오브 메디신』, 2015년 4월 15일

사람들은 흔히 독감으로 알려진 계절성 바이러스 감염병에 에볼라나 지
카 바이러스처럼 크게 동요하지 않는다. 하지만 독감 바이러스는 죽음에
이를 때까지 아무런 증상이 나타나지 않는 감염을 포함해 상당히 많은
질환을 일으킨다. 미국에서만 해도 계절성 독감으로 목숨을 잃는 사람
이 해마다 3000명에서 4만9000명에 이른다. 달리 말해, 어느 해에는 자
동차 사고 사망자보다 독감 사망자가 더 많을 때도 있다. 당연히 사망자
중 대다수는 노인, 면역력이 떨어진 사람, 애초에 몸이 약한 이들이다. 하
지만 고속도로 위 사망자와 마찬가지로, 우리는 연간 독감 사망자 수를
위험 매트릭스의 위험 요소로 검토한 뒤 걱정할 것이 없다고 판단하는
듯하다. 독감 예방주사를 약국에서 싼값에 제공하고 예방접종으로 독감
을 꽤 예방할 수 있는데도, 사람들은 독감 예방접종을 성가시게 여기기
도 한다.

해마다 새로운 성분의 독감 백신을 맞아야 하는 까닭은 사람 사이에
퍼지는 독감 바이러스가 쉽게 모습을 바꾸기 때문이다. 독감 바이러스는

사람에게서 사람으로 옮겨가는 것만큼이나 손쉽게 변이한다.

같은 RNA 유전체 분절을 지닌 독감 바이러스는 핵심 단백질에 따라 A형, B형, C형으로 나뉜다. RNA 유전체 바이러스는 대부분 A형이므로, 복제할 때 변이와 유전자 재편성을 자주 일으킨다. 변이는 독감 바이러스가 어느 폐 세포에서 자신을 복제하는 동안 '실수'할 때 일어난다. 재편성은 다른 독감 바이러스 두 가지가 사람이나 동물을 동시에 공격하는 과정에서 유전 물질을 교환해 재배열하여 새로운 잡종 바이러스를 만들 때 일어난다.

변이는 새로 나타난 변종 독감 바이러스에서 대개 소소한 변화를 일으키지만, 그래도 변종이 나타날 때마다 백신을 새로 개발해야 한다. 우리는 바이러스 변이를 항원 소변이antigenic drift라 부른다. 상대적으로 작은 변화라는 뜻이다. 이와 달리 유전자 재편성에서는 큰 변화가 일어난다. 따라서 인간이 경험해본 적 없는 새로운 바이러스가 생겨나 세계적 대유행을 일으키는 변종이 된다. 이 과정을 항원 대변이antigenic shift라 부른다. 이런 항원 대변이와 소변이 탓에, 우리 면역 체계는 새로운 변종이 나타날 때마다 전에 겪어본 적 없는 바이러스나 마찬가지로 새롭게 대처해 공격해야 한다.

동물과 사람에게서 모두 세계적 독감 유행을 일으키는 A형 독감은, 7장에서 언급했듯이 바이러스 입자 표면에 있는 두 단백질 적혈구응집소(HA·헤마글루티닌)와 뉴라민 분해 효소(NA·뉴라미니다아제)의 특성에 따라 분류된다. 적혈구응집소는 숙주로 삼을 폐 세포에 마치 자물쇠를 여는 열쇠처럼 들러붙는 능력이 있다. 이것이 바이러스가 복제를 일으키는 시작점이다. 숙주 세포의 유전 장치가 독감 바이러스 입자를 무수하게 찍어내면, 바이러스 입자가 방출을 기다리며 쌓이다가 마침내 한꺼번에 세포 밖으로 나온다. 밖으로 나온 수많은 바이러스 입자는 다른 세포 쪽으로 움직여 달라붙는다. 뉴라민 분해 효소의 목적은 그런 바이러스 입자가 기존 세포에서 벗어나 다른 세포로 퍼지거나, 심지어 기침을 타고 숙주 밖으로 나가도록 돕는 것이다. 대다수 독감 변종에 효과가 있는 항바이러스제, 이를테면 타미플루Tamiflu라는 상표가 붙은 오셀타미비르와 릴렌자Relenza라는 상표가 붙은 자나미비르는 뉴라민 분해 효소의 기능을 방해하는 역할을 하므로, 뉴라민 분해 효소 억제제라 부른다.

A형 독감 바이러스를 H3N2, H1N1, H5N2로 묘사할 때, 우리는 적혈구응집소와 뉴라민 분해 효소를 언급하는 것이다. 정확히 말하자면 A(H3N2)와 같이, 독감 유형과 함께 적혈구응집소와 뉴라민 분해 효소의 특징을 언급한다. 하지만 사람과 동물 모두에게 독감을 일으키는 A형 바이러스에서는 이를테면 H3N2처럼 두 요소만으로 줄여서 이름을 붙인다. 현재까지 찾아낸 적혈구응집소 아형은 18개, 뉴라민 분해 효소 아형은 11개이므로, 가능한 독감 바이러스 조합은 모두 합쳐 198가지다. 가장 근래에 일어난 2009년 독감 대유행은 H1N1이 일으킨 것으로 분류되는데, 치명적이었던 1918년 독감 바이러스의 후손이다.

미니애폴리스 전화번호부에 도널드 피터슨이 적어도 일흔네 명은 있듯이, 적혈구응집소와 뉴라민 분해 효소가 똑같을지라도 실제로는 다른 종일 수 있다. 예를 들어 2009년에 사람들 사이에서 H1N1 바이러스가 돌았다. 이 바이러스의 선조는 1977년부터 계속 인간들 사이를 돌아다녔다. 그런데 멕시코에서 H1N1의 다른 변종이 새롭게 출현했다. 대부분 돼지 독감에서 유전자 재편성을 일으켜 나타난 것들이었다. 따라서 기존 H1N1에 감염된 적이 있더라도 새로운 변종에 면역력이 없었고, 그 결과 2009년부터 2010년까지 독감이 전 세계를 휩쓸었다.

1918년 독감 대유행을 거의 완벽하게 다룬 책 『무시무시한 독감The Great Influenza』의 저자 존 배리는 "독감에서 우리가 가장 먼저 이해해야 할 것은 독감은 모두 조류 독감이라는 사실이다. 자연 발생하는 사람 독감 바이러스 같은 것은 존재하지 않는다"라고 지적한다. A형 독감의 주요 숙주, 즉 근원은 야생 물새다. 새는 천지 사방을 여행할 수 있고, 또 실제로 그렇게 한다. 따라서 호흡기로든 배설물로든 바이러스를 쉽게 퍼뜨린다. 동물 독감 바이러스는 사람에게 쉽게 퍼지지 않는다. 하지만 다른 종에는 쉽게 퍼진다. 닭, 칠면조처럼 집에서 키우는 조류뿐 아니라 개, 고양이, 말, 돼지도 이에 해당된다. 돼지는 조류 독감 바이러스를 사람에게 옮기는 데 특히 중요한 역할을 한다. 돼지의 폐 내벽 세포에 있는 수용체가 조류 바이러스와 사람 바이러스에 모두 일치하는 탓에, 조류 독감 바이러스와 사람 독감 바이러스가 서로 만나 섞이기에 더할 나위 없는 장소가 되기 때문이다. 심지어 사람, 조류, 돼지 독감 바이러스 세 가지가 한꺼번에 섞이는 유전자 삼중 재편집이 일어나, 전혀 생각지도 못한 새로운 독감 바이러스를 만들어내기도 한다. 그런 일이 벌어질 때는 유전자 복불복이 일어나, 새로운 변종의 독성이 원래 종보다 더 심각하거나 덜 심각하거나 둘 중 하나다. 1918년에는 새 변종이 독성 대박을 터뜨렸다.

세계적 유행병은 사람, 새, 돼지가 대규모로 뒤엉켜 복작이는 곳이라면 어디서든 일어날 수 있다. 이를테면 중국과 동남아시아의 식료품 시장이나 미국 중서부의 기업형 농장이 바로 그런 곳이다.

독감 바이러스가 야만스러운 감염성 미생물의 왕인 까닭도 바로 이렇게 변화무쌍하게 바뀌고 섞여서 나타나는 변종의 특성 때문이다. 독감은 흔한 감기처럼 가볍게 지나가기도 하지만, 때로는 천연두처럼 무시무시하고 치명적인 데다 감염성까지 높다. 바로 이런 까닭에 역학자들은 독감 바이러스를 두려워한다.

독감이 에볼라나 마르부르크처럼 '어쩌면 일어날지도 모를' 다른 감염원들과 또 하나 뚜렷하게 다른 점이 있다. 전염병을 다루는 소설이나 영화도 이 차이를 바탕으로 삼는다. 감염병 역학자라면 누구나 알다시피, 세계적 독감 대유행은 언젠가는 반드시 일어날 일이다. 16세기 이후 지금까지 적어도 서른 번은 일어났던 일이다. 게다가 오늘날 우리가 살아가는 세상은 당장 독감 대유행이 일어나도 이상하지 않을 모든 요소를 갖췄다.

앞서 언급했듯이 현대에 일어난 어떤 집단 발병도 1918~1919년의 독감 대유행에 비할 바가 아니다. 스페인 독감이라고 부르기는 했지만, 아마 그 시작은 미국, 그중에서도 캔자스주 서쪽 해스컬 카운티의 축산업에서 비롯됐을 것이다. 이 특이한 바이러스가 돼지에서 시작해 사람으로 퍼졌는지, 아니면 그 반대인지는 명확하지 않다. 역학 증거로 보건대 이 바이러스는 캔자스주 동쪽으로 이동해 오늘날 포트라일리가 된 대형 육군 기지에 이르렀고, 이어 신병들과 함께 유럽으로 건너갔다. 대규모 병력이 제1차 세계대전에 참전하고자 전투 훈련을 받고 대서양을 건너느라 한정된 공간에서 몸을 부대끼며 생활했으니, 틀림없이 바이러스가 퍼지도록 부채질했을 것이다.

대다수 계절성 독감 바이러스와 달리, 1918년 H1N1은 다윈주의를 거슬렀다. 이 바이러스는 면역 체계가 약한 나이 든 사람이나 면역 체계가 아직 제대로 자리 잡지 않은 연약한 아이들보다, 더할 나위 없이 건강한 사람과 임신한 여성의 목숨을 이상하리만큼 많이 앗아갔다. 5장에서 설명했듯, 건강한 사람에게 '사이토카인 폭풍'을 일으켰기 때문이다. 면역 체계의 이런 과잉 반응은 폐, 콩팥, 심장을 포함해 여러 장기에 심각한 손상을 입힌다. 오늘날 사이토카인 폭풍으로 죽어가는 환자를 치료하는 기술은 1918년과 크게 다르지 않다. 2009년에 세계를 휩쓴 H1N1은 사망자가 많지 않았지만, 사망자 대다수가 젊은이였다. 1918년과 마찬가지로 독감이 사이토카인 폭풍을 일으켰기 때문이다.

1918~1919년에는 그런 죽음이 소름끼치도록 무서웠다. 감염자가 처음 증상을 보인 지 몇 시간 지나지 않아 폐에 피와 체액이 차오르기 시작한다. 이틀째에 들어서면 산소가 풍부한 '스펀지' 같던 폐가 피범벅인 '넝마'로 바뀌는 탓에, 고통에 신음하는 환자는 자신의 체액 때문에 말 그대로 '숨이 막힌다.' 당시 어느 보고서는 "건강한 사람이 오후 4시에 첫 증상을 보이더니 이튿날 아침 10시에 사망했다"고 적었다.

사이토카인 폭풍에 무릎 꿇지 않더라도, 감염자들은 2차 감염 때문에 치명적인 폐렴에 걸리기 쉬웠다. 독감 바이러스가 기도 내벽을 보호하는 상피 세포를 망가뜨렸으므로, 폐렴균이 폐를 쉽게 감염시킬 수 있었다. 이제 와서 당시 독감 바이러스로 죽은 사람과 독감에 따른 폐렴으로 죽은 사람을 따로 구분할 수는 없다. 하지만 여러 증거로 보건대 애초에 독감 바이러스 때문에 환자와 사망자 대다수가 발생했으므로, 설사 당시 항생제가 있었다고 해도 세균이 아닌 바이러스로 인해 생기는 독감에는 그다지 쓸모가 없었을 것이다.

당시 뉴욕에서는 아동 2만1000명이 독감 대유행으로 고아가 되었다. 독감이 어찌나 폭넓게 퍼졌던지, 미국 보스턴과 인도 뭄바이에서 동시에 정점을 찍었다. 존 배리에 따르면 어떤 지역에서는 사망률이 끔찍할 정도여서 시신을 미처 다 묻지 못한 곳도 있었다. 미국 도시 가운데 관이 한 번쯤 바닥나지 않은 곳이 없었다. 너무 많은 노동자가 아프거나 죽은 탓에 일상의 도시 기능과 상업 기능이 제대로 돌아가지 않았다. 어떤 환자는 굶어 죽기도 했다. 식량이 모자라서가 아니었다. 사람들이 환자와 접촉하기를 두려워했기 때문이다. 그런데 에볼라 같은 바이러스는 환자가 증상을 보인 뒤에야 전염되지만, 독감은 환자가 증상을 느끼기도 전에 벌써 바이러스를 옮긴다.

최근 추정치에 따르면, 현재까지 전 세계의 독감 사망자는 1억 명에 이른다. 제1차 세계대전에서 사망한 군인과 시민을 다 합친 것보다 훨씬 많은 숫자다. 인구 대비로 따지면 14세기에 유럽을 덮친 가래톳 페스트와 폐페스트, 즉 흑사병이 더 많은 목숨을 앗아갔지만, 단순히 숫자로만 따지자면 1918년에 세계를 휩쓴 독감이 한 차례 유행병으로 인류 역사에서 가장 많은 사망자를 낸 치명적인 살인자다. 1918년 가을부터 1919년 봄까지 여섯 달 동안 죽은 사람이, 사람에게 HIV가 확인된 이래 대략 35년 동안 에이즈로 목숨을 잃은 사람보다 더 많다.

1918년 독감은 어마어마한 충격을 안겼다. 이를테면 미국의 평균 기대 수명이 곧장 10년 넘게 줄었다. 유념할 것이, 1918년 세계 인구는 오늘날 인구의 약 3분의 1 수준이었다.

그 뒤로 해마다 계절성 독감 바이러스가 슬며시 모습을 드러내는 가운데, 세 차례 독감 대유행이 일어났다. 1957년 H2N2 아시아 독감, 1968년 H3N2 홍콩 독감, 2009년 H1N1 돼지 독감이 그것이다. 이 가운데 1918년 독감과 비슷하게 엄청난 재앙을 일으킨 것은 없지만, 그래도 전 세계를 통틀어 무시할 수 없을 만큼 많은 환자와 사망자가 발생했다. 사실 2009년에 공중보건 당국이 확산을 경계하던 바이러스는 H1N1이 아니라 동남아시아에서 발견된 H5N1이었다. 그때까지 이 바이러스가 사람에게서 사람으로 전염되지는 않았지만, 동물에게서 사람으로 전염되었을 때는 사망률이 무려 60퍼센트였기 때문이다.

지난 1976년에는 뉴저지주 포트딕스에서 병사 몇 명이 1918년 독감 바이러스와 매우 비슷한 H1N1 변종으로 보이는 바이러스에 감염되어 그 가운데 한 명이 사망했다. 공중보건 당국은 위험을 감수하지 않아야 한다고 판단해, 제럴드 포드 대통령에게 정부가 지원하는 대규모 예방접종을 시행하라고 촉구했다. 당시 1918년에 대유행한 독감을 직접 겪은 사람이 많이 살아 있었다. 나중에 살펴본 결과 1976년에 포트딕스 말고는 어디에서도 독감이 유행하지 않았다. 그런데 예방접종 운동 때문에 길랭·바레 증후군 환자가 발생한 탓에, 오늘날까지도 백신에 대한 약간의 불신과 회의를 남겼다.

포트딕스의 병사들에게 H1N1 독감이 발생했다는 증거를 보고서 바짝 경계한 공중보건 관계자들을 나무라기는 어렵다. 언젠가 다가올 테지만, 만약 다시 같은 일을 겪는다면 그때 해야 할 일은 일단 백신 생산을 빠르게 늘린 다음, 대규모 접종 활동을 벌이기에 앞서 독감 바이러스가 퍼지는지를 지켜보는 것이다.

2009년 독감 대유행 때 테네시주 멤피스 세인트주드아동병원의 로버트 웹스터 박사와 동료들이 H1N1 바이러스를 분석해보니, 유럽 돼지 독감 바이러스의 유전자 분절 두 개를 획득한 북아메리카 돼지 독감 바이러스에서 비롯된 것으로 나왔다.

알다시피 2009년에 유행한 독감은 대체로 가벼운 편에 속했지만, 그렇지 않은 사람도 많았다. 추정에 따르면, 전 세계 30만 명이 H1N1에 감염되어 목숨을 잃었고, 그중 80퍼센트가 65세 미만이었다. 질병통제센터는 2009년에 미국에서 H1N1 대유행으로 6000만 명이 넘는 감염자가 발생했고, 1만2000명이 사망했다고 밝혔다. 주목할 대목은 미국에서는 사망자 87퍼센트가 65세 미만이었다는 사실이다. 이 수치는 일반적인 계절성 독감과 크게 대비를 이룬다. 계절성 독감에서는 사망자 중 65세 이상이 90퍼센트를 훌쩍 넘긴다. 사망자 수는 평년 독감 사망자와 그리 다르지 않았지만, 사망자 평균 나이는 훨씬 낮았다. 2009년에 바이러스의 먹잇감이 된 피해자는 임신부, 비만인, 천식 환자, 특정 신경 근육 질환자였다. 중증 환자나 위급 환자 중 이들이 60퍼센트를 차지했다. 이런 사망자 양상은 규모만 훨씬 작았을 뿐 1918년에 세계가 겪었던 독감과 매우 비슷했다.

이렇듯 독감 대유행은 사뭇 다른 두 형태로 나타난다. 하나는 1918년과 2009년 세계적 독감 유행에서 봤듯이 중증 환자와 사망자 다수가 젊은이에 치우쳐 있다. 다른 하나는 1957년 H2N2와 1968년 H3N2의 세계적 유행에서 봤듯이 사망자 대다수가 계절성 독감과 마찬가지로 노령 인구다. 1918년과 2009년 대유행 때 미국 사망자의 평균 나이는 각각 27.2세와 37.4세였다. 1918년 당시의 기대 수명이 48세였고 2009년에는 78세였으므로, 인구 통계로 볼 때 2009년 사망자는 사실 1918년 사망자보다 더 어렸다. 1957년과 1968년 세계적 유행 때는 사망자 평균 나이가 64.2세와 62.3세로, 당시 기대 수명과 비슷한 나이였다. 미국인의 기대 수명은 1957년에 68세였고, 1968년에는 70세였다.

우리 연구진은 이 네 차례 독감 대유행의 조기 사망 척도를 65세 기준 잠재 수명 손실 햇수로 계산해봤다. 2009년 독감 대유행의 영향이 전체 사망자 수만 반영했을 때보다 훨씬 더 컸다. 이 결과는 앞으로 세계적 유행병에 대처할 계획을 세울 때 중요하게 고려되어야 할 사항이다. 중증 환자와 사망자 대다수가 젊은이냐, 주로 은퇴한 인구인 나이 든 사람이냐에 따라 의료 자원과 세계 경제의 노동력에 완전히 다른 영향을 미칠 터이기 때문이다. 안타깝게도, 이다음 세계적 독감 유행을 일으킬 후보로 꼽히는 조류 독감 바이러스 H5N1과 H7N9의 현재 사망자 평균 연령은 50대 초반이다.

심각 수준이 중간 정도라 해도 독감 대유행은 삶의 모든 면에 충격을 가져온다. 오늘날 세계 경제는 국제적 적시 공급 방식으로 돌아간다. 그러므로 우리가 사용하는 모든 것은 사는 곳에서 멀리 떨어진 생산 현장과 밀접하게 이어져 있다. 이를테면 갑자기 중국 어느 공장의 노동자 30~40퍼센트가 아픈 탓에 공장이 제대로 돌아가지 못한다면, 쌓아놓은 재고가 없으니 공장이 다시 문을 열 때까지는 그 회사 물건을 구경도 못 할 것이다. 만약 비슷한 집단 발병이 여러 군데에서 동시에 일어나고, 그래서 공장들이 필요한 부품과 물자를 다른 공장에서 공급받지 못한다면, 세계무역이 연쇄 충격을 일으키고 세계경제가 흔들리게 될 것이다.

이런 충격은 무역에 그치지 않는다. 만약 노동자 30~40퍼센트가 며칠 또는 몇 주 동안 일을 쉬면 도시가 기능을 다하지 못한 채 삐걱거린다. 쓰레기가 제때 수거되지 않아 쌓이고, 교대 조를 채울 소방관이 부족하고, 경찰이 모든 호출에 빠짐없이 대응하지 못하고, 학교가 문을 닫고, 의사와 간호사가 병원에서 자취를 감춘다.

가장 극심한 혼란에 시달릴 곳은 병원과 의료체계다. 집중 치료실 수용 인원을 넘어서지 않을 때까지는 심각한 독감 증상으로 병원을 찾은 환자들을 도울 수 있다. 하지만 중증 환자가 30퍼센트를 차지한다면? 그때는 무슨 일이 벌어질까? 예산을 이유로 의료체계의 '기름기'를 쫙 뺐으므로, 현재 집중 치료실 수용력은 대개 보통 때를 감당하기에도 벅차다. 그러니 급증하는 환자를 감당할 여력이 있을 리가 없다. 또 방역 마스크와 얼굴에 밀착하는 마스크처럼 의료 인력을 보호하는 데 필요한 보호 장구도 바닥날 것이다. 보호 장구가 부족한 탓에 독감에 걸릴 확률이 높다는 것을 알고서도 일하러 나올 의료진이 얼마나 되겠는가?

더 암울한 사례도 있다. 심각한 독감 환자 가운데 1퍼센트가 산소 호흡기를 달아야 한다면 대처 가능할 것이다. 하지만 3퍼센트라면? 어림도 없는 이야기다. 미국뿐 아니라 그 어느 나라도 그 정도로 충분한 장비를 갖춘 곳은 없다. 설사 그런 나라가 있은들, 설마하니 다른 나라에게 장비를 빌려주겠는가? 따라서 환자를 살릴 기술이 있는데도 많은 사람이 목숨을 잃을 것이다. 누구도 맞닥뜨리고 싶지 않겠지만, 치료 순서를 정하고자 환자를 분류해 의료 자원을 배분하는 힘겨운 선택과 마주할 것이다.

2009년 독감 대유행이 발생하기 얼마 전, 감염병 연구·정책센터에서 급성 환자 치료, 만성 환자 치료, 응급 환자 치료 등 다양한 의료 전문 분야에서 사용하는 약제에 전문 지식이 있는 세계 정상급 약사들에게 설문조사를 돌렸다. 질문은 하루 기준으로 반드시 보유해야 하는 약이 무엇인지, 달리 말해 항암제나 항레트로바이러스제가 아니라 오늘 당장 투약하지 않으면 내일을 장담할 수 없는 필수 약제가 무엇이냐는 것이었다. 그리고 마침내 서른 가지가 넘는 목록을 뽑아냈다. 중요 약제에는 1형 당뇨병 약인 인슐린, 혈관 확장제인 니트로글리세린, 신장 투석에 사용되는 항응혈제인 헤파린, 외과 수술 및 삽관과 인공 심폐기 사용 시 투여하는 근육 이완제인 숙시닐콜린, 울혈 심장 기능 상실 치료제인 라식스, 협심증과 중증 고혈압 치료제인 메타프롤롤, 중증 고혈압 치료제인 노르에피네프린, 기관지 확장에 사용되는 알부테롤, 다양한 심장 및 혈액 순환 약제, 기본 항생제가 포함되었다.

그런데 이 약제들은 빠짐없이 복제약이었다. 따라서 주로 인도와 중국에서 생산되었고, 미국에서는 아예 한 알도 생산되지 않는 것도 있었다. 비축량도 그리 많지 않았을뿐더러 공급 사슬이 길어 타격을 입기가 무척 쉬웠다.

독감이 세계를 휩쓸 때 미국에 사는 감염자만 고통과 고난을 겪을 거라고 생각해서는 안 된다. 세계적 독감 유행이 얼마나 무시무시한 충격을 줄지, 생명과 직결된 필수 약품이나 의료 지원이 심각하게 부족한 탓에 얼마나 많은 사망자가 발생할지 인지하고 대책을 세워야 한다. 만약 이런 약제를 생산하는 데 일손을 보태는 중국 노동자나 인도 노동자가 아파 일하지 못한다면, 또 약제를 운반하는 화물선 선장이 도중에 사망한다면, 틀림없이 엄청난 문제가 불거질 것이다.

오늘날 독감은 지구 역사에서 어느 때보다도 초고속으로 진화하고 있다. 인류의 먹거리를 생산하는 데 필요한 어마어마하게 많은 동물이 바이러스 전염을 증폭하는 요인으로 지목되고, 따라서 유전자 복불복이 더 자주 벌어진다. 항미생물제 내성을 다뤘던 17장 첫머리에서 설명했듯이, 오늘날 지구가 먹여 살려야 할 인구는 73억 명이다. 현대에 들어 밀폐형 축사가 가파르게 늘어난 데다 세계 곳곳에서 소규모 축사가 수백만 개나 세워진 탓에, 돼지와 식용 조류에서 독감 바이러스가 빠르게 증식하기에 알맞은 숙주를 찾는 일은 땅 짚고 헤엄치기가 되었다. 세계를 통틀어 연간 가금육 생산이 8872만3000톤에 이른다는 것은 조류 수백만 마리가 부화해 자랐다가 도축된다는 뜻이다. 이런 조류들은 모두 사람과 직간접으로 자주 접촉한다. 게다가 전 세계 돼지 4억 1397만 5000마리가 독감 바이러스의 진화 과정을 생리학적으로 더할 나위 없이 완벽하게 마무리할 장소가 된다.

2015년 2월 세계보건기구는 「변덕스러운 독감 바이러스 세상에서 온 경고 신호Warning Signals from the Volatile World of Influenza Viruses」라는 보고서를 발표했다. 보고서는 사람에게서 세계적 독감 유행을 일으킬 만한 조류 독감 바이러스에 갑작스러운 변화가 나타났다고 경고했다.

현재 야생 조류와 사육 조류에 돌아다니는 독감 바이러스의 다양성과 지리적 분포는 바이러스를 검출하고 파악하는 현대적 도구가 출현한 뒤로 나타난 적 없는 양상을 보인다. 세계는 이제 이 상황에 주목해야 한다.

H5와 H7의 아형 바이러스는 굉장히 걱정스러운 대상이다. 새에서 가벼운 증상을 일으키는 형태에서 식용 조류에서 중증 증상과 사망을 일으키는 형태로 손바닥 뒤집듯 변이하기 때문이다. 그런 일이 발생한다면 지독한 집단 발병이 일어나 식용 조류 산업과 사업자들의 생계에 어마어마한 손실을 입힐 것이다.

2014년 초부터 세계동물보건기구는 H5와 H7 관련 바이러스 7종이 조류에서 조류 독감 집단 발병을 41차례 일으켰다고 통지했다. 발생 지역은 아프리카, 아메리카, 아시아, 오스트레일리아, 유럽, 중동의 20개국이었다. 몇몇은 새로 나타난 바이러스로, 기껏해야 지난 몇 년 사이에 야생 조류와 식용 조류에서 출현해 퍼졌다.

이 성명서는 2014년 1월부터 2015년 2월까지 열세 달 동안 증가한 바이러스 활동을 요약한 것이다. 그리고 정확히 열세 달 뒤인 2016년 3월, H5와 H7 관련 바이러스 9종이 39개국에서 수백 건의 집단 발병을 일으켰다.

H5와 H7의 활동이 이토록 무시무시하게 증가했다고 해서 꼭 독감 대유행이 일어날 상황이 코앞에 닥쳤다는 뜻은 아니다. 하지만 그럴 수도 있다. 기록에 따르면, 2004년부터 산발적으로 발생한 H5N1 감염자 850명 가운데 445명, 즉 52퍼센트가 죽음을 맞았다. 감염자들의 평균 연령은 50대 초반으로, 계절성 독감 사망자의 평균 연령보다 꽤 낮았다.

2013년에 처음 기록된 H7N9 바이러스의 경우, 지금까지 보고된 환자의 37퍼센트인 212명이 죽음을 맞았다. 환자들의 평균 연령은 약 50세였다. 게다가 H형과 N형이 조합된 조류 독감 중 우려되는 종은 H5N1과 H7N9만이 아니다. H5N6는 2013년부터 중국 서남부와 라오스, 베트남의 식용 조류에 퍼졌고, 2014년에는 사람에게서도 확인되었다. 이렇게 사람을 감염시킬 수 있는 조류 독감 바이러스의 목록은 계속 늘어나고 있다.

2015년에는 고병원성, 즉 중증 증상이나 폐사를 일으키는 H5N2 조류 독감이 미국 중부 여러 지역뿐 아니라 미네소타주 뒷마당까지 왔다. 3월 초부터 6월 중순까지 북부 중서부의 식용 조류 사육장에서 H5N2 독감이 유례없이 집단 발병했다. 사육 업체 223곳이 감염되는 바람에

4800만 마리가 넘는 식용 조류가 죽거나 안락사되었다. 이 바이러스는 아시아에서 날아오는 철새가 오는 길에 로키산맥과 미시시피에서 다른 새들과 바이러스 변종을 공유하는 과정을 거쳐 중서부에 발을 디뎠을 것이다.

H5N2 바이러스가 수 킬로미터 떨어져 있는 사육 시설 사이를 어떻게 그토록 빠르게 이동했는지는 아직도 밝혀지지 않았다. 당시 나는 이 바이러스가 어떻게 사육장에서 사육장으로 퍼졌는지 파악하는 대규모 역학 연구단의 상급 조사관이었다. 하지만 애쓴 보람도 없이, 우리는 아직도 무슨 일이 벌어졌던 건지 알지 못한다. H5N2에 감염된 야생 조류가 식용 조류와 접촉했고, 그 뒤에는 여러 사육장을 오가는 사람들의 옷과 신발 또는 같이 쓰는 장비에 달라붙어 퍼진 게 아닐까 싶다. 아니면 감염된 식용 조류가 죽기 전에 꽤 많은 바이러스를 내뿜었고, 그런 바이러스에 오염된 공기가 사육장 밖으로 퍼져 공기 매개 전염을 일으켰을 수도 있다.

H5N2 발생은 식용 조류 산업에 그야말로 재앙이었다. 게다가 새로운 인류 독감이 세계를 휩쓰는 첫걸음일 수도 있었다. 미국 중서부에서 식용 조류에 조류 독감이 발생한 지역 대다수에는 돼지를 엄청난 밀도로 밀폐 사육하는 업체가 몇 곳 있었다. 알다시피 돼지는 조류 독감에 감염되더라도 그다지 큰 증상을 보이지 않는다. 하지만 조류 독감 바이러스와 인류 독감 바이러스에 동시에 감염되면, 돼지의 폐가 유전자를 뒤섞기에 안성맞춤인 장소가 된다. H5N2가 숙주에서 수 킬로미터 떨어진 곳까지 공기로 전염될 수 있었고, 게다가 돼지 사육 업체와 식용 조류 사육 업체가 같은 지역에 있었으니, 장담하건대 그때 돼지도 틀림없이 H5N2에 감염되었을 것이다. 다만 앓아눕지 않았거나 독감 감염 검사를 받지 않았을 뿐이다. 무슨 일이 일어날 수 있는지를 고려할 때, 앞으로

그런 일이 벌어지는 것은 시간문제라고 본다.

지난 15년 동안 독감을 꾸준히 연구했지만, 돌이켜보면 지금 독감에 대해 아는 지식이 내가 15년 전에 안다고 생각했던 것보다 더 적은 듯하다. 독감 바이러스를 더 많이 알게 될수록, 달리 말해 이 바이러스가 사람 및 동물과 어떻게 상호 작용하는지, 왜 그리고 어떻게 유전자 변이를 일으키는지, 그런 변화가 무엇을 뜻하는지 더 많이 알수록, 확신할 수 있는 답은 줄어들고 더 많은 의문이 떠오를 뿐이다.

그러므로 이다음 독감 대유행을 일으켜 세계를 휩쓸 변이나 진화 압력이 얼마나 가까이 와 있는지는 절대 장담하지 못할 일이다.

19장

세계적 유행병:
너무 끔찍한, 피할 수 없는

그제야 사람들은 적사병의 존재를 알아챘다. 그는 밤손님처럼 몰래 왔다. 흥청망청 놀던 사람들이 연회를 즐기던 홀을 피로 적시며 하나씩 하나씩 푹푹 쓰러졌다. 그리고 저마다 자포자기한 자세로 죽어갔다. 마지막까지 흥을 돋우던 흑단 자명종도 멈췄다. 화로에서 활활 타오르던 불길도 빛을 잃었다. 암흑과 부패와 적사병이 모든 것을 끝없이 손아귀에 넣었다.

_에드거 앨런 포,『적사병의 가면The Masque of the Red Death』

또 다른 1918년형 독감 바이러스가 세계를 휩쓸 위험을 평가할 때는 앞 장에서 제시한 내용을 유념해야 한다. 우리는 서로 의존하는 국제사회에서 살아간다. 빠른 속도로 이곳저곳을 여행하고, 사람, 돼지, 새가 한데 몰려 아주 가까이에서 산다. 1918년보다 인구가 약 세 배 많아진 세상은 초고속으로 유전자를 뒤섞는 그릇이 되었다.

우리가 눈여겨보는 모든 독감 변종 가운데 어떤 종이 세계적 유행병을 일으킬지, 전혀 본 적 없는 상황을 일으킬지는 아무도 모를 일이다. 다만 그런 일이 벌어진다면 미처 상황을 파악하기도 전에 바이러스가 퍼질 것은 확실하다. 그러니 미리 대비하지 않는다면 손으로 바람을 붙잡으려는 꼴이 될 것이다.

세계적으로 저명한 거시경제학자이자 재무부 장관을 지낸 로런스 서머스는 정곡을 찌르는 전망을 제시한다. 2015년에 미 국립의학아카데미의 세계보건위험체계위원회의 보고서「세계 안보에서 방치된 요소: 감염병 위기 대응 체계The Neglected Dimension of Global Security-A Framework for

Countering Infectious-Disease Crises」를 발표하는 자리에 기조 연설자로 나선 그는 이렇게 주장했다.

우리 앞에 놓인 모든 사안 가운데 유행병과 세계적 유행병은 국제사회가 가장 심각하게 관심을 기울여 정책을 세워야 하는 사안입니다. 그런데도 인류에 미칠 영향에 비해 관심을 가장 덜 받습니다. 기후변화와 직접 비교해보겠습니다. 만약 앞으로 100년 동안 유행병과 세계적 유행병으로 인류가 치러야 할 기대 비용을 현재 국제사회의 대응 방향을 반영해 계산하면, 2~3배 증감을 고려할 때 세계 기후변화로 치를 예상 비용과 같은 범위에 있습니다. 그러니 이 사안이 세계 기후변화라는 사안에 견줘 얼마나 관심을 못 받는지 생각하면 충격이지 않을 수 없습니다.

분명히 밝히건대, 국제 기후변화는 현재와 같은 관심을 받아 마땅할뿐더러 더 많은 관심을 받아야 합니다. 하지만 국제 보건 위험은 현재보다 훨씬 많은 관심을 받아야 합니다.

우리의 민간 방어 구조는 이를테면 캔자스주를 강타한 F4급 토네이도, 뉴올리언스를 덮친 5등급 허리케인, 뉴욕 마천루에 충돌한 비행기처럼 두 번 다시 일어나지 않을 재앙에 맞춰져 있다. 하지만 만약 9·11 테러가 스무 건이나 서른 건 발생한다면, 또는 허리케인 카트리나가 미국 전역을 덮친다면, 과연 무슨 일이 벌어질까? 우리에게는 그런 상황에 대처할 자원이 없다. 국방부 장관 도널드 럼즈펠드가 이라크 전쟁을 두고 했던 악명 높은 말 그대로다. "전쟁에 나갈 때는 기존 병력을 이끌고 가는 법이다. 나중에 볼 때 바람직해 보일 병력은 아닐지라도 말이다."

언젠가는 해일처럼 재앙을 일으킬 독감 대유행이 반년에서 1년 반 동안 느릿느릿 우리를 덮칠 것이다.

1918년에는 독감이 2년에 걸쳐 세 차례 유행했다. 다시 그런 상황을 마주하게 된다면, 그때 사용할 수 있는 마지막 대책은 미리 마련해뒀던 것들이 전부다.

감염병 연구·정책센터는 여러 해 동안 백악관부터 포천 500대 기업, 주정부, 지방정부까지 다양한 기관에서 공중보건 부서와 병원을 포함하는 '모의 훈련'을 여러 차례 이끌었다. 지방정부, 주정부, 연방정부나 다른 모든 조직체가 준비한 계획이 얼마나 탄탄한지 확인하고자, 기본적으로 비상사태 관리, 공중보건, 비상사태 대응과 관련한 모든 영역의 수장들을 참여시켜 모의 재난 시나리오를 실제처럼 반복 훈련한다.

아래 내용은 모의 훈련과 비슷하게, 1918년 H1N1 바이러스와 같은 독성을 지닌 독감이 오늘날 세계적으로 유행한다고 가정하고 작성한 시나리오다. 내가 모의 훈련을 이끌 때 그렇듯 주로 현재형으로 설명하지만, 정보나 역사적 관점이 필요할 때는 과거형으로 바꿨다. 이 시나리오를 공중보건 위기 대비와 사업 연속성 계획 분야에서 일하는 동료들에게 검토받은 결과, 전반적으로 현실에서 일어날 법한 일이라는 동의를 받았다. 그러니 이 조건을 염두에 두고, 당신과 가족이 이런 독감 대유행을 겪는다고 상상해보기를 바란다.

처음에 상하이 지역 의사들은 환자들이 단순히 계절성 독감을 앓고 있다고 생각한다. 그러나 병세가 나아질 기미가 없다. 이제 4월 중순이니, 중국에서는 독감이 수그러들 시기다. 얼마 지나지 않아 의사들은 응급실에서 돌보는 환자 수백 명에게 그때껏 본 적 없는 증상이 보인다는 사실을 깨닫는다. 이틀 사이에 적어도 50명이 급성 호흡 곤란 증후군으로 사망한 상태다. 상하이 대형 병원의 집중 치료실이 꽉 들어차 새로 환자를 받을 수 없다. 많은 환자가 겨우 하루 이틀, 가끔은 달랑 몇 시간 전부터 아프기 시작했다고 말한다. 환자 대다수는 건강한 젊은이와 임신부다.

이제 의사들은 이 환자들이 중국인이 지난 7년 동안 1000명 넘게 확진받은 조류 독감 감염증과 비슷한 치명적인 질병을 앓는다는 것을 빠르게 알아챈다. 하지만 다른 점도 있다. 과거에는 조류 독감 환자들이 지역과 시기를 달리해 산발적으로만 발생했다. 이제는 상하이 전역의 응급실과 집중 치료실이 지독하게 아픈 환자들로 넘쳐난다.

중국 공중보건 당국이 가장 두려워하는 일이 실제로 일어난다. 의료 시설 세 곳에 입원한 환자 8명의 가래 표본에서 H7N9 독감 감염이 확인된다. H7N9는 원래 조류 독감 바이러스로, 2013년에 중국에서 인간을 처음 감염시켰다고 알려졌고, 이제 세계를 휩쓸 독감 바이러스가 되는 마지막 큰 걸음을 뗀 상태다.

그사이 다른 지역에서 더 많은 환자가 우후죽순 생겨난다. 전에 이 바이러스가 확인된 중국 지역에서는 식용 사육 조류에서 바이러스가 옮은 환자 중 약 3분의 1이 사망했다. 하지만 바이러스를 보유한 새들은 아프지 않다. 적어도 눈에 띄는 증상은 보이지 않는다. 며칠 지나지 않아 중국 대부분 지역과 심지어 아시아 다른 나라에서까지 H7N9 환자가 나타난다. 상하이 이외 지역의 초기 환자 대다수는 얼마 전에 상하이에 다녀간 적이 있었다. 비교적 알려지지 않았던 이 이야기는 세계 언론의 머리기사가 된다.

중국 공중보건 당국이 상하이 지역에서 빠르게 늘어나는 보건 위기가 세계를 휩쓸 독감 등장의 첫 신호일 수 있다고 확인하기도 전에, 세계 전역에서 환자들이 나타난다. 거의 모든 초기 환자가 얼마 전에 상하이 및 인근 지역에 다녀왔다. 하지만 다른 나라의 병원에 중국에 다녀온 적 없는 환자들이 나타나자 상황은 바뀐다. 세계보건기구와 미 질병통제센터, 세계 여러 나라의 국립 보건 기관들이 체계적인 질병 수사 활동에 들어간다. 이들은 세계 각 지역에 나타난 초기 환자를 가려내, 이들이 발병하기 몇 주 전에 여행한 곳을 추적한다. 조사 결과, 누구나 가장 두려워했던 일이 사실로 확인된다. 우리는 빠르게 퍼지는 독감 대유행의 초기 단계에 서 있다. 국경 폐쇄는 쓸모없는 일이다. H7N9가 이미 30~40개국에 뿌리를 내렸을 터이므로.

전문가들은 갈수록 초조해진다. 계절성 독감은 에볼라처럼 아픈 사람을 만지지 않아도, 에이즈처럼 성관계를 하거나 체액을 주고받지 않아도, 뎅기열처럼 모기에 물리지 않아도 걸릴 수 있기 때문이다. 독감은 쇼핑몰에서든 비행기에서든 지하철에서든 병원 응급실에서든 주변에 있는 환자가 숨만 쉬어도 옮을 수 있다.

중동의 어느 테러 집단과 일본의 어느 종말론 분파가 자기네가 독감 집단 발병을 일으켰다고 주장한다. 테러 집단은 성명서에서 이 바이러스를 구소련의 생물 무기 과학자가 유전자조작으로 만들었으며, 여러 종의 특성을 결합한 키메라라고 암시한다. 두 집단 모두 더 많은 유전자를 조작한 독감이 더 많이 발생할 것이라고 장담한다. 여기에 대응해, 질병통제센터 소장과 국토안보부 장관은 현재 조사를 진행 중이고 모든 위협을 신중하게 검토하고 있지만, H7N9 집단 발병이 테러 행위라는 증거는 없다고 밝힌다.

이제 세계는 이 독감을 '상하이 독감'이라 부른다. 하지만 중국은 '서구 독감'이라 부른다. 세계보건기구는 전화 회의로 독감 전문가들을 소집한다. 이들은 '긴급 위원회'로 알려진 집단이다. 거의 한 시간 동안 이어진 회의 끝에, 위원회는 세계보건기구 사무총장에게 새로 나타난 H7N9의 세계적 유행을 국제공중보건 비상사태Public Health Emergency of International Concern로 선언하라고 강력하게 촉구한다. 전화 회의 뒤에 바로 열린 기자 회견에서, 사무총장은 위원회 의견대로 세계적 비상사태를 선언한다. 기자들이 소리 지르기 대회라도 하듯, 어떻게 H7N9 확산을 막을 계획이냐는 질문을 퍼붓는다. 하지만 만족스럽거나 마음이 놓이는 답은 나오지 않는다.

세계보건기구는 놀랍도록 짧은 시간 안에 미국, 중국, 영국의 실험실과 합동 연구를 진행한 뒤, 생물학 증거와 유전자 증거로 보건대 다달이 닭 수백만 마리가 부화하고 자라고 소비되는 상하이가 발병의 진원지라고 발표한다. 중국 보건 당국은 연구 결과에 의문을 제기하지만, 어쨌든 중국과 다른 나라의 독감 확산을 억제하고자 국제기관과 철저하게 협력하고 있다고 밝힌다.

유전자 분석 결과, 두 유전자가 재편성된 것이 H7N9 바이러스가 갑작스럽게 사람간 전염 능력을 얻은 원인으로 추정된다. 그나마 다행스럽게도, 기존 항생제에 내성은 없다. 타미플루와 릴렌자 제약사가 24시간 생산 체제에 돌입하지만, 수요를 맞추기에는 턱없이 모자라다. 어떤 백신도 이 바이러스에는 상대가 되지 않는다. 따라서 미국 정부는 세계보건기구와 협력해 H7N9 백신 개발에 들어간다. 개발에 성공하면 세계 곳곳의 백신 제약사와 결과를 공유할 것이다. 국립 알레르기·감염병연구소 소장은 9월이나 10월 안에 효과 있는 백신이 나오기를 바란다고 언급한다. 그때까지는 아직 넉 달도 더 남았다. 그런데 한 주가 채 가기도 전에, H7N9에 면역 효과가 없는 기존 독감 백신마저 재고가 모조리 바닥난다.

NBC의 「미트 더 프레스Meet the Press」에 출연한 질병통제센터 소장은 H7N9 바이러스의 사망률이 30퍼센트라는 소문이 맞느냐는 질문을 받는다.

"중국의 제한된 감염 집단에서는 널리 퍼진 이야기대로 사망률이

30퍼센트였지만, H7N9가 끝없이 인간 숙주를 잇달아 거치면서 독성이 약화될 것으로 예상합니다. 따라서 사망률은 꽤 낮아지리라 봅니다."

"그렇다면 현재 우리가 보고 있는 질병 사망자 수가 점점 줄어든다는 뜻인가요?"

"그렇게 보기는 어렵습니다. 현재 우리는 이 독감이 어떤 영향을 미칠지 알지 못합니다. 제가 드릴 수 있는 최선의 조언은 독감으로 보이는 증상이 있는 사람들한테서 멀찍이 떨어져 지내라는 것입니다. 필요하다면 안전한 곳으로 피하시고요. 혹시 본인이나 가족에게 그런 증상이 있다면, 제발 일상 활동을 멈추고 집에 머물러주십시오. 비행기, 버스, 택시를 포함해 대중교통도 되도록 이용하지 말아주십시오."

이제 5월 말이다. 중국에서 새로 H7N9 독감 대유행이 발생했다는 사실을 안 지 거의 한 달 반이 지난 시점이다. 적어도 72개국에서 H7N9 환자와 그에 따른 사망자가 가파르게 늘어나는 추세다. 하지만 실제로는 감염자가 발생한 나라가 더 많은데도, 국경 폐쇄와 교역 및 여행 제한이 두려워 확진자 발생을 알리지 않으려고들 한다. 사망자와 관련해 가장 정확한 자료가 나오는 곳은 미국, 캐나다, 유럽연합이다. 이들 나라의 환자 사망률은 12퍼센트로 나타난다. 지금까지 미국에서 적어도 1만 2000명이 사망한 상태다. 사망자 대다수는 젊은 임신부다.

다양한 산업 분야, 특히 중국의 제조업이 크게 무너진 것에 영향을 받은 분야에서 일시 부족 현상이 나타난다. 게다가 주요 항구의 노동자와 세계 곳곳을 돌아다니는 외항선 6만2000척의 선원들 중 환자와 사망자가 갈수록 많아져 상황이 악화된다. 전 세계에서 컴퓨터와 휴대전화처럼 부품을 많이 사용하는 특정 제품의 생산이 늦어진다. 유행병의 발단이 국제 뉴스에 보도되면서, 소비자들은 원산지에 관계없이 닭과 돼지고기를 꺼린다. 소고기 공급량을 엄격히 관리하자 값이 치솟는다.

진찰실과 응급실은 건강 염려증이 있는 사람들로 문턱이 닳고, 이들과 실제로 아픈 사람들을 물리적으로 분리하기가 어려워진다. 갈수록 많은 의료진이 아파 일하지 못하므로, 상황은 훨씬 더 복잡해진다. 부모들은 항생제가 바이러스에 아무 효과가 없다는 말을 듣고서도 아이에게 항생제를 처방해달라고 요구한다. 본인이 의료 지식이 있다고 생각하는 사람들은 2차 세균 감염에서 자신을 보호하고 싶다고 반박한다. 병원은 이미 필수 의약품과 의료 물자 부족을 겪고 있다. 미국 정부가 전략적으로 비축한 의료 대응책, 즉 공중보건 비상사태 동안 필요한 의약품과 물자는 빠르게 바닥난다. 게다가 주사기, 주삿바늘, 살균제, 진단 검사 키트 같은 수많은 필수 의료품이 비상사태 대응책 목록에 고려된 적도 없고 포함되지도 않았다.

메이오클리닉 같은 의료 기관은 미리 계획을 세운 덕분에, 적어도 의료진과 직원 그리고 이들이 독감 증상을 보일 때 가족에게 투여할 타미플루는 비축해놓은 상태다. 하지만 대부분의 선진국에서 환자들은 말할 것도 없고 아픈 의료인에게 투여할 타미플루조차 턱없이 부족한 상황이며, 나머지 국가에서는 구경도 하기 힘들다. 대다수 병원에서 의료진을 보호하는 데 필요한 N95 마스크가 바닥을 드러내거나 아예 바닥난다. 의사와 간호사를 포함해 갈수록 많은 의료진이 두려움에 질린 나머지 전화로 병가를 알린다.

미국의 거의 모든 약국과 의약품 판매점이 타미플루와 릴렌자를 서둘러 사들였고, 이따금 침입과 약탈 사건도 보도된다. 그리고 대다수 약국과 판매점은 '타미플루 없음, 릴렌자 없음'이라는 안내문을 창에 붙인다. 인터넷에는 H7N9에 효과 있는 다른 약제를 판다는 제안이 넘쳐난다. 식품의약청 청장은 소비자들에게 이런 약제 중 어떤 것도 효과가 있다는 증거가 없으며, 규제를 받지 않은 약제이므로 오히려 해로울 가능성이 크다고 경고한다.

법무부 장관의 지시에 따라, FBI가 항생제의 가격 부풀리기와 암시장 판매 혐의를 조사할 특별 대책반을 꾸린다.

의사당에서는 관련된 감독위원회 위원장이 보건복지부 장관과 백신 제약사 최고경영자들을 불러 어떻게 하면 백신 생산 속도를 높일 수 있는지 확인한다. 다른 상하원 의원들은 감염자가 발생한 국가를 오가는 비행 편을 정지하라고 요구하지만, 비행을 막는다고 변할 것은 없다는 전문가들의 반박만 듣는다. 어떤 의원들은 중국과 교역을 중단하라고 요구하지만, 이미 너무 많은 생산품이 공급 부족을 겪는 마당에 이런 조치는 쓸모는커녕 역효과를 낳는 권고로 보인다.

독일에서는 백신이나 항생제를 생산하지도 않는 어느 다국적 제약사의 최고경영자가 집 밖에서 명백한 암살 시도로 총에 맞는다. 세계 곳곳에서 커져가는 두려움과 좌절이 분노와 폭력으로 번지자, 여러 제약사의 경영진은 경호 인력을 늘린다.

6월 초, 공중보건 총감*이 백악관에서 텔레비전에 나와, 병원의 부담을 줄이기 위해 누구든 급성 질환이 아닌 이상 집에 머물러달라고 촉구한다. 그리고 증상을 상담하고 진찰이나 입원이 필요한지 확인할 수 있는 24시간 상담 전화번호를 알려준다. 발표가 나온 지 몇 분도 채 지나지 않아 상담 전화는 거의 먹통이 된다. 공중보건 총감은 시청자들에게 타미플루와 릴렌자를 더 많이 생산하고 있다고 확언하면서도, 아직은 참을성 있게 기다려달라고 요청한다.

이어서 대통령이 모습을 드러내 프랭클린 루스벨트 대통령의 말을 인

---

* 준군사 조직인 공중보건 복무단Public Health Service Commissioned Corps.의 수장으로, 미 연방정부의 공중보건을 총괄한다.

용한다. "우리가 두려워할 것은 두려움뿐입니다." 또한 최근 항생제를 비축하고 있다는 소문 때문에 의사와 약사를 살해한 사건들을 비난한다.

이튿날 『월스트리트저널』은 사설을 통해 대통령에게 이의를 제기한다. "우리가 두려워할 것은 걷잡을 수 없이 번지는 치명적인 독감뿐이다. 이 나라는 이런 독감 유행에 전혀 대비하지 않았고, 이 행정부는 너무 늦게 대응에 나섰다." 사설은 중국의 주식 거래소가 거의 붕괴하고 그에 따라 세계 곳곳의 주식이 하락한 탓에, 독감이 세계적으로 유행하기 시작한 뒤로 미국 주가가 50퍼센트나 떨어졌다고 밝힌다.

운동 경기장, 테마파크, 쇼핑몰을 찾는 사람이 크게 줄어든다. 행사는 대부분 취소된다. 메이저리그는 시즌을 보류할지 검토 중이다. 소매점과 공원 운영자들은 이미 줄인 직원들을 또다시 대규모로 해고해야 한다. 국내 실업률은 25퍼센트 이상으로 치솟지만, 어떤 산업에서는 자격을 갖춘 노동자를 구하기가 어렵다. 많은 자동차 판매상이 주말에만 문을 열어 차를 팔고, 정비소는 거의 텅 빈다. 연방준비은행은 연방 자금 금리를 0퍼센트로 내린다.

상하이와 홍콩에서는 대규모 식용 조류 사육 농장들이 폐쇄되고, 전 세계의 식용 조류 생산자들은 소비가 완전히 가라앉았으니 독감 대유행이 끝나기 전까지는 재고를 쌓아둘 까닭이 없다고 말한다. 전 세계 식량 공급이 갈수록 빠듯해진다. 미국 식료품점도 예외는 아니다.

소도시나 시골 지역은 독감 감염이라는 재앙에서 크게 비켜나 있지만, 그래도 6월에 벌인 설문조사에 따르면 대다수가 지인 중에 상하이 독감으로 죽은 사람이 있다고 답한다. 몇몇 신문은 매주 안타깝게 목숨을 잃은 지역민의 사진을 싣는다.

대통령은 백신, 공중보건, 비상사태 대비와 관련된 거의 모든 연방정부 기관의 수장들로 특별 대책반을 꾸리고, 이를 이끌 상하이 독감 책임자를 지명한다. 미국 제약사들은 9월 말이면 백신을 안정적으로 공급할 수 있다고 예측한다. 하지만 생산량을 다 합쳐도 그 뒤로 다섯 달 동안 기껏해야 인구 40퍼센트가 접종할 분량에 그친다. 어느 나라든 상황은 마찬가지이므로, 자국의 비축량을 조금이라도 다른 나라에 보내겠다는 곳은 없다. 대규모 생산 능력을 갖춘 두 나라, 인도와 중국도 자국 인구의 10~15퍼센트에 해당하는 분량밖에 없다고 말한다. 인도에서 초기에 생산된 백신은 알고 보니 세균에 감염된 것이라 모두 폐기해야 한다. 이제 모두가 세계 인구 대다수가 H7N9 백신을 맞을 기회가 절대 없으리라는 현실을 깨닫는다. 백신이 H7N9에서 사람들을 얼마나 지켜줄지는 아직 모르지만, 그것도 백신을 사용할 수 있을 때 이야기다.

7월 첫 주 들어 감염률이 줄어들기 시작한다. 지난 몇 주 동안 병원들이 접수한 신규 환자는 서너 명에 그친다. 질병통제센터는 세계 여러 곳에서 이따금 다발 감염 지역이 발생하지만, 전체적으로 독감이 수그러드는 것으로 보인다고 발표한다. 주식 시장이 상승하기 시작한다. 하지만 증시 분석가들은 반짝 상승일 뿐, 독감 대유행으로 얼마나 큰 손실이 났는지 확인할 실적 발표 기간에는 시황이 달라지리라고 경고한다. 전 세계 국민 총생산GNP 손실이 얼마일지는 측정하기 어렵지만, 틀림없이 수십 조 달러에 이른다. 누구나 경제가 제자리를 찾기까지 몇 년은 걸릴 거라고 입을 모은다.

질병통제센터는 미국의 전체 감염자 수를 인구의 약 9퍼센트인 3100만 명으로 추정한다. 사망자 수는 약 193만2000명으로, 사망률은 6퍼센트 남짓이다. 국제 통계는 아직 확인하기 어렵지만, 적어도 미국 통계를 밑돌지는 않을 듯하다.

대통령이 이런 제안을 한다. "8월 1일을 공적 성찰과 개인적 헌신의 날로 정하고, 미국을 포함한 대다수 국가가 제2차 세계대전 이후 가장 험난한 어려움을 견뎌냈다는 사실을 축하합시다. 이 시련은 누구나 공공의 이익을 지켜야 한다는 메시지입니다. 앞으로 우리는 위기 상황에서 보인 용감한 행동과 개인의 희생, 그리고 믿기 어려운 탐욕과 이기심을 도덕의 잣대로 삼아야 합니다."

공중보건계의 주요 인사들이 대통령에게 축하 행사를 연기하라고 촉구한다. 이들은 이전 세계적 유행병의 역사로 볼 때, 초가을에 2차 유행이 발생할 수 있고, 그때는 실제로 1차 유행의 감염자와 사망자 수를 넘어설 것이라고 경고한다. 그리고 1차 유행과 마찬가지로, 2차 유행도 미국에서 10~12주, 심지어 그보다 더 길게 이어질 수 있다고 예측한다. 여기에 더해, 자신들이 그토록 오랫동안 예측했던 세계적 독감 유행의 충격을 이토록 지독한 사태를 겪고서야 진지하게 받아들이다니 안타깝다는 의견도 밝힌다.

텔레비전에서는 독감 소식이 서서히 사라지고, 신문에서는 단신 기사로 밀린다. 독감 유행은 주로 "상하이 독감의 세계적 유행에서 경제가 회복"한다는 측면에서만 언급된다.

9월 초, 이집트 카이로와 파키스탄 라호르에서 집단 발병이 발생한다. 2차 유행의 시작인지는 확실하지 않다. 그리고 9월 말, 미국 병원의 진찰실과 응급실에도 신규 환자가 생겨난다. 항원 검사 결과, H7N9 독감 바이러스가 확인된다.

백악관은 잇달아 전화 회의를 진행한다. 회의에는 연방 기관인 보건복지부, 질병통제센터, 국립보건원, 공중위생국, 식품의약청, 국방부, 국토안보부와 산하의 재난관리청, 주정부와 지방정부의 보건 및 비상사태 대비 기관이 참여해, 상하이 독감용 신규 백신을 미국 전역에 배포할 계획을 수립하고 조율한다. 첫 백신은 미국과 캐나다에서 9월 마지막 주에, 영국과 유럽연합 일부에서는 그다음 주에 나올 것으로 예상된다. 첫 백신은 모두 합쳐 2500만 명이 넘는 의료진, 긴급 구조 요원, 소방관과 경찰 같은 정부 핵심 공무원에게 사용할 것이다. 국민 사이에 의사, 간호사, 정부가 제 한 몸만 챙기기 바쁘다는 원성이 자자해진다. 연방 보건 당국은 이 직군들을 보호하지 않으면 의료진 부족과 긴급 대응 지연으로 더 많은 사람이 사망한다고 반박한다. 주정부마다 첫 백신이 도착하고, 병원마다 의료진 및 다른 필수 예방접종 직군이 이용할 백신 진료소가 차려진다. 하지만 백신 진료소가 언제 어디에 마련된다는 말이 새나가자, 백신 접종을 요구하는 사람들이 떼로 몰려든다. 곳곳에서 대혼란이 벌어진다. 독감에 걸린 동료들 때문에 가뜩이나 인력이 모자란 경찰들이 백신 접종 도구와 백신을 지키려 애쓴다. 백신 진료소에서 집단 폭력이 발생했다는 소식이 미국 전역에서 보고된다.

미국 내 백신 공급은 10월 말까지 꾸준히 늘겠지만, 얼마나 많이 공급될지도 불확실할뿐더러 수요에 턱없이 못 미칠 것으로 보인다. 백신 공급량을 예상해, 정부 당국은 대형 주차 시설, 쇼핑센터, 운동장을 예방접종 장소로 지정한다. 주정부 및 지방정부 경찰이 모든 장소에 지원을 나가기로 한다.

이렇게 예방 조처를 했는데도, 백신이 실제로 도착하자 많은 접종 장소에 사람이 떼로 몰려 공급량이 빠르게 소진되고, 군중은 폭력을 행사한다. 살해된 사람은 아무도 없지만, 수많은 사람이 다친다.

다섯 달 전 국제 공중보건 비상사태를 선언했던 세계보건기구 사무총장이 내놓을 수 있는 조언이라고는 감염자한테서 떨어져 지내라는 것뿐이다. 역학 조사에 따르면, 서구권 국가에서 상하이 독감에 걸린 사람의 사망률은 4~6퍼센트다. 하지만 의료체계가 완전히 무너진 개발도상국에서는 꽤 높게 나타난다. 독감 사망자에 더해, 다른 모든 질환의 사망자도 두 배로 늘어난다. 중앙아프리카에서는 백신으로 예방할 수 있는 소아질환과 결핵이 기초 의료와 공중보건 서비스가 부족한 탓에 통제를 벗어났다는 말이 들린다.

미국 내 병원은 또 다른 의료품 부족에 시달린다. 처음에는 생리 식염수와 일회용 주사기가 부족해지더니, 머잖아 생명과 직결된 필수 약품이 줄어든다. 미국 당뇨병협회는 넉 달 사이에 두 번이나, 서둘러 인슐린을 재공급하지 않으면 목숨을 잃는 사람이 나올 것이라고 경고한다. 병원 대다수는 응급 수술을 제외한 모든 수술을 당분간 줄이기로 한다. 미국 내 인공호흡기를 모조리 사용하고 있지만, 인공호흡기가 필요한 환자 가운데 소수만 치료를 받는다. 나머지 환자들, 특히 노인들이 목숨을 잃는다. 게다가 한창때인 건강한 사람들도 과잉 면역 반응에 시달린다. 임신부는 특히 취약하다. 지카 바이러스 집단 발병 때와 마찬가지로, 세계 곳곳의 보건 당국이 가임기 여성에게 임신을 미루라고 권한다.

이번에는 식량 부족 사태가 훨씬 더 빨리 벌어진다. 2차 유행이 발표되었을 때 식료품 수요가 폭증한 탓에 식료품점은 거의 비었고 특히 육류, 유제품, 농산물 및 채소, 생선처럼 상하기 쉬운 식품은 구경도 하기 어렵다. 많은 가게가 약탈이나 파괴에 시달릴 위험을 감수하느니 차라리 문을 닫는 것을 택한다. 그래도 이번에는 약국을 위협하는 폭력 행위가 거의 일어나지 않는다. 다들 약국에 백신이나 중요 의약품이 없다는 사실을 알기 때문이다.

그래도 대부분의 주지사가 백신, 항생제, 여러 의료 지원 부족에 항의하는 폭동과 대규모 시위를 진압하고자 주방위군을 요청한다. 이번에는 부당 이득, 암시장, 가짜 약품과 의료품으로 고소된 사건을 다루고자 특별 연방 법원이 설치된다. 아프리카와 중동의 몇몇 나라, 중국에서 범법자들을 공개 처형한다.

독감에 따른 결근율이 30퍼센트에 이른다는 발표가 나오자, 의회와 언론에서 추수철에 멕시코에서 계절노동자를 받아들여야 하느냐를 놓고 격렬한 논쟁이 벌어진다. 보수적인 국회의원들은 계절노동자 때문에 독감이 더 악화되리라 우려한다. 국립보건원 원장이 상원 보건·교육·노동·연금 위원회에 불려 나간다. 위원회 위원장은 국립보건원 원장이 지난 5년간 범용 독감 백신이 아직 존재하지는 않지만 곧 나온다고 거듭 예측했던 내용을 읽는다. 국립보건원 원장이 우물쭈물 기금이 어떻고 인력 투입이 어떻고 이유를 대지만, 명확한 답은 내놓지 못한다.

뉴욕에서는 지하철이 거의 폐쇄된다. 승객들이 다른 사람의 숨결을 피할 길 없다는 사실을 깨달았기 때문이다. 거리는 자가용 때문에 주차장이나 다름없는 곳이 된다. 환경보호국 국장은 공기 오염이 위험한 수준에 이르렀다고 경고한다. 하루 평균 생산성 저하는 추정하기 어렵지만, 틀림없이 수천만 달러에 이를 것이다.

7월부터 서서히 상승하던 세계 곳곳의 증권 거래소는 다시 한번 급락해 그러잖아도 무기력한 주가가 또다시 크게 빠진다. 모든 선진국의 국내 총생산이 거의 반으로 줄고, 세계는 본격적으로 경기 침체에 들어선다. 미국의 실업률이 22퍼센트에 이른다. 대공황이 가장 극심했던 1933년의 실업률보다 겨우 3퍼센트 낮은 수치다.

세계 전역 대부분의 주요 도시가 사무실에서, 공공건물에서, 길거리에서 사람이 죽는 사태를 겪는다. 나라마다 시체 안치소에 시신이 넘치고 관이 모자란다. 개발도상국은 커다란 구덩이에 시신을 넣고 화장한 뒤 바로 불도저로 덮어버린다. 미국과 다른 제일 세계 국가들에서는 시체 안치소에 냉동 트럭이 추가된다. 하지만 전기와 연료가 부족할 때는 시신 처리와 관련해 어려운 결정을 내려야 한다.

어떤 우익 텔레비전 전도사들은 상하이 독감이 신의 뜻에서 벗어난 인간에게 내려진 형벌이라고 말한다. 이에 맞서, 공중보건 분야의 주요 인사들이 "이런 위험하고 무책임한 공포 조성은 우리가 정말로 넘어서야 할 난관에 집중하지 못하게 할 뿐이다"라고 비난한다. 이들은 "누구든 병에 걸린 것이 죄는 아니다. 다만 누구나 모든 예방 조처를 다해야 한다"고 강조한다.

미국 대통령을 포함한 G7 국가의 지도자들이 여행과 관련된 우려 탓에 보안이 철저한 영상 회의로 만난다. 이들은 전 세계인이 어떤 원수보다 치명적인 공동의 적과 목숨을 내걸고 싸우므로, H7N9의 세계적 유행이 "군사 전쟁에 맞먹는 도덕 전쟁"이라는 성명을 발표한다.

대부분 지역에 극심한 공포와 사회 갈등이 번지다 못해 체념이 사람들을 짓누른다. 주요 도시의 거리는 사람 그림자를 찾아보기 어렵다. 가게, 식당, 유흥업소는 굳게 문이 잠겨 있다. 연구자들은 H7N9가 어떻게 세계적 유행병을 일으키는 변종으로 바뀌었는지 더 확실한 증거를 얻지만, 대다수 사람에게는 그저 탁상공론으로 들린다. 백신은 여전히 찔끔찔끔 공급되어 빠르게 바닥난다. 하지만 너무 많은 사람이 이미 독감에 시달리거나 목숨을 잃은 탓에 실제로는 수요가 줄어들기 시작한다.

이듬해 6월, 세계적 독감 유행이 마침내 큰 고비를 지나 자연스럽게 수그러든다. 그때껏 전 세계에서 두 차례 대유행으로 거의 22억 2000만 명이 독감에 걸리고, 그 가운데 약 3억 6000만 명이 사망한다. 사망자의 평균 연령은 37세다. 독감 사망자 비율로 따지면 14세기 유럽과 지중해 지역의 인구 3분의 1을 휩쓴 흑사병에 비할 바가 아니지만, 감염자와 사망자 수만 놓고 보면 세계를 휩쓴 상하이 독감이야말로 인류 역사상 가장 큰 재앙이다.

지금까지 본 내용은 가상 시나리오이기는 하지만, 완전히 상상이라고는 할 수 없다.

2016년 5월 10일, 중국 국가위생 및 가족계획위원회*는 세계보건기구에 H7N9 바이러스에 감염된 확진 사례가 11건 발생했다고 알렸다. 보고 당시 4명이 사망하고, 2명이 위중한 상태였다. 두 위중한 환자였던 23세 남성과 43세 여성은 서로 접촉한 적이 있었다. 따라서 세계보건기구는 H7N9가 "두 환자 사이에서 사람 대 사람 전염을 일으켰을 가능성을 배제하지 못한다"고 밝혔다.

세계보건기구는 위험 평가 결과를 이렇게 밝혔다. "H7N9 바이러스가 동물과 주변 환경에서 계속 검출되므로, 앞으로 사람에게서 환자가 나올 것으로 보인다. (…) A형 조류 독감 바이러스 H7N9에 사람이 감염되는 일은 흔치 않지만, 공중보건에 심각한 영향을 줄지 모르므로 바이러스에 변이가 생기는지, 사람에게 전염되는지 단단히 주시해야 한다."

우리가 묘사한 사태가 현실이 될 때까지 앞으로 얼마나 오랫동안 경고가 이어질지는 알 길이 없다. 그러나 그리 먼일은 아닐 것이다.

2014~2015년 서아프리카에서 에볼라가 집단 발병했을 때, 에볼라 대응 조정관으로 일한 론 클레인보다 이런 상황을 더 명확하게 짚는 사람은 찾아보기 어렵다.

> 내가 에볼라 대응 조정관으로 일한 경험으로 감염병 전문가가 되지는 못했을지라도, 감염병 집단 발병과 유행에 대응할 때 국제사회의 방침과 정부의 접근 체계에서 무엇이 효과가 있고 없느냐 하는 실전 지식은 얻었다. 에볼라가 유행하는 동안 한 나라로든 국제 공동체로든 우리 대비 수준이 어느 정도는 발전했다. 하지만 틀림없이 다가오는 무시무시한 사태에 대비하기에는, 안타깝지만 이만큼 진전한 지금도, 여전히 숭숭 뚫

---

* 2018년에 산아제한정책 변경으로 가족계획 부문을 폐지해, 국가위생건강위원회로 개편되었다.

린 구멍과 뚜렷한 허점이 존재한다. 이런 빈틈은 의료 체계가 허술한 가난한 나라에만 있다고들 생각하지만, 미국에 역시 그런 빈틈이 있다.

왜 이런 상황을 크게 걱정해야 할까? 우리가 경고한 대로 이런 신규 감염병 중 하나가 세계적 유행병이 되는 때가 올 터이기 때문이다. 다만 시기가 늦어지고 있을 뿐이다. 나는 다음 대통령 임기 중에 어느 시점에 국가안보팀이 대통령 집무실에 소집되어 역사에 남을 규모의 세계적 유행병이라는 재앙을 논의하는 모습이 어렵지 않게 떠오른다. 저 멀리 떨어진 세계 어느 곳에서는 유행병 탓에 겨우 몇 주 사이에 100만 명이 넘는 사람이 목숨을 잃고, 몇몇 정부가 무너진다. 희귀 자원을 둘러싼 폭력 사태가 증가하고, 피해자들이 폭력을 피해 달아나지만 국경은 폐쇄된 채 난장판이 벌어져 난민 위기가 불거진다. 설상가상으로 대통령은 머잖아 미국에서도 그토록 많은 사망자가 발생하고 사회가 무너질 위험이 커지고 있다는 말을 듣는다.

—

20장

독감을 걱정
리스트에서 없애기

비관론자들은 모든 기회에서 난관을 본다. 낙관론자는 모든 난관에서 기회를 본다.

_윈스턴 처칠

우리가 현재 쓰는 독감 백신은 독특하다. 좋은 쪽으로는 아니다.

앞서 언급했듯이 독감은 해마다 예방접종을 해야 하는 유일한 질병이다. 적혈구응집소 항원과 뉴라민 분해 효소 항원이 워낙 빠르게 변하는 탓에, 기존 백신이나 독감 바이러스에 노출되었을 때 우리 면역 체계가 형성한 항체가 새로운 독감 바이러스를 침입자로 인식하지 못한다. 해마다 새로 백신을 만들 때는 완벽하다고 보기는 어려운 세계적 조사를 근거로, 다가올 가을부터 봄까지 어떤 변종들이 활개칠지를 종합적으로 추측한다. 그런 다음, 세상에 나온 지 50년도 더 된 기술로 백신을 개발해 대량 제조한다. 하지만 유행할 변종을 제대로 짚어내더라도, 우리가 완전히 이해하지 못하는 이유로 방어 효과가 제한될지 모를 일이다.

독감이 바이러스 때문에 발생한다는 사실은 1918년 독감 대유행이 끝나고서도 12년이 더 지난 1931년에야 밝혀졌다. 뉴저지주 프린스턴에 있던 록펠러 의학연구소*의 리처드 쇼프 박사가 독감에 걸린 돼지에서 채취한 점액을 세균이나 곰팡이가 빠져나가기 어려운 매우 촘촘한 필터로 거른 뒤 다른 돼지에 전염시켜, 돼지 독감이 바이러스 때문에 생긴다는 사실을 밝혔다. 이때부터 지금까지 효과 있는 독감 백신을 내놓으려는 경쟁이 계속 진행 중이다.

적혈구응집소 항원을 브로콜리에 빗대보자. 머리, 즉 꽃송이는 바이러스 표면에서 툭 튀어나와 손바닥을 뒤집듯 구조를 바꾼다. 이와 달리 줄기, 즉 꽃대는 바이러스에 뿌리를 박고 거의 변하지 않는다. 이 사실이 중요하다. 갈수록 쌓이는 증거로 보건대, 적혈구응집소의 꽃대에 면역 반응을 일으키면 다양한 독감 바이러스 변종을 폭넓게 방어하는 효과가 있기 때문이다.

독감 백신 대다수는 무균 닭이 낳은 수정란, 그러니까 배아가 형성된 달걀에서 배양하고, 제조 기술을 개선하더라도 생산까지 6~8개월이 걸린다. 대부분 잘 모르지만, 백신을 넉넉히 생산하려면 닭이 아주 많아야 하므로 이때 필요한 닭을 전략 비축한다. 요즘에는 세포 배양으로 생산하는 백신도 더러 있지만, 이 백신들도 생산까지 몇 달이 걸리기는 마찬가지다.

세포 배양 방식의 가장 큰 단점은 달걀에서 배양한 것보다 효과가 더 뛰어난 백신을 아직 생산하지 못한다는 것이다. 사실 독감 백신은 모든 의료품 가운데 가장 효능이 떨어지기로 손꼽히는 백신이다. 그래도 없는 것보다는 낫지 않을까? 대개는 그렇다. 하지만 어떤 해에는 효과가 겨우 10~40퍼센트에 그친다.

2011년 10월, 감염병 연구·정책센터, 마시필드클리닉, 존스홉킨스대 블룸버그 공중보건대학원이 의학 학술지 『랜싯 감염병』에 논문을 한 편 발표했다. 이 논문을 통해 우리는 독감 백신을 널리 사용할 수 있게

---

* 뉴욕주로 옮긴 뒤 록펠러대로 이름을 바꿨다.

된 1940년대 중반부터 지금까지 백신의 방어 효과를 다룬 연구가 대부분 최적화된 방법론을 사용하지 않았고, 실제로는 백신의 방어 효과가 의료계와 대중이 믿는 것보다 현저히 낮다는 사실을 보여주었다. 계절성 독감에 가장 취약한 인구 집단인 65세 이상에서는 효과가 특히 떨어졌다. 노년층에서 독감 백신의 효과를 꼼꼼히 파악한 연구는 거의 없지만, 그래도 우리가 살펴본 바에 따르면 청년층에서는 방어 효과가 평균 59퍼센트였다. 게다가 어떤 해에는 효과가 그보다 훨씬 떨어졌다. 예를 들어 H3N2 변종을 겨냥한 2014~2015년 백신은 실제 방어 효과가 0퍼센트였다.

이 논문으로 공중보건계가 오랫동안 신성하게 떠받든 믿음에 도전장을 던진 셈이었다. 공중보건계는 계절성 독감 백신이 백신을 맞은 사람 중 70~90퍼센트에서 방어 효과를 보인다고 믿었다. 실제로 질병통제센터, 여러 공중보건 기관, 의료 기관이 오랫동안 그렇게 홍보했다. 논문을 발표한 뒤, 나는 공중보건과 의료계에서 일하는 동료들에게 무척 언짢은 이메일과 전화를 여러 통 받았다. 어떤 동료는 나를 영국 의사 앤드루 웨이크필드에 빗대기까지 했다. 웨이크필드는 사실과 다른 가짜 데이터를 내세워 홍역 백신이 자폐증을 일으킨다고 주장했던 인물이다. 논문에 참여한 연구진에게는 달갑지 않은 시간이었지만, 우리는 우리 주장이 맞는다는 것을 알았다. 사실 그동안 독감 백신을 크게 개선해야 한다는 사실을 실감하지 못하도록 가로막은 것이 바로 이렇게 얼렁뚱땅 넘어간 과학과 그 뒤를 이은 기존 백신의 홍보였다.

앤서니 파우치는 나와 마크를 만났을 때 이 문제와 관련해 우리가 해야 할 일을 단호하게 지적했다. "우리는 적절한 독감 백신이 없다는 사실을 당장 깨달아야 합니다. 그리고 HIV에 맞설 백신을 얻을 수 없는지 파악하고자 믿기지 않게 많은 돈을 쏟아붓듯이, 독감 백신에도 같은 노력을 기울여야 합니다. 내 생각에는 우리가 자기만족에 빠진 게 아닌가 싶습니다. 기본적으로 해마다 항원 대변이 및 소변이를 고려해 조금씩 수정한 독감 백신을 사용했으니까요. 우리는 '잠깐만! 이보다 더 나은 백신을 개발해야 해요'라고 말한 적이 한 번도 없습니다."

지금껏 거의 20년 동안 미국에서든 국제사회에서든, 독감 백신 정책은 특히 개발도상국에서 더 많은 인구가 예방주사를 맞을 수 있을 만큼 계절성 독감 백신을 넉넉하게 생산할 여력을 확보하는 데 초점을 맞춰왔다. 공중보건을 책임지는 정부기관과 꾸준하게 백신을 팔아 고정 수익을 실현할 안정된 시장을 중요하게 여기는 백신 업계는 이 접근법을 지지했다. 현재 독감 백신 연구를 고려하면 이 목표가 중요한 잠정 조처이기는 하지만, 전체 과제를 해결하기에는 충분치 않다. 달리 말해, 지금껏 공중보건 정책 전문가와 백신 업계는 기존 백신이 수시로 바뀌는 적혈구응집소 꽃송이의 항원을 겨냥한다는 한계를 소홀하게 여겼다.

예컨대 연방정부가 2009년 H1N1 독감 대유행 때 백신 대응을 철저하게 조사했을 때도, 실제 백신이 얼마나 방어 효과가 있었는지는 전혀 묻지 않고 2차 유행에 맞춰 제때 백신을 확보했었는지만 물었다. 대개는 그렇지 못했다. 사실 질병통제센터가 꼼꼼히 조사한 한 연구에 따르면, 독감 백신의 평균 방어율은 56퍼센트였다. 도대체 어떻게 이 사실이 미국 정부의 조사 보고서에서 빠질 수 있었는지 이해할 수가 없다. 현재 독감 백신을 개선할 때 주로 쓰는 접근법은 적혈구응집소의 머리 부분을 공략하는 기존 백신에 조금씩 변화를 주는 것이다. 이런 노력이 어느 정도는 개선으로 이어질 수 있을지 모르지만, 전반적인 영향은 적을 것이다.

우리가 2011년에 『랜싯 감염병』에 논문을 발표한 이후 미국, 캐나다, 유럽, 호주에서는 연간 백신 효능을 조사한 연구를 잇달아 수행했다. 연구는 대부분 질병통제센터의 지원을 받았고, 기존 연구의 문제점을 피할 방법을 사용했다. 연구 결과는 해마다 백신의 방어 효과가 달라지고 대개는 최대 효과에 훨씬 뒤처진다는 우리 논문의 결론을 완전히 뒷받침한다. 게다가 새로 나온 몇몇 연구는 해마다 독감 백신을 접종하면 실제로는 항체 반응이 떨어지므로 관행을 바꾸는 쪽이 더 낫다고까지 주장한다. 사실 이 주장이 나이와 건강 상태에 상관없이 적용되는지, 또 그렇다면 계절성 독감 백신을 얼마 간격으로 맞아야 가장 효과가 좋은지는 더 깊이 조사해봐야 알 수 있다. 그러니 지금은 그저 솔직하게 모른다고 인정하는 수밖에 없다.

2012년 10월, 감염병 연구·정책센터는 (10장에서 언급한) 상세한 백신 보고서 「판도를 바꿀 독감 백신의 강력한 필요성: 독감 백신 사업 분석 및 미래를 위한 권고안」을 발표했다. 우리는 이 보고서를 '포괄적 독감 백신 계획'이라고 일컬었다. 나는 이 보고서가 어떤 백신에서도 수행된 적 없는 수준으로 백신을 시작부터 끝까지 가장 포괄적으로 분석했다고 생각한다.

독감 감염의 개요부터 현재 승인된 백신, 안정성, 대중의 수용성, 백신 확보 가능성, 독감 면역학, 연구 중인 판도를 바꿀 만한 백신, 백신 관련 규제, 재무 및 시장 관련 고려 사항, 공중보건 관련 정책 및 기관, 지도력의 한계까지, 포괄적 독감 백신 계획 보고서에서 모든 것을 다뤘다.

여기서 21세기형 독감 백신을 확보하지 못한 까닭을 네 가지로 밝혔다. 첫째, 공중보건계야말로 새로운 독감 백신이 절실하게 필요하다는 주장을 수십 년 동안 가로막은 가장 큰 걸림돌이었다. 세상을 향해 '이 백신의 방어 효과가 70~90퍼센트입니다'라고 틀린 정보를 알린 탓에, 국회와 백신 제약사, 투자자들이 새롭게 개선된 백신을 찾는 데 거의 관심을 보이지 않았다. 둘째, 새로운 독감 백신 연구에 공공 투자가 그리 많지 않았으므로, 신규 백신이 조사와 승인 과정을 거치는 데 필요한 수준의 연구와 개발이 여전히 부족하다. 셋째, 현재 독감 백신을 제조하는 제약사들이 해마다 백신을 파는 시장의 문을 닫고 10년에 한 번씩만 백신을 파는 시장을 받아들이려면 재무 손실을 극복할 견실한 사업 경로를 찾아야 한다. 만약 백신 업계가 합류하지 않는다면, 누구도 이런 미래형 백신을 만들지 못한다. 마지막으로, 이런 신형 독감 백신을 실현할 책임자가 아무도 없다. 정부, 백신 업계, 학계, 세계보건기구 같은 기관 어디에서도 이 일을 맡지 않는다. 이런 집단의 주요 인사들과 회의에서 만나면 하나같이 신형 백신이 절실하게 필요하다고 입을 모으지만, 이 일을 실현할 임무를 맡을 사람으로 하나같이 자기네가 아닌 남을 지목한다. 정부 기관은 백신 업계를 적임자로 꼽고, 백신 업계는 정부가 주도해야 한다고 주장한다. 심지어 전염병대비혁신연합에서 독감 백신을 다룰 때도 참석자들 사이에 똑같은 문제가 벌어지는 것을 봤다. 이 단체의 결론은 신형 독감 백신을 지원하는 일은 자기네가 맡지 말아야 한다는 것이었다. 이미 백신 업계가 그런 일을 하고 있어서라고 이유를 댔지만, 큰 의미는 전혀 없었다. 그러므로 이런 사안들에 대처해 답을 얻기 전까지는 신형 독감 백신 개발에 아무 진전이 없을 것이다.

앞서 19장에서 우리는 이 문제를 수수방관한 채 현재 독감 방어 방식을 의미 있게 개선할 방안을 제시하지 않을 때 어떤 일이 벌어질지를 예상했다. 하지만 이 문제의 내막을 아는 사람 이야기도 들어보자.

스튜어트 사이먼슨은 보건복지부 장관을 지낸 토미 톰프슨이 위스콘신주 주지사였을 때 수석 법률 고문으로 일했고, 톰프슨을 따라 미국 철도여객공사를 거쳐 보건복지부로 옮겼다. 사이먼슨이 보건복지부에 합류한 지 한 달 만에 9·11 공격이 일어난 터라, 그때부터 보건복지부의 생물 무기 방어와 공중보건 위기 대비 활동을 조율했다. 2004년에는 공중보건 위기 대비 담당 차관보가 되었고, 톰프슨의 뒤를 이은 마이클 레빗 장관 아래서도 계속 유임했다. 나는 사이먼슨이 그 자리에 있을 때 보여준 헌신, 현안 파악 능력, 정부가 비상사태에 효과적으로 대비하게 할 방법을 독창적인 상상력으로 찾아내는 능력에 깊은 인상을 받았다.

우리는 사이먼슨에게 정확한 시기는 모르지만 앞으로 언젠가 독감 대유행이 발생할지, 우리는 얼마나 잘 대비하고 있는지 물었다. 그는 "알다시피 독감은 재앙을 일으킬 수 있습니다. 전에도 그런 적이 있으니까요. 그리고 그런 일은 또다시 일어날 겁니다. 금지되지 않은 일은 반드시 일어나는 법이니까요." 이 말은 T. H. 화이트의 소설 『과거와 미래의 왕The Once and Future King』에서 따온 유명한 인용문이다. 그리고 내게는 우리가 세운 계획에서 어떤 일이 일어날 수 있다면, 그것은 피할 수 없다는 말로 들린다.

사이먼슨은 계속 말을 이었다.

세계적 독감 유행은 발생 확률이 낮지 않아요. 발생 확률은 높고 빈도는 낮은 위협이죠. 그러니 독감 대유행은 일어날 겁니다. 그건 기정사실이에요. 변수는 언제 일어날지, 얼마나 심각할지, 그리고 당연하게도 인간이 얼마나 잘 대비해 대응하느냐죠. 알다시피 어머니 자연은 어떤 것보다 강력한 생물 무기 테러리스트입니다. 적어도 우리가 이해하기로는, 돈에 얽매이지도 않고 양심의 가책을 느끼지도 않으며 무한한 힘을 쏟을 수 있으니까요. 우리에게 가장 위험한 적은 아프가니스탄이나 다른 어느 외진 곳의 원주민 지역에서 나오지 않을 겁니다. 사람과 동물이 가까이 붙어사는 곳이라면 어디든 있습니다. 닭한테 물어보세요. 보건복지부에 있을 때 흔히들 이렇게 말했습니다. "우리 중에 닭이 있으면 이미 세계적 유행병이 돌았을 거야."

그리고 이런 일에서는 갑자기 휙 방향을 틀기가 어렵습니다. 10년 정도는 준비 기간이 필요해요. 문제는 의회가 이 모든 위협을 걱정한 나머지 많은 예산을 책정한다는 겁니다. 쓰지 않은 예산은 다음 위협으로, 또 그다음 위협으로 넘어가고요.

'판도를 바꿀 독감 백신'이라 부르는 백신에 투자하는 것보다 더 큰 횡재는 없다. 1년만 놓고 보면, 또는 10년만 놓고 보면 독감이 세계를 휩쓸 확률은 낮다. 하지만 앞으로 언젠가 그런 일이 벌어질 확률은 거의 100퍼센트다.

그렇다면 '판도를 바꾼다'는 것은 어떤 뜻일까? 많은 공중보건 관계자가 '범용' 독감 백신을 이야기한다. 8장에서 설명했듯이 이론만 따지면 범용 백신은 모든 변종에서 변함없이 똑같이 유지되는 요소를 겨냥할 수 있다. 하지만 내가 보기에는 과학적으로도 경제적으로도 현실성 없는 목표다. 하지만 이 목표에 가까이 다가갈 수는 있다.

19장에서 다뤘듯이, A형 독감은 HA 항원 18가지 중 하나와 NA 항원 11가지 중 하나로 구성된다. 사람 독감은 주로 H1, H2, H3, H4, H7, H9 아형과 N1, N2, N9 아형이 일으킨다. 그리고 두 항원의 결합에 따라 새로운 독감 바이러스 변종이 나타난다. 만약 우리가 현재 사람을 감염시키는 HA 아형 6가지와 NA 아형 3가지에 맞서 우리를 보호하는 백신을 개발할 수 있다면, 바이러스가 제아무리 항원 대변이와 소변이를 일으키더라도 세계적으로 유행하는 독감을 근본적으로 걱정거리에서 지워버릴 백신을 확보할 것이다. 그렇게 된다면 틀림없이 '판도를 바꿀' 것이다.

앤서니 파우치는 이렇게 말했다. "그렇게만 된다면, 그다음에는 다른 접근법을 취할 겁니다. 그런 백신을 제대로 개발한다면 현재 우리가 세운 가설에 가까운 상황이 벌어질 테지요. 정확한 면역반응을 일으킬 항원을 제대로 유도한다면 독감 항원을 장기 기억하지 못할 까닭이 없지요. 그러니 그때는 독감이라는 주제를 완전히 다시 살펴봐야 할 거예요."

우리는 해마다 접종해야 하는 백신보다 한 번만 맞아도 여러 해 동안 나를 지켜줄 백신을 원한다. 내가 보기에 그런 백신의 개발은 멀지 않았다. 알다시피 1984년에 나는 내가 역학자로 일하는 동안 효과 있는 HIV 백신이 나올 거라고 생각하지 않는다고 말했다. 그러니 나를 가리켜 분별없는 낙관주의자라고 말할 수는 없다.

판도를 바꿀 백신이 나온다면, 생산량을 쉽게 늘릴 수 있는 제조 기술로 이 백신을 생산해 계절성 독감에 맞선 지속적인 국제 활동에 사용하기를 바란다. 그래서 독감이 세계적으로 유행할 가능성이 매우 희박해지기를 바란다.

우리는 포괄적 독감 백신 계획 보고서에서 판도를 바꿀 백신이 갖춰야 할 다른 유익한 속성들을 상세히 밝혔다. 소아 예방접종처럼 전 세계에 유통할 만큼 비용 대비 효과가 좋아야 한다. 백신 제조 기술을 개발도상국으로 쉽게 이전할 수 있어야 한다. 공장에서 목적지까지 운송할 때, 저온 유통 체계가 필요하지 않도록 내열성을 갖춰야 한다. 그리고 되도록 주사 없이, 몸에 상처를 내지 않는 더 효율적인 방법으로 접종할 수 있어야 한다.

이것이 정말로 실현 가능한 목표일까, 아니면 그저 소망을 담은 과학소설일 뿐일까?

파우치는 이렇게 평가했다. "우리는 과학을 샅샅이 뒤져봐야 합니다. 이건 공학기술의 문제가 아니라 과학의 문제니까요. 그러니까 과학 문제만 해결하면 되는 거죠. 이건 HIV만큼이나 큰 노력을 기울여야 할 문제입니다."

과학에서는 개념 증명이 반드시 효과 증명으로 이어지지는 않는다. 그래도 현재 실험 단계에 있는 전망이 밝은 몇 가지 기술이 있다. 그리고 이 가운데 어떤 것도 달걀을 이용하는 수십 년 된 구닥다리 과정에 의지하지 않는다.

판도를 바꿀 독감 백신의 초기 연구 단계에서는 복합된 면역 반응 결과가 나왔다. 앞으로 극복해야 할 장애물도 많다. 나는 2007년부터 2014년까지 국립보건원 산하 주요 독감 연구센터 다섯 곳 중 하나인 미네소타 독감 연구·감시 최고기관을 이끌었고, 지금도 참여하고 있다. 독감 면역 연구에서 내로라하는 두뇌들이 이 연구기관에 참여한다. 이들은 판도를 바꿀 독감 백신을 찾아내는 도전을 무겁게 받아들이지만, 할 수 있는 일이라고 굳게 믿는다. 우리가 앞으로 나아가지 못하게 가로막는 가장 큰 장애물은 조율된 지도력과 적절하고 일관된 기금 지원의 부족이다.

이 신형 백신들이 승인을 얻는 과정은 복잡할 것이다. 대규모 무작위 통제 실험으로 효능을 확인해야 할 것이다. 이전 백신처럼 적혈구응집소 머리에 대응할 항체를 형성하는 방법을 따르지 않으므로, 새로운 면역 측정법을 개발하여 평가해야 할 것이다.

판도를 바꿀 독감 백신 가운데 현재 식품의약청과 함께 1상 또는 2상 임상시험을 진행 중인 것은 모두 19가지다. 아마 이 후보군 중 몇 가지는 3상 시험에 10억 달러나 투자하기에는 너무 무모해 보일 것이다. 하지만 판도를 바꿀 백신을 얻는 유일한 길은 효과가 있을 만한 백신이 죽음의 계곡을 지나도록 지원하는 것밖에 없다.

어떤 면에서 신형 백신 연구는 매우 효율적인 초음속기의 시제품을 새로 개발했다고 말하는 것과 같다. 이때 유일한 문제는 아무도 초음속기가 이륙할 활주로를 짓지 않은 탓에 비행기를 띄울 수 없다는 것이다. 새로운 항생제와 다른 항미생물제 개발과 함께 제안했듯이, 만약 국제사회의 걱정거리에서 '독감' 항목을 삭제할 수 있는 백신 개발에 있어 사기업들이 그 부담을 짊어질 것을 기대할 수는 없다.

모든 개발비와 임상시험 비용 말고도, 신형 독감 백신은 해마다 새 백신을 파는 데 의존하는 현행 사업 모델까지 바꿀 것이다. 잘만 된다면, 이 백신은 10년마다 한 번씩 접종해도 효과가 있을 것이다. 전형적인 계절성 독감이 도는 해에는 국제 백신 시장의 규모가 거의 30억 달러에 이른다. 세계적으로 유행할 때는 설사 가벼운 독감일지라도 이 수치가 일곱 배는 더 커진다. 하지만 신형 백신의 경우, 초기에 미국, 캐나다, 유럽연합 같은 나라에서 판매가 급증하고 나면, 남은 판매처는 나머지 나라에 사는 60억 남짓한 인구다. 이 사람들의 예방접종률이 높아질수록, 독감이 또다시 세계를 휩쓸 위험이 줄어든다.

만약 백신 업계가 신형 백신이 국제적 시장을 형성할 가능성을 보지 못한다면, 주요 정부나 재단이 장려금을 제공하지 않는 한 이 백신이 세상에 나올 확률은 매우 낮다. 지금까지 살펴본 많은 정책 보고서가 새 접근법과 기술을 활용해 신형 백신 개발의 필요성을 인정했지만, 백신 개발에 필요한 자원과 전력을 제공하겠다는 정치적 의지는 거의 보이지 않았다.

그러므로 우리는 나사가 우주 개발 계획을 실행하기에 앞서 우주 개발이 전 인류에게 얼마나 엄청난 이익을 안길지 대중을 깨우치고자 진행한 것과 비슷한 교육 및 홍보 활동을 먼저 시작하고, 이어서 원자 폭탄을 개발한 맨해튼 계획과 같은 활동을 실행하기를 제안한다. 신형 독감 백신이 천연두 백신만큼 큰 효과를 거둘 수 있다고 사람들을 설득하기만 하면, 개발 계획의 비용과 가치는 쉽게 인정받을 것이다.

알다시피 맨해튼 계획은 미국 정부가 핵무기를 연구하고, 개발하고, 시험하고자 세운 긴급 기밀 계획이었다. 하지만 신형 독감 백신을 만들려는 계획은 기밀이어야 할 까닭이 없다. '맨해튼 계획'은 이제 특정 목적을 이루고자 어마어마한 활동, 전문 지식, 자원을 하나로 묶은 노력과 동의어가 되었다. 그리고 현대에 들어 관리에 가장 성공한 계획 중 하나로 널리 인정받았다. 활동이 한창이던 1944년에는 직원 12만9000명을 고용했고, 미국, 영국, 캐나다에 연구기지 열 곳을 세웠으며, 20억 달러가 넘는 예산을 썼다. 오늘날 화폐가치로 따지면 300억 달러에 가까운 돈이다.

범용 독감 백신 개발 기업과 관련된 여러 과학, 물류, 법률, 조달, 민관 협력 관계, 자원 우선순위, 관리 요건을 살펴본 결과, 우리는 백신 개발에 적절하고 유용한 모델이 맨해튼 계획이라고 생각한다. 이유는 다음과 같다. 첫째, 미국 정부의 최고위급이 맨해튼 계획을 필수 임무로 지정했다. 둘째, 거기에 걸맞은 자원을 지원했다. 셋째, 계획을 관리하는 가장 뛰어난 원칙을 적용했다.

국제 에이즈백신 추진본부IAVI 같은 모델도 고려할 만하다. 이곳은 국제적 비영리 민관 협동 단체로, HIV 감염과 에이즈를 예방할 백신 개발을 촉진하는 일을 한다. 10억 달러가 넘는 연간 예산을 이용해, 백신 후보군을 연구·개발하고 정책을 분석하고 HIV 예방 분야를 옹호하는 역할을 하고, 시험 과정과 에이즈 백신 교육에 지역사회를 참여시킨다. 이곳의 연구진은 사기업과 연구기관 50여 곳, 생물공학 단체, 제약 단체, 정부기관 출신 등이다. 주요 기부 단체에는 정부기관 및 다국적 기관 12곳, 재단 13곳, 제약사 12곳이 있다.

오늘날 신형 독감 백신 연구에 전 세계의 공공기관과 민간 단체가 투자하는 돈은 기껏해야 3500~4000만 달러로 추정된다. HIV 백신에 연간 10억 달러가 들어가는 데 견주어보면 볼품없는 액수다. 만약 우리가 신형 독감 백신 연구를 HIV와 비슷한 수준으로 지원하고, 민·관이 서로 협동하고 조율해 진행한다면 무슨 일이 벌어질까?

우리도 현재의 긴축 재정 상황을 인정한다. 하지만 지금껏 봤듯이, 쉽게 이용할 수 있는 효과적인 백신이 없는 상태에서는 심각한 독감 대유행이 전 세계의 사회, 경제, 정치에 지독한 충격을 미칠 것이 뻔하다. 그러니 판도를 바꿀 만한 신형 독감 백신을 지구상 모든 사람이 접종할 수 있을 만큼 확보하는 것을 최종 목표로 삼아야 한다.

런던을 기반으로 활동하는 세계적인 보험 중개 및 자문 회사 윌스타워스왓슨Willis Towers Watson은 해마다 보험업계 경영진 3000명을 설문조사해 보험업의 가장 큰 위험, 즉 보상금이 가장 많이 나갈 위험이 무엇이라고 생각하는지 묻는다. 2013년 '극심한 위험extreme risks' 설문조사를 살펴봤더니, 57가지 위험 가운데 3위는 '식량·물·에너지 위기: 공급 부족이나 접근성 부족으로 일어날 심각한 사회적 결핍'이었다. 2위는 '자연재해: 지구촌에 큰 영향을 미칠 대형 지진이나 해일, 허리케인, 홍수, 화산 분출이 두 가지 이상 발생'이었다. 목록의 가장 윗줄을 차지한 1위는 '세계적 유행병: 감염성이 매우 높고 치명적인 신규 질병이 전 세계의 사람, 동물, 식물에 퍼지는 상황'이었다.

그리고 그런 세계적 유행병을 일으킬 확률이 가장 높은 것이 바로 치명적인 독감 바이러스 변종이다.

21장

—

생존을 위한 전투 계획

스크루지는 부탁했다. "당신이 가리키는 비석에 더 가까이 가기 전에 한 가지만 묻겠습니다. 이 어둠은 일어날 일들인가요, 아니면 그저 일어날지도 모를 일일 뿐인가요?"

유령은 여전히 말없이 자신이 서 있는 묘지 아래를 가리켰다.

"사람이 살아온 과정은 계속 간다면 마주할 수밖에 없는 어떤 끝을 암시하겠지요. 하지만 만약 그 과정에서 벗어난다면, 끝도 바뀔 거요. 당신이 내게 보여준 것으로 그렇다고 말해주시오!"

_찰스 디킨스, 『크리스마스 캐럴A Christmas Carol』

국가마다 지역마다 수준이 천차만별이니, 우리는 우리가 세운 위기 행동 강령이 완수될 것이라는 환상을 품지 않는다. 또 어떤 일을 하면 반드시 이 세상이 우리 아이들과 손주들이 살기에 더 안전하고 건강한 곳이 된다는 환상도 없다. 상상할 수 있는 어떤 차원에서도 세계적 유행병이 우리 삶을 위협하지 않고, 약제 내성균에 감염된 탓에 효과 있는 치료법이 없어 목숨을 잃는 일이 없고, 식수가 죽음을 부르는 매개체가 되지 않고, 새로 출현한 감염병을 재빨리 멈출 대비를 하지 않아 공중보건의 위기를 맞는 일이 없는 세상이 되리라고 기대하지 않는다. 다만 우리가 모두 힘을 합쳐 해야 할 일을 한다면, 일어날지도 모를 어두운 일이 거의 틀림없이 일어날 냉혹한 현실이 되는 것을 막을 수 있다.

이 책에서 나와 마크는 현대세계에 출현한 감염병의 민낯을 보이고자 했다. 되도록 많은 점을 연결하려, 특히 과학과 정책을 연결하려 애썼다. 결론으로 향하는 과정에서, 우리는 공중보건과 공공정책의 우수한 두뇌들이 내놓은 아이디어와 견해를 조사했다. 나는 40년 넘게 감염병을 예방하고 억제하고자 싸운 경험에서 얻은 교훈을 모두 사용했다. 이 마지막 장은 감염병이 사람과 동물에서 일으킬 만한 재앙을 막을 방법을 우선순위로 제안한다.

우리가 검토할 큰 위협은 아래와 같다.

1. 세계적 유행병을 일으킬 만한 병원균. 본질은 독감 바이러스와 항미생물제 내성의 후속 영향을 뜻한다.
2. 지역에 심각한 영향을 미치는 병원균. 에볼라 바이러스, 사스와 메르스 같은 코로나 바이러스, 라사와 니파 같은 다른 바이러스, 뎅기열, 황열, 지카 같은 모기 매개 감염병.
3. 생물 무기 테러와 이중 활용 우려 연구, 기능 획득 우려 연구.
4. 세계 보건에 계속해서 큰 충격을 주는 풍토병. 특히 개발도상국에서 발생하는 말라리아, 결핵, 에이즈, 바이러스 간염, 아동 설사병, 세균 폐렴을 포함한다.

이런 위협을 검토할 때는 반드시 특정 요인을 고려해야 한다. 그 가운데 가장 중대한 요인은 기후변화, 식수 및 관개용수 접근성, 국제사회의 협력과 취약한 국가 상태, 경제 불평등, 꾸준한 여성 권리 향상 투쟁이다.

우리는 이 네 가지 위협을 아홉 가지 위기 행동 강령을 통해 검토한다. 그리고 연방정부나 공중보건 기관, 심지어 서아프리카 에볼라 유행에 맞선 세계 공중보건의 대응을 최근 공식 조사한 검토서조차 다루지 않은 구체적인 권고안을 제시한다.

제시한 사항은 중요한 순서대로 열거했다. 다시 말해 세계 공중보건 전체에 큰 충격과 피할 수 있는 때 이른 죽음을 일으킬 만한 순서다.

위기 행동 강령

우선 사항 1: 맨해튼 계획 같은 프로그램을 만들어, 판도를 바꿀 독감 백신을
확보해 전 세계에 접종하라.

재앙을 불러올 세계적 독감 유행을 억제하거나 막을 수 있는 가장 중
요한 조치는 판도를 바꿀 독감 백신을 개발해 전 세계인에게 접종하는
것이다. 포괄적 독감 백신 계획 보고서는 여기에 필요한 기반 시설과 자
원을 갖춘 곳이 미국 정부뿐이라고 결론지었지만, 과학적으로 보면 이런
백신을 개발하는 것은 불가능하지 않다. 내로라하는 과학자들의 창의적
인 상상력, 선견지명이 있는 정책 입안자들의 정책 지원, 기술 지원 및 재
정 투입, 프로젝트 관리 체계만 있으면 된다. 우리는 다른 나라의 정부,
자선 단체, 백신 제약사, 세계보건기구가 이 활동에 기꺼이 동참하기를
바란다. 백신을 개발하기까지 필요한 투자액은 7~10년 동안 연간 10억
달러로 추산한다. 현재 해마다 HIV 백신 연구에 투자하는 금액과 얼추
비슷한데, 내 생각에는 독감 백신이 효과를 발휘할 확률이 더 높다. 또
다른 독감 대유행이 재앙을 일으키기 전에 세계 인구 대다수에 접종한
다면, 지난 50년간 미국의 모든 응급실에서 살린 것보다 더 많은 목숨을
몇 달 만에 구할 수 있다.

우선 사항 2: 국제기구를 설립해 항미생물제 내성의 모든 측면을 긴급하게
해결하라.

정부 간 기후변화협의체IPCC는 1988년에 세계기상기구WMO와 유엔
환경계획UNEP이 "확보할 수 있는 과학 정보를 근거로 기후변화 및 그에
따른 충격을 모든 측면에서 평가해 현실적인 대응 전략을 수립할 목적
으로" 설립했다. 그 이후 오늘날까지 기후변화협의체는 기후변화의 모든

측면에서 과학적 권위와 도덕적 양심을 유능하게 잘 대변했다. 우리도 항미생물제 내성을 다룰 비슷한 기구가 있어야 한다. 기후변화와 마찬가지로, 항미생물제 내성도 한 국가나 지역이 해결할 수 없는 일이다. 어디에서 배출된 온실가스든 지구 전체의 대기권을 뒤덮기는 마찬가지이듯, 항미생물제 내성 바이러스, 세균, 기생충도 어디에서 진화했든 전 세계로 퍼질 것이다. 기후변화협의체처럼 항미생물제 내성을 다룰 협의체를 유엔 산하에 세우려면 이 문제에 효과적으로 대응하도록 선진국이 자원을 지원해야 한다.

우선 사항 3: 전염병대비혁신연합의 임무와 범위를 크게 넓히고 지원해, 지역에 중대한 영향을 미치고 있거나 미칠 수 있는 질병에 맞설 백신을 민·관이 신속하게 포괄적으로 연구·개발·제조·배포하도록 하라.

지역에 중대한 영향을 미치는 병원체에 맞설 백신이 긴급하게 필요하다는 것은 분명하다. 문제는 공중보건 전문가와 백신 산업 전문가 외에는 이런 백신을 연구해 개발하고 배포할 국제 체계가 망가지다 못해 거의 붕괴했다는 사실을 분명히 알지 못한다는 사실이다. 우리는 왜 정부와 자선단체가 사기업인 제약사를 크게 지원해야만 이런 백신을 언제 어디서든 필요할 때 얻을 수 있느냐는 논쟁을 넘어서야 한다.

전염병대비혁신연합은 그런 백신을 확보하는 데 진정한 첫 진전을 대표한다. 이 연합은 미국, 유럽연합, 인도, 게이츠재단, 웰컴트러스트, 세계백신연합, 세계경제포럼, 주요 백신 제약사들의 새로운 협력 단체다.

내가 가장 우려하는 점은 전염병대비혁신연합이 여러 측면을 폭넓게 생각하고 있지 않다는 것이다. 이 단체가 처음 몇 년 동안 지원할 예정인 기금은 연간 2억 달러 남짓이다. 하지만 절실하게 필요한 백신과 이런 백신들을 승인, 구매, 배포하는 데 필요한 자원으로 보건대, 연간 지원금으로 10억 달러를 투입해야 인명 구조와 직간접 경제비용 모두에서 투자 수익이 클 것이다. 이런 일이 가능하도록 모든 이해 관계자가 논의에 참여하고 있다. 더 공격적인 이 접근법을 받아들여 백신 개발을 지원하느냐는 이들에게 달렸다. 이런 백신을 확보한 다음에는, 재앙을 불러일으킬 수 있는 유행병에 앞서 백신을 사용해야 한다. 바로 이런 까닭에 세계백신연합과 세계보건기구가 한 발 더 나아가 전염병대비혁신연합의 임무를 확장해야 한다. 만약 우리가 지금 아프리카에서 에볼라에 걸릴 위험이 있는 사람들, 이를테면 의료 종사자, 구급차 기사, 경찰을 포함한 치안 인력, 장례 인력을 대상으로 광범위한 백신 접종 활동을 시작할 수 있다면 어떤 일이 일어날까? 혹은 아라비아반도에 사는 의료 종사자와 낙타떼에 메르스에 맞설 백신을 접종한다면? 그럴 수만 있다면, 에볼라나 메르스가 대규모로 집단 발병하는 사태를 막을 수 있을 것이다.

우리는 중요 백신들이 없는 상황을 해결하려 애쓰고 있지만, 중요한 진단 검사, 특히 갑자기 특정 지역을 휩쓸 유행성 감염병을 진단할 검사 체계가 없는 상황도 고려해야 한다. 무엇보다 감염병 집단 발병을 인지하고 제어하려면 현장에서 빠르고 정확하게 진단 검사를 실행할 수 있어야 한다. 예를 들어 서아프리카에서 에볼라 바이러스가 빠르게 퍼진 데는 감염자를 빠르고 정확하게 진단할 능력이 부족했던 것이 한몫했다. 진단 검사를 연구·개발하는 업체가 에볼라, 지카 또는 언젠가 출현할 다른 감염원을 밝혀낼 검사 키트를 만들어 판매하도록 유인할 금전적 장려책이 나오지 않는다면, 다음 위기 때 이를 이용하지 못할 것이다. 최근 생겨나는 감염병에 관련된 공중보건과 의료를 개선하려면, 전염병대비혁신연합처럼 이 중요한 빈틈을 해결할 포괄적 국제기구가 필요하다.

우선 사항 4: 숲모기 매개 감염병 억제 국제연합을 설립하여 빌 멀린다 게이츠 재단의 말라리아 전략인 '말라리아 퇴치 속도전'과 협업하라.

모기 방제 과학과 관행을 시급히 21세기로 들여와야 한다. 우리는 지난 40년 동안 이집트숲모기가 옮기는 아르보바이러스 감염병의 급격한 유행을 경험했다. 같은 시기에, 그전까지 이집트숲모기 관련 방제 연구와 전문적인 훈련에 쏟았던 높은 투자와 자원도 거의 사라졌다. 이제 모기 억제 및 정책 전문가가 이집트숲모기 억제 수단을 찾아낼 효과적인 종합 전략을 개발하고 새로운 살충제와 같은 수단을 연구해야 한다. 이런 활동을 이끌도록, 전 세계의 숲모기 생태 및 억제 전문가들이 숲모기 매개 감염병 예방에 확실한 이해관계가 걸린 국제기관들의 연합체, 숲모기 매개 감염병 억제 국제연합의 창설을 제안했다. 회원은 정부, 비정부기구, 국제적 기금 지원기관, 재단을 포함할 것이다. 이 연합은 각 회원 기구의 대표자로 구성된 위원회가 마련한 헌장에 따라 설립될 것이다.

실행 계획을 개발하고 관리하고 구현하려면 조율된 자금 지원이 필요하다. 초기 투자로는 연간 1억 달러가 효과적일 듯하다. 미국 정부가 앞장서 이 지원을 이끌어야 하고, '숲모기 벨트'에 있는 다른 나라들도 상당한 투자를 해야 한다. 이 단체는 세계보건기구와 밀접하게 활동을 조율해야 할 것이다. 하지만 앞서 언급했듯이 세계보건기구는 매개체 감염병과 관련된 주요 자원이나 전문 지식이 없는 상황이다.

게이츠 재단은 말라리아모기가 옮기는 말라리아에 맞서 이미 '말라리아 퇴치 속도전'이라는 주요 구상을 내놓았다. 현재까지 이 구상의 성과는 인상 깊다. 비록 숲모기와 말라리아모기의 생태는 사뭇 다르고 따라서 방제 수단도 크게 다르지만, 숲모기 매개 감염병 억제 국제연합과 게이츠 재단이 협력해 활동한다면 효과적이고 안전한 새로운 살충제 개발 등의 연구 활동을 공유해 활용할 수 있을 것이다.

우선 사항 5: 생물 무기 방어 특별위원회의 초당파적 보고서가 제시한 권고안을 전면 시행하라.

2015년 10월 발표된 이 보고서는 생물 무기 테러에 완벽하게 대비하려면 준비해야 할 전략을 제공한다. 보고서는 이렇게 결론짓는다. "미국은 생물 무기 위협에 대한 대비가 부족하다. 여러 나라와 독자적인 테러리스트가 생물 무기 테러를 일으킬지 모르고, 자연이 거듭 새로 출현하는 감염병으로 우리를 위협할지도 모른다. 생물학적 사건은 피할 수 없을지 몰라도, 그런 사건이 국가에 미치는 충격은 피할 수 있다."

걱정스럽게도 오늘날 이 보고서는 먼지에 덮인 채 워싱턴 관료들의 서랍 속에서 썩고 있다. 차기 행정부와 의회는 보고서가 우선 사항으로 제시한 권고안 33가지의 실행 순서를 평가해야 한다. 전 미국 해군장관 리처드 댄지그가 위원회에서 한 말마따나 "무엇에 대비해야 할지는 사실 우리가 선택하는 것이 아니다."

우선 사항 6: 국가 생물 보안 과학자문위원회와 비슷한 국제기구를 설립해 누군가가 이중 활용 우려 연구 및 기능 획득 우려 연구를 악용해 세계적 유행병을 일으킬 병원체를 퍼뜨릴 위험을 최소화하라.

우리는 NSABB의 성과를 탐탁지 않게 여기지만, 그래도 이 기구는 이중 활용 우려 연구와 기능 획득 우려 연구에 관련된 현재와 미래의 난제를 해결하는 일에서 세계를 주도하고 있다. 바라건대, NSABB가 한 발 더 나아가 이 책 10장에서 NSABB가 추가로 다뤄야 할 사안이라고 제시한 권고안을 따랐으면 한다. 그동안에도 이중 활용 우려 연구와 기능 획득 우려 연구는 세계 여러 나라에서 계속 이어질 것이다.

더 나아가 NSABB와 비슷한 국제기구를 설립해 이중 활용 우려 연구와 기능 획득 우려 연구를 언제 어디에서 수행해야 할지, 국제적으로 상호 합의된 접근법을 관리해야 한다. 이 국제기구는 미국만이 아닌 전 세계의 전문가가 내놓은 지침을 활용해야 한다. 이런 접근법이 새로 출현한 기술의 악용과 오용을 환상적으로 막지는 못할 것이다. 하지만 그런 일이 벌어지지 않도록 막을 시도조차 하지 않는 것은 무책임한 짓이다.

우선 사항 7: 결핵, HIV, 에이즈, 말라리아, 그리고 생명을 위협하는 다른 감염병이 국제 보건계의 주요 문제라는 사실을 인정하라.

세계는 결핵, HIV, 에이즈, 말라리아에서 눈을 뗄 상황이 아니다. 2014년 추산으로 전 세계의 HIV 감염자는 3690만 명이고, 연간 사망자는 120만 명이다. 2015년 통계에 따르면 결핵 환자는 960만 명이고 사망자는 110만 명으로 추산된다. 같은 해에 말라리아 환자는 2억 1400만 명, 사망자는 43만 8000명이었다. 앞으로 세계는 결핵과 HIV, 에이즈 환자 수를 극적으로 줄이기는커녕 억제하기도 훨씬 어려워질 것이다. 그런데 매우 걱정스럽게도, 세상은 그 원인을 완전히 이해하지 못했다.

2014년 추산에 따르면 활동성 결핵 환자 중 63퍼센트만이 세계보건기구에 보고되었으므로, 300만 명이 넘는 감염자나 잠재적 감염자가 진단받지 않았거나 보고되지 않았다는 뜻이다. 게다가 결핵 환자는 HIV 감염자이기 일쑤다. 이 와중에 결핵 퇴치 프로그램이 적절한 자금을 지원받지 못할뿐더러 항생제 내성 결핵균 문제가 갈수록 커진다는 사실은 국제적 결핵 퇴치에 좋은 징조가 아니다. 숲모기 관련 질병이 돌아온 현실에서 뼈저리게 깨달았듯이, 지난날 우리가 기울인 노력으로 공중보건이 얻은 이익은 노력을 게을리하는 순간 물거품처럼 사라진다. 더구나 개발도상국의 대도시는 결핵 퇴치라는 난제를 더 어렵게만 할 것이다.

같은 힘이 HIV, 에이즈에도 작용하고 있다. 개발도상국에서는 영향이 특히 두드러진다. '에이즈 없는 세상AIDS Free World'이라는 운동은 HIV에 효과적인 백신과 치료제가 나올 날을 고대한다. 참으로 멋진 소망이지만, 그런 소망이 우리가 곧 HIV를 물리칠 것이라는 헛된 희망을 불어넣으면, 정부는 물론이고 HIV·에이즈 퇴치 프로그램에 많은 기금을 대는 일부 자선단체가 느끼는 절박함은 줄어들 수 있다.

최근 아시아 국가, 특히 HIV 신규 감염이 사상 최고에 달하는 필리핀에서 나온 보고서들, 그리고 아프리카의 신규 HIV 환자가 날로 늘어 PEPFAR가 제공하는 치료제를 앞지른다는 보고서는 이 문제가 만만치 않다는 것을 고스란히 드러낸다. 오늘날 공중보건 분야의 계획에는 UN이 목표로 삼은 2030년 에이즈 종식을 뒷받침하는 계획이 전혀 없다.

내가 보기에 전망이 더 밝은 쪽은 말라리아 퇴치다. 게이츠 재단이 공격적으로 말라리아 퇴치 속도전을 실행하고 있기 때문이다. 이 활동의 결과는 시간이 말해줄 것이다. 하지만 우리는 현재 베네수엘라에서 활개치는 숲모기의 교훈을 기억해야 한다. 1961년에 베네수엘라는 세계에서 처음으로 말라리아 종식 국가로 인증되었다. 하지만 국가 경제가 무너지자, 극심한 궁핍에 내몰린 수많은 사람이 금을 찾아 정글 속 금광 지역으로 이주했다. 이들이 일하는 습지의 금광은 말라리아를 옮기는 말라리아모기에게는 더할 나위 없이 완벽한 번식 장소다. 말라리아에 걸린 사람들이 다시 도시에 있는 집으로 돌아온다. 그리고 약을 사거나 치료받을 돈도 없고 살충제를 뿌리거나 모기를 퇴치할 돈도 없는 지저분한 도시 환경에 말라리아를 퍼뜨린다. 드디어 2016년, 말라리아가 맹렬한 기세로 베네수엘라에 돌아왔다. 이는 공중보건이 삶의 모든 영역과 얽혀 있다는 사실을 생생하게 상기시키는 사례다.

우선 사항 8: 기후변화의 영향에 미리 대비하라.

4장에서 다뤘듯이, 기후변화와 세계적 유행병이라는 재앙은 지구 전체에 영향을 미칠 커다란 힘 네 가지 가운데 두 가지에 해당된다. 기후변화가 세계적 유행병이 일어날 가능성에 영향을 주지는 않을지 몰라도, 다른 감염병의 발생에는 틀림없이 크게 영향을 줄 것이다. 감염병을 화재로, 기후변화를 기름으로 생각해보라. 기후변화 탓에 모기와 진드기들이 이전에는 살지 않던 지역에서 증가하면 매개체 감염병 같은 어떤 질병들이 꽤 많은 사람의 목숨을 위험에 빠뜨릴 것이다.

기후변화는 강수 양상에도 영향을 미쳐 홍수와 가뭄을 일으킬 테고, 그 결과 식수와 관개용수가 심각하게 부족해질 것이다. 해수면이 상승하면 특히 방글라데시 같은 지역에서는 해안 저지대에 다닥다닥 몰려 살던 사람과 동물이 대거 이주해야 한다. 여기에 안전한 물과 먹거리가 부족해지면 감염병이 나타날 위험이 높아지는 완벽한 조건이 갖춰진다.

우리는 기후변화가 사람과 동물의 감염병에 미칠 영향을 이제 막 이해하기 시작했다. 따라서 기후변화로 인해 나타날 새로운 상황을 이해하고 대처하도록 철저한 연구와 질병 감시 프로그램을 유지해야 한다.

우선 사항 9: 전 세계에 걸쳐 사람 감염병과 동물 감염병에 원헬스 접근법을 적용하라.

이 책 전체에 걸쳐 인간과 동물의 접촉이 감염병의 출현과 전파에 중요한 역할을 한다고 강조했다. 이제 인간과 동물에서 나타나는 거의 모든 감염병을 위험, 잠재적 예방, 억제의 한 연속체로 다뤄야 할 때가 왔다. 공중보건계에서는 이 운동을 원헬스라 부른다. 오늘날 인간의 건강을 챙기는 세계보건기구와 동물의 건강을 챙기는 세계동물보건기구가 있다. 세계동물보건기구의 주요 임무는 동물의 질병 억제를 조율하고, 지원 및 촉진하는 것이다. 동물 보건의 관점에서 보면 기구를 따로 운영해야 할 이유가 있다. 예를 들어 어떤 감염병은 식용 동물 생산에만 경제적 영향을 미친다. 하지만 사람 감염병과 동물 감염병을 하나의 분야로 인식하지 않는다면 이런 질병들을 예방하고 억제하는 데 불리할 것이다. 따라서 우리는 국가 내 보건기구와 동물보건기구뿐 아니라, 세계보건기구와 세계동물보건기구도 원헬스 내에서 공통된 중요 프로그램을 수립하기를 권한다.

이제 중요한 물음을 던져야 할 차례다. 이 모든 일을 이루려면, 달리 말해 책 들머리에서 열거했던 중요한 물음, 누가, 언제, 어디서, 무엇을, 어떻게, 왜를 효율적이고 효과적으로 다루려면 어떤 지도력, 지휘 체계, 통제 구조가 있어야 할까?

우리가 제시한 위기 행동 강령의 전제 중 하나는 미국이 통솔력과 재정 부담을 상당 부분 책임져야 한다는 것이다. 물론 G20도 상당한 지원을 해야겠지만, 국제 보건 프로그램에 국제사회의 지원이 꽤나 부족한 상황으로 보건대 그렇게 될 것 같지는 않다. G20 국가 대다수가 세계보건기구에 얼마 안 되는 재정만을 지원했고, 어느 지역에서 일어난 중대한 집단 발병에 대응할 때는 대개 발을 뺐다. 그뿐 아니라 신형 백신과 항미생물제 연구 및 개발에도 최소한의 노력만을 기울였다.

2014~2016년 서아프리카 에볼라 발병 시기에 세계보건기구의 성과를 안팎에서 검토한 보고서들은 국제 공중보건계와 세계보건기구가 그런 위기에 대응하는 역량을 파악할 중요한 평가 자료다. 국제 공중보건 전략의 재구성을 논의할 때는 이 보고서들을 진지하게 고려해야 한다. 하지만 보고서들이 제시한 권고안은 완벽한 계획이 아닌 시작 단계로만 받아들여야 한다. 예를 들어 우리가 밝힌 위기 행동 강령을 하나라도 포함한 보고서는 한 편도 없었다.

우리는 국제 보건의 통솔력에 무엇이 필요한지를 분명히 밝혀야 하고,

또 대안을 고려해야 한다. 링컨 대통령이 수많은 장군을 만난 뒤에야 북부 연합군 부대를 승리로 이끌 장군을 찾아냈듯이, 우리도 국제 공중보건의 기반을 제대로 닦기까지 몇 차례의 개선을 거듭해야 할 것이다.

전 세계의 사람뿐 아니라 자국민을 구하기 위해, 미국이 먼저 한 발 앞으로 나아가야 한다. 하지만 국제사회도 정부, 민간 분야, 자선단체, 비정부기구를 아우를 새로운 차원의 공중보건 통솔력, 조직, 책임을 실천에 옮겨야 한다. 살인 세균에 맞선 전쟁에 수십 억 달러를 써야 한다는 것은 분명한 사실이다. 하지만 실제 전쟁에 나섰던 사람이라면 말할 수 있듯이, 지도력, 책임, 효과적인 지휘 및 통제 체제가 없으면 이 세상의 자원을 모조리 쏟아붓더라도 그리 많은 성과를 거두지 못한다.

확신하건대, 공중보건이 21세기 감염병에 조금이라도 효과적으로 대응하려면 기구의 통제력과 회원국이 제공하는 재정 지원부터 시작해 세계보건기구를 대규모로 정비해야 한다. 만약 그럴 수 없다면, 다시 처음으로 돌아가 그런 일을 할 수 있는 새로운 국제기구나 기관을 설립해야 한다. 그 기관은 우리가 제시한 위기 행동 강령을 전략과 전술에 반영해 다룰 능력을 갖추어야 한다. 미국 정부가 감염병을 예방하고 억제하는 방법에 의미 있는 변화를 꾀하려고 한다면, 미국 내 공중보건 프로그램의 우선순위를 다시 평가해 재구성하는 일에 진지한 관심을 기울여야 한다.

중요한 두 책 『다가오는 전염병: 균형을 잃은 세계에 새롭게 출현한 질병The Coming Plague: Newly Emerging Diseases in a World Out of Balance』과 『믿음의 배신: 세계 공중보건의 붕괴Betrayal of Trust: The Collapse of Global Public Health』를 쓴 작가 로리 개릿은 이렇게 말했다. "내가 보기에 오늘날 국제 보건에 몸담은 사람 대다수는 문제와 해결책을 바라보는 관점을 21세기에 맞게 조정하지 않았어요. 그래서 문제의 규모를 여전히 20세기 정치 현실, 20세기 기술, 20세기 관점에서 바라보는 것 같아요. 이러다가는 2017년을 사는 우리가 1970년에 공중보건 교육에서나 가르쳤을 패러다임에 빠지고 말 거예요."

세계보건기구는 유엔에서 국제 보건을 홍보하고 보호할 임무를 부여받았다. 하지만 세계보건기구의 194개 회원국으로 구성된 의결 기관인 세계보건총회WHA에서는 모든 회원국이 동등한 투표권을 갖는다. 윌리엄 페이기의 말마따나 "이사진이 194명인 회사의 최고 경영자가 된다고 생각해보라!"

투표권은 동등하지만 대다수 회원국은 거의 재정 지원을 하지 않는다. 게다가 제네바에 있는 사무총장과 세계 곳곳에 있는 지역 본부가 복잡하고 껄끄러운 긴장 관계를 유지하며 권한을 나눈다. 지금까지 여러 해 동안 기금 지원이 정체되어 있고 집단 발병을 앞서 해결한 적이 거의 없으니, 2014~2016년 서아프리카 에볼라 유행에 세계보건기구가 대응한 방식이 가차 없는 비난을 받은 것도 당연하다. 에볼라에서 교훈을 얻었을 텐데도, 세계보건기구는 2016년에 앙골라와 콩고민주공화국에서 집단 발병한 황열에 미흡하게 대응했고, 따라서 아프리카 국가와 비정부기구 양쪽에서 비난을 받았다.

개릿은 세계보건기구에 거의 희망을 품고 있지 않았다. "나는 사실 세계보건기구를 효과적으로 개혁할 수 있다는 생각을 접었어요. 그래도 조금 나아지는 정도로 개선할 수는 있겠지요. 세계보건기구가 없어서는 안 될 테지만, 결국 우리가 정말로 필요한 대응을 하려면, 전 세계 생명을 살리는 데 절박하게 필요한 역량을 얻으려면, 우리가 하려는 일이 무엇인지에 대해 철저히 다르게 '생각'해야 해요."

빌 게이츠의 말도 되새겨봄 직하다. "세계보건기구는 기금을 그리 많이 지원받지 못합니다. 세계보건기구에 비행기가 얼마나 있던가요? 백신 공장은 얼마나 많고요? 그러니 세계보건기구가 한 번도 스스로 할 생각을 하지 않았던 일을 이제는 할 것이라고 생각해서는 안 됩니다."

그다음으로는 책임이 있다. 세계보건기구는 세계보건총회를 책임진다. 근본적으로 자신을 책임진다는 뜻이다. 아니면 누구도 책임지지 않거나.

개릿도 이 점을 지적한다. "기존 시스템은 책임을 다룰 구체적인 방법이 하나같이 전혀 없어요. '처벌'도 없고, '명단 공개와 망신 주기'도 없죠. 실패나 실수, 거짓말이나 은폐를 저질러도 아무런 대가를 치르지 않아요. 그런 일을 저질러도 곤경에 처하지 않는 거죠. 그나마 이들을 판결할 법정이 있다면 여론 법정이 적절하겠지만, 여론 법정은 신문의 속도대로 작동하던 시절에나 광범위한 효과가 있었다는 문제가 있어요. 요즘은 트위터나 인스타그램의 시대이니 기껏해야 10초 정도 시선이 머물고 말죠. 그러니 우리에게는 '명단 공개와 망신 주기'로 지속적인 개혁을 이끌 장치가 없어요."

기존 과학 기관과 정치 기구 바깥에 있는 누군가의 말에 귀 기울여야 한다면, 그 사람은 바로 빌 게이츠와 제러미 패러 박사다. 빌 멀린다 게이츠 재단과 미국 정부가 세계보건기구에 내는 기금은 전체 예산의 23퍼센트를 차지한다. 이것만으로도 게이츠 재단이 세계 공중보건계에 얼마나 막강한 영향을 미치는지 어느 정도 알 수 있다. 제러미 패러는 국제 보건에서 게이츠 재단과 비슷한 역할을 하는 웰컴트러스트의 대표다.

게이츠와 잠깐 이야기만 나눠봐도 그가 재단이 지원하는 분야뿐 아니라 공중보건의 최신 발전을 이해하고자 엄청난 시간을 쏟는다는 것을 쉽게 알 수 있다. 그만큼이나 중요한 것이 있다. 그는 자신이 한 행동을 널리 알린다. 빌 게이츠는 TED 강연부터 『뉴잉글랜드 저널 오브 메디신』까지 공중보건 분야에 자주 모습을 드러내고 평론가, 해설자, 분석가로서 명료하게 의견을 드러낸다.

나와 마크를 만났을 때, 게이츠는 어떤 집단 발병이나 유행병이 발생하든 이미 존재하는 인적 자원과 물적 자원을 1차 진격 부대로 이용하는 현실적이고 타당한 계획을 제안했다.

사람들은 공중보건에서 예비 여력을 두는 데 돈을 쓰려 하지 않습니다. 군대나 소방 분야에서는 예비 여력에 기꺼이 돈을 쓰면서도요. 나는 사람들이 유행병에도 기꺼이 돈을 쓰기를 바라지만, 아마 대부분 그렇게 하지 않을 거예요. 그리고 예비 여력이 있을 때 얼마나 좋을지도 절대 확신하지 못하고요. 말라리아를 예로 들어봅시다. 우리는 말라리아 퇴치 활동에 나섰고, 이 활동을 지역에서 지역으로 넓혀가려 합니다. 여기서 내가 널리 알려야겠다고 결심한 생각이 있어요. 이런 질병 퇴치 활동을 펼치는 현장에는 뛰어난 사람이 많다는 겁니다. 이 사람들은 비상사태 운영 센터를 어떻게 꾸릴지, 물류를 어떻게 다룰지, 어떤 메시지를 내보낼지, 공황 상태가 무엇인지를 알아요.

우리는 이렇게 말해야 합니다. 수천 명 중에서 이들이야말로 실제로 유행병에 맞설 예비 인력이다. 말라리아 퇴치는 정말 중요한 일입니다. 그래서 나는 이 활동을 누구보다 크게 응원하고 깊게 관여할 생각입니다. 하지만 재밌는 건 누군가가 활동을 방해할 수도 있다는 거죠.

최악의 경우 1년 동안 활동을 방해한다고 해봅시다. 물론 말라리아가 다시 퍼져 상황이 나빠지겠지요. 하지만 유행병에 필요한 일을 하는 사람들이 생기겠지요. 그러니 거리낌 없이 이렇게 말할 수 있어요. "봐라, 문제가 생길 때는 저 서른 명에게 문제를 들여다보게 하자." "좋아, 정말 그렇다는 거지? 그럼, 그 사람들을 모두 모아보자."

2014~2015년에 서아프리카에서 에볼라 집단 발병이 일어났을 때 펼쳐진 소아마비 퇴치 활동에서 그런 일이 일어났습니다. 사람들은 그런 활

동이 있는 줄도 몰랐고, 공식 활동도 아니었습니다. 나이지리아는 그런 상황을 가장 구체적으로 보여주는 곳이지요. 네, 라고스의 공중보건 종사자들이 임무를 멋지게 해낸 것은 맞아요. 하지만 그 활동을 뒷받침한 사람들은 이미 그 지역에서 활동하던 소아마비 퇴치 활동 인력이었습니다. 그들이 에볼라 대응에 큰 영향을 미친 체계 전체에 걸쳐 활동했어요. 내가 보기에는 이 두 기능, 그러니까 지속적인 질병 퇴치 프로그램과 비상사태 대응 역량을 하나로 묶는다면, 두 활동이 모두 두드러져 아마 결국은 더 많은 자원을 얻을 겁니다.

이 방식이 유용할지는 몰라도, 전 세계의 감염병 위협에 빠르고 효과적으로 대응할 수 있는 조직을 대체하지는 못한다.

그런데 세계보건기구가 이런 요건에 부응하지 못한다면, 누가 그 역할을 할 수 있을까?

2014년에 미국 정부는 "감염병 위협에서 세계를 안전하게 보호할 국가 역량을 키우고, 국제 보건 안보를 국가와 국제사회의 우선 사항으로 승격시키겠다"는 목적을 내걸고, 여러 정부, 국제기구, 민간 이해관계자와 공조 체계를 구축하는 국제보건안보구상GHSA을 창립했다. 현재 이 기구는 회원국 50개국에서 자발적 국가 분담금을 지원받는 것으로 보인다. 그리고 세계보건기구를 포함한 여러 조직이 자문단으로 참여한다.

세계보건기구와 마찬가지로, 나는 국제보건안보구상도 위기 행동 강령에 실제로 변화를 일으킬 거라고 보지 않는다. 이 단체가 어떤 나라의 의료 전달 체계와 비상사태 대응 역량을 강화할지는 모르겠다. 하지만 국제보건안보구상은 세계적 유행병을 일으킬 질병은커녕 지역에 중대한 영향을 미칠 질병에 영향을 미칠 능력도 제한되어 있다. 멀리 갈 것 없이 지카와 황열이 일으킨 공중보건 비상사태를 보라. 국제보건안보구상은 국제사회가 이런 상황에 대응하도록 이끌 영향력이 거의 혹은 아예 없다. 게다가 백신 연구 및 개발, 급속도로 늘어나는 항미생물제 내성이라는 난제 등 국제적 우선 사항을 다룰 통솔력과 지원책도 거의 없다.

공중보건, 그리고 국내 및 국가 간 협력 분야에 몸담은 수많은 전문가와 이야기한 결과, 우리는 감염병 위기에 대응할 권한을 부여하기에 가장 적합한 모델이 나토NATO와 같은 조약 기구라고 생각한다. 회원국은 자원, 인력, 재정 지원을 미리 투입해, 위협이 뚜렷해지자마자 기구가 대응할 준비가 되어 있도록 할 것이다.

가장 어려운 부분은 정치를 배제하는 일일 것이다. 앤서니 파우치는 이렇게 지적했다. "조약 기구는 의사 진행을 방해하지 않을 권위자가 있는 것이 좋습니다. 하지만 분명히 밝히건대, 그렇게 되기는 정말 어렵습니다."

우리는 미국 내 전선에서도 21세기의 난관을 해결할 효과적인 공중보건 협력 관계와 관행을 세워야 하는 어려움을 겪고 있다. 한 국가로서 군대 지휘 체계에서 그렇듯 자원과 의사 결정 역량을 이용해 통솔력을 강화해야 한다. 군대에서는 의사 결정을 내릴 때 명령이 수행될 것과 임무를 완수하는 데 필요한 자원을 이용할 수 있다는 것을 안다. 그만큼이나 중요하게, 장성들이 자신들이 내리는 판단을 자기가 책임져야 한다는 것을 안다.

두 보건복지부 장관 아래에서 능력을 발휘했고, 대통령 집무실과도 빈번하게 연락했던 스튜어트 사이먼슨은 이렇게 말했다. "국가적 대비를 말할 때보다 국가적 방어를 말할 때 성숙한 대화가 훨씬 더 많이 나옵니다."

사이먼슨은 펜실베이니아 주지사였던 톰 리지가 9·11 공격 뒤 조지 W. 부시 대통령에게 초대 국토안보부 장관으로 지명받았을 때의 사례를 언급했다. 리지는 기능 위주의 운영 모델을 확립하고, 연방 비상재난관리청과 해안 경비대, 그 밖에도 여러 다른 기관의 장들이 이끄는 지역별 명령 체계를 수립하고 싶었다. 지역별 수장들이 비상사태를 신속하게 처리하도록, 의사 결정을 내리고 인력, 장비, 기금을 움직일 권한을 부여하려했다.

하지만 어떤 정부기관도 권한을 내놓으려 하지 않았으므로, 리지의 아이디어는 아무런 진전을 보지 못했다.

우리가 이야기하는 국가 기구의 가장 효과적인 모델을 실현하려면 정부 조직을 재편해야 할 것이다. 이제 우리에게는 공중보건부가 있어야 할지도 모른다. 이때 공중보건부 장관은 현 보건복지부의 자원뿐 아니라 공중위생국, 국립보건원, 질병통제센터, 식품의약청, 그리고 농무부와 국토안보부, 국무부, 국방부, 내무부, 상무부의 관련 부서에서 자원을 끌어쓸 권한을 가져야 할 것이다. 또 오늘날 보건복지부 장관보다 더 집중된 책무를 맡을 것이다. 이를테면 보건복지부 산하 기관으로 민간 의료 서비스를 감독하는 메디케어·메디케이드 서비스 센터는 2017년 회계연도 기준 예산이 자그마치 약 1조 127억 6500만 달러였다. 그런데 감염병과 비감염병을 모두 다루는 질병통제센터, 그리고 국립보건원 산하 국립 알레르기·감염병연구소의 예산을 합쳐도 겨우 166억 1600만 달러로, 메디케어와 메디케이드 예산의 1.6퍼센트에 그쳤다. 그러니 보건복지부 장관이 어디에 주목해야 할지가 쉽게 보인다. 새 기관은 국방부와 마찬가지로 미리 계획을 세우고 빠르게 국제적 대응에 나설 권한과 역량도 지녀야 한다.

내가 하원 의원들에게 지카 바이러스와 관련한 배경을 설명할 때였다. 어느 나이 든 의원이 말하기를, 만약 우리가 모기 한 마리 한 마리가 실제로는 이슬람 원리주의 무장 단체 이슬람국가ISIS가 조종하는 드론인 것을 증명한다면, 원하는 만큼 기금을 지원받을 수 있을 것이라고 했다.

군사 대응에서 아주 중요한 요소는 병력, 무기 체계, 군수 물자 지원, 정보, 외교 수완이다. 우리는 이런 자원들을 평상시에는 보유하지 않다가 필요할 때에야 확보하거나 생산한다고 생각하지 않는다. 언제라도 지중해에서 위기가 발생하면 6함대 전투단을 보낼 준비를 하지, 그때 가서야 항공모함 한 척, 구축함 두 척, 제트 전투기 전대, 그 밖에 필요한 모든 것을 마련하겠다고 자금을 요청하지는 않는다.

감염병의 위협에 맞서 지속할 전쟁에서 이와 같은 대비 수준을 유지하려면, 적재적소에 인력을 갖추고 대응할 준비를 해야 한다. 즉 공중보건 역학자, 의사, 간호사, 수의사, 위생학자, 조사 전문가, 현장 작업자, 실험실 인력, 그리고 이들을 뒷받침할 지원 인력을 갖춰야 한다.

무기 체계는 백신, 항생제, 살충제, 현장 임상 검사, 환경 보건 도구(우물, 수도 시설, 하수구), 모기장, 포괄적인 국제 질병 감시 체계를 포함해야 한다.

통솔력을 이야기하자면, 나는 기존 공중보건 전문가들이 우리가 현재 감염병 상황에 안주하는 상태에서 벗어나도록 이끌 수 있다고 믿지 않는다. 큰 그림을 보고 예견할 수 있는 사람, 즉 정부, 과학, 민간 영역의 자원을 결집해 우리 앞에 놓인 난관에 맞설 줄 아는 사람이 필요하다. 위기 행동 강령을 이끌 수장은 국제 정치, 지역 정치, 국내 정치에 자신만의 해석과 실제 전문 지식뿐 아니라, 행동 강령을 뒷받침하는 과학에 매우 중요한 실무 지식도 있어야 한다. 또 제2차 세계대전 때 맨해튼 계획을 지휘했던 미국 육군 공병대 준장 레슬리 그로브스가 보여준 것과 같은 조직 관리 능력도 어느 정도 있어야 한다. 케네디 대통령이 미국이 달에 갈 동기를 부여했듯이, 정부와 대중이 위기 행동 강령을 지원하도록 동기를 부여해야 한다.

우리도 이 제안들이 실현되기 어렵고 돈과 인력, 외교 수완, 정치권력, 용기를 상당히 쏟아부어야 한다는 것을 안다. 하지만 어렵다고 해서 이런 대책의 필요성이 줄어들지는 않는다. 무슨 일이 일어날 때까지 미뤘다가 그때서야 대응에 나서서는 안 된다. 저기에 우리가 연결해야 할 점들이 있다. 지카 때문에 놀랐을 때, 사실 우리는 놀라지 않았어야 했다. 에볼라나 황열, 치쿤구니야에 놀랐을 때도, 우리는 놀라지 않았어야 했다. 만약 마야로 바이러스, 니파, 라사, 리프트밸리열, 또는 새로운 코로나 바이러스가 내일 위기를 몰고 오더라도, 우리는 놀라지 않아야 한다.

앞으로 치명적인 독감 변종이 세계적으로 유행하는 상황이나, 더는 항생제가 듣지 않아 흔한 감염이 중증 질환이나 치명적인 질환을 일으키는 상황에 대비하지 않는다면, 그때 우리는 경고받은 적이 없다는 평계를 댈 수 없다. 지금껏 경고가 있었고 해결책도 있기 때문이다. 이제 할 일은 해결책에 따른 조처를 실행하는 것뿐이다.

평범한 시민은 무슨 일을 할 수 있을까? 사실을 말하자면, 이런 일은 국제사회의 중대사이므로 강력한 지도자와 정책 입안자들이 국제적으로 강력하게 대응해야 한다. 그래도 평범한 시민이 할 수 있는 일이 있다. 시민들은 조치를 취하라고 요구할 수 있다. 예를 들어 2016년에 미국의 국회의원들은 초당적 지카 지원 기금을 통과시키고서야 의사당을 벗어날 수 있었을 것이다. 우리는 이들에게 압력을 넣어 공중보건 정책이나 조치에서는 당파 정치가 설 자리가 없다는 것을 따끔하게 알려야 한다. 마찬가지로 공중보건에서도, 다른 사안에서 의회를 움직이고자 나섰던 풀뿌리 정치 행동이 필요할 것이다.

감염병 연구·정책센터는 최고의 과학이 미리 대책을 수립하는 초당파적 공공정책을 실현하는 것을 명백히 지지한다. 나는 이 사안에서 우리가 시민을 대표한다고 믿고 싶다. 이런 활동의 최신 정보를 더 많이 얻고 배우고 싶다면 우리 웹사이트(www.cidrap.umn.edu)에서 감염병 연구·정책센터 소식과 다른 정보를 확인하길 바란다. 구독 요금도 없고, 날마다 새로운 정보가 올라온다. 게다가 의사나 과학자가 아니어도 쉽게 이해할 수 있다.

그런데 만약 우리가 마땅히 그래야 하는 바대로 질문을 던지고 요구한다면, 그리고 지도자들이 공중보건에 실제로 책임을 느끼고 능력을 발휘한다면, 지금껏 제시하고 지지한 모든 안건이 감염병의 위협을, 또 감염병이 전 세계의 현대 생활에 미칠 혹독하고 무시무시하기까지 한 위협을 완전히 무력화시킬 수 있을까? 물론 그렇지 않다. 하지만 필요한 집단 의지를 발휘하고 자원을 투입한다면, 전 세계 더 많은 사람에게, 특히 우리 아이들과 손주들에게 평범하고 행복하고 생산적인 삶을 살 기회를 줄 수 있다. 게다가 셀 수 없이 많은 안타까운 죽음을 천수를 누리는 죽음으로 바꿀 수 있다.

바로 이것이 언제나 우리가 바라는 일이다.

감사의 글

마이클 오스터홈

청소년기를 보낸 아이오와주 집에서 이 책에 이르기까지, 내 삶과 경력은 사심 없이 끈기 있게 헌신한 많은 사람의 안내를 받았다. 나를 지원하고 공중보건 종사자라는 내 꿈에 불을 지핀 그 많은 사람에게 말로는 다 표현하지 못할 사랑과 감사를 느낀다. 레스 힐과 러번 힐, 세라 힐이 없었다면 내 꿈이 영그는 일은 일어나지 못했을 것이다. 또 렌 브루스, 톰 콜킨스, 데이비드 덩클리, 켄 램프먼, 어니 루반, 마빈 스트라이크, 그리고 고인이 된 짐 우든은 내게 갖은 노력으로 변화를 만드는 법을 가르쳤다.

루서대에서 받은 과학 교육과 교양 교육은 나를 세상을 보는 '올바른 길'로 안내했다. 데이비드 로슬리엔 박사가 그 과정을 맡았고, 지금도 그의 현명한 동료인 웬디 스티븐스, 짐 에크블래드 박사, 로저 넛슨 박사, 필 레이튼 박사, 존 트조스템 박사, 고인이 된 러스 룰런 박사 그리고 이들의 배우자들이 여전히 그곳에 있다.

루서대를 졸업한 1975년에 나는 미네소타대 공중보건대학원에 들어갔고, 지금껏 이곳을 한 번도 떠나지 않았다. 미네소타주 보건부에서 일한 24년 동안에도 내 학문의 고향은 언제나 이곳이었다. 내가 입학한 지 얼마 지나지 않아, 이제는 고인이 된 렉스 싱어 교수가 내게 학문의 시금석이자, 인생의 조언자이자, 친애하는 벗이 되었다. 싱어 교수의 가르침은 나뿐 아니라 그가 인도한 수많은 학생에게 헤아릴 수 없이 소중한 유산이 되었다.

루서대에서와 마찬가지로, 미네소타대에서도 훌륭하고 현명한 선배 학자들이 나와 내 연구에 과분할 만큼 엄청난 지지를 아끼지 않았다. 고인이 된 리 스토퍼 학장, 그리고 마크 베커 학장과 존 피네건 학장, 이제는 모두 고인이 된 R. K. 앤더슨 박사, 벨블 그린 박사, 레너드 슈만 박사, 콘래드 스트라우브 박사가 그들이다. 그리고 최근에는 프랭크 세라 박사, 에런 프리드먼 박사, 브룩스 잭슨 박사, 터커 르비엔 박사가 계속 지지를 아끼지 않는다.

배리 레비 박사는 대학원에 갓 입학한 애송이인 나를 과감하게 미네소타주 보건부에 채용했다. 풋내기 젊은 역학자였던 나와 동료들은 이제 이해하기 어렵기 짝이 없는 감염병을 맡을 수 있는 섬세하고 매끄러운 팀이 되었다. 그곳에서 나는 언젠가는 청출어람이 될 두 사람의 스승이 될 기회를 얻었다. 크리스틴 무어 박사와 크레이그 헤드버그 박사는 모두 현재 미네소타대에서 일하고, 공·사를 넘나들어 가장 소중한 인연을 이어가고 있다. 크리스틴은 감염병 연구·정책센터의 의료 책임자이고, 크레이그는 환경보건과학부 교수다. 미네소타주 보건부에서 내 경력에 큰 도움이 된 다른 사람으로는 메리 마돈나 애슈턴 수녀, 크리스틴 에르스먼, 얀 포팡, 린다 가브리엘, 엘렌 그린, 고인이 된 잭 콜랏, 애기 라이트하이저, 린 머세이디스, 마이클 모엔, 테리 오브라이언, 조앤 램벡, 메리 시핸, 존 워시번, 캐런 화이트, 얀 월, 제프리 벤더 박사, 존 베서 박사, 리처드 다닐라 박사, 캐시 해리먼 박사, 루스 린필드 박사, 커크 스미스 박사가 있다.

현재 내 직업의 본거지는 감염병 연구·정책센터다. 이곳은 정말이지 마이클 시레시와 캐스린 로버츠가 없었다면 설립될 수 없었다. 크리스틴 무어에 더해, 보건부에서 잔뼈가 굵은 질 드보어와 일레인 콜리슨이 지도부를 이룬다. 나는 이들에게 한없는 존경과 경의를 보낸다. 마티 하이베르그 스웨인은 감염병 연구·정책센터 설립자 중 한 명이자, 지구에서 둘째가라면 서러울 뛰어난 편집자다. 줄리 오스트로브스키, 리사 슈니링, 짐 와페스도 귀중한 동료들이다. 감염병 연구·정책센터에서 일했던 에린 데즈먼드, 카리나 밀로소비치, 로버트 루스도 오늘날의 감염병 연구·정책센터가 있기까지 아낌없이 헌신했다. 내 밑에서 박사 과정을 밟았고 이제는 감염병 연구·정책센터에서 일하는 니컬러스 켈리에게서 나는 내가 그에게 가르친 것만큼 많은 배움을 얻었다. 지난 15년 동안 센터가 하루하루 굴러가는 데는 주디 맨디와 로렐 오닐의 공이 컸다. 이들은 내게 관제사이자 현실을 알려주는 기준점이다.

감염병 연구·정책센터는 지금껏 우리 임무가 얼마나 중요한지 이해한 기부자들의 아낌없는 후원 덕분에 활동을 이어올 수 있었다. 특히 벤트슨 재단, 로리 벤트슨과 주디 더처의 변함없는 기부금이 큰 도움이 되었다.

9·11 공격 뒤 보건복지부 장관 토미 톰프슨은 내게 짬을 내어 자신의 특별 고문을 맡아 달라고 부탁했다. 나는 거의 3년 동안 대학의 일과 특별 고문 활동을 병행했고, 그 과정에서 겪어보니 그는 활달하고 통찰력 있고 친절한 리더였다. 우리는 가까운 친구가 되었다. 나는 그의 뒤를 이은 마이클 레빗과도 일하는 영광을 누렸다. 레빗도 일로든 개인적으로든 내가 높이 평가하는 리더다. 스튜어트 사이먼슨은 이 두 장관 아래에서

막중한 역할을 맡았었다. 미국 고위 정부 관료 중 그만큼 능력 있고 겸손하고 성과를 낸 사람은 찾아보기 어렵다.

나는 내 분야의 몇몇 거장에게 값을 따질 수 없는 가르침과 확고한 지지를 받는 축복을 누렸다. 이제 모두 고인이 된 윌리엄 패트릭, 윌리엄 호슬러 박사, 에드워드 카스 박사, 조슈아 레더버그 박사, 윌리엄 리브스 박사, 셸던 볼프 박사, 존 '잭' 우드올 박사가 그들이다. 또 윌리엄 페이기 박사, 필립 러셀 박사, 앨프리드 서머 박사도 빼놓을 수 없다.

특별한 친구들과 존경해 마지않는 동료들, 마수드 아민 박사, 에드워드 벨론자 박사, 루스 버클먼 박사, 세스 버클리 박사, 로버트 보먼 박사, 베키 카펜터 박사, 게일 캐설 박사, 제임스 커런 박사, 제프리 데이비스 박사, 마틴 파베로 박사, 데이비드 프란츠 박사, 브루스 겔린 박사, 리처드 굿맨 박사, 댄 그래노프 박사, 두에인 거블러 박사, 마거릿 햄버그 박사, 페니 히턴 박사, 토머스 헤네시 박사, 키스 헨리 박사, 제임스 휴스 박사, 데이비드 잉바르 박사, 앨런 카인드 박사, 에이미 커처 박사, 조엘 쿠리츠키 박사, 조디 러나드 박사, 모니크 맨소라 박사, 토머스 모너스 박사, 트루디 머피 박사, 제임스 니튼 박사, 제럴드 파커 박사, 필립 피터슨 박사, 조지 포스트 박사, 데이비드 렐먼 박사, 피터 샌드먼 박사, 패트릭 슐리버트 박사, 제임스 토드 박사, 프리티시 토시 박사, 데이비드 윌리엄스 박사에게도 고마움을 전한다. 존 배리, 리처드 댄지그, 수전 에를리히, 래리 고스틴, 다이애나 하비, 앤 리언, 지나 폴리에세, 돈 셸비, 재닛 슈메이커, 크리스틴 스토퍼, 세라 영거맨도 마찬가지다.

더없이 특별한 감사와 사랑을 전할 사람이 두 명 있다. 내 인생과 직업을 지지해 준 줄리 거버딩 박사와 월터 윌슨 박사는 높이 존경하는 동료이자, 나에게는 모든 면에서 형제자매와 같은 사람들이다.

국립보건원에서 일하는 동료들도 여러모로 우리 작업을 지원했다. 앤서니 파우치 박사는 공중보건에서 매우 중요한 인물이기도 하지만, 나는 우리가 지난 30년 넘는 세월 동안 나눈 특별한 우정을 가장 가치 있게 여긴다. 존 라몬테인 박사, 캐럴 헤일먼 박사, 린다 램버트 박사, 팸 매키니스 박사, 다이앤 포스트 박사도 빼놓을 수 없다. 이 밖에 그레그 폴커스에게도 고마움을 전한다.

존 슈워츠는 나와 함께 『살아 있는 테러 무기』를 썼다. 그가 능력 있는 작가이자 친구로서 내게 나눠줬던 가르침을 나는 오늘날까지도 고맙게 여긴다.

마지막으로, 이 책은 내 가족이 없었다면 나오지 못했을 것이다. 만약 감염병에 맞선 싸움이 변화를 일으키지 못한다면, 당신이 그리고 내 아이들과 손주들이 어떤 세상에서 살지는 상상만 할 수 있을 뿐이다. 만약 내가 변화를 일으키는 데 조금이라도 보탬이 된다면, 내 모든 경력을 걸고 노력할 가치가 있을 것이다.

감사의 글

마크 올셰이커

나는 의사인 내 두 형제 로버트 올셰이커와 조너선 올셰이커, 로버트의 아내이자 의사인 재클린 로린의 지식과 경험, 조언을 언제나 중요하게 여긴다. 세 사람이 환자를 보살피는 활동은 역시 의사였던 돌아가신 아버지 베넷 올셰이커에게 바치는 생생한 헌사다.

나와 함께 30년 넘게 영상을 제작했고 업계에서 손꼽히는 과학 영상 제작자이자 감독인 래리 클라인은 마이클 오스터홈을 거듭 프로그램 참여자와 자문으로 쓸 만큼 통찰력이 뛰어난 사람이다. 래리의 영향은 이 책 곳곳에 반영되어 있다.

뛰어난 작가이자 연극 제작자이고 이제는 정치 로비 단체에서 활동하는 마티 벨은 나를 작가의 길로 안내했고, 지금까지도 끊임없이 용기와 지지, 아이디어를 건넨다. 모든 작가는 단짝 같은 작가들이 있기 마련이다. 운 좋게도 내 단짝들은 제프 디버, 에릭 데젠홀, 존 길스트랩, 짐 그레이디, 래리 리머, 댄 몰데어, 피터 로스 레인지, 짐 레스턴, 거스 루소, 마크 스타인, 제임스 스완슨, 조엘 스워들로, 그레그 비스티카다.

아내 캐럴린은 모든 일에서 내 동반자일 뿐만 아니라 대리인, 매니저, 조언자, 영감을 불어넣는 사람으로 모든 모험을 함께하는 열정적인 동료다. 캐럴린, 그 무엇보다도 당신을 사랑해. 당신이 없었다면 이 모든 일을 해내지 못했을 거야.

이 책은 진정한 협업의 산물이다. 하지만 우리 두 사람만의 협업은 아니었다.

우리를 이끈 편집자 트레이시 베하르는 우리를 믿었고 이 책이 어떤 모습이 될지를 내다보았다. 베하르의 격려와 조언, 부드러운 재촉, 꼼꼼한 편집 덕분에 글의 틀을 잡고 메시지를 가다듬을 수 있었다. 트레이시 같은 사람을 편집자와 친구로 둘 만큼 운이 좋은 작가는 드물 것이다. 리틀브라운 출판사에겐 다행스럽게도, 수석 부사장이자 출판인인 레이건 아서도 이런 자질이 있는 사람이다. 그녀도 처음부터 우리에게 믿음을 보였다.

폴리오 문학 매니지먼트에서 우리를 대리하는 프랭크 와이먼은 집필 계획에 즉각 열정을 보여 제안서와 설명회를 이끌었고, 책을 쓰는 단계마다 우리를 격려했다.

앞서 언급한 사람들 말고도, 이 책을 쓰는 데 크게 기여한 배리 비티 박사, 마틴 블레이저 박사, 제임스 커런 박사, 샐리 데이비스 박사, 로리 개릿, 빌 게이츠, 두에인 거블러 박사, 론 클레인, 메린 매케너, 짐 오닐 박사, 스튜어트 사이먼슨, 브래드 스펠버그 박사, 로런스 서머스 박사에게 그지없는 감사를 전한다. 우리의 광범위한 관심 분야를 조사하여 최신 정보를 알려준 줄리 클레멘테에게도 고마움을 전한다.

우리는 이 기회를 빌려 이제 고인이 된 대리인이자 친구 스티븐 폴 마크를 사랑과 감사로 기억하려 한다. 그는 처음부터 우리를 격려했고, 프랭크에게 우리를 소개했고, 이 책을 쓰는 데 결정적인 역할을 했다. 그가 정말 그립다.

마지막으로, 우리가 이 책을 마친 지 얼마 지나지 않아 세상을 떠난 도널드 에인슬리 헨더슨 박사가 있다. 그는 거침없고 용기 있는 진정한 영웅이었다. 천연두 퇴치 활동을 이끄는 과정에서 헨더슨은 안타까운 때 이른 죽음을 역사상 누구보다도 많이 막아냈다. 눈부시게 활동하는 동안, 그는 공중보건의 선지자였고, 영감을 불어넣는 스승이었고, 영향력 있는 도덕적 존재였고, 그리고 무척 소중하고 특별한 친구였다. 헨더슨은 자신의 삶을 본보기 삼아 우리 모두에게 무엇이 가능한지를 증명했다.

찾아보기

살인 미생물과의 전쟁

초판 인쇄 2020년 9월 25일
초판 발행 2020년 10월 8일

지은이 마이클 오스터홈, 마크 올셰이커
옮긴이 김정아
펴낸이 강성민
편집장 이은혜
기획 노만수
편집 이은혜 박은아 곽우정
마케팅 정민호 김도윤
홍보 김희숙 김상만 지문희 김현지
독자모니터링 황치영

펴낸곳 (주)글항아리 | 출판등록 2009년 1월 19일 제406-2009-000002호
주소 10881 경기도 파주시 회동길 210
전자우편 bookpot@hanmail.net
전화번호 031-955-2696(마케팅) 031-955-2663(편집부)
팩스 031-955-2557

ISBN 978-89-6735-821-1 03470

이 도서의 국립중앙도서관 출판예정도서목록(CIP)은 서지정보유통지원시스템 홈페이지
(http://seoji.nl.go.kr)와 국가자료종합목록 구축시스템(http://kolis-net.nl.go.kr)에서 이용
하실 수 있습니다. (CIP제어번호 : CIP2020035724)

잘못된 책은 구입하신 서점에서 교환해드립니다.
기타 교환 문의 031-955-2661, 3580

geulhangari.com